多智能体系统群集协同控制方法及应用

张　卓　张泽旭　李慧平　张守旭　著

西北工業大學出版社

西　安

【内容简介】 本书主要阐述了多智能体系统群集协同控制的基本内容和方法，还介绍了国内外相关领域的最新研究成果。本书主要内容如下：讨论在各类通信拓扑情况下的多智能体系统一致性问题，设计非均匀时延下的线性多智能体系统群集协同跟踪控制算法，提出时延下的大规模多智能体网络降阶方法，研究未知环境干扰作用下的多智能体系统高精度鲁棒协同控制，提出全分布式非线性多智能体系统群集协同控制协议，设计基于模糊理论的非线性多智能体系统群集协同控制算法。

本书适合多智能体群集协同控制相关领域的研究人员阅读，也可作为普通高等院校控制科学与工程等相关专业的研究生及高年级本科生的参考书。

图书在版编目(CIP)数据

多智能体系统群集协同控制方法及应用 / 张卓等著
. — 西安 ：西北工业大学出版社，2021.7
ISBN 978-7-5612-7823-9

Ⅰ. ①多… Ⅱ. ①张… Ⅲ. ①智能系统-协调控制
Ⅳ. ①TP273 ②TP18

中国版本图书馆 CIP 数据核字(2021)第 144203 号

DUO ZHINENGTI XITONG QUNJI XIETONG KONGZHI FANGFA JI YINGYONG

多智能体系统群集协同控制方法及应用

责任编辑： 李阿盟　刘　敏　　**策划编辑：** 李阿盟
责任校对： 高茸茸　　**装帧设计：** 李　飞
出版发行： 西北工业大学出版社
通信地址： 西安市友谊西路 127 号　　邮编：710072
电　　话： (029)88491757，88493844
网　　址： www.nwpup.com
印 刷 者： 兴平市博闻印务有限公司
开　　本： 787 mm×1 092 mm　1/16
印　　张： 15.625
字　　数： 410 千字
版　　次： 2021 年 7 月第 1 版　　2021 年 7 月第 1 次印刷
定　　价： 88.00 元

前　言

多智能体系统是指由多个智能体单元构成的网络系统，如卫星编队、无人船编队以及无人机编队系统等，各个智能体节点之间通过相对信息交互及协同工作来完成某些特定的任务。相比于传统的单体系统，多智能体系统具备容错能力强、工作效率高及成本低廉等诸多优势。多智能体系统的群集协同控制问题是当今控制领域的热点问题，也是多智能体系统研究中最为重要的问题，因此有必要对其进行深入研究。

本书针对多智能体系统群集协同控制中的几个关键问题进行研究及探讨，主要研究内容包括：①线性多智能体系统在不同拓扑条件下的无领航一致性及“领航-跟踪”一致性控制；②非均匀时延下的线性多智能体系统群集协同跟踪控制算法及有效的降阶方法；③未知外干扰作用下的线性多智能体系统鲁棒协同控制；④非线性多智能体系统群集协同控制。本书的主要研究结果均经过严格的数学推导并给出证明，并结合实际应用问题进行仿真验证，其验证包括分布式卫星编队问题、多无人船协同跟踪定位问题和多星姿态协同问题等。本书提出的几种多智能体群集协同控制算法，不仅能够进一步拓展多智能体系统领域的研究内容，而且能够为解决实际工程问题提供一定的理论基础和技术支持。

笔者一直从事多智能体系统群集协同控制方面的研究工作，本书是对笔者近5年从事多智能体协同群集控制研究的阶段性工作进行的总结。

本书涉及的研究工作得到国家自然科学基金项目（项目编号：61803304，61922068，51909217，51979228）、西安市科学技术协会青年人才托举计划项目（项目编号：095920201307）、陕西省杰出青年基金项目（2019JC－14）、陕西省青年科技新星计划项目（S2019－ZC－XXXM－0043）、西北工业大学翱翔青年学者计划项目（20GH0201111）等的资助，在此深表谢意。

同时，还要感谢加拿大维多利亚大学施阳教授，北京航空航天大学张辉教授，西北工业大学严卫生教授、崔荣鑫教授、王银涛教授和高剑教授等给予的大力帮助。

写作本书参考了相关文献，在此，谨向其作者深表谢意。参加本书编写工作的人员有张卓（第1，3～5章，第6.1，6.4，6.5节）、张泽旭（第2章）、李慧平（第6.2节）、张守旭（第6.3节）。全书由张卓统一定稿。

由于水平有限，书中不足之处在所难免，敬请广大读者批评指正。

著　者

2021年4月

目　　录

第1章 绪 论

1.1 本书研究背景及意义

多智能体系统是指由多个具有自治能力的智能体单元构成的网络系统，各智能体之间通过相对信息交互来完成协同作业任务。多智能体系统中的各智能体单元之间通过协同交互，能够完成超出单个个体能力范围的任务，即意味着多智能体系统的整体能力要大于所有智能体的能力之和。在现实世界中存在大量多智能体系统的实例，如鱼群聚集洄游、牛群迁徙、鸟群结队飞行及蚁群协作搬运等(见图1-1)。在多智能体系统的群集协作行为中，任何一个个体都无法对全局系统进行控制，只能够在有限范围内进行信息交互及协同控制，但这种简单的交互协作方式却能够实现复杂的群体行为。

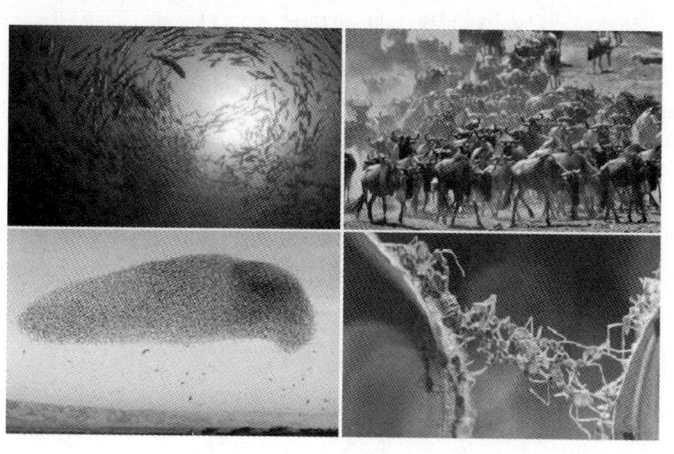

图1-1 现实世界多智能体系统实例

相比于传统的单个系统，多智能体系统的主要优势包括：①系统容错能力强，多智能体系统的功能通常会分散到每个智能体单元上，每个智能体上都装有某一特定的功能模块，某些智能体单元的故障不会引起整个系统的瘫痪，其余智能体可通过重新进行协调来组成一个新的多智能体系统，从而极大地提高了系统的容错性；②系统工作效率高，多个智能体同时执行任务能够有效地提升整体工作效率，例如，在空间大范围三维成像任务中，传统的单卫星系统只能对目标进行不同时刻的观测，且需要一定的时间进行轨道转移来获取不同的观测视角，而对于多卫星系统，多颗成员卫星可通过编队构型，在同一时刻从不同的视角对目标进行观测，极大地提升了系统的工作效率；③系统成本低，相对于单个功能复杂、造价高昂的集成智能体，多智能体系统通常由多个功能单一、成本低廉的智能体构成，并通过协调工作来实现特定的功能。

群集协同控制是多智能体系统的重要行为之一，协同控制能力的好坏直接决定多智能体系统是否能够顺利完成任务。本书针对多智能体系统群集协同控制中的几个关键问题进行探讨，主要研究结果通过严格的数学理论推导给出证明。本书的研究工作能够拓展多智能体系统领域的研究内容，并为多智能体系统的应用研究提供可靠的技术支持及理论依据。

1.2 多智能体系统群集协同控制研究现状

多智能体系统的群集协同控制问题的研究已有 30 多年的历史，在众多应用领域都取得了重大的进展。本节对多智能体协同控制方面的相关研究工作进行梳理，并主要从多智能体一致性、时延下多智能体协同控制、未知动态干扰下的多智能体鲁棒协同控制以及非线性多智能体协同控制这几个方面展开。

1.2.1 多智能体系统一致性问题

多智能体系统的一致性是指系统中所有智能体都最终收敛至一个相同的状态，一致性是多智能体系统能否完成协同控制任务的关键条件之一。一致性行为在诸多工程领域均有广泛应用，如分布式卫星的姿态协同、无人机编队和机器人编队等。一致性的概念起源于 20 世纪 70 年代的统计学思想[1]，80 年代初，Borkar 等人[2]将一致性思想引入自动控制领域，研究了多智能体系统的渐进一致性问题。1987 年，Reynolds[3]通过对自然界中生物群体，如在对鸟群、鱼群等集群行为观察的基础上构建出了系统的计算机模型，提出了著名的 Boid 模型。在 Boid 模型中，多智能体系统须符合以下三条规则：①防碰撞，所有智能体在运动过程中要避免在群体内部发生相互碰撞；②聚合，每个智能体都要向其邻近智能体靠拢；③速度一致，所有智能体在运动过程中的速度要趋于一致。1995 年，Vicsek 等人[4]在 Boid 模型的基础上进行了研究。研究结果表明，在邻近规则的约束下，具有不同初始运动方向的多个智能体最终能够实现方向一致。Jadbabaie 等人[5]利用代数图理论和矩阵论的知识对 Vicsek 模型中不同智能体之间的运动特性给出了理论解释。2004 年，Olfati-Saber 等人[6]指出，当多智能体之间的通信拓扑为强连通的平衡图时，多智能体系统能够实现一致性。Ren 和 Beard[7]在文献[6]的基础上做了进一步研究。研究结果表明，多智能体系统在通信拓扑为有向树的条件下便可实现一致性，相比于文献中给出的条件，这一条件对拓扑图的约束要弱得多。自此之后，多智能体系统一致性问题的研究引起了国内外学者的广泛关注。下面将对国内外相关研究成果进行综述。

Yu 等人[8]针对具有采样位置数据的多智能体系统的二阶一致性问题进行了研究，证明了二阶系统的一致性可以通过选择适当的采样周期达到。Pan 等人[9]研究了基于二阶邻域信息的双积分离散时间多智能体系统的一致性问题，并对二阶邻居协议与一般协议的收敛速度进行了分析。He 和 Cao[10]对二阶系统的一致性算法进行了推广，提出了一种新的一致性协议用于解决高阶线性系统的一致性问题。Ma 等人[11]研究了一类有领导者的多智能体系统一致性控制问题，研究结果表明，当每个智能体接收到的信息都存在测量噪声时，可采用时变一致性增益的控制器设计方法去解决。Qin 等人[12]研究了具有一般线性系统动力学的多智能体在三种不同条件下的“领导者-跟随者”一致性问题。在多智能体系统的分布式一致性研究方面，Wen 等人[13]针对时不变无向通信拓扑中具有不连续观测的线性多智能体系统的分布式一致性问题进行了研究，指出了在连通拓扑的条件下，闭环多智能体系统的一致性问题可以转化为一组与每个智能体维数相同的切换系统的一致性问题。Su 和 Lin[14]指出，当各个时刻的通信拓扑图构成的集合满足具有有向生成树的条件时，文献[7]中提出的一阶线性系统的结果可扩展到一般的高阶线性系统。Yang 等人[15]采用动态事件触发的方法研究了一类线性多智能体系统的领导者一致性跟踪问题，并从理论上对系统的稳定性进行了分析，证明了闭环系统中的所有信号都是有界的。文献[16]研究了一类在有向通信拓扑下具有能量最优性能的线性多智能体系统的一致性控制问题，提出了一种基于代理与其邻居之间的相对信息的一致性控制协议，并设计了辅助变量来促进多智能体系统一致性的实现。多智能体系统一致性问题更多相关研究详见文献[17-25]。

1.2.2 时延下多智能体系统群集协同控制

在解决实际问题的过程中，由于控制系统的反馈回路、执行机构以及相关传感元件的特性，都存在不可避免的时延现象。而对于多智能体系统而言，由于各智能体之间的交互是通过网络数据传输来实现的，所以时延现象尤为明显。若控制系统中存在时延，则其量测的输入信号并非理想的状态信号 $x(t)$，而是时延状态信号 $x(t-\tau(t))$。这意味着控制器接收到的信号是系统之前某个时刻的状态，而不是当前时刻的状态。因此，时延问题若处理不当将会影响控制系统的性能，甚至会导致控制系统发散。下面将针对多智能体系统时延问题相关的研究成果进行介绍。

Liu 等人[26]针对具有无限时变时延的线性多智能体系统的一致性问题进行了研究，研究结果表明，当仅在系统状态矩阵的非对角项中存在时延影响时，可通过定义新的可传递矩阵来达到系统的一致性。文献[27]介绍了一种离散时间分布式一致性控制方法，该方法不需要对系统特征值进行分析，仅通过引入与通信拓扑周期互质的时间延迟就能使系统达到一致性。Lan 等人[28]针对一类具有延迟分布参数模型的多智能体系统提出了基于迭代学习的一致性控制方法。该方法在网络拓扑结构的基础上，利用最邻近知识，提出了一种基于迭代学习的一致性控制协议，并基于上述协议将一致性控制问题转换为离散动态系统的稳定性问题，进一步进行了迭代求解。

上述文献中只考虑了仅由系统自身特性引起的时延，然而在大多数情况下，由于各个智能体之间存在通信距离、执行机构或传感器存在的延迟现象，控制器的输出信号中往往也都存在时延分量。Yu 等人[29]针对二阶多智能体系统存在的通信时延问题进行了分析，并给出了在通信拓扑中包含有向生成树的条件下，多智能体系统在时延小于临界值时能够达成一致的充要条件。Qin 等人[30]研究了有向和任意切换拓扑下二阶多智能体系统在有通信时延下的一致性问题，通过使用线性矩阵不等式的方法给出了使系统能够达到一致的充分条件。文献[31]提出了一种基于事件触发的控制器更新方案用于实现在系统资源受限情况下“领导者-跟随者”系统的一致性，证明了该方案能够避免在触发时间序列中存在的 Zeno 现象。文献[32]提出了一种周期性采样和基于事件触发的混合控制方法来实现具有输入时延的一般多智能体系统的一致性控制。Liu 等人[33]针对一类具有大延迟序列的离散时间多智能体系统，研究了其在有向通信拓扑下的“领导者-跟随者”一致性控制问题。研究结果表明，通过构建了新的Lyapunov函数和对LDS的长度和频率进行约束的条件下，以线性矩阵不等式的形式给出了LDS系统能够实现一致性的充分条件。文献[34]针对具有输入时延的分布式多智能体系统双向事件触发的一致性跟踪问题提出了一种新颖的控制方法，该方法不要求邻居之间的连续通信，并且适用于带符号的通信拓扑结构。Ye和Su[35]通过应用Mittag－Leffler函数的性质、不等式的技术以及矩阵理论，得到了分数阶多智能体系统实现一致性的相关结论。文献[36]分析了具有固定拓扑的有向网络和具有固定拓扑及时延的无向网络的分布式一致性控制问题，并分别给出了两种网络能够实现一致性的充要条件，同时证明了系统的最大可容忍延迟时间仅与Laplace算子的最大特征值相关。Zhang等人[37]指出，具有输入时延的系统的最优一致性控制问题可以转化为无时延系统的最优一致性控制问题进行求解。更多有关多智能体系统时延问题的研究详见文献[38－50]。

1.2.3　多智能体系统鲁棒协同控制

多智能体系统的分析方法以及控制器的设计在大多数情况下需要依赖于系统的数学模型。但在对系统进行建模时，一方面，往往会存在不确定性的环境因素以及数学模型的人为简化；另一方面，系统的执行元件和控制元件在制作工艺上也会存在一定的误差，使得大多数系统存在结构或者参数的不确定性的问题。基于存在的上述问题，在实际中通常难以获取系统的精确数学模型。因此，学者们展开了对多智能体系统鲁棒控制问题的研究。

Wen等人[51]研究了具有不确定线性动力学的网络系统的分布式鲁棒闭环跟踪问题，研究结果表明，可以将闭环跟踪问题转化为网络化系统的全局鲁棒镇定问题进行求解。Huang等人[52]基于Lyapunov稳定性理论，将鲁棒一致性问题转化为误差系统的鲁棒镇定问题，并通过采用齐次参数相关Lyapunov函数及平方和技术，将鲁棒一致性问题进一步转化为规划问题。文献[53]指出，可通过设计合适的动态输出反馈协议同时处理具有异构不确定性和有向通信拓扑的线性多智能体系统的鲁棒一致性问题。Li等人[54]针对具有无向通信拓扑的不确定线性多智能体系统的分布式鲁棒控制问题进行了研究，研究结果表明，在二次稳定性的意义下，分布式鲁棒控制问题在一定条件下可等价于一组解耦线性系统的H_∞控制问题。Wang等人[55]指出，对于同一低维解耦线性系统，具有瞬态性能的分布式H_∞鲁棒控制问题可以转化为具有瞬态性能的H_∞控制问题。Liu等人[56]通过设计一个分布式事件触发输出反馈控制律和一个基于分布式输出的事件触发机制来解决一类线性最小相位多智能体系统的事件触发协作鲁棒输出调节问题。文献[57]研究了具有非周期性采样间隔和切换拓扑的“领导者-跟随者”多智能体系统的分布式H_∞一致性问题，研究结果表明，对于具有随时间变化的采样周期、切换拓扑和外部干扰的多智能体系统，可以将其跟踪问题转换为鲁棒的H_∞控制问题。

针对存在控制输入未知且有界的情况，文献[58]提出了一种分布式自适应一致性协议来保证一致性误差的有界性。Menon和Edwards[59]通过对实际多智能体系统的输入和输出进行适当的变换和缩放，解决了原系统中存在的相对传感信息不可观测问题。Zhu等人[60]通过构造分布式中间估计器来同时估计多智能体系统中领导者的未知控制输入和跟踪误差系统的状态，并证明了跟踪误差系统的状态一致并且最终有界。文献[61]利用Kalman滤波理论，对具有测量噪声的智能体状态信息进行估计，进而解决了同时存在系统噪声和通信噪声的多智能体系统的鲁棒协同控制问题。文献[62]针对以执行器或传感器故障向量为辅助状态向量的多智能体系统,利用智能体之间的相对输出估计误差,提出了一种用鲁棒观测器来实现故障诊断的方法。Zhao 等人[63]针对具有线性耦合动力学和外部干扰的网络化多智能体系统的比例一致控制问题进行了研究,并基于线性矩阵不等式的方法给出了保证所有智能体的状态达到比例一致的条件。文献[64]研究了含有多个未知项的随机线性多智能体系统分布式自适应跟踪型博弈问题,研究结果表明,当每个智能体的动力学模型包含时变参数和未建模的动力学参数时,可采用投影最小均方算法对系统存在的未知参数进行估计。更多有关多智能体鲁棒协同控制的研究详见文献[65-73]。

1.2.4　非线性多智能体系统群集协同控制

在前面的内容中,所介绍的方法大多是关于线性多智能体系统的研究,然而在现实问题中,系统的模型往往都是非线性的,如轮式机器人模型、刚体姿态模型及无人船模型等。国内外众多学者对于非线性多智能体系统也开展了深入的研究。下面将对非线性多智能体系统群集协同控制的相关研究进行介绍。

Shi 等人[74]借助于图论和凸分析的方法,证明了具有一阶动力学的非线性多智能体系统在非光滑的条件下能够达到状态一致。Meng 等人[75]在网络拓扑结构沿时间轴和迭代轴都有动态变化,并且相应的有向图可能没有生成树的条件下,通过采用迭代学习控制方法实现了非线性多智能体系统的协同控制。文献[76]详细分析了具有单个领导者的有限时间一致性跟踪控制问题以及具有多个领导者的有限时间包含控制问题。文献[77]通过新颖的分布式观测器和控制律设计,将非线性闭环多智能体系统转换为由输入至输出稳定子系统组成的大规模系统,并且通过使用循环小增益定理保证了系统的输入和输出稳定性。Zhu 和 Cheng[78]利用鲁棒的同质化技术,将异构的多个非线性智能体状态渐近地调节为统一的参考状态,并通过网络合作的方式实现多个智能体轨迹一致性。文献[79]针对一类具有状态时滞的非线性多智能体系统,提出了一种自适应神经网络一致性控制方法,利用径向基函数神经网络对智能体中的不确定非线性动力学进行了逼近。

在非线性多智能体系统的研究中,基于"领导者-跟随者"形式的跟踪控制问题长期以来都是一个热点方向。Song 等人[80]基于图论、矩阵论和 LaSalle 不变性原理,提出了一种控制算法以实现二阶非线性多智能体系统状态的协同跟踪。He 等人[81]指出,具有随机采样的"领导者-跟随者"问题可以转化为只有一个主系统和两个从系统的主从同步问题。文献[82]针对具有延迟脉冲的非线性多智能体系统推导出一个通用的一致性准则,并讨论了几种特殊情况下网络延迟对于系统拓扑的影响。Hua 等人[83]基于有限时间 Lyapunov 稳定性定理和矩阵论,解决了高阶非线性多智能体系统在有限时间下的领导者协同跟踪问题。针对通信带宽和存储空间受限情况下的 Lipschitz 非线性多智能体系统的领导者跟踪问题,文献[84]提出了一种基于事件触发的控制策略用于减少网络的通信负载。文献[85]提出了一种基于非线性自适应观测器的分布式控制方案用于解决仅有跟随者及其邻域的相对输出是可测的情况下的高阶非线性多智能体系统的"领导者-跟随者"协同控制问题。

此外,还有一些针对非线性多智能体系统的最优控制问题的研究成果,如 Zhang 等人[86]针对具有完全未知动态的连续时间非线性多智能体系统的分布式最优协同控制问题进行了研究，研究结果表明，通过引入预先设计的额外补偿器，可以有效地避免自适应动态规划技术对系统先验知识的要求。文献[87]提出了一种包括最优信号发生器和分布式部分镇定反馈控制器的两步设计方法，此设计方法用于解决具有不确定项的非线性异构多智能体系统的最优输出一致性问题。该文献基于事件触发机制，提出了一种只需间断通信的分布式控制律，用于解决非线性多智能体系统的最优动态编队问题。关于非线性多智能体协同控制的更多研究现状详见文献[88-98]。

1.3 多智能体系统群集协同控制研究存在的问题及本书内容

1.3.1 多智能体系统群集协同控制研究存在的问题

多智能体系统的群集协同控制经历了30多年的研究，取得了一些重要的理论研究成果，并在一些工程领域得到了应用。尽管如此，在现有研究中仍存在较多问题亟待解决和探索，例如：多智能体系统中的非均匀通信时延问题；大规模时延多智能体网络的降阶问题；未知干扰下的鲁棒协同控制问题；不依赖多智能体系统全局信息的全分布式群集协同控制问题；基于模糊理论的非线性多智能体系统群集协同控制问题；等等。

1.3.2 本书主要内容概述

本书针对多智能体系统群集协同控制研究中存在的几点问题进行探索，主要内容包括：①讨论各类通信拓扑情况下的多智能体系统一致性问题；②设计非均匀时延下的线性多智能体系统群集协同跟踪控制算法；③提出时延下的大规模多智能体网络降阶方法；④研究未知环境干扰作用下的多智能体系统高精度鲁棒协同控制；⑤提出全分布式非线性多智能体系统群集协同控制协议；⑥设计基于模糊理论的非线性多智能体系统群集协同控制算法。本书的主要结果将通过严格的数学推导给出证明，并且每一个理论结果均给出相应的实际应用仿真算例，以验证本书中结论的正确性以及方法的有效性和优越性。

本书后续部分的具体安排如下：

第2章为预备知识，主要介绍代数图理论的相关知识以及本书中用到的定义、引理和一些常用符号。

第3章研究线性多智能体系统的一致性控制问题，针对线性定常多智能体系统的无领航一致性问题，分别提出适用于无向拓扑图和有向平衡图的群集协同控制算法，实现系统的无领航一致性；针对线性定常多智能体系统的“领航-跟踪”一致性问题，分别提出适用于无向拓扑图、有向平衡图以及任意有向图的群集协同控制算法，确保跟随者能够跟踪上领航者的状态。通过多组仿真算例验证本章每一环节所提出方法的有效性。

第4章针对含有非均匀输入时延的线性多智能体系统，设计分布式群集协同控制算法，确保多智能体系统的“领航-跟踪”一致性。针对时延下的大规模多智能体系统，研究线性矩阵不等式的计算复杂度问题，提出了两种有效的降阶方法，并对这两种方法进行分析对比。以分布式卫星相对轨道转移问题为应用背景，通过仿真验证本章所提出的每种方法的有效性和优越性。

第 5 章研究线性多智能体系统中存在外干扰时的鲁棒协同控制问题，分别设计出积分型滑模控制算法、基于低通滤波器的动态滑模控制算法以及 H_∞ 控制算法。以多无人船的协同跟踪定位控制问题为应用背景，通过仿真验证本章所提出方法的有效性，并针对所设计的几种控制算法的特点进行对比分析。

第 6 章研究非线性多智能体系统的协同控制问题。针对高阶单输入非线性多智能体系统，提出基于高阶微分方程的群集协同控制算法；针对非线性多刚性体姿态系统，提出基于一阶微分方程和反步法的群集协同控制算法；针对具有常规非线性模型的多输入、多输出多智能体系统，提出基于 T－S 模糊理论的群集协同控制算法。此外，前两种方法是全分布式的群集控制算法，即控制器的整个设计和实施过程均不需要拓扑结构的全局信息。通过多组仿真算例验证本章所提出的每种算法的有效性。

第2章 预备知识

本章主要介绍本书中会用到的一些定义、引理和符号。

2.1 代数图理论

2.1.1 代数图理论的基本概念

代数图理论是研究多智能体系统的重要工具。在代数图理论中，常常用$\mathcal{G}=\{\mathcal{V},\varepsilon\}$来表示多智能体之间的通信拓扑结构，其中，$\mathcal{V}=\{v_1,v_2,\cdots,v_N\}$表示节点的集合，节点$v_i$则代表第$i$个智能体；$\varepsilon$表示代数图$\mathcal{G}$中边的集合。若节点$v_i$能够向节点$v_j$传输信息，则称$(v_i,v_j)$是代数图的一条边，即$(v_i,v_j)\in\varepsilon$，并将$v_i$称为父节点，将$v_j$称为子节点。$(v_i,v_i)$这种形式的边称为环。但在本书的研究中，不考虑含有环的情况。若节点v_i和节点v_j均能从对方获取信息，则称(v_i,v_j)为无向边。如果代数图$\mathcal{G}$中所有的边都是无向边，则称代数图$\mathcal{G}$为无向图，否则称其为有向图。有向图$\mathcal{G}$中，从节点v_i到节点v_j的一条有向路径由一系列有向边(v_i,v_{m_1})，(v_{m_2},v_{m_3})，…，(v_{m_l},v_j)构成。对于有向图$\mathcal{G}$，如果任取两个节点v_i和v_j，均存在一条从v_i到v_j的有向路径，则称有向图$\mathcal{G}$是强连通图。此外，强连通的无向图简称连通图。对于一个有向图$\mathcal{G}$，如果存在一个节点v_i，使得从v_i到其他任意节点均存在一条有向路径，则称有向图$\mathcal{G}$包含一个有向生成树，并称节点v_i为根节点。

在代数图理论中，经常用邻接矩阵$\boldsymbol{\mathcal{A}}=[a_{ij}]_{N\times N}$来表示代数图$\mathcal{G}$各节点之间的通信情况，当$(v_j,v_i)$是图$\mathcal{G}$的一条边时，取$a_{ij}=1$，否则取$a_{ij}=0$。此外，由于本书中不考虑图$\mathcal{G}$含有环的情况，所以$a_{ii}=0$。在图$\mathcal{G}$中，将节点$v_i$的入度$\deg_i^{\text{in}}$和出度$\deg_i^{\text{out}}$分别定义为$\deg_i^{\text{in}}=\sum_{j=1}^{N}a_{ij}$和$\deg_i^{\text{out}}=\sum_{j=1}^{N}a_{ji}$。如果对于任意节点$v_i$，均有$\deg_i^{\text{in}}=\deg_i^{\text{out}}$，则称代数图$\mathcal{G}$为平衡图。另外，还可用代数图$\mathcal{G}$的 Laplacian 矩阵$\boldsymbol{L}=[l_{ij}]_{N\times N}$来描述图$\mathcal{G}$各节点之间的通信情况，其定义如下：

$$l_{ij}=\begin{cases}\sum_{j=1}^{N}a_{ij}, & i=j\\ -a_{ij}, & i\neq j\end{cases} \tag{2-1}$$

对于无向图$\mathcal{G}$，由于$a_{ij}=a_{ji}$，所以，图$\mathcal{G}$对应的 Laplacian 矩阵是对称矩阵。

2.1.2 矩阵的 Kronecker 乘积

在对多智能体系统协同控制问题的研究中，经常用到矩阵的 Kronecker 乘积，本节将给出

Kronecker 乘积的定义和一些基本运算法则。

对于如下矩阵：

$$\left.\begin{aligned} \boldsymbol{A}&=\begin{bmatrix} a_{11} & a_{12} & \cdots & a_{1n} \\ a_{21} & a_{22} & \cdots & a_{2n} \\ \vdots & \vdots & & \vdots \\ a_{m1} & a_{m2} & \cdots & a_{mn} \end{bmatrix} \\ \boldsymbol{B}&=\begin{bmatrix} b_{11} & b_{12} & \cdots & b_{1q} \\ b_{21} & b_{22} & \cdots & b_{2q} \\ \vdots & \vdots & & \vdots \\ b_{p1} & b_{p2} & \cdots & b_{pq} \end{bmatrix} \end{aligned}\right\} \tag{2-2}$$

定义 $\boldsymbol{A}\otimes\boldsymbol{B}$ 为两矩阵的 Kronecker 乘积，其表达式为

$$\boldsymbol{A}\otimes\boldsymbol{B}=\begin{bmatrix} a_{11}b_{11} & a_{11}b_{12} & \cdots & a_{11}b_{1q} & \cdots & \cdots & a_{1n}b_{11} & a_{1n}b_{12} & \cdots & a_{1n}b_{1q} \\ a_{11}b_{21} & a_{11}b_{22} & \cdots & a_{11}b_{2q} & \cdots & \cdots & a_{1n}b_{21} & a_{1n}b_{22} & \cdots & a_{1n}b_{2q} \\ \vdots & \vdots & & \vdots & & & \vdots & \vdots & & \vdots \\ a_{11}b_{p1} & a_{11}b_{p2} & \cdots & a_{11}b_{pq} & \cdots & \cdots & a_{1n}b_{p1} & a_{1n}b_{p2} & \cdots & a_{1n}b_{pq} \\ \vdots & \vdots & & \vdots & & & \vdots & \vdots & & \vdots \\ a_{m1}b_{11} & a_{m1}b_{12} & \cdots & a_{m1}b_{1q} & \cdots & \cdots & a_{mn}b_{11} & a_{mn}b_{12} & \cdots & a_{mn}b_{1q} \\ a_{m1}b_{21} & a_{m1}b_{22} & \cdots & a_{m1}b_{2q} & \cdots & \cdots & a_{mn}b_{21} & a_{mn}b_{22} & \cdots & a_{mn}b_{2q} \\ \vdots & \vdots & & \vdots & & & \vdots & \vdots & & \vdots \\ a_{m1}b_{p1} & a_{m1}b_{p2} & \cdots & a_{m1}b_{pq} & \cdots & \cdots & a_{mn}b_{p1} & a_{mn}b_{p2} & \cdots & a_{mn}b_{pq} \end{bmatrix} \tag{2-3}$$

对于矩阵 $\boldsymbol{A},\boldsymbol{B},\boldsymbol{C},\boldsymbol{D}$ 和标量 k，有如下基本运算法则[99]：

(1) $\boldsymbol{A}\otimes(\boldsymbol{B}+\boldsymbol{C})=\boldsymbol{A}\otimes\boldsymbol{B}+\boldsymbol{A}\otimes\boldsymbol{C}$；

(2) $(\boldsymbol{B}+\boldsymbol{C})\otimes\boldsymbol{A}=\boldsymbol{B}\otimes\boldsymbol{A}+\boldsymbol{C}\otimes\boldsymbol{A}$；

(3) $(k\boldsymbol{A})\otimes\boldsymbol{B}=\boldsymbol{A}\otimes k\boldsymbol{B}=k(\boldsymbol{A}\otimes\boldsymbol{B})$；

(4) $(\boldsymbol{A}\otimes\boldsymbol{B})\otimes\boldsymbol{C}=\boldsymbol{A}\otimes(\boldsymbol{B}\otimes\boldsymbol{C})$；

(5) $(\boldsymbol{A}\otimes\boldsymbol{B})(\boldsymbol{C}\otimes\boldsymbol{D})=(\boldsymbol{AC})\otimes(\boldsymbol{BD})$；

(6) $(\boldsymbol{A}\otimes\boldsymbol{B})^{-1}=\boldsymbol{A}^{-1}\otimes\boldsymbol{B}^{-1}$；

(7) $(\boldsymbol{A}\otimes\boldsymbol{B})^{\mathrm{T}}=\boldsymbol{A}^{\mathrm{T}}\otimes\boldsymbol{B}^{\mathrm{T}}$。

2.2 一些定义及引理

定义 2.1(H_∞ 性能)[100]：对于任意系统，若如下两组条件均成立：

(1) 当外干扰为零时，系统是渐进稳定的。

(2) 当外干扰不为零时，在零初值条件下，有

$$\int_0^\infty \boldsymbol{x}^{\mathrm{T}}(t)\boldsymbol{M}\boldsymbol{x}(t)\mathrm{d}t \leqslant \gamma^2\int_0^\infty \boldsymbol{w}^{\mathrm{T}}(t)\boldsymbol{M}\boldsymbol{w}(t)\mathrm{d}t \tag{2-4}$$

式中，$\boldsymbol{x}(t)$ 表示系统状态变量；$\boldsymbol{w}(t)$ 表示外界干扰；$\boldsymbol{M}$ 表示正定对称的加权矩阵；γ 为任意正数。

称该系统是满足 H_∞ 性能指标 γ 的渐进稳定系统。此外，外界干扰 $\boldsymbol{w}(t)$ 应满足如下条件：

$$\int_0^\infty \boldsymbol{w}^{\mathrm{T}}(t)\boldsymbol{M}\boldsymbol{w}(t)\mathrm{d}t \leqslant W < \infty \tag{2-5}$$

引理 2.1(Schur 补引理)[101]：对于给定的对称矩阵 $\boldsymbol{S}=\begin{bmatrix}\boldsymbol{S}_{11} & \boldsymbol{S}_{12}\\ \boldsymbol{S}_{12}^{\mathrm{T}} & \boldsymbol{S}_{22}\end{bmatrix}$，以下三组条件是等价的：

(1)$\boldsymbol{S}<0$；

(2)$\boldsymbol{S}_{11}<0,\boldsymbol{S}_{22}-\boldsymbol{S}_{12}^{\mathrm{T}}\boldsymbol{S}_{11}^{-1}\boldsymbol{S}_{12}<0$；

(3)$\boldsymbol{S}_{22}<0,\boldsymbol{S}_{11}-\boldsymbol{S}_{12}\boldsymbol{S}_{22}^{-1}\boldsymbol{S}_{12}^{\mathrm{T}}<0$。

引理 2.2[100]：对于任意列向量 $\boldsymbol{x},\boldsymbol{y}$ 以及正定对称矩阵 $\boldsymbol{Z}$，均有

$$2\boldsymbol{x}^{\mathrm{T}}\boldsymbol{y} \leqslant \boldsymbol{x}^{\mathrm{T}}\boldsymbol{Z}\boldsymbol{x}+\boldsymbol{y}^{\mathrm{T}}\boldsymbol{Z}^{-1}\boldsymbol{y} \tag{2-6}$$

引理 2.3[102]：对于一个由 $N+1$ 个智能体节点构成的有向图 $\mathcal{G}$，若 $\mathcal{G}$ 中包含一个有向生成树，且将生成树的根节点定义为节点 v_0，则图 $\mathcal{G}$ 对应的 Laplacian 矩阵 $\boldsymbol{L}$ 可化作

$$\boldsymbol{L}=\begin{bmatrix}\boldsymbol{0} & \boldsymbol{0}_{1\times N}\\ \boldsymbol{L}_2 & \boldsymbol{L}_1\end{bmatrix} \tag{2-7}$$

其中，矩阵 $\boldsymbol{L}_1$ 为满秩矩阵，且 $\boldsymbol{L}_1$ 的特征值均具有正实部。此外，存在正定对角矩阵 $\boldsymbol{G}=\mathrm{diag}\{g_1,g_2,\cdots,g_N\}$，其中，$g_i>0(i=1,2,\cdots,N)$，使得矩阵 $\boldsymbol{G}\boldsymbol{L}_1+\boldsymbol{L}_1^{\mathrm{T}}\boldsymbol{G}$ 正定，即 $\boldsymbol{G}\boldsymbol{L}_1+\boldsymbol{L}_1^{\mathrm{T}}\boldsymbol{G}>0$ 成立。

引理 2.4[6,12]：对于有向图 $\mathcal{G}$，若 $\mathcal{G}$ 为平衡图，则可以定义图 $\mathcal{G}$ 的镜像图为 $\mathcal{G}_M=\{V,\varepsilon_M\}$，其中，$\varepsilon_M=\varepsilon\cup\varepsilon_r$，而 ε_r 表示图 $\mathcal{G}$ 中所有边对应的逆向边的集合。镜像图 $\mathcal{G}_M$ 对应的邻接矩阵为 $\boldsymbol{\mathcal{A}}_M=[a_{Mij}]_{N\times N}$，其中，$a_{Mij}=(a_{ij}+a_{ji})/2$；镜像图 $\mathcal{G}_M$ 对应的 Laplacian 矩阵为 $\boldsymbol{L}_M=(\boldsymbol{L}+\boldsymbol{L}^{\mathrm{T}})/2$。此外，若有向图 $\mathcal{G}$ 包含一个有向生成树，则镜像图 $\mathcal{G}_M$ 对应的 Laplacian 矩阵有且仅有一个零特征值，且其余特征值均大于零。

引理 2.5[103]：对于定常的正定对称矩阵 $\boldsymbol{M}$ 和实向量 $\boldsymbol{x}(t)$，$t\in[0,\gamma]$，有如下不等式成立：

$$\gamma\int_0^\gamma \boldsymbol{x}^{\mathrm{T}}(t)\boldsymbol{M}\boldsymbol{x}(t)\mathrm{d}t \geqslant \left(\int_0^\gamma \boldsymbol{x}(t)\mathrm{d}t\right)^{\mathrm{T}}\boldsymbol{M}\left(\int_0^\gamma \boldsymbol{x}(t)\mathrm{d}t\right) \tag{2-8}$$

引理 2.6[104]：对于一个正定标量 $f(t)$，若存在实数 $c>0$ 以及 $0<p<1$，使得 $\dot{f}(t)\leqslant -cf^p(t)$，则 $f(t)$ 将在有限时间 T_{con} 内收敛至零，且 T_{con} 满足

$$T_{\mathrm{con}}=\frac{f^{1-p}(0)}{c(1-p)} \tag{2-9}$$

引理 2.7[105]：对于无向图 $\mathcal{G}$，若 $\mathcal{G}$ 为连通图，则 $\mathcal{G}$ 对应的 Laplacian 矩阵 $\boldsymbol{L}$ 有且仅有一个零特征值，且其余特征值均大于零。此外，存在酉矩阵 $\boldsymbol{Y}$，使得 $\boldsymbol{Y}^{\mathrm{T}}\boldsymbol{L}\boldsymbol{Y}=\mathrm{diag}\{\lambda_1,\lambda_2,\cdots,\lambda_N\}$，其中 $\lambda_1=0,\lambda_i>0,i\in\{2,3,\cdots,N\}$；Laplacian 矩阵 $\boldsymbol{L}$ 的零特征值 λ_1 对应的左、右特征向量分别为 $c\boldsymbol{1}_N^{\mathrm{T}}$ 和 $c\boldsymbol{1}_N$，其中，c 为任意非零常数。

引理 2.8[7]：对于任意拓扑图 $\mathcal{G}$，其对应的 Laplacian 矩阵 $\boldsymbol{L}$ 满足 $\boldsymbol{L}\boldsymbol{1}_N=\boldsymbol{0}$。此外，若 $\mathcal{G}$ 为无向图或有向平衡图，还满足 $\boldsymbol{1}_N^{\mathrm{T}}\boldsymbol{L}=\boldsymbol{0}$。

引理 2.9[106]：若矩阵 $\boldsymbol{A}$ 的所有特征值均具有负实部，则对于任意正定矩阵 $\boldsymbol{Q}>0$，如下 Lyapunov 方程均有正定解 $\boldsymbol{P}>0$：

$$\boldsymbol{P}\boldsymbol{A}+\boldsymbol{A}^{\mathrm{T}}\boldsymbol{P}=-\boldsymbol{Q} \tag{2-10}$$

引理 2.10[99]：对于任意实数向量 $\boldsymbol{x}=[x_1 \quad x_2 \quad x_3]^{\mathrm{T}}$ 和 $\boldsymbol{y}=[y_1 \quad y_2 \quad y_3]^{\mathrm{T}}$，其斜对称矩阵均具有如下性质：

$$\boldsymbol{x}^{\times}\boldsymbol{x}=\begin{bmatrix}0 & -x_3 & x_2\\ x_3 & 0 & -x_1\\ -x_2 & x_1 & 0\end{bmatrix}\begin{bmatrix}x_1\\ x_2\\ x_3\end{bmatrix}=\begin{bmatrix}-x_3x_2+x_2x_3\\ x_3x_1-x_1x_3\\ -x_2x_1+x_1x_2\end{bmatrix}=\mathbf{0}_{3\times 1} \tag{2-11}$$

$$\boldsymbol{x}^{\times}\boldsymbol{y}=\begin{bmatrix}0 & -x_3 & x_2\\ x_3 & 0 & -x_1\\ -x_2 & x_1 & 0\end{bmatrix}\begin{bmatrix}y_1\\ y_2\\ y_3\end{bmatrix}=-\begin{bmatrix}0 & -y_3 & y_2\\ y_3 & 0 & -y_1\\ -y_2 & y_1 & 0\end{bmatrix}\begin{bmatrix}x_1\\ x_2\\ x_3\end{bmatrix}=-\boldsymbol{y}^{\times}\boldsymbol{x} \tag{2-12}$$

引理 2.11[99]：若矩阵 $\boldsymbol{A}\in\mathbf{R}^{m\times m}$ 的 m 个特征值分别为 $\lambda_1,\lambda_2,\cdots,\lambda_m$，矩阵 $\boldsymbol{B}\in\mathbf{R}^{n\times n}$ 的 n 个特征值分别为 $\mu_1,\mu_2,\cdots,\mu_n$，则矩阵 $\boldsymbol{A}\otimes\boldsymbol{B}$ 的 mn 个特征值为 $\lambda_i\mu_j$，其中，$i=1,2,\cdots,m$；$j=1,2,\cdots,n$。

2.3 本书使用的符号

$\mathbf{R}^{m\times n}$ 表示 $m\times n$ 维的实数域。

$\boldsymbol{I}_n$ 表示 n 阶单位矩阵，省略下标则表示具有适当阶数的单位矩阵。

$\mathbf{1}_n$ 表示元素全部为 1 的 n 维向量，即 $\mathbf{1}_n=[\underbrace{1 \quad 1 \quad \cdots \quad 1}_{n\text{个元素}}]^{\mathrm{T}}$。

$\mathbf{0}_{m\times n}$ 表示 $m\times n$ 阶零矩阵(矩阵元素均为零)。

$\boldsymbol{A}^{\mathrm{T}}$ 表示矩阵 $\boldsymbol{A}$ 的转置。

$\boldsymbol{A}^{-1}$ 表示非奇异(可逆) 矩阵 $\boldsymbol{A}$ 的逆。

$\boldsymbol{A}>0(\boldsymbol{A}\geqslant 0)$ 表示对称矩阵 $\boldsymbol{A}$ 是正定(半正定) 的；$\boldsymbol{A}<0(\boldsymbol{A}\leqslant 0)$ 表示对称矩阵 $\boldsymbol{A}$ 是负定(半负定) 的。

$\lambda_{\min}(\boldsymbol{A})$ 表示矩阵 $\boldsymbol{A}$ 的最小特征值；$\lambda_{\max}(\boldsymbol{A})$ 表示矩阵 $\boldsymbol{A}$ 的最大特征值。

$\mathrm{sgn}(a)$ 表示变量 a 的符号函数，具体表达式如下：

$$\mathrm{sgn}(a)=\begin{cases}1, & a>0\\ -1, & a<0\\ 0, & a=0\end{cases}$$

$\mathrm{diag}\{\boldsymbol{A}_1,\cdots,\boldsymbol{A}_n\}$ 表示第 i 个主对角阵为 $\boldsymbol{A}_i$，其余位置元素均为零的分块对角矩阵。

$\|\boldsymbol{x}\|$ 表示向量 $\boldsymbol{x}$ 的 2 范数，其定义为 $\|\boldsymbol{x}\|=\sqrt{\boldsymbol{x}^{\mathrm{T}}\boldsymbol{x}}$；$\|\boldsymbol{A}\|$ 表示矩阵 $\boldsymbol{A}$ 的 2 范数，其定义为 $\|\boldsymbol{A}\|=\lambda_{\max}((\boldsymbol{A}^{\mathrm{T}}\boldsymbol{A})^{1/2})=\lambda_{\max}((\boldsymbol{A}\boldsymbol{A}^{\mathrm{T}})^{1/2})$。

$*$ 表示对称矩阵中的对称部分，例如，对于如下对称矩阵：

$$\begin{bmatrix}\boldsymbol{A}_{11} & \boldsymbol{A}_{12}\\ * & \boldsymbol{A}_{22}\end{bmatrix}$$

$*$ 就表示与 $\boldsymbol{A}_{12}$ 对称的部分，即 $*=\boldsymbol{A}_{12}^{\mathrm{T}}$。

$\det\{\boldsymbol{A}\}$ 表示矩阵 $\boldsymbol{A}$ 的行列式。

$\dot{x}$ 表示变量对时间的一阶导数；$\ddot{x}$ 表示变量对时间的二阶导数；$x^{(n)}$ 表示变量对时间的 n 阶导数。

$\boldsymbol{x}^{\times}$ 表示向量 $\boldsymbol{x}=[x_1 \quad x_2 \quad x_3]^{\mathrm{T}}$ 的斜对称矩阵，具体表达式如下：

$$\boldsymbol{x}^{\times}=\begin{bmatrix} 0 & -x_3 & x_2 \\ x_3 & 0 & -x_1 \\ -x_2 & x_1 & 0 \end{bmatrix}$$

第3章　线性多智能体系统一致性控制

3.1　研究背景

多智能体系统的一致性是指系统中所有的智能体节点都最终收敛至一个相同的状态，一致性理论是多智能体系统完成协同控制任务的基础。一致性行为在诸多工程领域均有广泛应用，如分布式卫星的姿态协同、无人机编队和地面机器人编队等。本章将在多智能体一致性理论的基础上，研究具有一般线性模型的多智能体系统无领航一致性控制和“领航-跟踪”一致性控制问题。

3.2　基于无领航一致性的多智能体系统协同控制

3.2.1　问题构建

考虑连续时间高阶线性多智能体系统，系统的状态方程如下：

$$\dot{\boldsymbol{x}}_i(t)=\boldsymbol{A}\boldsymbol{x}_i(t)+\boldsymbol{B}\boldsymbol{u}_i(t),\quad i=1,2,\cdots,N \tag{3-1}$$

其中，下角标 i 表示第 i 个智能体；$\boldsymbol{x}_i(t)\in\mathbf{R}^{p\times 1}$，$\boldsymbol{x}_i(t)$ 为系统的状态变量；$\boldsymbol{u}_i(t)\in\mathbf{R}^{q\times 1}$，$\boldsymbol{u}_i(t)$ 为系统的控制输入变量；$\boldsymbol{A}\in\mathbf{R}^{p\times p}$ 和 $\boldsymbol{B}\in\mathbf{R}^{p\times q}$ 表示系统的参数矩阵，且 $\boldsymbol{A}$ 和 $\boldsymbol{B}$ 均为常值矩阵。

本节通过设计控制器 $\boldsymbol{u}_i(t)$ 来实现式(3-1)中描述的线性多智能体系统状态一致性，即保证如下等式成立：

$$\lim_{t\to\infty}\boldsymbol{x}_1(t)=\lim_{t\to\infty}\boldsymbol{x}_2(t)=\cdots=\lim_{t\to\infty}\boldsymbol{x}_N(t) \tag{3-2}$$

此外，本节还考虑无领航模式下的多智能体系统，即系统式(3-1)中不存在领航者节点，每个智能体节点在实现一致性之后的最终状态取决于各自的初值。

3.2.2　主要结果

下面讨论当多智能体网络拓扑图分别为无向图和有向平衡图时，系统的状态变量 $\boldsymbol{x}_i(t)$ 的一致性。

当多智能体网络拓扑图为无向连通图时，定义变量 $\boldsymbol{\xi}_i(t)=\sum_{j=1}^{N}a_{ij}(\boldsymbol{x}_i(t)-\boldsymbol{x}_j(t))$，并设计

如下控制器：

$$\boldsymbol{u}_i(t)=c\boldsymbol{K}_1\boldsymbol{\xi}_i(t) \tag{3-3}$$

其中，$\boldsymbol{K}_1$ 为待求的控制增益矩阵；c 为加权参数。

由于多智能体网络拓扑图为无向连通图，所以，根据引理 2.7 可知：存在一个酉矩阵 $\boldsymbol{Y}$，使得

$$\boldsymbol{Y}^{\mathrm{T}}\boldsymbol{L}\boldsymbol{Y}=\mathrm{diag}\{\lambda_1,\lambda_2,\cdots,\lambda_N\}$$

其中，$\lambda_1=0$；$\lambda_i>0, i\in\{2,3,\cdots,N\}$。

令

$$\boldsymbol{\xi}(t)=[\boldsymbol{\xi}_1^{\mathrm{T}}(t)\quad \boldsymbol{\xi}_2^{\mathrm{T}}(t)\quad \cdots\quad \boldsymbol{\xi}_N^{\mathrm{T}}(t)]^{\mathrm{T}}$$

并定义变量

$$\boldsymbol{\varepsilon}(t)=[\boldsymbol{\varepsilon}_1^{\mathrm{T}}(t)\quad \boldsymbol{\varepsilon}_2^{\mathrm{T}}(t)\quad \cdots\quad \boldsymbol{\varepsilon}_N^{\mathrm{T}}(t)]^{\mathrm{T}}=(\boldsymbol{Y}^{\mathrm{T}}\otimes\boldsymbol{I}_p)\boldsymbol{\xi}(t)$$

根据引理 2.7 可知：Laplacian 矩阵 $\boldsymbol{L}$ 的零特征值 λ_1 对应的左、右特征向量分别为 $k\boldsymbol{1}_N^{\mathrm{T}}$ 和 $k\boldsymbol{1}_N$，其中 $k\neq 0$。选取酉矩阵 $\boldsymbol{Y}$ 和 $\boldsymbol{Y}^{\mathrm{T}}$ 分别如下：

$$\boldsymbol{Y}=\begin{bmatrix}\dfrac{\boldsymbol{1}_N}{\sqrt{N}} & \boldsymbol{M}_1\end{bmatrix},\quad \boldsymbol{Y}^{\mathrm{T}}=\begin{bmatrix}\dfrac{\boldsymbol{1}_N^{\mathrm{T}}}{\sqrt{N}}\\ \boldsymbol{M}_2\end{bmatrix} \tag{3-4}$$

其中，$\boldsymbol{M}_1\in\mathbf{R}^{N\times(N-1)}$；$\boldsymbol{M}_2\in\mathbf{R}^{(N-1)\times N}$。

引理 3.1：当多智能体网络拓扑图为无向连通图时，系统式(3-1) 实现状态一致的充分必要条件为 $\tilde{\boldsymbol{\varepsilon}}(t)=[\boldsymbol{\varepsilon}_2^{\mathrm{T}}(t)\quad \boldsymbol{\varepsilon}_3^{\mathrm{T}}(t)\quad \cdots\quad \boldsymbol{\varepsilon}_N^{\mathrm{T}}(t)]^{\mathrm{T}}=\boldsymbol{0}$，即 $\boldsymbol{x}_1(t)=\boldsymbol{x}_2(t)=\cdots=\boldsymbol{x}_N(t)\Leftrightarrow\tilde{\boldsymbol{\varepsilon}}(t)=\boldsymbol{0}$。

证明：变量 $\boldsymbol{\xi}_i(t)$ 对应的全局增广变量为

$$\boldsymbol{\xi}(t)=(\boldsymbol{L}\otimes\boldsymbol{I}_p)\boldsymbol{X}(t) \tag{3-5}$$

其中，$\boldsymbol{X}(t)=[\boldsymbol{x}_1^{\mathrm{T}}(t)\quad \boldsymbol{x}_2^{\mathrm{T}}(t)\quad \cdots\quad \boldsymbol{x}_N^{\mathrm{T}}(t)]^{\mathrm{T}}$。此外，式(3-1) 描述的多智能体系统所对应的全局系统如下：

$$\dot{\boldsymbol{X}}(t)=(\boldsymbol{I}_N\otimes\boldsymbol{A})\boldsymbol{X}(t)+(\boldsymbol{I}_N\otimes\boldsymbol{B})\boldsymbol{U}(t) \tag{3-6}$$

其中，$\boldsymbol{U}(t)=[\boldsymbol{u}_1^{\mathrm{T}}(t)\quad \boldsymbol{u}_2^{\mathrm{T}}(t)\quad \cdots\quad \boldsymbol{u}_N^{\mathrm{T}}(t)]^{\mathrm{T}}$。根据系统式(3-6)，对式(3-5) 求导有

$$\begin{aligned}\dot{\boldsymbol{\xi}}(t)&=(\boldsymbol{L}\otimes\boldsymbol{I}_p)\dot{\boldsymbol{X}}(t)=(\boldsymbol{L}\otimes\boldsymbol{I}_p)((\boldsymbol{I}_N\otimes\boldsymbol{A})\boldsymbol{X}(t)+(\boldsymbol{I}_N\otimes\boldsymbol{B})\boldsymbol{U}(t))=\\&(\boldsymbol{I}_N\otimes\boldsymbol{A})(\boldsymbol{L}\otimes\boldsymbol{I}_p)\boldsymbol{X}(t)+(\boldsymbol{L}\otimes\boldsymbol{B})\boldsymbol{U}(t)=\\&(\boldsymbol{I}_N\otimes\boldsymbol{A})\boldsymbol{\xi}(t)+(\boldsymbol{L}\otimes\boldsymbol{B})\boldsymbol{U}(t)\end{aligned} \tag{3-7}$$

式(3-3) 所描述的控制变量对应的全局增广控制变量为

$$\boldsymbol{U}(t)=(\boldsymbol{I}_N\otimes c\boldsymbol{K}_1)\boldsymbol{\xi}(t) \tag{3-8}$$

将式(3-8) 代入式(3-7) 中有

$$\dot{\boldsymbol{\xi}}(t)=(\boldsymbol{I}_N\otimes\boldsymbol{A}+\boldsymbol{L}\otimes c\boldsymbol{B}\boldsymbol{K}_1)\boldsymbol{\xi}(t) \tag{3-9}$$

根据式(3-9)，对前述定义的变量 $\boldsymbol{\varepsilon}(t)$ 求导有

$$\begin{aligned}\dot{\boldsymbol{\varepsilon}}(t)&=(\boldsymbol{Y}^{\mathrm{T}}\otimes\boldsymbol{I}_p)\dot{\boldsymbol{\xi}}(t)=(\boldsymbol{Y}^{\mathrm{T}}\otimes\boldsymbol{I}_p)(\boldsymbol{I}_N\otimes\boldsymbol{A}+\boldsymbol{L}\otimes c\boldsymbol{B}\boldsymbol{K}_1)\boldsymbol{\xi}(t)=\\&(\boldsymbol{I}_N\otimes\boldsymbol{A})(\boldsymbol{Y}^{\mathrm{T}}\otimes\boldsymbol{I}_p)\boldsymbol{\xi}(t)+(c\boldsymbol{Y}^{\mathrm{T}}\boldsymbol{L}\otimes\boldsymbol{B}\boldsymbol{K}_1)\boldsymbol{\xi}(t)=\\&(\boldsymbol{I}_N\otimes\boldsymbol{A})\boldsymbol{\varepsilon}(t)+(c\boldsymbol{Y}^{\mathrm{T}}\boldsymbol{L}\otimes\boldsymbol{B}\boldsymbol{K}_1)\boldsymbol{\xi}(t)\end{aligned} \tag{3-10}$$

由于 $\boldsymbol{Y}$ 为酉矩阵，即 $\boldsymbol{Y}^{-1}=\boldsymbol{Y}^{\mathrm{T}}$（或 $\boldsymbol{Y}^{-\mathrm{T}}=\boldsymbol{Y}$），所以，根据 $\boldsymbol{\varepsilon}(t)=(\boldsymbol{Y}^{\mathrm{T}}\otimes\boldsymbol{I}_p)\boldsymbol{\xi}(t)$ 易知

$$\boldsymbol{\xi}(t)=(\boldsymbol{Y}^{-\mathrm{T}}\otimes\boldsymbol{I}_p)\boldsymbol{\varepsilon}(t)=(\boldsymbol{Y}\otimes\boldsymbol{I}_p)\boldsymbol{\varepsilon}(t) \tag{3-11}$$

将式(3-11) 代入式(3-10) 中可得

$$\begin{aligned}\dot{\boldsymbol{\varepsilon}}(t)=&(\boldsymbol{I}_N\otimes\boldsymbol{A})\boldsymbol{\varepsilon}(t)+(c\boldsymbol{Y}^{\mathrm{T}}\boldsymbol{L}\otimes\boldsymbol{B}\boldsymbol{K}_1)(\boldsymbol{Y}\otimes\boldsymbol{I}_p)\boldsymbol{\varepsilon}(t)=\\&(\boldsymbol{I}_N\otimes\boldsymbol{A})\boldsymbol{\varepsilon}(t)+(c\boldsymbol{Y}^{\mathrm{T}}\boldsymbol{L}\boldsymbol{Y}\otimes\boldsymbol{B}\boldsymbol{K}_1)\boldsymbol{\varepsilon}(t)=(\boldsymbol{I}_N\otimes\boldsymbol{A}+c\boldsymbol{\Lambda}_N\otimes\boldsymbol{B}\boldsymbol{K}_1)\boldsymbol{\varepsilon}(t)\end{aligned}\tag{3-12}$$

式中，$\boldsymbol{\Lambda}_N=\mathrm{diag}\{\lambda_1,\lambda_2,\cdots,\lambda_N\}$。

由于矩阵 $\boldsymbol{Y}$ 可逆，则 $\boldsymbol{\xi}(t)=\boldsymbol{0}$ 等价于 $\boldsymbol{\varepsilon}(t)=\boldsymbol{0}$，所以 $\lim\limits_{t\to\infty}\boldsymbol{\xi}(t)=0$ 等价于系统式(3-12)的渐进稳定性。

此外，根据式(3-4)，可将 $\boldsymbol{\varepsilon}_1(t)$ 转化为如下形式：

$$\boldsymbol{\varepsilon}_1(t)=((\boldsymbol{1}_N^{\mathrm{T}}/\sqrt{N})\otimes\boldsymbol{I}_p)\boldsymbol{\xi}(t)\tag{3-13}$$

将式(3-5)代入式(3-13)中可得

$$\boldsymbol{\varepsilon}_1(t)=((\boldsymbol{1}_N^{\mathrm{T}}/\sqrt{N})\otimes\boldsymbol{I}_p)(\boldsymbol{L}\otimes\boldsymbol{I}_p)\boldsymbol{X}(t)=((\boldsymbol{1}_N^{\mathrm{T}}\boldsymbol{L}/\sqrt{N})\otimes\boldsymbol{I}_p)\boldsymbol{X}(t)\tag{3-14}$$

根据引理 2.8，当拓扑图为无向图时，有 $\boldsymbol{1}_N^{\mathrm{T}}\boldsymbol{L}=\boldsymbol{0}$，进而有

$$\boldsymbol{\varepsilon}_1(t)=\boldsymbol{0}\tag{3-15}$$

因此，$\boldsymbol{\xi}(t)=\boldsymbol{0}$ 等价于 $\tilde{\boldsymbol{\varepsilon}}(t)=[\boldsymbol{\varepsilon}_2^{\mathrm{T}}(t)\quad\boldsymbol{\varepsilon}_3^{\mathrm{T}}(t)\quad\cdots\quad\boldsymbol{\varepsilon}_N^{\mathrm{T}}(t)]^{\mathrm{T}}=\boldsymbol{0}$。

接下来证明当拓扑图为无向连通图时，$\boldsymbol{x}_1(t)=\boldsymbol{x}_2(t)=\cdots=\boldsymbol{x}_N(t)$ 成立的充分必要条件是 $\boldsymbol{\xi}(t)=\boldsymbol{0}$。

(1) 必要性证明。当 $\boldsymbol{x}_1(t)=\boldsymbol{x}_2(t)=\cdots=\boldsymbol{x}_N(t)$ 时，令 $\boldsymbol{x}_i(t)=\boldsymbol{c}(t)$，$i=\{1,2,\cdots,N\}$，其中，$\boldsymbol{c}(t)$ 为任意时变向量，则根据式(3-5)有

$$\begin{aligned}\boldsymbol{\xi}(t)=&(\boldsymbol{L}\otimes\boldsymbol{I}_p)\boldsymbol{X}(t)=(\boldsymbol{L}\otimes\boldsymbol{I}_p)[\boldsymbol{x}_1^{\mathrm{T}}(t)\quad\boldsymbol{x}_2^{\mathrm{T}}(t)\quad\cdots\quad\boldsymbol{x}_N^{\mathrm{T}}(t)]^{\mathrm{T}}=\\&(\boldsymbol{L}\otimes\boldsymbol{I}_p)[\boldsymbol{c}^{\mathrm{T}}(t)\quad\boldsymbol{c}^{\mathrm{T}}(t)\quad\cdots\quad\boldsymbol{c}^{\mathrm{T}}(t)]^{\mathrm{T}}=\\&(\boldsymbol{L}\otimes\boldsymbol{I}_p)(\boldsymbol{1}_N\otimes\boldsymbol{c}(t))=\boldsymbol{L}\boldsymbol{1}_N\otimes\boldsymbol{c}(t)\end{aligned}\tag{3-16}$$

根据引理 2.8 有 $\boldsymbol{L}\boldsymbol{1}_N=\boldsymbol{0}$，进而有 $\boldsymbol{\xi}(t)=\boldsymbol{0}$。必要性得证。

(2) 充分性证明。当 $\boldsymbol{\xi}(t)=\boldsymbol{0}$ 时，根据式(3-5)有

$$(\boldsymbol{L}\otimes\boldsymbol{I}_p)\boldsymbol{X}(t)=\boldsymbol{0}\tag{3-17}$$

由于 $\lambda_1=0$，进而有

$$(\boldsymbol{L}\otimes\boldsymbol{I}_p-\lambda_1\boldsymbol{I}_{Np})\boldsymbol{X}(t)=\boldsymbol{0}\tag{3-18}$$

矩阵 $\boldsymbol{L}$ 的 N 个特征值为 $\lambda_1,\lambda_2,\cdots,\lambda_N$，矩阵 $\boldsymbol{I}_p$ 的 p 个特征值均为 1，因此，根据引理 2.11 可知，矩阵 $\boldsymbol{L}\otimes\boldsymbol{I}_p$ 的 Np 个特征值如下：

$$\underbrace{\lambda_1,\lambda_1,\cdots,\lambda_1}_{p\text{个}},\ \underbrace{\lambda_2,\lambda_2,\cdots,\lambda_2}_{p\text{个}},\ \cdots,\ \underbrace{\lambda_N,\lambda_N,\cdots,\lambda_N}_{p\text{个}}\tag{3-19}$$

当拓扑图为无向连通图时，根据引理 2.7 可知，$\boldsymbol{L}$ 有唯一的零特征值 λ_1，且 λ_1 对应的右特征向量为 $k\boldsymbol{1}_N$。因此，矩阵 $\boldsymbol{L}\otimes\boldsymbol{I}_p$ 的零特征值 λ_1 对应的右特征向量为 $\boldsymbol{1}_N\otimes\boldsymbol{k}(t)$，其中，$\boldsymbol{k}(t)$ 为任意非零向量。根据式(3-18)可知，$\boldsymbol{X}(t)$ 是 $\boldsymbol{L}\otimes\boldsymbol{I}_p$ 的特征值 λ_1 对应的右特征向量，则有 $\boldsymbol{X}(t)=\boldsymbol{1}_N\otimes\boldsymbol{k}(t)$，即 $\boldsymbol{x}_1(t)=\boldsymbol{x}_2(t)=\cdots=\boldsymbol{x}_N(t)$。充分性得证。

综上所述可知，有 $\boldsymbol{x}_1(t)=\boldsymbol{x}_2(t)=\cdots=\boldsymbol{x}_N(t)\Leftrightarrow\boldsymbol{\xi}(t)=\boldsymbol{0}\Leftrightarrow\tilde{\boldsymbol{\varepsilon}}(t)=\boldsymbol{0}$。

证毕。

此外，由于 $\boldsymbol{x}_1(t)=\boldsymbol{x}_2(t)=\cdots=\boldsymbol{x}_N(t)\Leftrightarrow\tilde{\boldsymbol{\varepsilon}}(t)=\boldsymbol{0}$，则根据式(3-12)可知 $\lim\limits_{t\to\infty}\boldsymbol{x}_1(t)=\lim\limits_{t\to\infty}\boldsymbol{x}_2(t)=\cdots=\lim\limits_{t\to\infty}\boldsymbol{x}_N(t)$ 等价于如下系统的渐进稳定性：

$$\dot{\tilde{\boldsymbol{\varepsilon}}}(t)=(\boldsymbol{I}_{N-1}\otimes\boldsymbol{A}+c\boldsymbol{\Lambda}_{N-1}\otimes\boldsymbol{B}\boldsymbol{K}_1)\tilde{\boldsymbol{\varepsilon}}(t)\tag{3-20}$$

其中，$\boldsymbol{\Lambda}_{N-1}=\mathrm{diag}\{\lambda_2,\lambda_3,\cdots,\lambda_N\}$。

接下来将给出能够保证系统式(3-20)渐进稳定的条件，并求解控制器增益矩阵。

定理 3.1：给定矩阵 $\boldsymbol{Q}_1=\boldsymbol{Q}_1^{\mathrm{T}}>0$ 和 $\boldsymbol{R}_1=\boldsymbol{R}_1^{\mathrm{T}}>0$，若如下 Riccati 方程有正定解 $\boldsymbol{P}_1=\boldsymbol{P}_1^{\mathrm{T}}>0$：

$$\boldsymbol{P}_1\boldsymbol{A}+\boldsymbol{A}^{\mathrm{T}}\boldsymbol{P}_1+\boldsymbol{Q}_1-\boldsymbol{P}_1\boldsymbol{B}\boldsymbol{R}_1^{-1}\boldsymbol{B}^{\mathrm{T}}\boldsymbol{P}_1=\boldsymbol{0} \tag{3-21}$$

则系统式(3-20)渐进稳定。此外，控制增益矩阵为 $\boldsymbol{K}_1=-\boldsymbol{R}_1^{-1}\boldsymbol{B}^{\mathrm{T}}\boldsymbol{P}_1$，且加权参数 c 需满足 $c\geqslant 1/(2\min\{\lambda_2,\lambda_3,\cdots,\lambda_N\})$。

证明：针对系统式(3-20)，取 Lyapunov 函数为 $V_1(t)=0.5\tilde{\boldsymbol{\varepsilon}}^{\mathrm{T}}(t)(\boldsymbol{I}_{N-1}\otimes\boldsymbol{P}_1)\tilde{\boldsymbol{\varepsilon}}(t)$，对其求导有如下等式：

$$\dot{V}_1(t)=\tilde{\boldsymbol{\varepsilon}}^{\mathrm{T}}(t)(\boldsymbol{I}_{N-1}\otimes\boldsymbol{P}_1)\dot{\tilde{\boldsymbol{\varepsilon}}}(t)=\tilde{\boldsymbol{\varepsilon}}^{\mathrm{T}}(t)(\boldsymbol{I}_{N-1}\otimes\boldsymbol{P}_1)(\boldsymbol{I}_{N-1}\otimes\boldsymbol{A}+c\boldsymbol{\Lambda}_{N-1}\otimes\boldsymbol{B}\boldsymbol{K}_1)\tilde{\boldsymbol{\varepsilon}}(t) \tag{3-22}$$

将控制增益矩阵 $\boldsymbol{K}_1=-\boldsymbol{R}_1^{-1}\boldsymbol{B}^{\mathrm{T}}\boldsymbol{P}_1$ 代入式(3-22)中，可得到如下方程：

$$\dot{V}_1(t)=0.5\tilde{\boldsymbol{\varepsilon}}^{\mathrm{T}}(t)(\boldsymbol{I}_{N-1}\otimes(\boldsymbol{P}_1\boldsymbol{A}+\boldsymbol{A}^{\mathrm{T}}\boldsymbol{P}_1))\tilde{\boldsymbol{\varepsilon}}(t)-\tilde{\boldsymbol{\varepsilon}}^{\mathrm{T}}(t)(c\boldsymbol{\Lambda}_{N-1}\otimes\boldsymbol{P}_1\boldsymbol{B}\boldsymbol{R}_1^{-1}\boldsymbol{B}^{\mathrm{T}}\boldsymbol{P}_1)\tilde{\boldsymbol{\varepsilon}}(t) \tag{3-23}$$

若有 $c\geqslant 1/(2\min\{\lambda_2,\lambda_3,\cdots,\lambda_N\})$，则易知 $c\boldsymbol{\Lambda}_{N-1}\geqslant\boldsymbol{I}_{N-1}/2$，因此可将式(3-23)转化为如下不等式：

$$\begin{aligned}\dot{V}_1(t)\leqslant{}&0.5\tilde{\boldsymbol{\varepsilon}}^{\mathrm{T}}(t)(\boldsymbol{I}_{N-1}\otimes(\boldsymbol{P}_1\boldsymbol{A}+\boldsymbol{A}^{\mathrm{T}}\boldsymbol{P}_1))\tilde{\boldsymbol{\varepsilon}}(t)-0.5\tilde{\boldsymbol{\varepsilon}}^{\mathrm{T}}(t)(\boldsymbol{I}_{N-1}\otimes\boldsymbol{P}_1\boldsymbol{B}\boldsymbol{R}_1^{-1}\boldsymbol{B}^{\mathrm{T}}\boldsymbol{P}_1)\tilde{\boldsymbol{\varepsilon}}(t)=\\&0.5\tilde{\boldsymbol{\varepsilon}}^{\mathrm{T}}(t)(\boldsymbol{I}_{N-1}\otimes(\boldsymbol{P}_1\boldsymbol{A}+\boldsymbol{A}^{\mathrm{T}}\boldsymbol{P}-\boldsymbol{P}_1\boldsymbol{B}\boldsymbol{R}_1^{-1}\boldsymbol{B}^{\mathrm{T}}\boldsymbol{P}_1))\tilde{\boldsymbol{\varepsilon}}(t)\end{aligned} \tag{3-24}$$

根据式(3-21)，可将不等式(3-24)转化为如下形式：

$$\dot{V}_1(t)\leqslant -0.5\tilde{\boldsymbol{\varepsilon}}^{\mathrm{T}}(t)(\boldsymbol{I}_{N-1}\otimes\boldsymbol{Q}_1)\tilde{\boldsymbol{\varepsilon}}(t) \tag{3-25}$$

进而有

$$\begin{aligned}\lambda_{\max}(\boldsymbol{P}_1)\dot{V}_1(t)={}&-0.5\lambda_{\max}(\boldsymbol{P}_1)\tilde{\boldsymbol{\varepsilon}}^{\mathrm{T}}(t)(\boldsymbol{I}_{N-1}\otimes\boldsymbol{Q}_1)\tilde{\boldsymbol{\varepsilon}}(t)\leqslant\\&-0.5\lambda_{\min}(\boldsymbol{Q}_1)\lambda_{\max}(\boldsymbol{P}_1)\tilde{\boldsymbol{\varepsilon}}^{\mathrm{T}}(t)\tilde{\boldsymbol{\varepsilon}}(t)\leqslant\\&-0.5\lambda_{\min}(\boldsymbol{Q}_1)\tilde{\boldsymbol{\varepsilon}}^{\mathrm{T}}(t)(\boldsymbol{I}_{N-1}\otimes\boldsymbol{P}_1)\tilde{\boldsymbol{\varepsilon}}(t)=-\lambda_{\min}(\boldsymbol{Q}_1)V_1(t)\end{aligned} \tag{3-26}$$

由于 $\boldsymbol{P}_1$ 为正定矩阵，则有 $\lambda_{\max}(\boldsymbol{P}_1)>0$。根据 Lyapunov 函数 $V_1(t)$ 的表达式可知，对于任意 $\tilde{\boldsymbol{\varepsilon}}(t)\neq 0$，均有 $V_1(t)>0$。因此，式(3-26)可转化为如下形式：

$$\dot{V}_1(t)/V_1(t)\leqslant -\delta \tag{3-27}$$

其中，$\delta=\lambda_{\min}(\boldsymbol{Q}_1)/\lambda_{\max}(\boldsymbol{P}_1)$。不等式(3-27)的两端对时间取积分有

$$\int_0^t\dot{V}_1(\tau)/V_1(\tau)\mathrm{d}\tau\leqslant -\int_0^t\delta\mathrm{d}\tau \tag{3-28}$$

进而有

$$\ln V_1(t)/V_1(0)\leqslant -\delta t \tag{3-29}$$

即

$$V_1(t)\leqslant V_1(0)\mathrm{e}^{-\delta t} \tag{3-30}$$

根据 $V_1(t)$ 的表达式易知

$$V_1(t)\geqslant\lambda_{\min}(\boldsymbol{P}_1)\tilde{\boldsymbol{\varepsilon}}^{\mathrm{T}}(t)\tilde{\boldsymbol{\varepsilon}}(t)=\lambda_{\min}(\boldsymbol{P}_1)\,\|\tilde{\boldsymbol{\varepsilon}}(t)\|^2 \tag{3-31}$$

根据式(3-30)和式(3-31)有

$$\lambda_{\min}(\boldsymbol{P}_1)\,\|\tilde{\boldsymbol{\varepsilon}}(t)\|^2\leqslant V_1(0)\mathrm{e}^{-\delta t}\leqslant\lambda_{\max}(\boldsymbol{P}_1)\tilde{\boldsymbol{\varepsilon}}^{\mathrm{T}}(t)\tilde{\boldsymbol{\varepsilon}}(t)\mathrm{e}^{-\delta t}=\lambda_{\max}(\boldsymbol{P}_1)\,\|\tilde{\boldsymbol{\varepsilon}}(0)\|^2\mathrm{e}^{-\delta t} \tag{3-32}$$

根据式(3-32)有 $\|\tilde{\boldsymbol{\varepsilon}}(t)\|\leqslant\delta_1\mathrm{e}^{-\delta t/2}$，其中，$\delta_1=\sqrt{\lambda_{\max}(\boldsymbol{P}_1)/\lambda_{\min}(\boldsymbol{P}_1)}\,\|\tilde{\boldsymbol{\varepsilon}}(0)\|$，进而有

$$\lim_{t\to\infty}\|\tilde{\boldsymbol{\varepsilon}}(t)\|\leqslant\delta_1\lim_{t\to\infty}\mathrm{e}^{\frac{-\delta_1 t}{2}}=0 \tag{3-33}$$

根据式(3-33)易知$\lim\limits_{t\to\infty}\tilde{\boldsymbol{\varepsilon}}(t)=0$，即意味着系统式(3-20)渐进稳定。

证毕。

根据定理3.1可知：当多智能体网络拓扑图为无向连通图时，所设计的控制器式(3-3)能够保证系统式(3-1)实现无领航一致性，而控制增益矩阵则可通过求解Riccati方程式(3-21)得到。

当多智能体网络拓扑图为有向平衡图时，定义$\bar{\boldsymbol{\xi}}_i(t)=0.5\sum\limits_{j=1}^{N}a_{ij}(\boldsymbol{x}_i(t)-\boldsymbol{x}_j(t))+0.5\sum\limits_{j=1}^{N}(a_{ij}\boldsymbol{x}_i(t)-a_{ji}\boldsymbol{x}_j(t))$，并设计如下控制器：

$$\boldsymbol{u}_i(t)=\bar{c}\boldsymbol{K}_1\bar{\boldsymbol{\xi}}_i(t) \tag{3-34}$$

其中，$\boldsymbol{K}_1$为待求的控制增益矩阵；$\bar{c}$为加权参数。

由于多智能体网络拓扑图为有向平衡图，根据引理2.4可知：$\boldsymbol{L}_M=0.5(\boldsymbol{L}+\boldsymbol{L}^{\mathrm{T}})$为对称矩阵，且$\boldsymbol{L}_M$仅有一个零特征值，其余特征值均大于零。因此，$\boldsymbol{L}_M$为可对角化矩阵，即存在酉矩阵$\bar{\boldsymbol{Y}}$，使得$\bar{\boldsymbol{Y}}^{\mathrm{T}}\boldsymbol{L}_M\bar{\boldsymbol{Y}}=\mathrm{diag}\{\bar{\lambda}_1,\bar{\lambda}_2,\cdots,\bar{\lambda}_N\}$，其中，$\bar{\lambda}_1,\bar{\lambda}_2,\cdots,\bar{\lambda}_N$为Laplacian矩阵$\boldsymbol{L}$特征值的实部，同时也是矩阵$\boldsymbol{L}_M$的$N$个特征值，且有$\bar{\lambda}_1=0,\bar{\lambda}_i>0,i\in\{2,3,\cdots,N\}$。选取酉矩阵$\bar{\boldsymbol{Y}}$和$\bar{\boldsymbol{Y}}^{\mathrm{T}}$如下：

$$\bar{\boldsymbol{Y}}=\begin{bmatrix}\dfrac{\mathbf{1}_N}{\sqrt{N}} & \bar{\boldsymbol{M}}_1\end{bmatrix},\quad \bar{\boldsymbol{Y}}^{\mathrm{T}}=\begin{bmatrix}\dfrac{\mathbf{1}_N^{\mathrm{T}}}{\sqrt{N}}\\ \bar{\boldsymbol{M}}_2\end{bmatrix} \tag{3-35}$$

其中，$\bar{\boldsymbol{M}}_1\in\mathbf{R}^{N\times(N-1)}$；$\bar{\boldsymbol{M}}_2\in\mathbf{R}^{(N-1)\times N}$。

令

$$\bar{\boldsymbol{\xi}}(t)=[\bar{\boldsymbol{\xi}}_1^{\mathrm{T}}(t)\quad \bar{\boldsymbol{\xi}}_2^{\mathrm{T}}(t)\quad\cdots\quad \bar{\boldsymbol{\xi}}_N^{\mathrm{T}}(t)]^{\mathrm{T}}$$

并定义变量

$$\bar{\boldsymbol{\varepsilon}}(t)=[\bar{\boldsymbol{\varepsilon}}_1^{\mathrm{T}}(t)\quad \bar{\boldsymbol{\varepsilon}}_2^{\mathrm{T}}(t)\quad\cdots\quad \bar{\boldsymbol{\varepsilon}}_N^{\mathrm{T}}(t)]^{\mathrm{T}}=(\bar{\boldsymbol{Y}}^{\mathrm{T}}\otimes\boldsymbol{I}_p)\bar{\boldsymbol{\xi}}(t)$$

引理3.2：当多智能体网络拓扑图为有向平衡图，且图中包含一个有向生成树时，系统式(3-1)实现状态一致的充分必要条件为$\hat{\boldsymbol{\varepsilon}}(t)=[\bar{\boldsymbol{\varepsilon}}_2^{\mathrm{T}}(t)\quad \bar{\boldsymbol{\varepsilon}}_3^{\mathrm{T}}(t)\quad\cdots\quad \bar{\boldsymbol{\varepsilon}}_N^{\mathrm{T}}(t)]^{\mathrm{T}}=\mathbf{0}$，即$\boldsymbol{x}_1(t)=\boldsymbol{x}_2(t)=\cdots=\boldsymbol{x}_N(t)\Leftrightarrow\hat{\boldsymbol{\varepsilon}}(t)=\mathbf{0}$。

证明：根据引理2.4，可将变量$\bar{\boldsymbol{\xi}}_i(t)$转化为如下形式：

$$\begin{aligned}\bar{\boldsymbol{\xi}}_i(t)=&\sum_{j=1}^{N}\frac{1}{2}a_{ij}(\boldsymbol{x}_i(t)-\boldsymbol{x}_j(t))+\sum_{j=1}^{N}\frac{1}{2}(a_{ij}\boldsymbol{x}_i(t)-a_{ji}\boldsymbol{x}_j(t))=\\&\sum_{j=1}^{N}\frac{1}{2}a_{ij}(\boldsymbol{x}_i(t)-\boldsymbol{x}_j(t))+\sum_{j=1}^{N}\frac{1}{2}a_{ji}(\boldsymbol{x}_i(t)-\boldsymbol{x}_j(t))+\left(\sum_{j=1}^{N}\frac{1}{2}a_{ij}-\sum_{j=1}^{N}\frac{1}{2}a_{ji}\right)\boldsymbol{x}_i(t)=\\&\sum_{j=1}^{N}\frac{1}{2}(a_{ij}+a_{ji})(\boldsymbol{x}_i(t)-\boldsymbol{x}_j(t))\end{aligned} \tag{3-36}$$

因此，变量$\bar{\boldsymbol{\xi}}_i(t)$对应的全局增广变量为

$$\bar{\boldsymbol{\xi}}(t)=(\boldsymbol{L}_M\otimes\boldsymbol{I}_p)\boldsymbol{X}(t) \tag{3-37}$$

其中，$\boldsymbol{X}(t)=[\boldsymbol{x}_1^{\mathrm{T}}(t)\quad \boldsymbol{x}_2^{\mathrm{T}}(t)\quad\cdots\quad \boldsymbol{x}_N^{\mathrm{T}}(t)]^{\mathrm{T}}$。

此外，利用式(3-6)，对式(3-37)求导有如下等式：

$$\dot{\bar{\boldsymbol{\xi}}}(t)=(\boldsymbol{L}_M\otimes\boldsymbol{I}_p)\dot{\boldsymbol{X}}(t)=(\boldsymbol{L}_M\otimes\boldsymbol{I}_p)((\boldsymbol{I}_N\otimes\boldsymbol{A})\boldsymbol{X}(t)+(\boldsymbol{I}_N\otimes\boldsymbol{B})\boldsymbol{U}(t))=$$
$$(\boldsymbol{I}_N\otimes\boldsymbol{A})(\boldsymbol{L}_M\otimes\boldsymbol{I}_p)\boldsymbol{X}(t)+(\boldsymbol{L}_M\otimes\boldsymbol{B})\boldsymbol{U}(t)=(\boldsymbol{I}_N\otimes\boldsymbol{A})\bar{\boldsymbol{\xi}}(t)+(\boldsymbol{L}_M\otimes\boldsymbol{B})\boldsymbol{U}(t) \tag{3-38}$$

式(3-34)中控制变量对应的全局增广控制变量如下：

$$\boldsymbol{U}(t)=(\boldsymbol{I}_N\otimes\bar{c}\boldsymbol{K}_1)\bar{\boldsymbol{\xi}}(t) \tag{3-39}$$

将式(3-39)代入式(3-38)中可得

$$\dot{\bar{\boldsymbol{\xi}}}(t)=(\boldsymbol{I}_N\otimes\boldsymbol{A}+\boldsymbol{L}_M\otimes\bar{c}\boldsymbol{B}\boldsymbol{K}_1)\bar{\boldsymbol{\xi}}(t) \tag{3-40}$$

根据式(3-40)，对变量 $\bar{\boldsymbol{\varepsilon}}(t)$ 求导有

$$\dot{\bar{\boldsymbol{\varepsilon}}}(t)=(\bar{\boldsymbol{Y}}^{\mathrm{T}}\otimes\boldsymbol{I}_p)\dot{\bar{\boldsymbol{\xi}}}(t)=(\bar{\boldsymbol{Y}}^{\mathrm{T}}\otimes\boldsymbol{I}_p)(\boldsymbol{I}_N\otimes\boldsymbol{A}+\boldsymbol{L}_M\otimes\bar{c}\boldsymbol{B}\boldsymbol{K}_1)\bar{\boldsymbol{\xi}}(t)=$$
$$(\boldsymbol{I}_N\otimes\boldsymbol{A})(\bar{\boldsymbol{Y}}^{\mathrm{T}}\otimes\boldsymbol{I}_p)\bar{\boldsymbol{\xi}}(t)+(\bar{c}\,\bar{\boldsymbol{Y}}^{\mathrm{T}}\boldsymbol{L}_M\otimes\boldsymbol{B}\boldsymbol{K}_1)\bar{\boldsymbol{\xi}}(t)=$$
$$(\boldsymbol{I}_N\otimes\boldsymbol{A})\bar{\boldsymbol{\varepsilon}}(t)+(\bar{c}\,\bar{\boldsymbol{Y}}^{\mathrm{T}}\boldsymbol{L}_M\otimes\boldsymbol{B}\boldsymbol{K}_1)\bar{\boldsymbol{\xi}}(t)=$$
$$(\boldsymbol{I}_N\otimes\boldsymbol{A})\bar{\boldsymbol{\varepsilon}}(t)+(\bar{c}\,\bar{\boldsymbol{Y}}^{\mathrm{T}}\boldsymbol{L}_M\otimes\boldsymbol{B}\boldsymbol{K}_1)(\bar{\boldsymbol{Y}}\otimes\boldsymbol{I}_p)\bar{\boldsymbol{\varepsilon}}(t)=$$
$$(\boldsymbol{I}_N\otimes\boldsymbol{A})\bar{\boldsymbol{\varepsilon}}(t)+(\bar{c}\,\bar{\boldsymbol{Y}}^{\mathrm{T}}\boldsymbol{L}_M\bar{\boldsymbol{Y}}\otimes\boldsymbol{B}\boldsymbol{K}_1)\bar{\boldsymbol{\varepsilon}}(t)=(\boldsymbol{I}_N\otimes\boldsymbol{A}+\bar{c}\,\bar{\boldsymbol{\Lambda}}_N\otimes\boldsymbol{B}\boldsymbol{K}_1)\bar{\boldsymbol{\varepsilon}}(t) \tag{3-41}$$

其中，$\bar{\boldsymbol{\Lambda}}_N=\mathrm{diag}\{\bar{\lambda}_1,\bar{\lambda}_2,\cdots,\bar{\lambda}_N\}$。由于酉矩阵 $\bar{\boldsymbol{Y}}$ 可逆，则 $\bar{\boldsymbol{\xi}}(t)=0$ 等价于 $\bar{\boldsymbol{\varepsilon}}(t)=0$，因此，$\lim\limits_{t\to\infty}\bar{\boldsymbol{\xi}}(t)=0$ 等价于系统式(3-41)的渐进稳定性。

根据式(3-35)，$\bar{\boldsymbol{\varepsilon}}_1(t)$ 可化为如下形式：

$$\bar{\boldsymbol{\varepsilon}}_1(t)=((\boldsymbol{1}_N^{\mathrm{T}}/\sqrt{N})\otimes\boldsymbol{I}_p)\bar{\boldsymbol{\xi}}(t)=((\boldsymbol{1}_N^{\mathrm{T}}/\sqrt{N})\otimes\boldsymbol{I}_p)(\boldsymbol{L}_M\otimes\boldsymbol{I}_p)\boldsymbol{X}(t)=$$
$$(((\boldsymbol{1}_N^{\mathrm{T}}\boldsymbol{L}+\boldsymbol{1}_N^{\mathrm{T}}\boldsymbol{L}^{\mathrm{T}})/(2\sqrt{N}))\otimes\boldsymbol{I}_p)\boldsymbol{X}(t) \tag{3-42}$$

根据引理2.8可知：对于任意拓扑图，有 $\boldsymbol{L}\boldsymbol{1}_N=\boldsymbol{0}$，即意味着 $\boldsymbol{1}_N^{\mathrm{T}}\boldsymbol{L}^{\mathrm{T}}=\boldsymbol{0}$，而当拓扑图为有向平衡图时，有 $\boldsymbol{1}_N^{\mathrm{T}}\boldsymbol{L}=\boldsymbol{0}$。因此，式(3-42)可化为

$$\boldsymbol{\varepsilon}_1(t)=\boldsymbol{0} \tag{3-43}$$

因此有 $\bar{\boldsymbol{\xi}}(t)=\boldsymbol{0}$ 等价于 $\hat{\boldsymbol{\varepsilon}}(t)=[\bar{\boldsymbol{\varepsilon}}_2^{\mathrm{T}}(t)\quad\bar{\boldsymbol{\varepsilon}}_3^{\mathrm{T}}(t)\quad\cdots\quad\bar{\boldsymbol{\varepsilon}}_N^{\mathrm{T}}(t)]^{\mathrm{T}}=\boldsymbol{0}$。此外，根据式(3-43)可知，系统式(3-41)与如下系统等价：

$$\dot{\hat{\boldsymbol{\varepsilon}}}(t)=(\boldsymbol{I}_{N-1}\otimes\boldsymbol{A}+\bar{c}\,\bar{\boldsymbol{\Lambda}}_{N-1}\otimes\boldsymbol{B}\boldsymbol{K}_1)\hat{\boldsymbol{\varepsilon}}(t) \tag{3-44}$$

其中，$\bar{\boldsymbol{\Lambda}}_{N-1}=\mathrm{diag}\{\bar{\lambda}_2,\bar{\lambda}_3,\cdots,\bar{\lambda}_N\}$。

接下来证明当拓扑图为有向平衡图，且包含一个有向生成树时，$\boldsymbol{x}_1(t)=\boldsymbol{x}_2(t)=\cdots=\boldsymbol{x}_N(t)$ 成立的充分必要条件是 $\bar{\boldsymbol{\xi}}(t)=\boldsymbol{0}$。

(1) 必要性证明。若 $\boldsymbol{x}_1(t)=\boldsymbol{x}_2(t)=\cdots=\boldsymbol{x}_N(t)=\boldsymbol{c}(t)$，其中，$\boldsymbol{c}(t)$ 为任意向量，则根据式(3-37)有

$$\bar{\boldsymbol{\xi}}(t)=(\boldsymbol{L}_M\otimes\boldsymbol{I}_p)\boldsymbol{X}(t)=(0.5(\boldsymbol{L}+\boldsymbol{L}^{\mathrm{T}})\otimes\boldsymbol{I}_p)[\boldsymbol{x}_1^{\mathrm{T}}(t)\quad\boldsymbol{x}_2^{\mathrm{T}}(t)\quad\cdots\quad\boldsymbol{x}_N^{\mathrm{T}}(t)]^{\mathrm{T}}=$$
$$(0.5(\boldsymbol{L}+\boldsymbol{L}^{\mathrm{T}})\otimes\boldsymbol{I}_p)(\boldsymbol{1}_N\otimes\boldsymbol{c}(t))=0.5(\boldsymbol{L}\boldsymbol{1}_N+\boldsymbol{L}^{\mathrm{T}}\boldsymbol{1}_N)\otimes\boldsymbol{c}(t) \tag{3-45}$$

根据引理2.8可知：当拓扑图为有向平衡图时，有 $\boldsymbol{L}\boldsymbol{1}_N=\boldsymbol{0}$ 和 $\boldsymbol{L}^{\mathrm{T}}\boldsymbol{1}_N=\boldsymbol{0}$，则根据式(3-45)有 $\bar{\boldsymbol{\xi}}(t)=\boldsymbol{0}$。必要性得证。

(2) 充分性证明。若 $\bar{\boldsymbol{\xi}}(t)=\boldsymbol{0}$，根据式(3-37)有

$$(\boldsymbol{L}_M\otimes\boldsymbol{I}_p)\boldsymbol{X}(t)=\boldsymbol{0} \tag{3-46}$$

由于 $\lambda_1=0$，进而有

$$(\boldsymbol{L}_M\otimes\boldsymbol{I}_p-\lambda_1\boldsymbol{I}_{Np})\boldsymbol{X}(t)=\boldsymbol{0} \tag{3-47}$$

矩阵 $\boldsymbol{L}_M$ 的 N 个特征值为$\bar{\lambda}_1,\bar{\lambda}_2,\cdots,\bar{\lambda}_N$，矩阵 $\boldsymbol{I}_p$ 的 p 个特征值均为 1，因此根据引理 2.11 可知：矩阵 $\boldsymbol{L}_M \otimes \boldsymbol{I}_p$ 的 Np 个特征值如下：

$$\underbrace{\bar{\lambda}_1,\bar{\lambda}_1,\cdots,\bar{\lambda}_1}_{p个},\ \underbrace{\bar{\lambda}_2,\bar{\lambda}_2,\cdots,\bar{\lambda}_2}_{p个},\ \cdots,\ \underbrace{\bar{\lambda}_N,\bar{\lambda}_N,\cdots,\bar{\lambda}_N}_{p个} \tag{3-48}$$

当拓扑图$\mathcal{G}$为有向平衡图，且包含一个有向生成树时，根据引理 2.4 可知：$\mathcal{G}$对应的镜像图 $\mathcal{G}_M$ 可视作一个无向连通图。因此，根据引理 2.7 有：$\mathcal{G}_M$ 对应的 Laplacian 矩阵 $\boldsymbol{L}_M$ 存在唯一零特征值$\bar{\lambda}_1$，且$\bar{\lambda}_1$ 对应的右特征向量为 $k\boldsymbol{1}_N$。因此，矩阵 $\boldsymbol{L}_M \otimes \boldsymbol{I}_p$ 的零特征值$\bar{\lambda}_1$ 对应的右特征向量为 $\boldsymbol{1}_N \otimes \boldsymbol{k}(t)$，其中，$\boldsymbol{k}(t) \neq \boldsymbol{0}$。根据式(3-47)可知：$\boldsymbol{X}(t)$ 是矩阵 $\boldsymbol{L}_M \otimes \boldsymbol{I}_p$ 的特征值$\bar{\lambda}_1$ 对应的右特征向量，则有 $\boldsymbol{X}(t)=\boldsymbol{1}_N \otimes \boldsymbol{k}(t)$，即 $\boldsymbol{x}_1(t)=\boldsymbol{x}_2(t)=\cdots=\boldsymbol{x}_N(t)$。充分性得证。

综上所述可知，有 $\boldsymbol{x}_1(t)=\boldsymbol{x}_2(t)=\cdots=\boldsymbol{x}_N(t) \Leftrightarrow \bar{\boldsymbol{\xi}}(t)=\boldsymbol{0} \Leftrightarrow \hat{\boldsymbol{\varepsilon}}(t)=\boldsymbol{0}$。

证毕。

引理 3.2 证明了 $\boldsymbol{x}_1(t)=\boldsymbol{x}_2(t)=\cdots=\boldsymbol{x}_N(t) \Leftrightarrow \hat{\boldsymbol{\varepsilon}}(t)=\boldsymbol{0}$，进而意味着$\lim\limits_{t\to\infty}\boldsymbol{x}_1(t)=\lim\limits_{t\to\infty}\boldsymbol{x}_2(t)=\cdots=\lim\limits_{t\to\infty}\boldsymbol{x}_N(t)$ 等价于系统式(3-44)的渐进稳定性。

接下来将给出能够保证系统式(3-44)渐进稳定的条件，并求解控制器增益矩阵。

定理 3.2：给定矩阵 $\boldsymbol{Q}_1=\boldsymbol{Q}_1^{\mathrm{T}}>0$ 和 $\boldsymbol{R}_1=\boldsymbol{R}_1^{\mathrm{T}}>0$，若 Riccati 方程式(3-21)有正定解 $\boldsymbol{P}_1=\boldsymbol{P}_1^{\mathrm{T}}>0$，则系统式(3-44)渐进稳定。此外，控制增益矩阵为 $\boldsymbol{K}_1=-\boldsymbol{R}_1^{-1}\boldsymbol{B}^{\mathrm{T}}\boldsymbol{P}_1$，且加权参数 $\bar{c}$ 需满足 $\bar{c} \geqslant 1/(2\min\{\bar{\lambda}_2,\bar{\lambda}_3,\cdots,\bar{\lambda}_N\})$。

证明：针对系统式(3-44)，取 Lyapunov 函数为 $\bar{V}_1(t)=0.5\hat{\boldsymbol{\varepsilon}}^{\mathrm{T}}(t)(\boldsymbol{I}_{N-1}\otimes\boldsymbol{P}_1)\hat{\boldsymbol{\varepsilon}}(t)$，对其求导有

$$\begin{aligned}\dot{\bar{V}}_1(t)=&\hat{\boldsymbol{\varepsilon}}^{\mathrm{T}}(t)(\boldsymbol{I}_{N-1}\otimes\boldsymbol{P}_1)\dot{\hat{\boldsymbol{\varepsilon}}}(t)=\hat{\boldsymbol{\varepsilon}}^{\mathrm{T}}(t)(\boldsymbol{I}_{N-1}\otimes\boldsymbol{P}_1)(\boldsymbol{I}_{N-1}\otimes\boldsymbol{A}+\bar{c}\bar{\boldsymbol{\Lambda}}_{N-1}\otimes\boldsymbol{BK}_1)\hat{\boldsymbol{\varepsilon}}(t)=\\&0.5\hat{\boldsymbol{\varepsilon}}^{\mathrm{T}}(t)(\boldsymbol{I}_{N-1}\otimes(\boldsymbol{P}_1\boldsymbol{A}+\boldsymbol{A}^{\mathrm{T}}\boldsymbol{P}_1))\hat{\boldsymbol{\varepsilon}}(t)-\hat{\boldsymbol{\varepsilon}}^{\mathrm{T}}(t)(\bar{c}\bar{\boldsymbol{\Lambda}}_{N-1}\otimes\boldsymbol{P}_1\boldsymbol{BR}_1^{-1}\boldsymbol{B}^{\mathrm{T}}\boldsymbol{P}_1)\hat{\boldsymbol{\varepsilon}}(t)\end{aligned} \tag{3-49}$$

若 $\bar{c} \geqslant 1/(2\min\{\bar{\lambda}_2,\bar{\lambda}_3,\cdots,\bar{\lambda}_N\})$，有 $\bar{c}\bar{\boldsymbol{\Lambda}}_{N-1} \geqslant \boldsymbol{I}_{N-1}/2$，则式(3-49)可写作如下形式：

$$\dot{\bar{V}}_1(t) \leqslant 0.5\hat{\boldsymbol{\varepsilon}}^{\mathrm{T}}(t)(\boldsymbol{I}_{N-1}\otimes(\boldsymbol{P}_1\boldsymbol{A}+\boldsymbol{A}^{\mathrm{T}}\boldsymbol{P}-\boldsymbol{P}_1\boldsymbol{BR}_1^{-1}\boldsymbol{B}^{\mathrm{T}}\boldsymbol{P}_1))\hat{\boldsymbol{\varepsilon}}(t) \tag{3-50}$$

将 Riccati 方程式(3-21)代入式(3-50)中可得

$$\dot{\bar{V}}_1(t) \leqslant -0.5\hat{\boldsymbol{\varepsilon}}^{\mathrm{T}}(t)(\boldsymbol{I}_{N-1}\otimes\boldsymbol{Q}_1)\hat{\boldsymbol{\varepsilon}}(t) \tag{3-51}$$

根据不等式(3-51)可以证明系统式(3-44)是渐进稳定的，具体证明步骤与式(3-26)～式(3-33)类似，此处不再赘述。

证毕。

根据定理 3.2 可知：当多智能体网络拓扑图为有向平衡图，且图中包含一个有向生成树时，所设计的控制器式(3-34)能够保证系统式(3-1)实现无领航一致性，而控制增益矩阵则可通过求解 Riccati 方程式(3-21)得到。

3.2.3　仿真算例

本节将通过几组仿真算例来验证 3.2.2 节中设计的两种控制器式(3-3)和式(3-34)的有效性。

首先考虑多智能体网络拓扑结构为无向连通图的情况。以固定翼无人机集群的俯仰方向

运动协同控制问题为研究背景，每架无人机运动模型的线性化系统方程如下[107]：

$$\begin{bmatrix}\dot{\alpha}_i(t)\\ \dot{q}_i(t)\end{bmatrix}=\begin{bmatrix}-1.175 & 0.9871\\ -8.458 & -0.8776\end{bmatrix}\begin{bmatrix}\alpha_i(t)\\ q_i(t)\end{bmatrix}+\begin{bmatrix}-0.194 & -0.03593\\ -19.29 & -3.803\end{bmatrix}\begin{bmatrix}\delta_i^{\text{ail}}(t)\\ \delta_i^{\text{rud}}(t)\end{bmatrix},\quad i=1,2,\cdots,N \tag{3-52}$$

其中，$\alpha_i(t)$ 表示无人机的俯仰角；$q_i(t)$ 表示俯仰角速度；$\delta_i^{\text{ail}}(t)$ 表示副翼操作指令；$\delta_i^{\text{rud}}(t)$ 表示升降舵操作指令。对照式(3-1)描述的线性系统，式(3-52)中的状态变量和矩阵参数如下：

$$\boldsymbol{x}_i(t)=\begin{bmatrix}\alpha_i(t)\\ q_i(t)\end{bmatrix},\quad \boldsymbol{A}=\begin{bmatrix}-1.175 & 0.9871\\ -8.458 & -0.8776\end{bmatrix}$$

$$\boldsymbol{u}_i(t)=\begin{bmatrix}\delta_i^{\text{ail}}(t)\\ \delta_i^{\text{rud}}(t)\end{bmatrix},\quad \boldsymbol{B}=\begin{bmatrix}-0.194 & -0.03593\\ -19.29 & -3.803\end{bmatrix}$$

令 $\boldsymbol{R}_1=50\boldsymbol{I}_2$ 和 $\boldsymbol{Q}_1=10\boldsymbol{I}_2$，则通过求解 Riccati 方程式(3-21)有

$$\boldsymbol{P}_1=\begin{bmatrix}6.1743 & -0.2904\\ -0.2904 & 0.9991\end{bmatrix}$$

然后根据定理 3.1，可以求出控制增益矩阵如下：

$$\boldsymbol{K}_1=-\boldsymbol{R}_1^{-1}\boldsymbol{B}^{\mathrm{T}}\boldsymbol{P}_1=\begin{bmatrix}-0.0881 & 0.3843\\ -0.0177 & 0.0758\end{bmatrix}$$

假设无人机集群网络中有 3 架无人机，无人机之间的拓扑结构如图 3-1 所示。

图 3-1　无人机集群网络拓扑结构图

图 3-1 所示的拓扑图对应的 Laplacian 矩阵如下：

$$\boldsymbol{L}=\begin{bmatrix}1 & -1 & 0\\ -1 & 2 & -1\\ 0 & -1 & 1\end{bmatrix}$$

可求出矩阵 $\boldsymbol{L}$ 的特征值分别为 $\lambda_1=0,\lambda_2=1,\lambda_3=3$。根据定理 3.1，加权参数 c 需满足 $c\geqslant 1/(2\min\{\lambda_2,\lambda_3\})=0.5$，因此，可选取 $c=0.6$。

此外，选取 3 架无人机的俯仰角初值(单位：°)和俯仰角速度初值(单位：°/s)分别如下：

$$\alpha_1(0)=10,\quad \alpha_2(0)=-7,\quad \alpha_3(0)=4$$

$$q_1(0)=-3,\quad q_2(0)=2,\quad q_3(0)=-1$$

3 架无人机的俯仰角 $\alpha_i(t)$ 和俯仰角速度 $q_i(t)$ 的曲线如图 3-2 和图 3-3 所示。

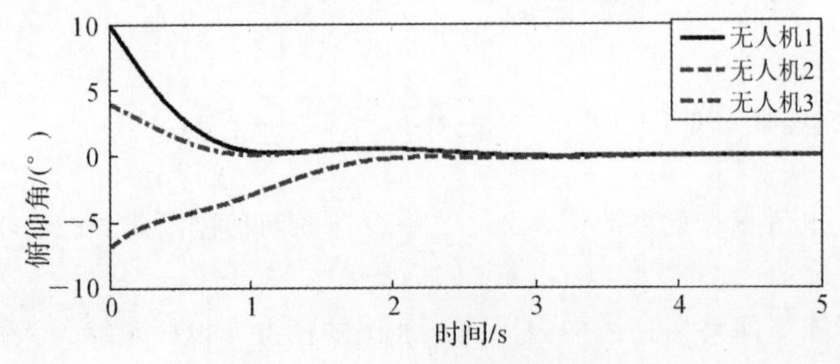

图 3-2　无人机的俯仰角 $\alpha_i(t)$ 曲线

从图 3 - 2 和图 3 - 3 中可以看出，利用式(3 - 3)所设计的协同控制器，能够保证 3 架无人机俯仰方向的两个状态变量(俯仰角和俯仰角速度)在 3.5 s 左右实现一致，因此，图 3 - 2 和图 3 - 3 验证了控制器式(3 - 3)的有效性。

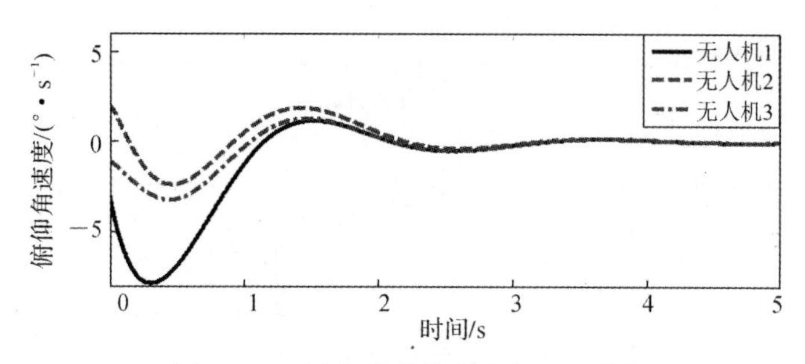

图 3 - 3　无人机的俯仰角速度 $q_i(t)$ 曲线

仿真程序：

(1)Simulink 主程序模块图如图 3 - 4 所示。

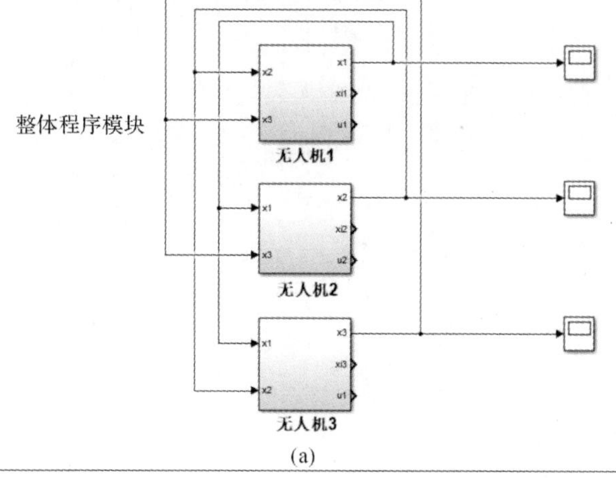

(a)

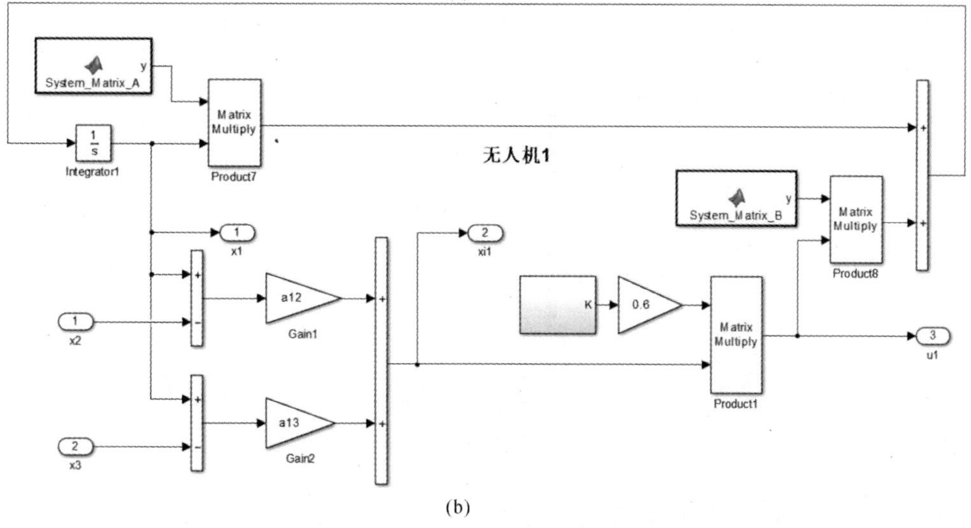

(b)

图 3 - 4　Simulink 主程序模块

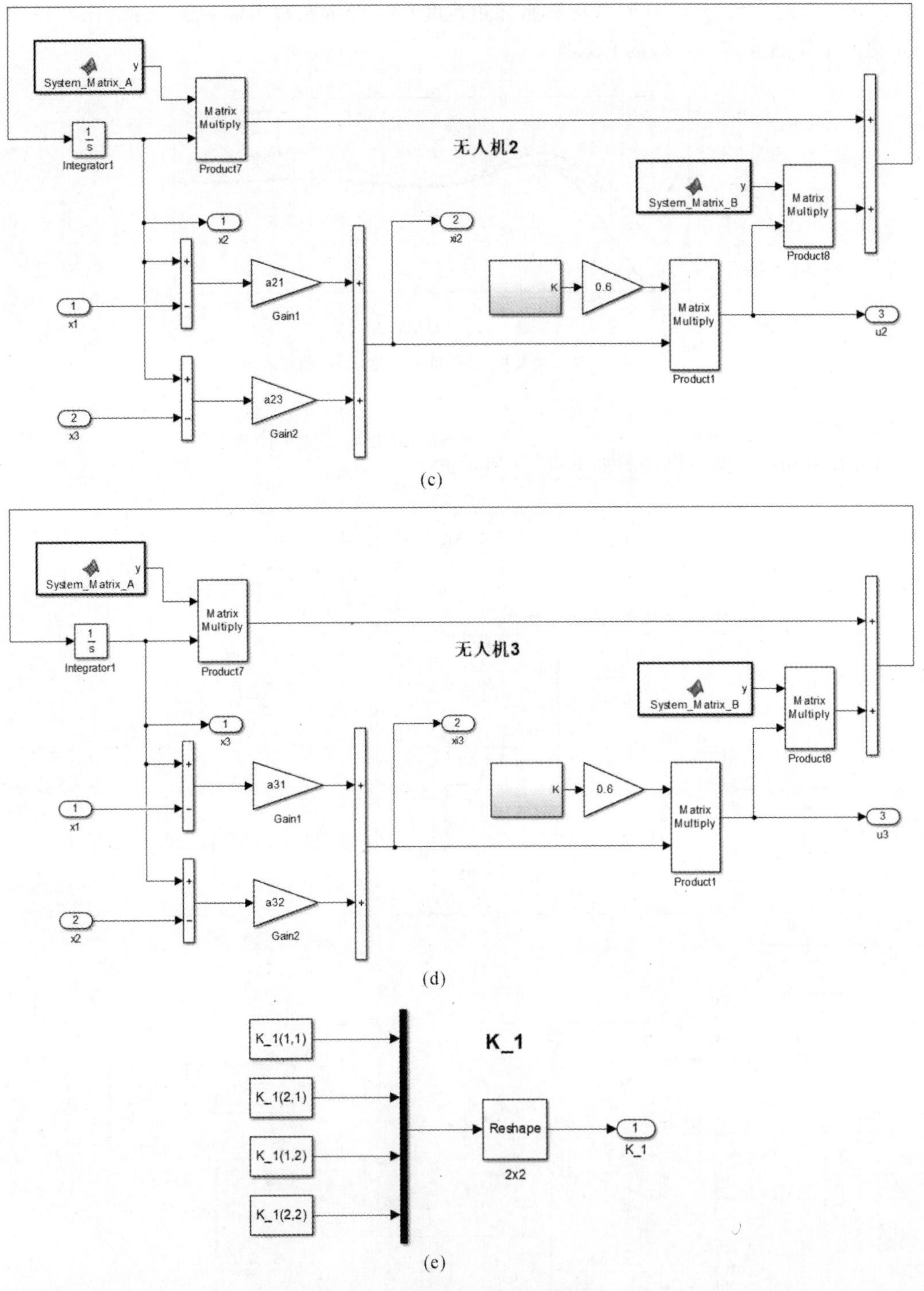

续图 3-4 Simulink 主程序模块

(2)求解控制增益 $\boldsymbol{K}_1$ 的程序。

```
a11=0; a12=1; a13=0;
a21=1; a22=0; a23=1;
a31=0; a32=1; a33=0;
A=[-1.175   0.9871;
   -8.458   -0.8776];
B=[-0.194   -0.03593;
   -19.29   -3.803];
R_1=50 * eye(2);
Q_1=1e1 * eye(2);
P_1=are(A,B * inv(R_1) * B',Q_1);
K_1=-inv(R_1) * B' * P_1;
```

(3)被控对象程序：System_Matrix_A。

```
function y=System_Matrix_A()
A=[-1.175   0.9871;
   -8.458   -0.8776];
y=[A];
```

(4)被控对象程序：System_Matrix_B。

```
function y=System_Matrix_B()
B=[-0.194   -0.03593;
   -19.29   -3.803];
y=[B];
```

(5)作图程序：如图3-2所示。

```
plot(x1.time,x1.signals.values(:,1));
hold on;
plot(x2.time,x2.signals.values(:,1));
hold on;
plot(x3.time,x3.signals.values(:,1));
```

(6)作图程序：如图3-3所示。

```
plot(x1.time,x1.signals.values(:,1));
hold on;
plot(x2.time,x2.signals.values(:,1));
hold on;
plot(x3.time,x3.signals.values(:,1));
```

接下来考虑多智能体网络拓扑结构为有向平衡图，且包含一个有向生成树的情况。以三维空间质点集群的运动协同控制问题为研究背景，系统方程如下：

$$\begin{bmatrix} \dot{r}_{ix}(t) \\ \dot{r}_{iy}(t) \\ \dot{r}_{iz}(t) \\ \dot{v}_{ix}(t) \\ \dot{v}_{iy}(t) \\ \dot{v}_{iz}(t) \end{bmatrix} = \begin{bmatrix} 0 & 0 & 0 & 1 & 0 & 0 \\ 0 & 0 & 0 & 0 & 1 & 0 \\ 0 & 0 & 0 & 0 & 0 & 1 \\ 0 & 0 & 0 & 0 & 0 & 0 \\ 0 & 0 & 0 & 0 & 0 & 0 \\ 0 & 0 & 0 & 0 & 0 & 0 \end{bmatrix} \begin{bmatrix} r_{ix}(t) \\ r_{iy}(t) \\ r_{iz}(t) \\ v_{ix}(t) \\ v_{iy}(t) \\ v_{iz}(t) \end{bmatrix} + \begin{bmatrix} 0 & 0 & 0 \\ 0 & 0 & 0 \\ 0 & 0 & 0 \\ 1 & 0 & 0 \\ 0 & 1 & 0 \\ 0 & 0 & 1 \end{bmatrix} \begin{bmatrix} u_{ix}(t) \\ u_{iy}(t) \\ u_{iz}(t) \end{bmatrix}, \quad i=1,2,\cdots,N \tag{3-53}$$

其中，$r_{ix}(t),r_{iy}(t),r_{iz}(t)$ 分别表示质点在三维空间内的三轴位置分量；$v_{ix}(t),v_{iy}(t),v_{iz}(t)$ 则表示质点在三维空间内的三轴速度分量；$u_{ix}(t),u_{iy}(t),u_{iz}(t)$ 为质点在三维空间内的三轴控制输入分量。对照式(3-1)描述的线性系统，式(3-53)中的状态变量和矩阵参数如下：

$$\boldsymbol{x}_i(t)=[r_{ix}(t)\quad r_{iy}(t)\quad r_{iz}(t)\quad v_{ix}(t)\quad v_{iy}(t)\quad v_{iz}(t)]^{\mathrm{T}}$$

$$\boldsymbol{u}_i(t)=[u_{ix}(t)\quad u_{iy}(t)\quad u_{iz}(t)]^{\mathrm{T}}$$

$$\boldsymbol{A}=\begin{bmatrix}0&0&0&1&0&0\\0&0&0&0&1&0\\0&0&0&0&0&1\\0&0&0&0&0&0\\0&0&0&0&0&0\\0&0&0&0&0&0\end{bmatrix},\quad \boldsymbol{B}=\begin{bmatrix}0&0&0\\0&0&0\\0&0&0\\1&0&0\\0&1&0\\0&0&1\end{bmatrix}$$

令 $\boldsymbol{R}_1=10\boldsymbol{I}_3$ 和 $\boldsymbol{Q}_1=\boldsymbol{I}_6$，则通过求解 Riccati 方程式(3-21)有

$$\boldsymbol{P}_1=\begin{bmatrix}2.7064&0&0&3.1623&0&0\\0&2.7064&0&0&3.1623&0\\0&0&2.7064&0&0&3.1623\\3.1623&0&0&8.5584&0&0\\0&3.1623&0&0&8.5584&0\\0&0&3.1623&0&0&8.5584\end{bmatrix}$$

进而根据定理 3.2，可以求出控制增益矩阵如下：

$$\boldsymbol{K}_1=-\boldsymbol{R}_1^{-1}\boldsymbol{B}^{\mathrm{T}}\boldsymbol{P}_1=$$
$$\begin{bmatrix}-0.3162&0&0&-0.8558&0&0\\0&-0.3162&0&0&-0.8558&0\\0&0&-0.3162&0&0&-0.8558\end{bmatrix}$$

假设质点集群网络中有 4 个质点，各质点之间的拓扑结构如图 3-5 所示。

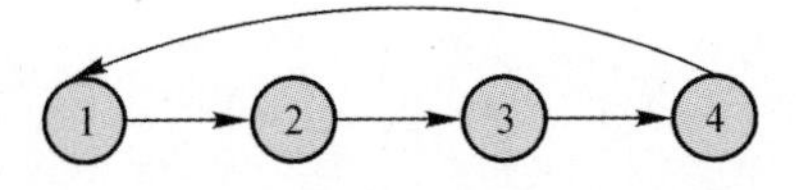

图 3-5　质点集群网络拓扑结构图

图 3-5 所示的拓扑图对应的 Laplacian 矩阵如下：

$$\boldsymbol{L}=\begin{bmatrix}1&0&0&-1\\-1&1&0&0\\0&-1&1&0\\0&0&-1&1\end{bmatrix}$$

可求出矩阵 $\boldsymbol{L}$ 的特征值分别为 $\bar{\lambda}_1=0,\bar{\lambda}_2=1,\bar{\lambda}_3=1,\bar{\lambda}_4=2$，则根据定理 3.2，加权参数 $\bar{c}$ 需满足 $\bar{c}\geqslant 1/(2\min\{\bar{\lambda}_2,\bar{\lambda}_3,\bar{\lambda}_4\})$，因此可选取 $\bar{c}=0.6$。

此外，选取 4 个质点的三轴位置初值和三轴速度初值分别如下：

$$r_{1x}(0)=4,\quad r_{2x}(0)=7,\quad r_{3x}(0)=-10,\quad r_{4x}(0)=-13$$

$$r_{1y}(0)=5,\quad r_{2y}(0)=8,\quad r_{3y}(0)=-11,\quad r_{4y}(0)=-14$$

$$r_{1z}(0)=6,\quad r_{2z}(0)=9,\quad r_{3z}(0)=-12,\quad r_{4z}(0)=-15$$

$$v_{1x}(0)=-0.4,\quad v_{2x}(0)=-0.7,\quad v_{3x}(0)=1,\quad v_{4x}(0)=-1.2$$

$$v_{1y}(0)=-0.5,\quad v_{2y}(0)=-0.8,\quad v_{3y}(0)=1.1,\quad v_{4y}(0)=-1.4$$

$$v_{1z}(0)=-0.6,\quad v_{2z}(0)=-0.9,\quad v_{3z}(0)=1.2,\quad v_{4z}(0)=-1.5$$

4 个质点的三轴位置 $r_{ix}(t)$,$r_{iy}(t)$,$r_{iz}(t)$ 和三轴速度 $v_{ix}(t)$,$v_{iy}(t)$,$v_{iz}(t)$ 的曲线如图 3-6 ～ 图 3-11 所示。

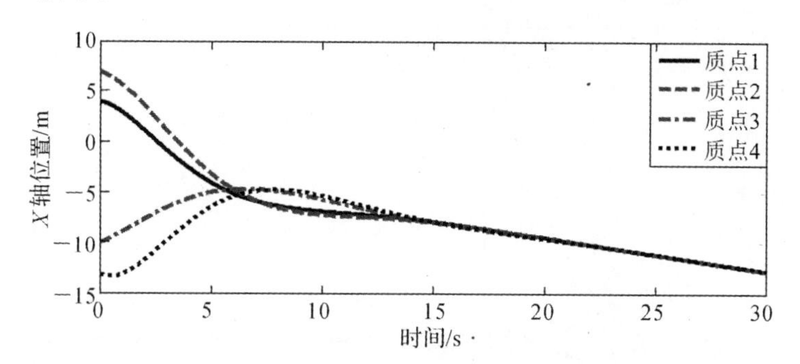

图 3-6　质点的 X 轴方向位置 $r_{ix}(t)$ 曲线

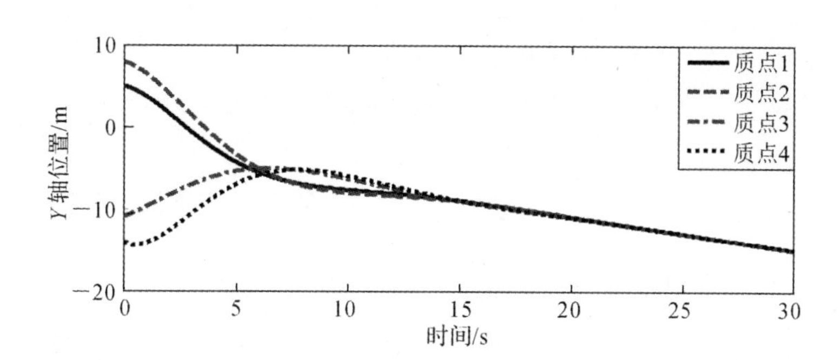

图 3-7　质点的 Y 轴方向位置 $r_{iy}(t)$ 曲线

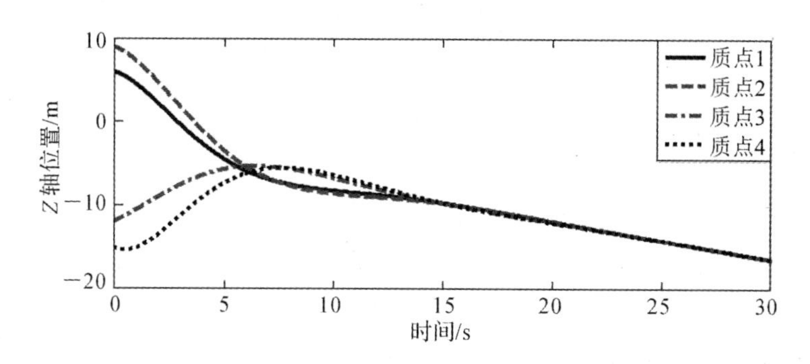

图 3-8　质点的 Z 轴方向位置 $r_{iz}(t)$ 曲线

从图 3-6 ～ 图 3-11 中可以看出，利用式(3-34) 所设计的协同控制器，能够保证 4 个质点在三维空间内的三轴位置和三轴速度分量在 20 s 左右实现一致，因此，图 3-6 ～ 图 3-11 验证了控制器式(3-34) 的有效性。

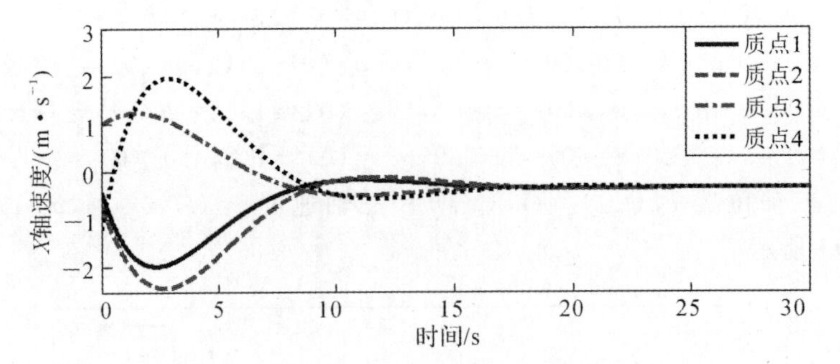

图 3-9　质点的 X 轴方向速度 $v_{ix}(t)$ 曲线

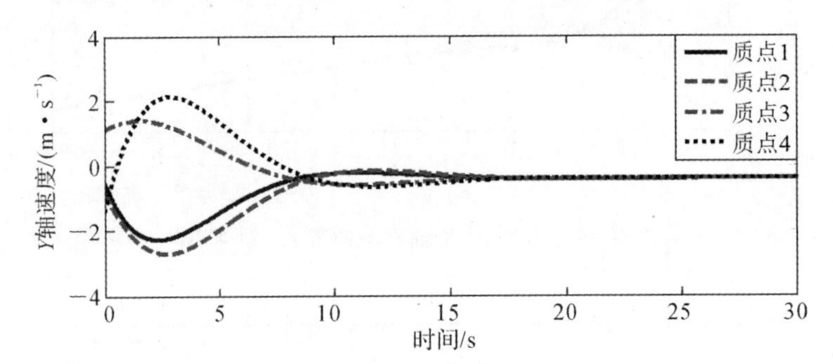

图 3-10　质点的 Y 轴方向速度 $v_{iy}(t)$ 曲线

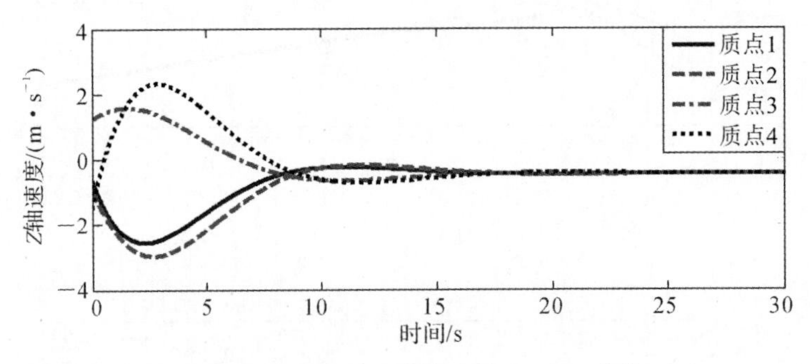

图 3-11　质点的 Z 轴方向速度 $v_{iz}(t)$ 曲线

仿真程序：

(1)Simulink 主程序模块图如图 3-12 所示。

(2)求解控制增益 $\boldsymbol{K}_1$ 的程序。

```
a11=0; a12=0; a13=0; a14=1;
a21=1; a22=0; a23=0; a24=0;
a31=0; a32=1; a33=0; a34=0;
a41=0; a42=0; a43=1; a44=0;
A=[0 * eye(3) eye(3);
      0 * eye(3) 0 * eye(3)];
B=[0 * eye(3);
```

```
    eye(3)];
R_1=1e1 * eye(3);
Q_1=1 * eye(6);
P_1=are(A,B * inv(R_1) * B',Q_1);
K_1=-inv(R_1) * B' * P_1;
```

(3)被控对象程序:System_Matrix_A。

```
function y=System_Matrix_A()
A=[0 * eye(3) eye(3);
    0 * eye(3) 0 * eye(3)];
y=[A];
```

(4)被控对象程序:System_Matrix_B。

```
function y=System_Matrix_B()
B=[0 * eye(3);
    eye(3)];
y=[B];
```

(5)作图程序:如图 3－6 所示。

```
plot(x1. time,x1. signals. values(:,1));hold on;
plot(x2. time,x2. signals. values(:,1));hold on;
plot(x3. time,x3. signals. values(:,1));hold on;
plot(x4. time,x4. signals. values(:,1));
```

(6)作图程序:如图 3－7 所示。

```
plot(x1. time,x1. signals. values(:,2));hold on;
plot(x2. time,x2. signals. values(:,2));hold on;
plot(x3. time,x3. signals. values(:,2));hold on;
plot(x4. time,x4. signals. values(:,2));
```

(7)作图程序:如图 3－8 所示。

```
plot(x1. time,x1. signals. values(:,3));hold on;
plot(x2. time,x2. signals. values(:,3));hold on;
plot(x3. time,x3. signals. values(:,3));hold on;
plot(x4. time,x4. signals. values(:,3));
```

(8)作图程序:如图 3－9 所示。

```
plot(x1. time,x1. signals. values(:,4));hold on;
plot(x2. time,x2. signals. values(:,4));hold on;
plot(x3. time,x3. signals. values(:,4));hold on;
plot(x4. time,x4. signals. values(:,4));
```

(9)作图程序:如图 3－10 所示。

```
plot(x1. time,x1. signals. values(:,5));hold on;
plot(x2. time,x2. signals. values(:,5));hold on;
plot(x3. time,x3. signals. values(:,5));hold on;
plot(x4. time,x4. signals. values(:,5));
```

(10)作图程序:如图 3-11 所示。

```
plot(x1. time,x1. signals. values(:,6));hold on;
plot(x2. time,x2. signals. values(:,6));hold on;
plot(x3. time,x3. signals. values(:,6));hold on;
plot(x4. time,x4. signals. values(:,6));
```

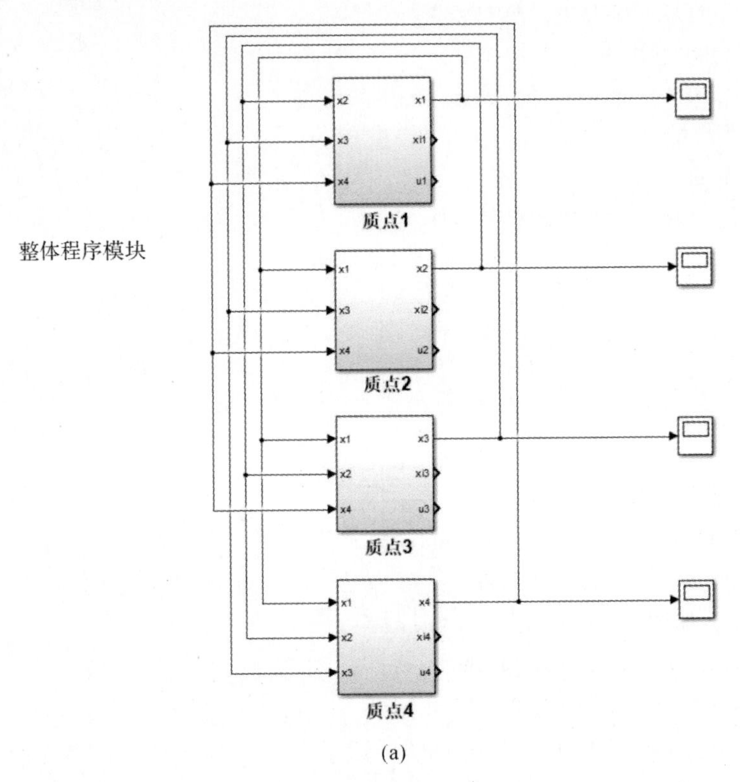

(a)

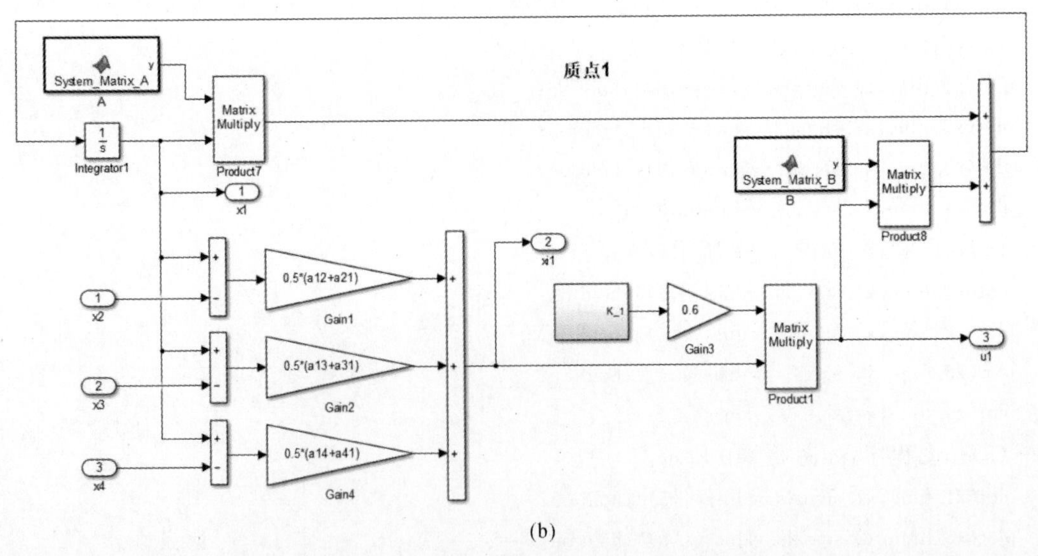

(b)

图 3-12　Simulink 主程序模块

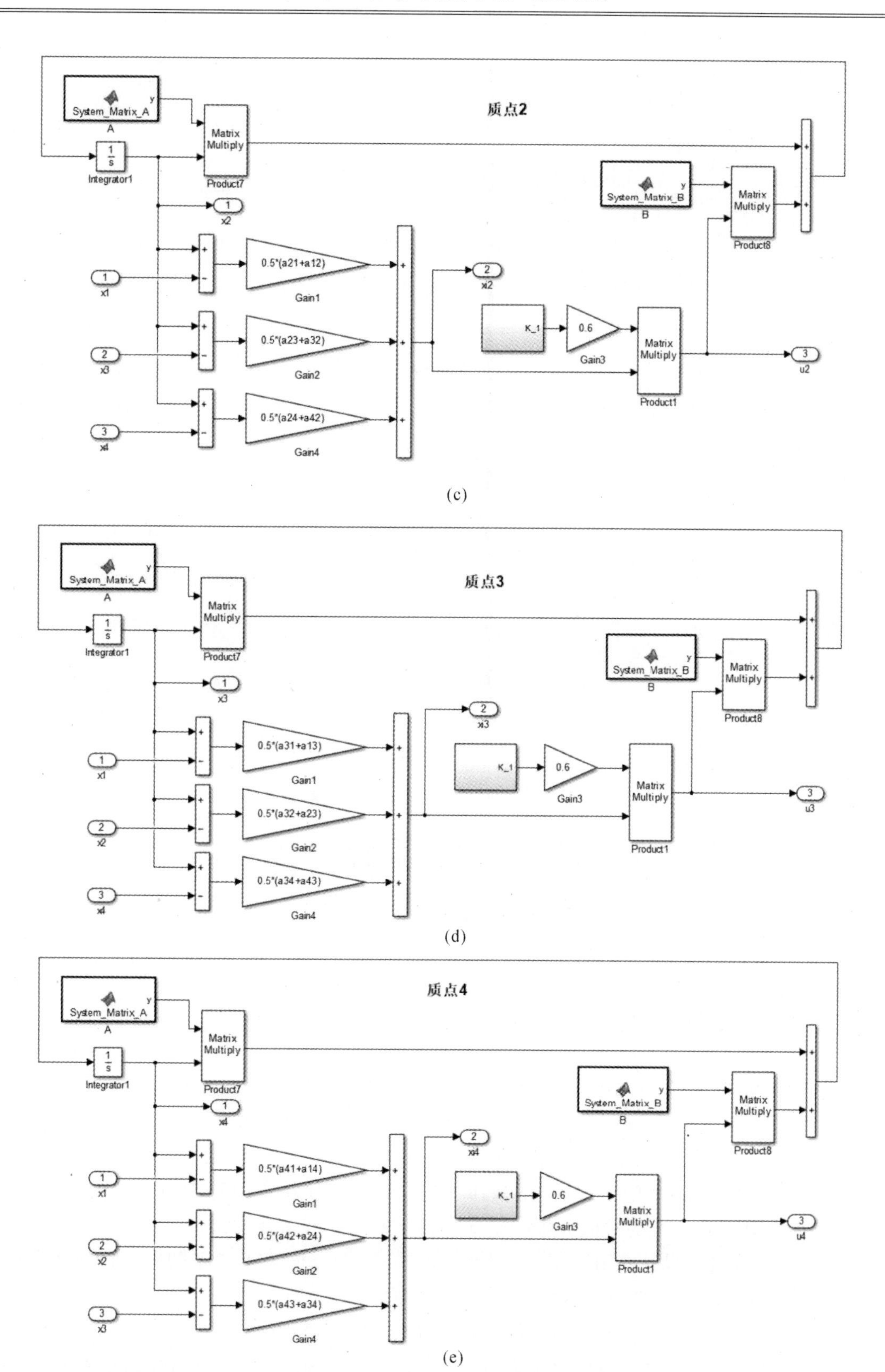

(c)

(d)

(e)

续图 3－12　Simulink 主程序模块

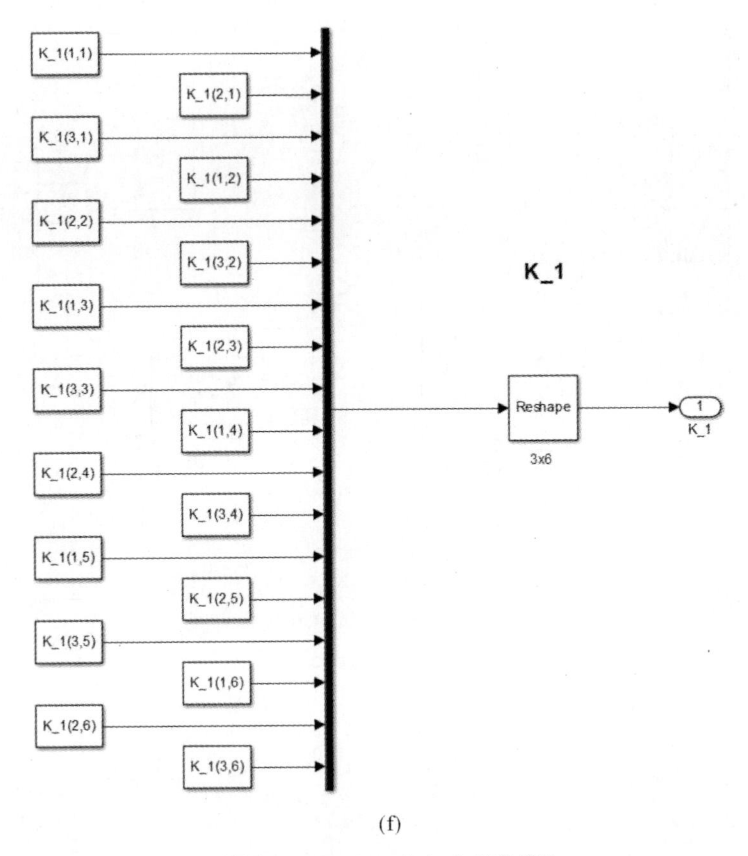

(f)

续图 3-12　Simulink 主程序模块

3.3　基于领航-跟踪一致性的多智能体系统协同控制

3.3.1　问题构建

考虑由 $N+1$ 个节点构成的连续时间高阶线性多智能体系统，系统的状态方程如下：

$$\dot{\boldsymbol{x}}_i(t)=\boldsymbol{A}\boldsymbol{x}_i(t)+\boldsymbol{B}\boldsymbol{u}_i(t),\quad i=1,2,\cdots,N \tag{3-54}$$

$$\dot{\boldsymbol{x}}_0(t)=\boldsymbol{A}\boldsymbol{x}_0(t) \tag{3-55}$$

式中，$\boldsymbol{x}_i(t)\in\mathbf{R}^{p\times 1}$ 为跟随者的状态变量；$\boldsymbol{u}_i(t)\in\mathbf{R}^{q\times 1}$ 为作用于跟随者的控制输入量；$\boldsymbol{A}\in\mathbf{R}^{p\times p}$ 和 $\boldsymbol{B}\in\mathbf{R}^{p\times q}$ 为系统的常值参数矩阵；$\boldsymbol{x}_0(t)\in\mathbf{R}^{p\times 1}$ 为领航者的状态变量。

本节内容是通过设计控制器 $\boldsymbol{u}_i(t)$，使得式(3-54)中描述的 N 个跟随者的状态跟踪上领航者的状态，即保证如下“领航-跟踪”一致性成立：

$$\lim_{t\to\infty}\boldsymbol{x}_i(t)=\lim_{t\to\infty}\boldsymbol{x}_0(t),\quad i=1,2,,\cdots,N \tag{3-56}$$

与 3.2 节所考虑的无领航一致性问题不同，本节主要考虑“领航-跟踪”模式下的多智能体系统一致性问题，每个跟随者的最终状态取决于领航者的状态初值，而与跟随者本身的状态初值无关。

3.3.2　主要结果

下面分别讨论当跟随者之间的网络拓扑图为无向图、有向平衡图以及任意有向图时，系统的“领航-跟踪”一致性。

当跟随者和领航者构成的整个多智能体网络包含一个有向生成树(生成树的根节点为领航者)，且跟随者之间的拓扑图为无向连通图时，定义变量 $\underline{\boldsymbol{\xi}}_i(t)=\sum_{j=0}^{N}a_{ij}(\boldsymbol{x}_i(t)-\boldsymbol{x}_j(t))$，并设计如下控制器：

$$\boldsymbol{u}_i(t)=\underline{c}\boldsymbol{K}_2\underline{\boldsymbol{\xi}}_i(t) \tag{3-57}$$

其中，$\boldsymbol{K}_2$ 为待求的控制增益矩阵；$\underline{c}$ 为加权参数。

将变量 $\underline{\boldsymbol{\xi}}_i(t)$ 转化为如下形式：

$$\begin{aligned}\underline{\boldsymbol{\xi}}_i(t)=&\sum_{j=0}^{N}a_{ij}(\boldsymbol{x}_i(t)-\boldsymbol{x}_j(t))=\\&\sum_{j=1}^{N}a_{ij}((\boldsymbol{x}_i(t)-\boldsymbol{x}_0(t))-(\boldsymbol{x}_j(t)-\boldsymbol{x}_0(t)))+a_{i0}(\boldsymbol{x}_i(t)-\boldsymbol{x}_0(t))=\\&\sum_{j=0}^{N}a_{ij}((\boldsymbol{x}_i(t)-\boldsymbol{x}_0(t))-(\boldsymbol{x}_j(t)-\boldsymbol{x}_0(t)))\end{aligned} \tag{3-58}$$

再定义变量 $\underline{\boldsymbol{\xi}}(t)=[\underline{\boldsymbol{\xi}}_1^{\mathrm{T}}(t)\quad \underline{\boldsymbol{\xi}}_2^{\mathrm{T}}(t)\quad \cdots\quad \underline{\boldsymbol{\xi}}_N^{\mathrm{T}}(t)]^{\mathrm{T}}$ 和 $\boldsymbol{X}(t)=[\boldsymbol{x}_1^{\mathrm{T}}(t)\quad \boldsymbol{x}_2^{\mathrm{T}}(t)\quad \cdots\quad \boldsymbol{x}_N^{\mathrm{T}}(t)]^{\mathrm{T}}$，则根据式(3-58)可将变量 $\underline{\boldsymbol{\xi}}_i(t)$ 对应的全局增广变量化为

$$\underline{\boldsymbol{\xi}}(t)=(\boldsymbol{L}_1\otimes\boldsymbol{I}_p)(\boldsymbol{X}(t)-\boldsymbol{1}_N\otimes\boldsymbol{x}_0(t)) \tag{3-59}$$

此外，根据引理 2.3 可知，当整个多智能体网络包含一个有向生成树，且跟随者之间的拓扑图为无向连通图时，$\boldsymbol{L}_1$ 为正定矩阵。因此，$\boldsymbol{X}(t)-\boldsymbol{1}_N\otimes\boldsymbol{x}_0(t)=0$ 等价于 $\underline{\boldsymbol{\xi}}(t)=0$，即意味着式(3-56)所示的“领航-跟踪”一致性成立的充要条件为 $\lim_{t\to\infty}\underline{\boldsymbol{\xi}}(t)=0$。

对式(3-59)求导有

$$\begin{aligned}\dot{\underline{\boldsymbol{\xi}}}(t)=&(\boldsymbol{L}_1\otimes\boldsymbol{I}_p)(\dot{\boldsymbol{X}}(t)-\boldsymbol{1}_N\otimes\dot{\boldsymbol{x}}_0(t))=\\&(\boldsymbol{L}_1\otimes\boldsymbol{I}_p)((\boldsymbol{I}_N\otimes\boldsymbol{A})\boldsymbol{X}(t)+(\boldsymbol{I}_N\otimes\boldsymbol{B})\boldsymbol{U}(t)-(\boldsymbol{1}_N\otimes\boldsymbol{A}\boldsymbol{x}_0(t)))=\\&(\boldsymbol{L}_1\otimes\boldsymbol{I}_p)((\boldsymbol{I}_N\otimes\boldsymbol{A})(\boldsymbol{X}(t)-\boldsymbol{1}_N\otimes\boldsymbol{x}_0(t))+(\boldsymbol{I}_N\otimes\boldsymbol{B})\boldsymbol{U}(t))=\\&(\boldsymbol{I}_N\otimes\boldsymbol{A})(\boldsymbol{L}_1\otimes\boldsymbol{I}_p)(\boldsymbol{X}(t)-\boldsymbol{1}_N\otimes\boldsymbol{x}_0(t))+(\boldsymbol{L}_1\otimes\boldsymbol{B})\boldsymbol{U}(t)=\\&(\boldsymbol{I}_N\otimes\boldsymbol{A})\underline{\boldsymbol{\xi}}(t)+(\boldsymbol{L}_1\otimes\boldsymbol{B})\boldsymbol{U}(t)\end{aligned} \tag{3-60}$$

其中，$\boldsymbol{U}(t)=[\boldsymbol{u}_1^{\mathrm{T}}(t)\quad \boldsymbol{u}_2^{\mathrm{T}}(t)\quad \cdots\quad \boldsymbol{u}_N^{\mathrm{T}}(t)]^{\mathrm{T}}$ 为多智能体系统的全局增广控制输入变量。根据式(3-57)易知，$\boldsymbol{U}(t)=(\boldsymbol{I}_N\otimes\underline{c}\boldsymbol{K}_2)\underline{\boldsymbol{\xi}}(t)$，则式(3-60)可化为如下形式：

$$\dot{\underline{\boldsymbol{\xi}}}(t)=(\boldsymbol{I}_N\otimes\boldsymbol{A})\underline{\boldsymbol{\xi}}(t)+(\boldsymbol{L}_1\otimes\boldsymbol{B})(\boldsymbol{I}_N\otimes\underline{c}\boldsymbol{K}_2)\underline{\boldsymbol{\xi}}(t)=(\boldsymbol{I}_N\otimes\boldsymbol{A}+\underline{c}\boldsymbol{L}_1\otimes\boldsymbol{B}\boldsymbol{K}_2)\underline{\boldsymbol{\xi}}(t) \tag{3-61}$$

因此，式(3-56)所示的“领航-跟踪”一致性成立的充要条件是系统式(3-61)渐进稳定。

接下来给出能够保证系统式(3-61)渐进稳定的条件，并求解控制器增益矩阵。

定理 3.3：给定矩阵$Q_2 = Q_2^{\mathrm{T}} > 0$和$R_2 = R_2^{\mathrm{T}} > 0$，若如下线性矩阵不等式有正定解$\hat{P}_2 = \hat{P}_2^{\mathrm{T}} > 0$：

$$\begin{bmatrix} A\hat{P}_2 + \hat{P}_2 A^{\mathrm{T}} - BR_2^{-1}B^{\mathrm{T}} & \hat{P}_2\sqrt{Q_2} \\ * & -I_p \end{bmatrix} \leqslant 0 \tag{3-62}$$

则系统式(3-61)渐进稳定。此外，控制增益矩阵为$K_2 = -R_2^{-1}B^{\mathrm{T}}\hat{P}_2^{-1}$，且加权参数$\underline{c}$需满足$\underline{c} \geqslant 1/(2\lambda_{\min}(L_1))$。

证明：针对系统式(3-61)，取 Lyapunov 函数为$V_2(t) = 0.5\underline{\xi}^{\mathrm{T}}(t)(I_N \otimes P_2)\underline{\xi}(t)$，其中，$P_2 = \hat{P}_2^{-1}$。由于$\hat{P}_2 = \hat{P}_2^{\mathrm{T}} > 0$，则易知$P_2 = P_2^{\mathrm{T}} > 0$。对 Lyapunov 函数求导有

$$\begin{aligned} \dot{V}_2(t) &= \underline{\xi}^{\mathrm{T}}(t)(I_N \otimes P_2)\dot{\underline{\xi}}(t) = \underline{\xi}^{\mathrm{T}}(t)(I_N \otimes P_2)(I_N \otimes A + \underline{c}L_1 \otimes BK_2)\underline{\xi}(t) = \\ & 0.5\underline{\xi}^{\mathrm{T}}(t)(I_N \otimes (P_2A + A^{\mathrm{T}}P_2))\underline{\xi}(t) + \underline{\xi}^{\mathrm{T}}(t)(\underline{c}L_1 \otimes P_2BK_2)\underline{\xi}(t) \end{aligned} \tag{3-63}$$

将控制增益矩阵$K_2 = -R_2^{-1}B^{\mathrm{T}}\hat{P}_2^{-1} = -R_2^{-1}B^{\mathrm{T}}P_2$代入式(3-63)中可得

$$\dot{V}_2(t) = 0.5\underline{\xi}^{\mathrm{T}}(t)(I_N \otimes (P_2A + A^{\mathrm{T}}P_2))\underline{\xi}(t) - \underline{\xi}^{\mathrm{T}}(t)(\underline{c}L_1 \otimes P_2BR_2^{-1}B^{\mathrm{T}}P_2)\underline{\xi}(t) \tag{3-64}$$

若$\underline{c} \geqslant 1/(2\lambda_{\min}(L_1))$，有$\underline{c}L_1 \geqslant I_N/2$，则式(3-64)可化为如下形式：

$$\dot{V}_2(t) \leqslant 0.5\underline{\xi}^{\mathrm{T}}(t)(I_N \otimes (P_2A + A^{\mathrm{T}}P_2 - P_2BR_2^{-1}B^{\mathrm{T}}P_2))\underline{\xi}(t) \tag{3-65}$$

根据引理 2.1，可将线性矩阵不等式(3-62)等价转化为如下形式：

$$A\hat{P}_2 + \hat{P}_2A^{\mathrm{T}} - BR_2^{-1}B^{\mathrm{T}} + \hat{P}_2Q_2\hat{P}_2 \leqslant 0 \tag{3-66}$$

进而有

$$P_2(A\hat{P}_2 + \hat{P}_2A^{\mathrm{T}} - BR_2^{-1}B^{\mathrm{T}} + \hat{P}_2Q_2\hat{P}_2)P_2 \leqslant 0 \tag{3-67}$$

即

$$P_2A + A^{\mathrm{T}}P_2 - P_2BR_2^{-1}B^{\mathrm{T}}P_2 + Q_2 \leqslant 0 \tag{3-68}$$

将式(3-68)代入式(3-65)中有

$$\dot{V}_2(t) \leqslant -0.5\underline{\xi}^{\mathrm{T}}(t)(I_N \otimes Q_2)\underline{\xi}(t) \tag{3-69}$$

根据不等式(3-69)可以证明系统式(3-61)是渐进稳定的，具体证明步骤与式(3-26)～式(3-33)类似，此处不再赘述。

证毕。

根据定理 3.3 可知：当跟随者和领航者构成的整个多智能体网络包含一个有向生成树(根节点为领航者)，且跟随者之间的拓扑图为无向连通图时，所设计的控制器式(3-57)能够保证式(3-56)中描述的"领航-跟踪"一致性成立，而控制增益矩阵则可通过求解线性矩阵不等式(3-62)得到。

当整个多智能体网络包含一个有向生成树(根节点为领航者)，且跟随者之间的拓扑图为有向平衡图时，仍取变量$\underline{\xi}_i(t) = \sum_{j=0}^{N} a_{ij}(x_i(t) - x_j(t))$，并设计如下控制器：

$$u_i(t) = \bar{c}K_2\underline{\xi}_i(t) \tag{3-70}$$

其中，K_2为待求的控制增益矩阵；$\bar{c}$为加权参数。

变量$\underline{\xi}_i(t)$对应的全局增广变量$\underline{\xi}(t)$仍如式(3-59)所示。此外，根据引理 2.3 可知：当整个多智能体网络包含一个有向生成树，且根节点为领航者时，L_1为满秩矩阵。因此有$X(t) - \mathbf{1}_N \otimes x_0(t) = 0$等价于$\underline{\xi}(t) = 0$，即"领航-跟踪"一致性成立的充要条件为$\lim_{t\to\infty}\underline{\xi}(t) = 0$。

与式(3-60)和式(3-61)类似，全局增广变量$\underline{\xi}(t)$对应的系统方程如下：

$$\dot{\underline{\xi}}(t) = (I_N \otimes A + \bar{c}L_1 \otimes BK_2)\underline{\xi}(t) \tag{3-71}$$

因此，式(3－56)所示的“领航-跟踪”一致性成立的充要条件是系统式(3－71)渐进稳定。

此外，根据引理 2.3 和引理 2.4 可知，当整个多智能体网络包含一个有向生成树(根节点为领航者)，且跟随者之间的拓扑图为有向平衡图时，多智能体系统拓扑图对应的矩阵 $\boldsymbol{L}_1$ 满足 $\boldsymbol{L}_1+\boldsymbol{L}_1^{\mathrm{T}}>0$，即 $\boldsymbol{L}_1+\boldsymbol{L}_1^{\mathrm{T}}$ 的所有特征值均为正实数。

接下来给出能够保证系统式(3－71)渐进稳定的条件，并求解控制器增益矩阵。

定理 3.4：给定矩阵 $\boldsymbol{Q}_2=\boldsymbol{Q}_2^{\mathrm{T}}>0$ 和 $\boldsymbol{R}_2=\boldsymbol{R}_2^{\mathrm{T}}>0$，若线性矩阵不等式(3－62)有正定解 $\hat{\boldsymbol{P}}_2=\hat{\boldsymbol{P}}_2^{\mathrm{T}}>0$，则系统式(3－61)是渐进稳定的。此外，控制增益矩阵 $\boldsymbol{K}_2=-\boldsymbol{R}_2^{-1}\boldsymbol{B}^{\mathrm{T}}\hat{\boldsymbol{P}}_2^{-1}$，且加权参数 $\underline{\bar{c}}$ 需满足 $\underline{\bar{c}}\geqslant 1/\lambda_{\min}(\boldsymbol{L}_1+\boldsymbol{L}_1^{\mathrm{T}})$。

证明：针对系统式(3－71)，取 Lyapunov 函数 $V_2(t)=0.5\underline{\boldsymbol{\xi}}^{\mathrm{T}}(t)(\boldsymbol{I}_N\otimes\boldsymbol{P}_2)\underline{\boldsymbol{\xi}}(t)$，其中，$\boldsymbol{P}_2=\hat{\boldsymbol{P}}_2^{-1}$。对 $V_2(t)$ 求导有

$$
\begin{aligned}
\dot{V}_2(t)=&\underline{\boldsymbol{\xi}}^{\mathrm{T}}(t)(\boldsymbol{I}_N\otimes\boldsymbol{P}_2)\dot{\underline{\boldsymbol{\xi}}}(t)=\underline{\boldsymbol{\xi}}^{\mathrm{T}}(t)(\boldsymbol{I}_N\otimes\boldsymbol{P}_2)(\boldsymbol{I}_N\otimes\boldsymbol{A}+\underline{\bar{c}}\boldsymbol{L}_1\otimes\boldsymbol{BK}_2)\underline{\boldsymbol{\xi}}(t)=\\
&0.5\underline{\boldsymbol{\xi}}^{\mathrm{T}}(t)(\boldsymbol{I}_N\otimes(\boldsymbol{P}_2\boldsymbol{A}+\boldsymbol{A}^{\mathrm{T}}\boldsymbol{P}_2))\underline{\boldsymbol{\xi}}(t)-\underline{\boldsymbol{\xi}}^{\mathrm{T}}(t)(\underline{\bar{c}}\boldsymbol{L}_1\otimes\boldsymbol{P}_2\boldsymbol{BR}_2^{-1}\boldsymbol{B}^{\mathrm{T}}\boldsymbol{P}_2)\underline{\boldsymbol{\xi}}(t)=\\
&0.5\underline{\boldsymbol{\xi}}^{\mathrm{T}}(t)(\boldsymbol{I}_N\otimes(\boldsymbol{P}_2\boldsymbol{A}+\boldsymbol{A}^{\mathrm{T}}\boldsymbol{P}_2))\underline{\boldsymbol{\xi}}(t)-0.5\underline{\boldsymbol{\xi}}^{\mathrm{T}}(t)(\underline{\bar{c}}(\boldsymbol{L}_1+\boldsymbol{L}_1^{\mathrm{T}})\otimes\boldsymbol{P}_2\boldsymbol{BR}_2^{-1}\boldsymbol{B}^{\mathrm{T}}\boldsymbol{P}_2)\underline{\boldsymbol{\xi}}(t)
\end{aligned}
\tag{3-72}
$$

若 $\underline{\bar{c}}\geqslant 1/\lambda_{\min}(\boldsymbol{L}_1+\boldsymbol{L}_1^{\mathrm{T}})$，则有 $\underline{\bar{c}}(\boldsymbol{L}_1+\boldsymbol{L}_1^{\mathrm{T}})\geqslant\boldsymbol{I}_N$，进而可将式(3－72)转化为

$$
\dot{V}_2(t)\leqslant 0.5\underline{\boldsymbol{\xi}}^{\mathrm{T}}(t)(\boldsymbol{I}_N\otimes(\boldsymbol{P}_2\boldsymbol{A}+\boldsymbol{A}^{\mathrm{T}}\boldsymbol{P}_2-\boldsymbol{P}_2\boldsymbol{BR}_2^{-1}\boldsymbol{B}^{\mathrm{T}}\boldsymbol{P}_2))\underline{\boldsymbol{\xi}}(t) \tag{3-73}
$$

利用引理 2.1 可将线性矩阵不等式(3－62)等价转化为如下不等式：

$$
\boldsymbol{P}_2\boldsymbol{A}+\boldsymbol{A}^{\mathrm{T}}\boldsymbol{P}_2-\boldsymbol{P}_2\boldsymbol{BR}_2^{-1}\boldsymbol{B}^{\mathrm{T}}\boldsymbol{P}_2+\boldsymbol{Q}_2\leqslant 0 \tag{3-74}
$$

具体步骤与定理 3.3 中的证明步骤类似，此处不再赘述。

将式(3－74)代入式(3－73)中有

$$
\dot{V}_2(t)\leqslant -0.5\underline{\boldsymbol{\xi}}^{\mathrm{T}}(t)(\boldsymbol{I}_N\otimes\boldsymbol{Q}_2)\underline{\boldsymbol{\xi}}(t) \tag{3-75}
$$

根据不等式(3-75)可证明系统式(3-61)是渐进稳定的，具体证明步骤与式(3-26)～式(3－33)类似，此处不再赘述。

证毕。

根据定理 3.4 可知：当整个多智能体网络包含一个有向生成树(根节点为领航者)，且跟随者之间的拓扑图为有向平衡图时，所设计的控制器式(3-70)能够保证式(3-56)中描述的“领航-跟踪”一致性成立，而控制增益矩阵则可通过求解线性矩阵不等式(3－62)得到。

接下来讨论跟随者之间的拓扑图为任意有向图的情况，这一环节的内容将用到如下两条引理。

引理 3.3[108]：对于实矩阵 $\boldsymbol{M}\in\mathbf{R}^{N\times N}$，如下两组条件等价：

(1) 存在正向量 $\boldsymbol{a}\in\mathbf{R}^{N\times 1}$ 使得 $\boldsymbol{Ma}>0$ 也为正向量，即 $\boldsymbol{Ma}>0$；

(2) 矩阵 $\boldsymbol{M}$ 的所有特征值均具有正实部。

引理 3.4：定义向量 $\bar{\boldsymbol{a}}\in\mathbf{R}^{N\times 1}$ 和 $\bar{\boldsymbol{b}}\in\mathbf{R}^{N\times 1}$，矩阵 $\boldsymbol{G}\in\mathbf{R}^{N\times N}$ 和 $\boldsymbol{L}_G\in\mathbf{R}^{N\times N}$ 分别如下：

$$
\bar{\boldsymbol{a}}=[\bar{a}_1\quad\bar{a}_2\quad\cdots\quad\bar{a}_N]^{\mathrm{T}}=\boldsymbol{L}_1^{-1}\boldsymbol{a} \tag{3-76}
$$

$$
\bar{\boldsymbol{b}}=[\bar{b}_1\quad\bar{b}_2\quad\cdots\quad\bar{b}_N]^{\mathrm{T}}=\boldsymbol{L}_1^{-\mathrm{T}}\boldsymbol{b} \tag{3-77}
$$

$$
\boldsymbol{G}=\mathrm{diag}\{g_1,g_2,\cdots,g_N\}=\mathrm{diag}\left\{\frac{\bar{b}_1}{\bar{a}_1},\frac{\bar{b}_2}{\bar{a}_2},\cdots,\frac{\bar{b}_N}{\bar{a}_N}\right\} \tag{3-78}
$$

$$
\boldsymbol{L}_G=\boldsymbol{GL}_1+\boldsymbol{L}_1^{\mathrm{T}}\boldsymbol{G} \tag{3-79}
$$

式中，$\boldsymbol{a}$ 和 $\boldsymbol{b}$ 均为正向量，即 $\boldsymbol{a}$ 和 $\boldsymbol{b}$ 中所有元素均为正数，则矩阵 $\boldsymbol{G}$ 和 $\boldsymbol{L}_G$ 均正定。

证明：根据式(3-76)和式(3-79)有

$$\boldsymbol{L}_G\bar{\boldsymbol{a}}=(\boldsymbol{G}\boldsymbol{L}_1+\boldsymbol{L}_1^{\mathrm{T}}\boldsymbol{G})\bar{\boldsymbol{a}}=\boldsymbol{G}\boldsymbol{L}_1\bar{\boldsymbol{a}}+\boldsymbol{L}_1^{\mathrm{T}}\boldsymbol{G}\bar{\boldsymbol{a}}=\boldsymbol{G}\boldsymbol{a}+\boldsymbol{L}_1^{\mathrm{T}}\boldsymbol{G}\bar{\boldsymbol{a}} \tag{3-80}$$

根据式(3-76)～式(3-78)易知，$\boldsymbol{G}\bar{\boldsymbol{a}}=\bar{\boldsymbol{b}}$，则式(3-80)可化作如下形式：

$$\boldsymbol{L}_G\bar{\boldsymbol{a}}=\boldsymbol{G}\boldsymbol{a}+\boldsymbol{L}_1^{\mathrm{T}}\bar{\boldsymbol{b}} \tag{3-81}$$

根据式(3-77)有 $\boldsymbol{L}_1^{\mathrm{T}}\bar{\boldsymbol{b}}=\boldsymbol{b}>0$，因此，可将式(3-81)进一步化为

$$\boldsymbol{L}_G\bar{\boldsymbol{a}}=\boldsymbol{G}\boldsymbol{a}+\boldsymbol{b} \tag{3-82}$$

根据式(3-76)有 $\boldsymbol{L}_1\bar{\boldsymbol{a}}=\boldsymbol{a}>0$。此外，根据引理2.3可知，$\boldsymbol{L}_1$ 的所有特征值均具有正实部，则利用引理3.3有 $\bar{\boldsymbol{a}}>0$，同理有 $\bar{\boldsymbol{b}}>0$。因此，根据式(3-78)易知，$\boldsymbol{G}$ 为正定矩阵。根据式(3-82)又有 $\boldsymbol{L}_G\bar{\boldsymbol{a}}>0$，则利用引理3.3可知，$\boldsymbol{L}_G$ 的所有特征值均具有正实部。又因为 $\boldsymbol{L}_G=\boldsymbol{G}\boldsymbol{L}_1+\boldsymbol{L}_1^{\mathrm{T}}\boldsymbol{G}$ 为对称矩阵，则易知 $\boldsymbol{L}_G$ 为正定矩阵。

证毕。

当整个多智能体网络包含一个有向生成树(根节点为领航者)，且跟随者之间的拓扑图为任意有向图时，定义变量 $\underline{\hat{\boldsymbol{\xi}}}_i(t)=g_i\sum_{j=0}^{N}a_{ij}(\boldsymbol{x}_i(t)-\boldsymbol{x}_j(t))$，其中，参数 g_i 依照式(3-78)进行选取，并设计如下控制器：

$$\boldsymbol{u}_i(t)=\underline{\hat{c}}\boldsymbol{K}_2\underline{\hat{\boldsymbol{\xi}}}_i(t) \tag{3-83}$$

其中，$\boldsymbol{K}_2$ 为待求的控制增益矩阵；$\underline{\hat{c}}$ 为加权参数。

将变量 $\underline{\hat{\boldsymbol{\xi}}}_i(t)$ 转化为如下形式：

$$\underline{\hat{\boldsymbol{\xi}}}_i(t)=g_i\sum_{j=0}^{N}a_{ij}((\boldsymbol{x}_i(t)-\boldsymbol{x}_0(t))-(\boldsymbol{x}_j(t)-\boldsymbol{x}_0(t))) \tag{3-84}$$

根据式(3-84)，可将变量 $\underline{\hat{\boldsymbol{\xi}}}_i(t)$ 对应的全局增广变量转化为如下形式：

$$\underline{\hat{\boldsymbol{\xi}}}(t)=(\boldsymbol{G}\boldsymbol{L}_1\otimes\boldsymbol{I}_p)(\boldsymbol{X}(t)-\boldsymbol{1}_N\otimes\boldsymbol{x}_0(t)) \tag{3-85}$$

其中，$\underline{\hat{\boldsymbol{\xi}}}(t)=[\underline{\hat{\boldsymbol{\xi}}}_1^{\mathrm{T}}(t)\quad\underline{\hat{\boldsymbol{\xi}}}_2^{\mathrm{T}}(t)\quad\cdots\quad\underline{\hat{\boldsymbol{\xi}}}_N^{\mathrm{T}}(t)]^{\mathrm{T}}$；$\boldsymbol{G}=\mathrm{diag}\{g_1,g_2,\cdots,g_N\}$。矩阵 $\boldsymbol{G}$ 中的参数 g_i 按照式(3-78)进行选取，则易知 $\det\{\boldsymbol{G}\boldsymbol{L}_1\}=\det\{\boldsymbol{G}\}\det\{\boldsymbol{L}_1\}\neq 0$，即 $\boldsymbol{G}\boldsymbol{L}_1$ 为可逆矩阵。因此，$\boldsymbol{X}(t)-\boldsymbol{1}_N\otimes\boldsymbol{x}_0(t)=0$ 等价于 $\underline{\hat{\boldsymbol{\xi}}}(t)=0$，即意味着式(3-56)所示的“领航-跟踪”一致性成立的充要条件为 $\lim\limits_{t\to\infty}\underline{\hat{\boldsymbol{\xi}}}(t)=0$。此外，根据引理3.4可知，$\boldsymbol{G}\boldsymbol{L}_1+\boldsymbol{L}_1^{\mathrm{T}}\boldsymbol{G}$ 为正定矩阵。

对式(3-85)求导有

$$\begin{aligned}\dot{\underline{\hat{\boldsymbol{\xi}}}}(t)=&(\boldsymbol{G}\boldsymbol{L}_1\otimes\boldsymbol{I}_p)(\dot{\boldsymbol{X}}(t)-\boldsymbol{1}_N\otimes\dot{\boldsymbol{x}}_0(t))=\\&(\boldsymbol{G}\boldsymbol{L}_1\otimes\boldsymbol{I}_p)((\boldsymbol{I}_N\otimes\boldsymbol{A})(\boldsymbol{X}(t)-\boldsymbol{1}_N\otimes\boldsymbol{x}_0(t))+(\boldsymbol{I}_N\otimes\boldsymbol{B})\boldsymbol{U}(t))=\\&(\boldsymbol{I}_N\otimes\boldsymbol{A})(\boldsymbol{G}\boldsymbol{L}_1\otimes\boldsymbol{I}_p)(\boldsymbol{X}(t)-\boldsymbol{1}_N\otimes\boldsymbol{x}_0(t))+(\boldsymbol{G}\boldsymbol{L}_1\otimes\boldsymbol{B})\boldsymbol{U}(t)=\\&(\boldsymbol{I}_N\otimes\boldsymbol{A})\underline{\hat{\boldsymbol{\xi}}}(t)+(\boldsymbol{G}\boldsymbol{L}_1\otimes\boldsymbol{B})\boldsymbol{U}(t)\end{aligned} \tag{3-86}$$

根据式(3-83)易知，全局增广控制为 $\boldsymbol{U}(t)=[\boldsymbol{u}_1^{\mathrm{T}}(t)\quad\boldsymbol{u}_2^{\mathrm{T}}(t)\quad\cdots\quad\boldsymbol{u}_N^{\mathrm{T}}(t)]^{\mathrm{T}}=(\boldsymbol{I}_N\otimes\underline{\hat{c}}\boldsymbol{K}_2)\underline{\hat{\boldsymbol{\xi}}}(t)$，则式(3-86)可化为如下形式：

$$\dot{\underline{\hat{\boldsymbol{\xi}}}}(t)=(\boldsymbol{I}_N\otimes\boldsymbol{A})\underline{\hat{\boldsymbol{\xi}}}(t)+(\boldsymbol{G}\boldsymbol{L}_1\otimes\boldsymbol{B})(\boldsymbol{I}_N\otimes\underline{\hat{c}}\boldsymbol{K}_2)\underline{\hat{\boldsymbol{\xi}}}(t)=(\boldsymbol{I}_N\otimes\boldsymbol{A}+\underline{\hat{c}}\boldsymbol{G}\boldsymbol{L}_1\otimes\boldsymbol{B}\boldsymbol{K}_2)\underline{\hat{\boldsymbol{\xi}}}(t) \tag{3-87}$$

因此，式(3-56)所示的“领航-跟踪”一致性成立的充要条件是系统式(3-87)渐进稳定。接下来给出能够保证系统式(3-87)渐进稳定的条件，并求解控制器增益矩阵。

定理 3.5:给定矩阵 $\boldsymbol{Q}_2=\boldsymbol{Q}_2^{\mathrm{T}}>0$ 和 $\boldsymbol{R}_2=\boldsymbol{R}_2^{\mathrm{T}}>0$,若线性矩阵不等式(3-62)有正定解 $\hat{\boldsymbol{P}}_2=\hat{\boldsymbol{P}}_2^{\mathrm{T}}>0$,则系统式(3-87)是渐进稳定的。此外,控制增益矩阵 $\boldsymbol{K}_2=-\boldsymbol{R}_2^{-1}\boldsymbol{B}^{\mathrm{T}}\hat{\boldsymbol{P}}_2^{-1}$,且加权参数 $\hat{\underline{c}}$ 需满足 $\hat{\underline{c}}\geqslant 1/\lambda_{\min}(\boldsymbol{G}\boldsymbol{L}_1+\boldsymbol{L}_1^{\mathrm{T}}\boldsymbol{G})$。

证明:针对系统式(3-87),取 Lyapunov 函数 $\hat{V}_2(t)=0.5\underline{\boldsymbol{\xi}}^{\mathrm{T}}(t)(\boldsymbol{I}_N\otimes\boldsymbol{P}_2)\underline{\boldsymbol{\xi}}(t)$,其中,$\boldsymbol{P}_2=\hat{\boldsymbol{P}}_2^{-1}$。对 $\hat{V}_2(t)$ 求导有

$$\begin{aligned}\dot{\hat{V}}_2(t)=&\underline{\boldsymbol{\xi}}^{\mathrm{T}}(t)(\boldsymbol{I}_N\otimes\boldsymbol{P}_2)\dot{\underline{\boldsymbol{\xi}}}(t)=\underline{\boldsymbol{\xi}}^{\mathrm{T}}(t)(\boldsymbol{I}_N\otimes\boldsymbol{P}_2)(\boldsymbol{I}_N\otimes\boldsymbol{A}+\hat{\underline{c}}\boldsymbol{G}\boldsymbol{L}_1\otimes\boldsymbol{B}\boldsymbol{K}_2)\underline{\boldsymbol{\xi}}(t)=\\&0.5\underline{\boldsymbol{\xi}}^{\mathrm{T}}(t)(\boldsymbol{I}_N\otimes(\boldsymbol{P}_2\boldsymbol{A}+\boldsymbol{A}^{\mathrm{T}}\boldsymbol{P}_2))\underline{\boldsymbol{\xi}}(t)-\underline{\boldsymbol{\xi}}^{\mathrm{T}}(t)(\hat{\underline{c}}\boldsymbol{G}\boldsymbol{L}_1\otimes\boldsymbol{P}_2\boldsymbol{B}\boldsymbol{R}_2^{-1}\boldsymbol{B}^{\mathrm{T}}\boldsymbol{P}_2)\underline{\boldsymbol{\xi}}(t)=\\&0.5\underline{\boldsymbol{\xi}}^{\mathrm{T}}(t)(\boldsymbol{I}_N\otimes(\boldsymbol{P}_2\boldsymbol{A}+\boldsymbol{A}^{\mathrm{T}}\boldsymbol{P}_2))\underline{\boldsymbol{\xi}}(t)-\\&0.5\underline{\boldsymbol{\xi}}^{\mathrm{T}}(t)(\hat{\underline{c}}(\boldsymbol{G}\boldsymbol{L}_1+\boldsymbol{L}_1^{\mathrm{T}}\boldsymbol{G})\otimes\boldsymbol{P}_2\boldsymbol{B}\boldsymbol{R}_2^{-1}\boldsymbol{B}^{\mathrm{T}}\boldsymbol{P}_2)\underline{\boldsymbol{\xi}}(t)\end{aligned}\tag{3-88}$$

若 $\hat{\underline{c}}\geqslant 1/\lambda_{\min}(\boldsymbol{G}\boldsymbol{L}_1+\boldsymbol{L}_1^{\mathrm{T}}\boldsymbol{G})$,则有 $\hat{\underline{c}}(\boldsymbol{G}\boldsymbol{L}_1+\boldsymbol{L}_1^{\mathrm{T}}\boldsymbol{G})\geqslant\boldsymbol{I}_N$,进而可将式(3-88)转化为

$$\dot{\hat{V}}_2(t)\leqslant 0.5\underline{\boldsymbol{\xi}}^{\mathrm{T}}(t)(\boldsymbol{I}_N\otimes(\boldsymbol{P}_2\boldsymbol{A}+\boldsymbol{A}^{\mathrm{T}}\boldsymbol{P}_2-\boldsymbol{P}_2\boldsymbol{B}\boldsymbol{R}_2^{-1}\boldsymbol{B}^{\mathrm{T}}\boldsymbol{P}_2))\underline{\boldsymbol{\xi}}(t)\tag{3-89}$$

利用引理 2.1,可将线性矩阵不等式(3-62)等价转化为如下不等式:

$$\boldsymbol{P}_2\boldsymbol{A}+\boldsymbol{A}^{\mathrm{T}}\boldsymbol{P}_2-\boldsymbol{P}_2\boldsymbol{B}\boldsymbol{R}_2^{-1}\boldsymbol{B}^{\mathrm{T}}\boldsymbol{P}_2+\boldsymbol{Q}_2\leqslant 0\tag{3-90}$$

具体步骤与定理 3.3 的证明步骤类似,不再赘述。将式(3-90)代入式(3-89)中可得

$$\dot{\hat{V}}_2(t)\leqslant -0.5\underline{\boldsymbol{\xi}}^{\mathrm{T}}(t)(\boldsymbol{I}_N\otimes\boldsymbol{Q}_2)\underline{\boldsymbol{\xi}}(t)\tag{3-91}$$

根据不等式(3-91)可证明系统式(3-87)是渐进稳定的,具体证明步骤与式(3-26)~式(3-33)类似,此处不再赘述。

证毕。

根据定理 3.5 可知:当整个多智能体网络包含一个有向生成树(根节点为领航者),且跟随者之间的拓扑图为任意有向图时,所设计的控制器式(3-83)能够保证式(3-56)中描述的“领航-跟踪”一致性成立,而控制增益矩阵则可通过求解线性矩阵不等式(3-62)得到。

3.3.3　仿真算例

本节通过几组仿真算例来验证 3.3.2 节中设计的三种控制器式(3-57)、式(3-70)和式(3-83)的有效性。

首先考虑跟随者之间的拓扑结构为无向连通图的情况。以 A4D 型飞机集群在高度为 4 572 m 的空中飞行时的协同跟踪控制问题为研究背景,系统方程如下[109]:

$$\begin{bmatrix}\dot{\underset{\sim}{v}}_i(t)\\ \dot{\alpha}_i(t)\\ \dot{\underset{\sim}{q}}_i(t)\\ \dot{\underset{\sim}{\alpha}}_i(t)\end{bmatrix}=\begin{bmatrix}-0.0605 & -32.37 & 0 & 32.2\\ -0.00014 & -1.475 & 10 & 0\\ -0.0111 & -34.72 & -2.793 & 0\\ 0 & 0 & 1 & 0\end{bmatrix}\begin{bmatrix}\underset{\sim}{v}_i(t)\\ \alpha_i(t)\\ \underset{\sim}{q}_i(t)\\ \underset{\sim}{\alpha}_i(t)\end{bmatrix}+\begin{bmatrix}0\\0\\0.2\\0.0005\end{bmatrix}\delta_i^{\mathrm{rud}}(t)\tag{3-92}$$

其中,$\underset{\sim}{v}_i(t)$ 表示飞机的飞行速度;$\alpha_i(t)$ 表示俯仰角;$\underset{\sim}{q}_i(t)$ 表示攻角角速度;$\underset{\sim}{\alpha}_i(t)$ 表示攻角;$\delta_i^{\mathrm{rud}}(t)$ 表示升降舵操作指令。对照式(3-1)描述的线性系统,式(3-92)中的状态变量和矩阵参数如下:

$$\boldsymbol{x}_i(t)=\begin{bmatrix}\underset{\sim}{v}_i(t)\\ \alpha_i(t)\\ \underset{\sim}{q}_i(t)\\ \underset{\sim}{\alpha}_i(t)\end{bmatrix},\quad \boldsymbol{A}=\begin{bmatrix}-0.0605 & -32.37 & 0 & 32.2\\ -0.00014 & -1.475 & 10 & 0\\ -0.0111 & -34.72 & -2.793 & 0\\ 0 & 0 & 1 & 0\end{bmatrix}$$

$$\boldsymbol{u}_i(t)=\delta_i^{\mathrm{rud}}(t),\quad \boldsymbol{B}=\begin{bmatrix}0\\ -0.1064\\ -33.8\\ 0\end{bmatrix}$$

令 $\boldsymbol{R}_2=1\times10^4$ 和 $\boldsymbol{Q}_2=10\boldsymbol{I}_4$，则通过求解线性矩阵不等式(3-62)有

$$\hat{\boldsymbol{P}}_2=\begin{bmatrix}0.2787 & 0.0277 & 0.2397 & 0.0015\\ 0.0277 & 0.0861 & 0.0018 & 0.0085\\ 0.2397 & 0.0018 & 0.2908 & -0.001\\ 0.0015 & 0.0085 & -0.001 & 0.0008\end{bmatrix}$$

进而根据定理3.3，可以求出控制增益矩阵如下：

$$\boldsymbol{K}_2=-\boldsymbol{R}_2^{-1}\boldsymbol{B}^{\mathrm{T}}\hat{\boldsymbol{P}}_2^{-1}=[0.0236\quad -1.6881\quad 0.0632\quad 17.0696]$$

假设飞机集群网络中有4架飞机，包括1个领航者(0号节点)和3个跟随者(1,2,3号节点)，各飞机之间的拓扑结构如图3-13所示。

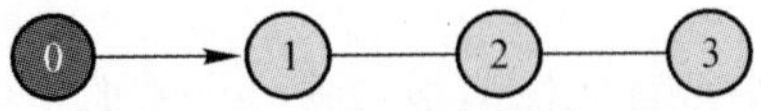

图3-13　A4D型飞机集群网络拓扑结构图

图3-13所示的拓扑图对应的Laplacian矩阵如下：

$$\boldsymbol{L}=\begin{bmatrix}0 & \boldsymbol{0}_{1\times N}\\ \boldsymbol{L}_2 & \boldsymbol{L}_1\end{bmatrix}=\begin{bmatrix}0 & 0 & 0 & 0\\ -1 & 1 & 0 & 0\\ 0 & -1 & 1 & 0\\ 0 & 0 & -1 & 1\end{bmatrix}$$

可求出矩阵 $\boldsymbol{L}_1$ 的特征值分别为0.1981，1.555，3.247，则根据定理3.3，加权参数 $\underset{-}{c}$ 需满足 $\underset{-}{c}\geqslant 1/(2\lambda_{\min}(\boldsymbol{L}_1))=2.524$，因此可选取 $\underset{-}{c}=2.6$。

选取4架飞机的飞行速度初值(单位：m/s)、俯仰角初值(单位：°)、攻角角速度初值(单位：°/s)以及攻角初值(单位：°)分别如下：

$$\underset{\sim}{v}_0(0)=200,\quad \underset{\sim}{v}_1(0)=250,\quad \underset{\sim}{v}_2(0)=300,\quad \underset{\sim}{v}_3(0)=350$$

$$\alpha_0(0)=15,\quad \alpha_1(0)=12,\quad \alpha_2(0)=11,\quad \alpha_3(0)=10$$

$$\underset{\sim}{q}_0(0)=0,\quad \underset{\sim}{q}_1(0)=0,\quad \underset{\sim}{q}_2(0)=0,\quad \underset{\sim}{q}_3(0)=0$$

$$\underset{\sim}{\alpha}_0(0)=6,\quad \underset{\sim}{\alpha}_1(0)=5,\quad \underset{\sim}{\alpha}_2(0)=4,\quad \underset{\sim}{\alpha}_3(0)=3$$

4架飞机的飞行速度 $\underset{\sim}{v}_i(t)$、俯仰角 $\alpha_i(t)$、攻角角速度 $\underset{\sim}{q}_i(t)$ 和攻角 $\underset{\sim}{\alpha}_i(t)$ 的曲线如图3-14～图3-17所示。

从图3-14～图3-17中可以看出，利用式(3-57)所设计的协同控制器，能够保证3架

A4D 型飞机四个状态变量(飞行速度、俯仰角、攻角角速度和攻角)均能够跟踪上领航者飞机,即实现了"领航-跟踪"一致。因此,图 3-14~图 3-17 验证了控制器式(3-57)的有效性。

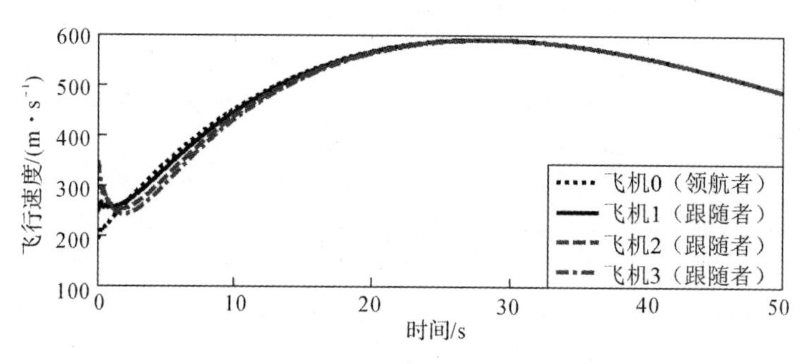

图 3-14 飞机的飞行速度 $\underset{\sim}{v}_i(t)$ 曲线

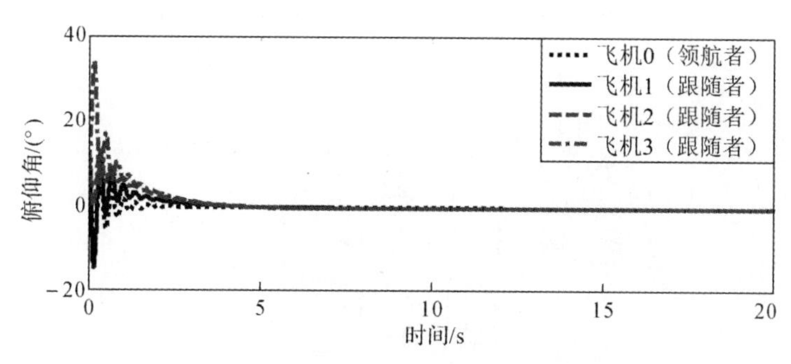

图 3-15 飞机的俯仰角 $\alpha_i(t)$ 曲线

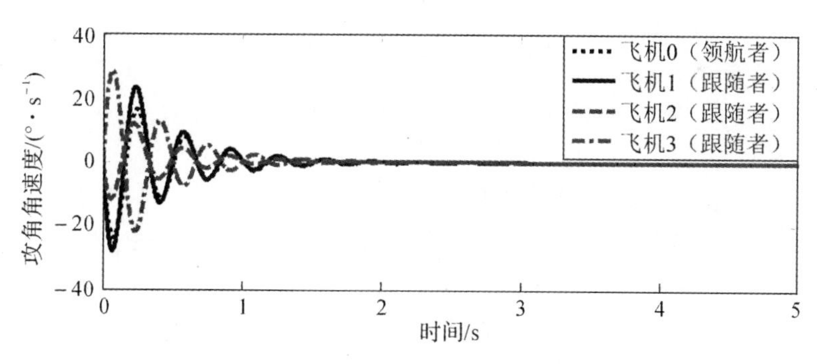

图 3-16 飞机的攻角角速度 $\underset{\sim}{q}_i(t)$ 曲线

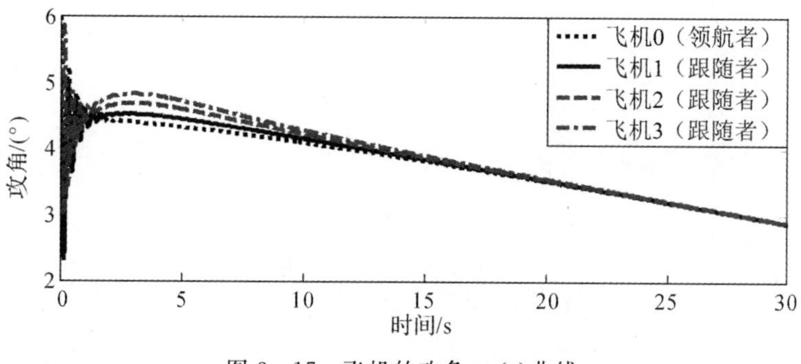

图 3-17 飞机的攻角 $\underset{\sim}{\alpha}_i(t)$ 曲线

仿真程序：

(1)Simulink 主程序模块图如图 3－18 所示。

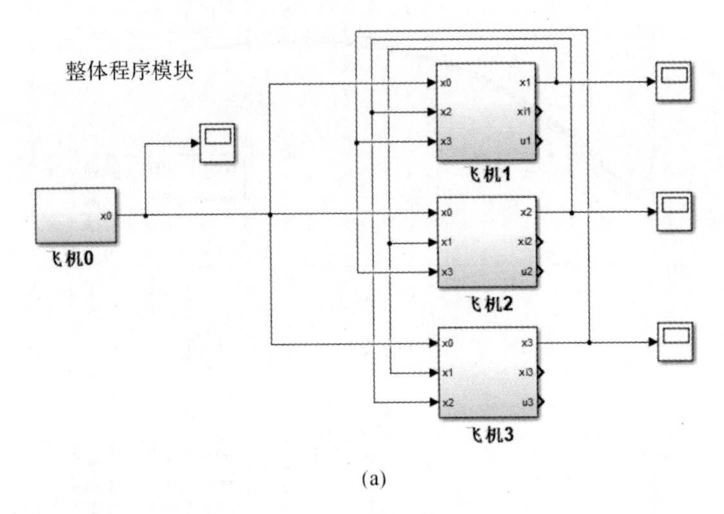

(a)

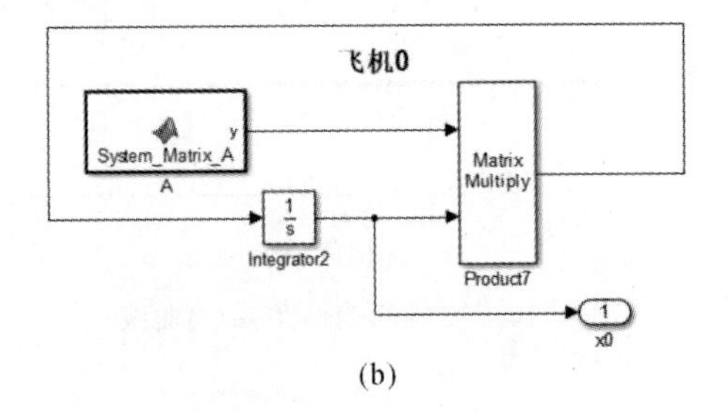

(b)

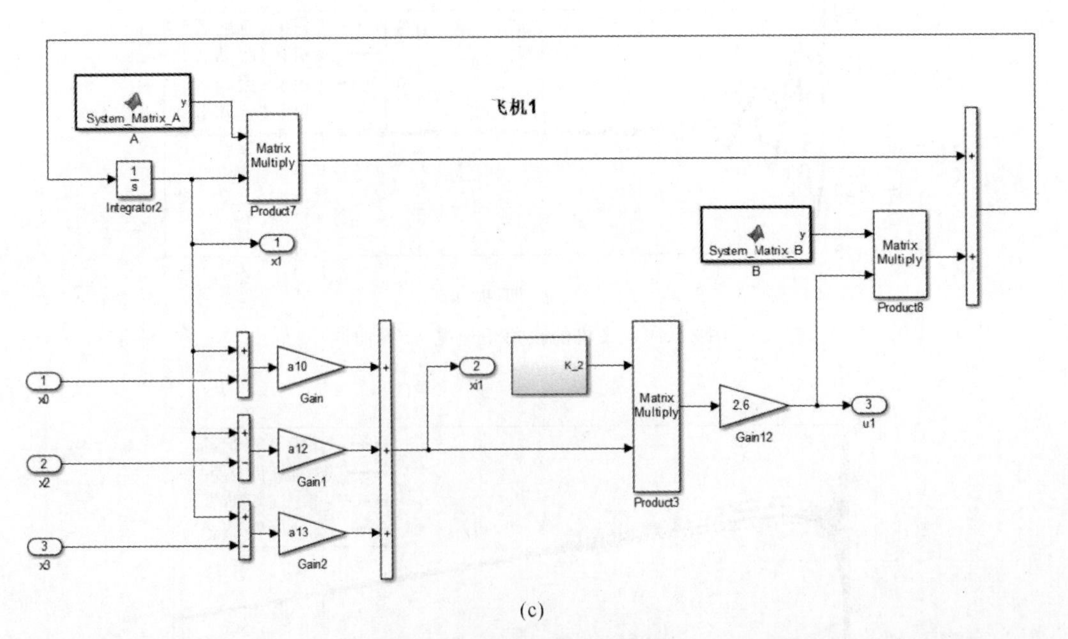

(c)

图 3－18　Simulink 主程序模块

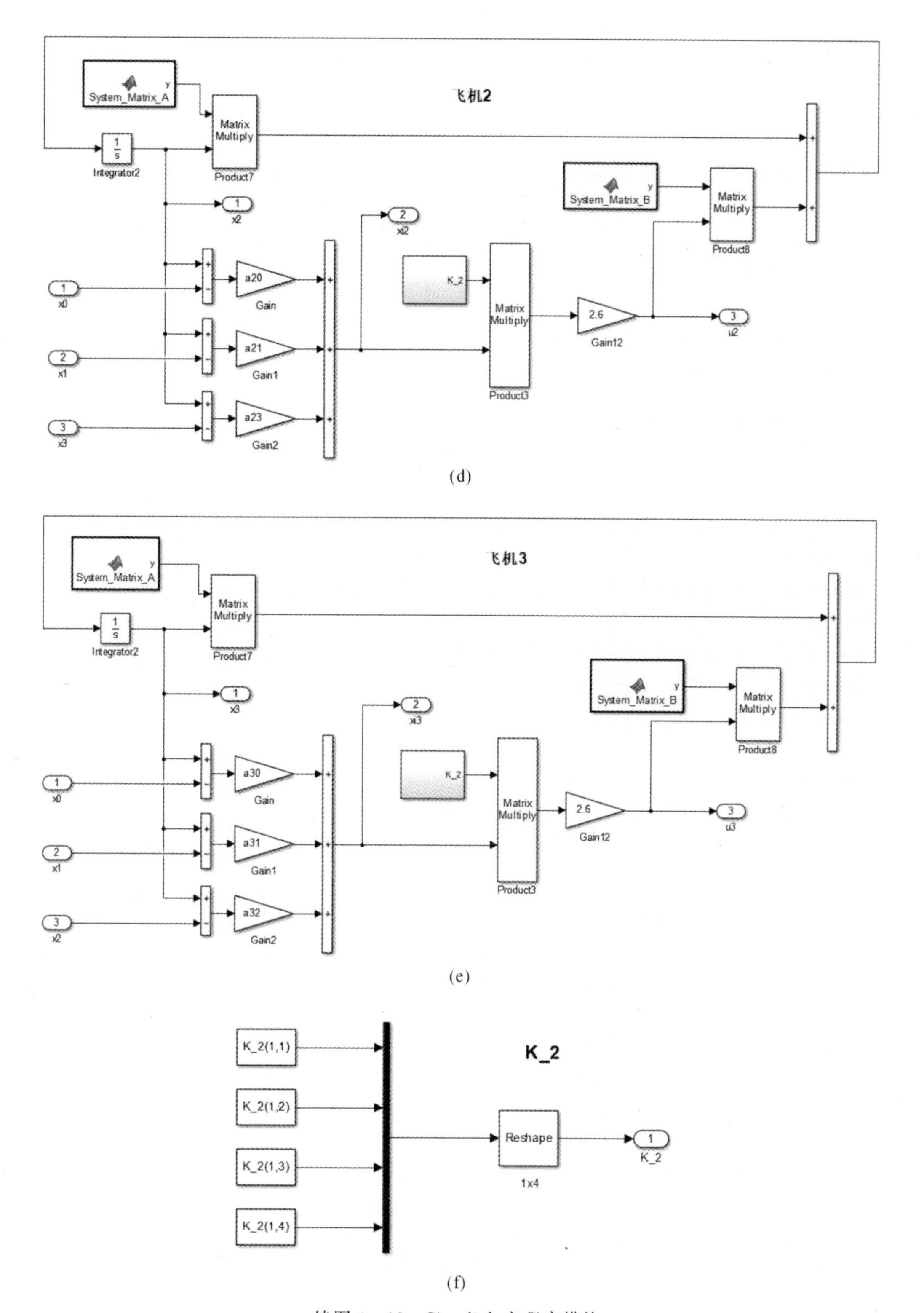

续图 3-18 Simulink 主程序模块

(2)求解控制增益 $\boldsymbol{K}_2$ 的程序。

```
a10=1; a11=0; a12=0; a13=1;
a20=0; a21=1; a22=0; a23=0;
a30=0; a31=0; a32=1; a33=0;
A=[-2.98     0.93      0        -0.034;
   -0.99    -0.21      0.035    -0.0011;
   0         0        -2         1;
   0.39     -5.555     0        -1.89];
B=[-0.032    0.5    1.55;
   0         0      0;
   0         0      0;
   -1.6      1.8    1];
R_2=1e5 * eye(3);
Q_2=1e1 * eye(4);
setlmis([])
P=lmivar(1,[4 1]);
Fir_One=newlmi ;
lmiterm([Fir_One 1 1 P],A,1);
lmiterm([Fir_One 1 1 P],1,A');
lmiterm([Fir_One 1 1 0],-B * inv(R_2) * B');
lmiterm([Fir_One 1 2 P],1,sqrt(Q_2));
lmiterm([Fir_One 2 2 0],-1);
Tri=newlmi;
lmiterm([Tri 1 1 P],-1,1);
lmis=getlmis;
number_var=decnbr(lmis);
weigthing=zeros(number_var,1);
weigthing(number_var)=1;
options=[1e-5,100,0,0,0];
[copt,xopt]=mincx(lmis,weigthing,options);
[tmin,xfeas]=feasp(lmis);
P_2^hat=(dec2mat(lmis,xfeas,P));
K_2=-inv(R_2) * B' * inv(P_2^hat);
```

(3)被控对象程序:System_Matrix_A。

```
function y=System_Matrix_A()
A=[-0.0605      -32.37     0         32.2;
   -0.00014     -1.475     10        0;
   -0.0111      -34.72    -2.793     0;
   0             0         1         0];
y=[A];
```

(4)被控对象程序:System_Matrix_B。

```
function y=System_Matrix_B()
```

```
B=[0;-0.1064;-33.8;0];
y=[B];
```

(5)作图程序:如图 3-14 所示。

```
plot(x0.time,x0.signals.values(:,1));hold on;
plot(x1.time,x1.signals.values(:,1));hold on;
plot(x2.time,x2.signals.values(:,1));hold on;
plot(x3.time,x3.signals.values(:,1));
```

(6)作图程序:如图 3-15 所示。

```
plot(x0.time,x0.signals.values(:,2));hold on;
plot(x1.time,x1.signals.values(:,2));hold on;
plot(x2.time,x2.signals.values(:,2));hold on;
plot(x3.time,x3.signals.values(:,2));
```

(7)作图程序:如图 3-16 所示。

```
plot(x0.time,x0.signals.values(:,3));hold on;
plot(x1.time,x1.signals.values(:,3));hold on;
plot(x2.time,x2.signals.values(:,3));hold on;
plot(x3.time,x3.signals.values(:,3));
```

(8)作图程序:如图 3-17 所示。

```
plot(x0.time,x0.signals.values(:,4));hold on;
plot(x1.time,x1.signals.values(:,4));hold on;
plot(x2.time,x2.signals.values(:,4));hold on;
plot(x3.time,x3.signals.values(:,4));
```

接下来考虑跟随者之间的拓扑结构为有向平衡图的情况。以 B747-100/200 型飞机的协同跟踪控制问题为研究背景,系统的线性化模型如下[110]:

$$\begin{bmatrix} \dot{q}_i(t) \\ \dot{\bar{v}}_i(t) \\ \dot{\underset{\sim}{\alpha}}_i(t) \\ \dot{\alpha}_i(t) \end{bmatrix} = \begin{bmatrix} -2.98 & 0.93 & 0 & -0.034 \\ -0.99 & -0.21 & 0.035 & -0.0011 \\ 0 & 0 & -2 & 1 \\ 0.39 & -5.555 & 0 & -1.89 \end{bmatrix} \begin{bmatrix} q_i(t) \\ \bar{v}_i(t) \\ \underset{\sim}{\alpha}_i(t) \\ \alpha_i(t) \end{bmatrix} + \begin{bmatrix} -0.032 & 0.5 & 1.55 \\ 0 & 0 & 0 \\ 0 & 0 & 0 \\ -1.6 & 1.8 & 1 \end{bmatrix} \begin{bmatrix} \delta_i^{\mathrm{rud}}(t) \\ T_i(t) \\ \delta_i^{\mathrm{sta}}(t) \end{bmatrix} \tag{3-93}$$

其中,$q_i(t)$ 表示飞机的俯仰角速度;$\bar{v}_i(t)$ 表示真空速;$\underset{\sim}{\alpha}_i(t)$ 表示攻角;$\alpha_i(t)$ 表示俯仰角;$\delta_i^{\mathrm{rud}}(t)$ 表示升降舵操作指令;$T_i(t)$ 表示总推力;$\delta_i^{\mathrm{sta}}(t)$ 表示水平尾翼操作指令。对照式(3-1)描述的线性系统,式(3-93)中的状态变量和矩阵参数如下:

$$\boldsymbol{x}_i(t) = \begin{bmatrix} q_i(t) \\ \bar{v}_i(t) \\ \underset{\sim}{\alpha}_i(t) \\ \alpha_i(t) \end{bmatrix}, \quad \boldsymbol{A} = \begin{bmatrix} -2.98 & 0.93 & 0 & -0.034 \\ -0.99 & -0.21 & 0.035 & -0.0011 \\ 0 & 0 & -2 & 1 \\ 0.39 & -5.555 & 0 & -1.89 \end{bmatrix}$$

$$\boldsymbol{u}_i(t)=\begin{bmatrix}\delta_i^{\text{rud}}(t)\\ T_i(t)\\ \delta_i^{\text{sta}}(t)\end{bmatrix},\quad \boldsymbol{B}=\begin{bmatrix}-0.032 & 0.5 & 1.55\\ 0 & 0 & 0\\ 0 & 0 & 0\\ -1.6 & 1.8 & 1\end{bmatrix}$$

令 $\boldsymbol{R}_2=1\times10^5\boldsymbol{I}_3$ 和 $\boldsymbol{Q}_2=10\boldsymbol{I}_4$，则通过求解线性矩阵不等式(3-62)有

$$\hat{\boldsymbol{P}}_2=\begin{bmatrix}0.2704 & 0.0928 & 0.0044 & 0.0708\\ 0.0928 & 0.0413 & -0.002 & 0.0403\\ 0.0044 & -0.002 & 0.2836 & -0.0552\\ 0.0708 & 0.0403 & -0.0552 & 0.3144\end{bmatrix}$$

进而根据定理 3.4，可以求出控制增益矩阵如下：

$$\boldsymbol{K}_2=-\boldsymbol{R}_2^{-1}\boldsymbol{B}^{\mathrm{T}}\hat{\boldsymbol{P}}_2^{-1}=\begin{bmatrix}0.0237 & -0.1133 & 0.0109 & 0.062\\ -0.1039 & 0.3065 & -0.0109 & -0.0751\\ -0.2696 & 0.6612 & -0.0022 & -0.0563\end{bmatrix}\times10^{-3}$$

假设飞机集群网络中有 4 架飞机，包括 1 个领航者(0 号节点)和 3 个跟随者(1,2,3 号节点)，各飞机之间的拓扑结构如图 3-19 所示。从图 3-19 中可以看出：3 个跟随者节点之间的拓扑图为有向平衡图。

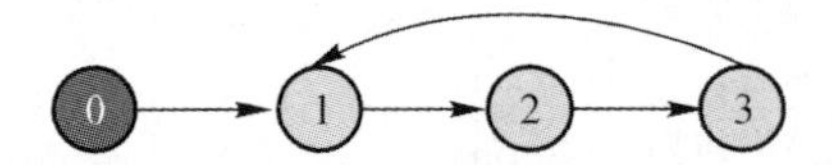

图 3-19　B747-100/200 型飞机集群网络拓扑结构图

图 3-19 所示的拓扑图对应的 Laplacian 矩阵如下：

$$\boldsymbol{L}=\begin{bmatrix}0 & \boldsymbol{0}_{1\times N}\\ \boldsymbol{L}_2 & \boldsymbol{L}_1\end{bmatrix}=\left[\begin{array}{c:ccc}0 & 0 & 0 & 0\\ \hdashline -1 & 2 & 0 & -1\\ 0 & -1 & 1 & 0\\ 0 & 0 & -1 & 1\end{array}\right]$$

可求出矩阵 L_1 的特征值分别为 0.4384，3，4.5616，则根据定理 3.4，加权参数 $\bar{c}$ 需满足 $\bar{c}\geqslant 1/\lambda_{\min}(\boldsymbol{L}_1+\boldsymbol{L}_1^{\mathrm{T}})=2.281$，因此可选取 $\bar{c}=2.3$。

选取 4 架飞机的俯仰角速度初值(单位：°/s)、真空速初值(单位：m/s)、攻角初值(单位：°)以及俯仰角初值(单位：°) 分别如下：

$$q_0(0)=50,\quad q_1(0)=-100,\quad q_2(0)=50,\quad q_3(0)=75$$
$$\bar{v}_0(0)=680,\quad \bar{v}_1(0)=-340,\quad \bar{v}_2(0)=340,\quad \bar{v}_3(0)=340$$
$$\underset{\sim}{\alpha}_0(0)=50,\quad \underset{\sim}{\alpha}_1(0)=100,\quad \underset{\sim}{\alpha}_2(0)=-50,\quad \underset{\sim}{\alpha}_3(0)=100$$
$$\alpha_0(0)=100,\quad \alpha_1(0)=50,\quad \alpha_2(0)=50,\quad \alpha_3(0)=-75$$

4 架飞机的俯仰角速度 $q_i(t)$、真空速 $\bar{v}_i(t)$、攻角 $\underset{\sim}{\alpha}_i(t)$ 和俯仰角 $\alpha_i(t)$ 的曲线如图 3-20～图 3-23 所示。

从图 3-20～图 3-23 中可以看出，利用式(3-70)所设计的协同控制器，能够保证 3 架 B747-100/200 型飞机的俯仰角速度、真空速、攻角以及俯仰角均能够跟踪上领航者飞机，即实现了“领航-跟踪”一致。因此，图 3-20～图 3-23 验证了控制器式(3-70)的有效性。

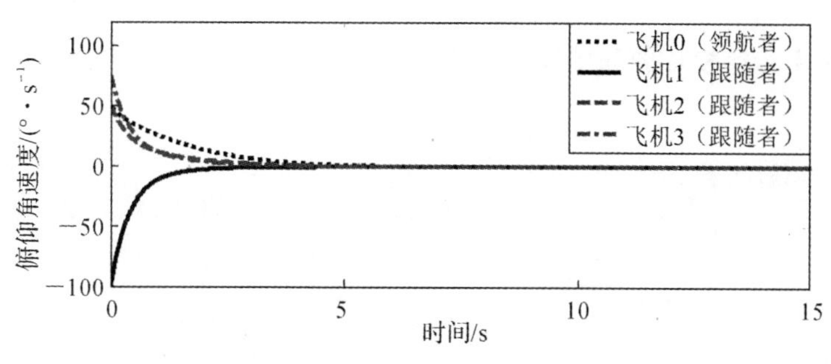

图 3-20　飞机的俯仰角速度 $q_i(t)$ 曲线

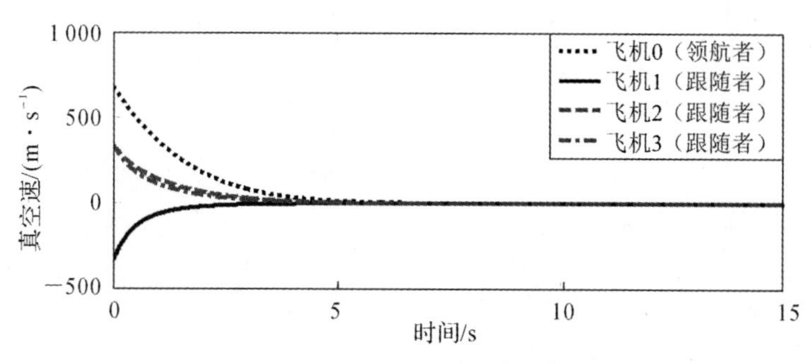

图 3-21　飞机的真空速 $\bar{v}_i(t)$ 曲线

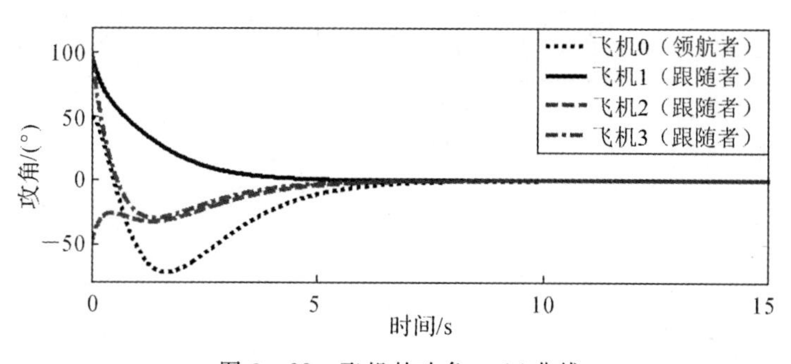

图 3-22　飞机的攻角 $\alpha_i(t)$ 曲线

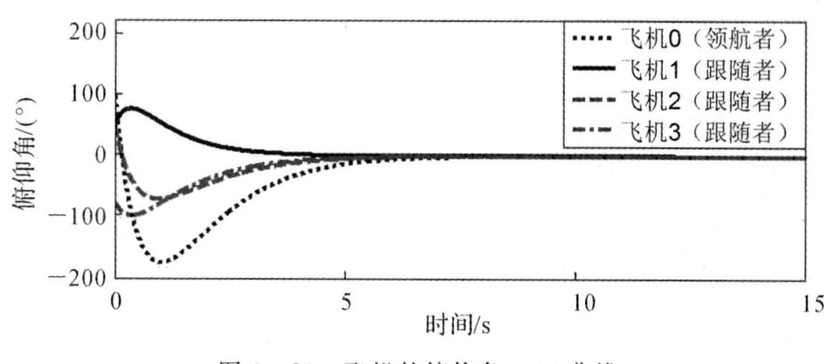

图 3-23　飞机的俯仰角 $\alpha_i(t)$ 曲线

仿真程序：

(1)Simulink 主程序模块图如图 3-24 所示。

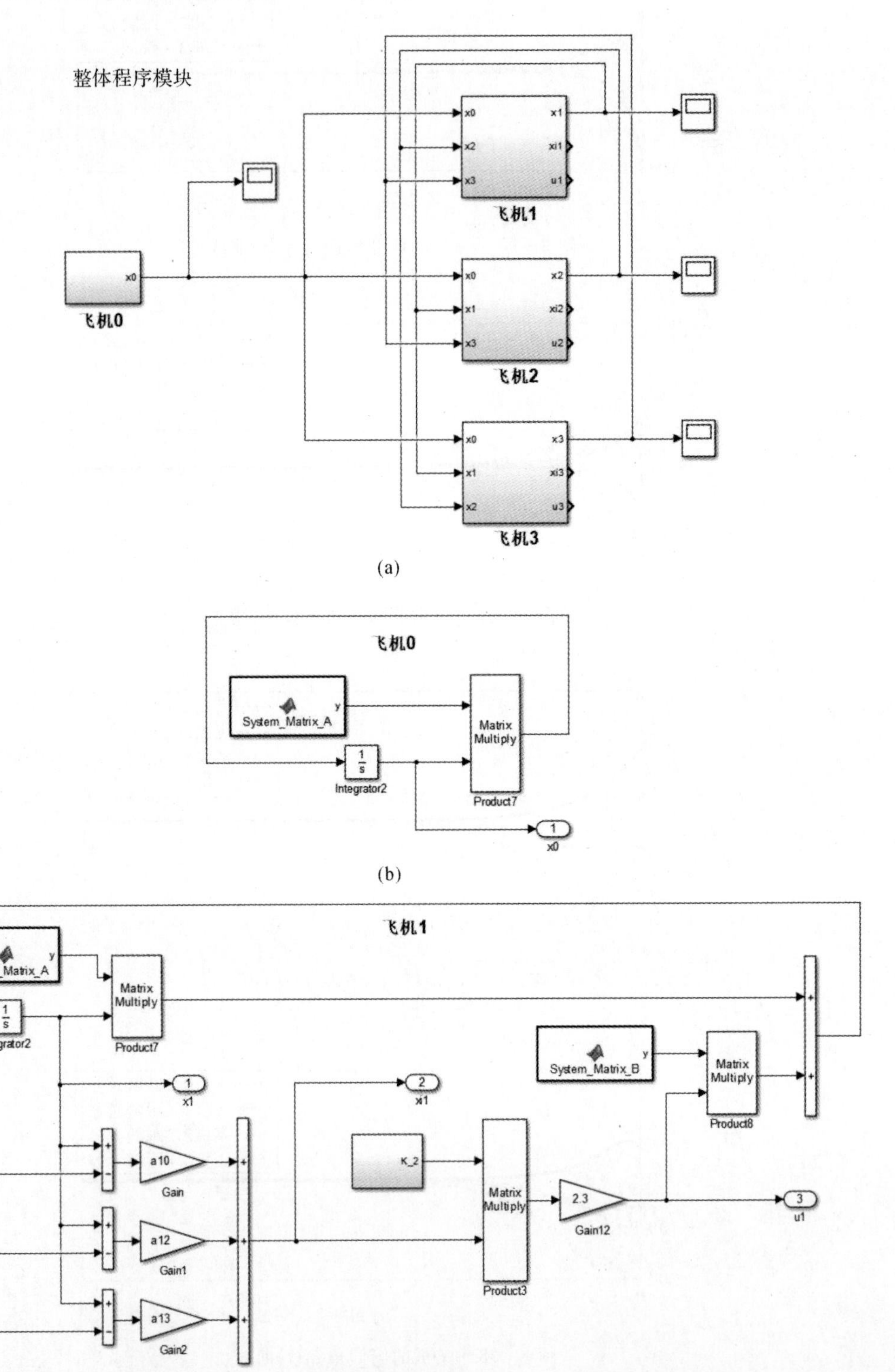

(a)

(b)

(c)

图 3-24　Simulink 主程序模块

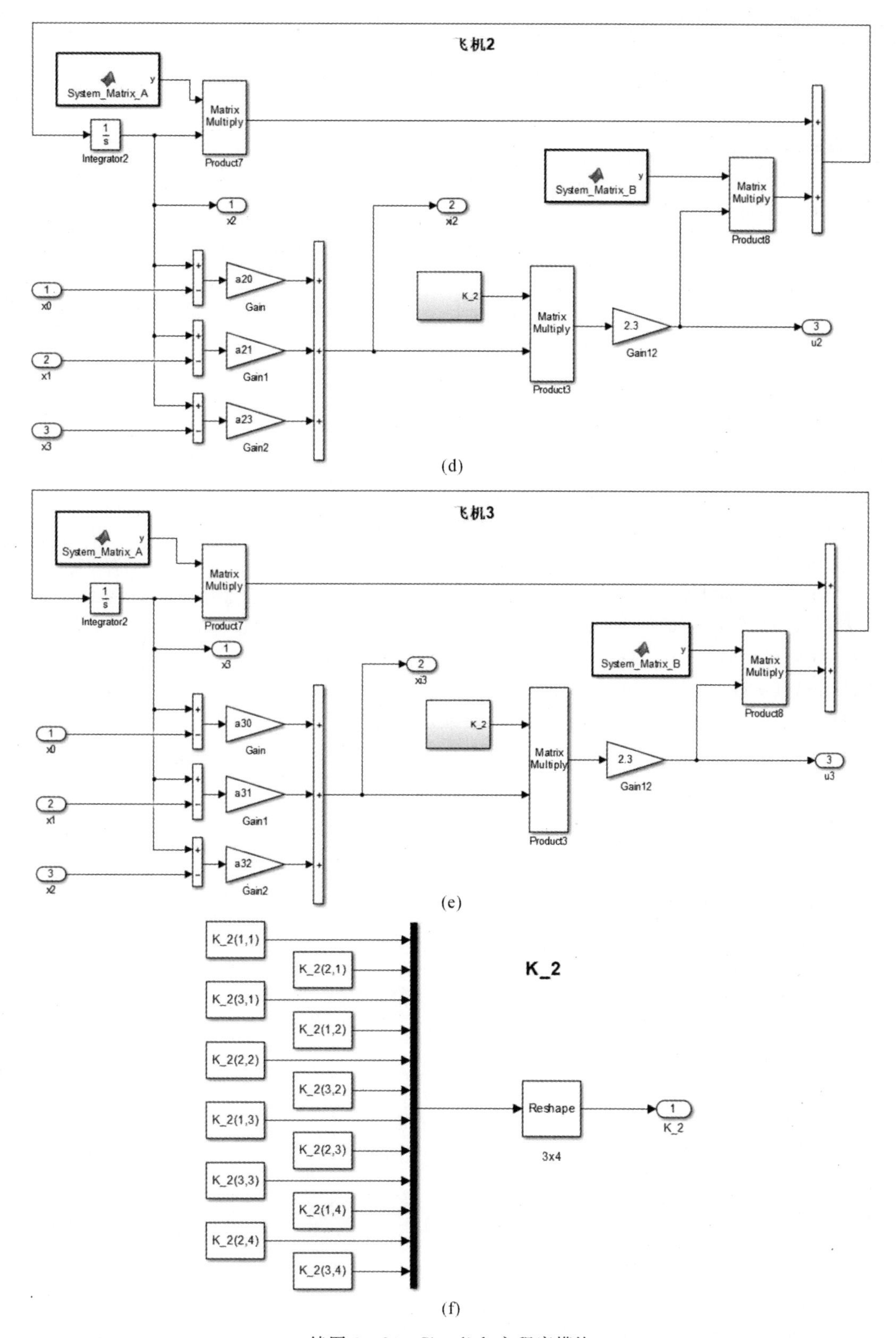

(d)

(e)

(f)

续图 3-24　Simulink 主程序模块

(2)求解控制增益 $\boldsymbol{K}_2$ 的程序。

```
a10=1; a11=0; a12=0; a13=1;
a20=0; a21=1; a22=0; a23=0;
a30=0; a31=0; a32=1; a33=0;
A=[-2.98     0.93     0      -0.034;
   -0.99     -0.21    0.035  -0.0011;
   0         0        -2     1;
   0.39      -5.555   0      -1.89];
B=[-0.032    0.5      1.55;
   0         0        0;
   0         0        0;
   -1.6      1.8      1];
R_2=1e5*eye(3);
Q_2=1e1*eye(4);
setlmis([])
P=lmivar(1,[4 1]);
Fir_One=newlmi ;
lmiterm([Fir_One 1 1 P],A,1);
lmiterm([Fir_One 1 1 P],1,A');
lmiterm([Fir_One 1 1 0],-B*inv(R_2)*B');
lmiterm([Fir_One 1 2 P],1,sqrt(Q_2));
lmiterm([Fir_One 2 2 0],-1);
Tri=newlmi ;
lmiterm([Tri 1 1 P],-1,1);
lmis=getlmis;
number_var=decnbr(lmis);
weigthing=zeros(number_var,1);
weigthing(number_var)=1;
options=[1e-5,100,0,0,0];
[copt,xopt]=mincx(lmis,weigthing,options);
[tmin,xfeas]=feasp(lmis);
tmin;
P_2^hat=(dec2mat(lmis,xfeas,P));
K_2=-inv(R_2)*B'*inv(P_2^hat);
```

(3)被控对象程序:System_Matrix_A。

```
function y=System_Matrix_A()
A=[-2.98     0.93     0      -0.034;
   -0.99     -0.21    0.035  -0.0011;
   0         0        -2     1;
   0.39      -5.555   0      -1.89];
y=[A];
```

(4)被控对象程序:System_Matrix_B。

```
function y=System_Matrix_B()
B=[-0.032      0.5      1.55;
    0          0        0;
    0          0        0;
    -1.6       1.8      1];
y=[B];
```

(5)作图程序:如图 3-20 所示。

```
plot(x0.time,x0.signals.values(:,1));hold on;
plot(x1.time,x1.signals.values(:,1));hold on;
plot(x2.time,x2.signals.values(:,1));hold on;
plot(x3.time,x3.signals.values(:,1));
```

(6)作图程序:如图 3-21 所示。

```
plot(x0.time,x0.signals.values(:,2));hold on;
plot(x1.time,x1.signals.values(:,2));hold on;
plot(x2.time,x2.signals.values(:,2));hold on;
plot(x3.time,x3.signals.values(:,2));
```

(7)作图程序:如图 3-22 所示。

```
plot(x0.time,x0.signals.values(:,3));hold on;
plot(x1.time,x1.signals.values(:,3));hold on;
plot(x2.time,x2.signals.values(:,3));hold on;
plot(x3.time,x3.signals.values(:,3));
```

(8)作图程序:如图 3-23 所示。

```
plot(x0.time,x0.signals.values(:,4));hold on;
plot(x1.time,x1.signals.values(:,4));hold on;
plot(x2.time,x2.signals.values(:,4));hold on;
plot(x3.time,x3.signals.values(:,4));
```

下面考虑跟随者之间的拓扑结构为任意有向图的情况。以地面无人车集群的协同跟踪控制问题为研究背景,系统的线性化模型如下[111]:

$$\begin{bmatrix}\dot{x}_i(t)\\ \dot{y}_i(t)\\ \dot{\psi}_i(t)\\ \ddot{x}_i(t)\\ \ddot{y}_i(t)\\ \ddot{\psi}_i(t)\end{bmatrix}=\begin{bmatrix}0&0&0&1&0&0\\0&0&0&0&1&0\\0&0&0&0&0&1\\0&0&-0.2003&-0.2003&0&0\\0&0&0.2003&0&-0.2003&0\\0&0&0&0&0&-1.6129\end{bmatrix}\begin{bmatrix}x_i(t)\\ y_i(t)\\ \psi_i(t)\\ \dot{x}_i(t)\\ \dot{y}_i(t)\\ \dot{\psi}_i(t)\end{bmatrix}+$$

$$\begin{bmatrix}0&0&0&0.944&0.944&-28.71\\0&0&0&0.944&0.944&28.71\end{bmatrix}^{\mathrm{T}}\begin{bmatrix}u_i^L(t)\\ u_i^r(t)\end{bmatrix} \tag{3-94}$$

其中,$x_i(t)$ 和 $y_i(t)$ 分别表示无人车的航向和偏航方向位置分量;$\dot{x}_i(t)$ 和 $\dot{y}_i(t)$ 分别表示无人车的航向和偏航方向速度分量;$\psi_i(t)$ 和 $\dot{\psi}_i(t)$ 分别表示无人车的偏航角和偏航角速度;$u_i^L(t)$ 和 $u_i^r(t)$ 表示作用于无人车的控制输入量。对照式(3-1)描述的线性系统,式(3-94)中的状态变量和矩阵参数如下:

$$\boldsymbol{x}_i(t)=\begin{bmatrix}x_i(t)\\y_i(t)\\\psi_i(t)\\\dot{x}_i(t)\\\dot{y}_i(t)\\\ddot{\psi}_i(t)\end{bmatrix},\quad \boldsymbol{A}=\begin{bmatrix}0&0&0&1&0&0\\0&0&0&0&1&0\\0&0&0&0&0&1\\0&0&-0.2003&-0.2003&0&0\\0&0&0.2003&0&-0.2003&0\\0&0&0&0&0&-1.6129\end{bmatrix}$$

$$\boldsymbol{u}_i(t)=\begin{bmatrix}u_i^L(t)\\u_i^r(t)\end{bmatrix},\quad \boldsymbol{B}=\begin{bmatrix}0&0&0&0.944&0.944&-28.71\\0&0&0&0.944&0.944&28.71\end{bmatrix}^{\mathrm{T}}$$

令 $\boldsymbol{R}_2=1\times10^7\boldsymbol{I}_2$ 和 $\boldsymbol{Q}_2=10\boldsymbol{I}_6$，则通过求解线性矩阵不等式(3-62)有

$$\hat{\boldsymbol{P}}_2=\begin{bmatrix}0.0314&-0.0071&-0.0037&-0.0083&0.0035&0.0049\\-0.0071&0.0314&0.0037&0.0035&-0.0083&-0.0049\\-0.0037&0.0037&0.0591&0.0081&-0.0081&-0.0951\\-0.0083&0.0035&0.0081&0.0036&-0.0026&-0.0122\\0.0035&-0.0083&-0.0081&-0.0026&0.0036&0.0122\\0.0049&-0.0049&-0.0951&-0.0122&0.0122&0.1541\end{bmatrix}$$

进而根据定理 3.5，可以求出控制增益矩阵如下：

$$\boldsymbol{K}_2=-\boldsymbol{R}_2^{-1}\boldsymbol{B}^{\mathrm{T}}\hat{\boldsymbol{P}}_2^{-1}=\begin{bmatrix}-0.002&0.0002&0.0148&-0.0093&0.0002&0.0085\\0.0002&-0.002&-0.0148&0.0002&-0.0093&-0.0085\end{bmatrix}$$

假设无人车集群网络中有 4 个无人车，包括 1 个领航者(0 号节点)和 3 个跟随者(1,2,3 号节点)，各无人车之间的拓扑结构如图 3-25 所示。从图 3-25 中可以看出：整个网络中只包含一个有向生成树(根节点为领航者)，而 3 个跟随者节点之间的拓扑图是任意有向图(非平衡图)。

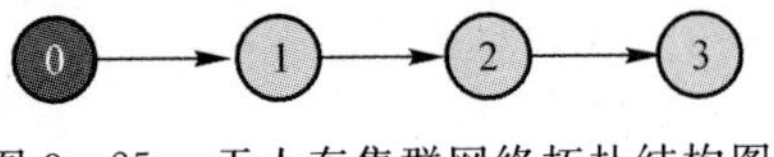

0 → 1 → 2 → 3

图 3-25　无人车集群网络拓扑结构图

图 3-25 所示的拓扑图对应的 Laplacian 矩阵如下：

$$\boldsymbol{L}=\begin{bmatrix}0&\boldsymbol{0}_{1\times N}\\\boldsymbol{L}_2&\boldsymbol{L}_1\end{bmatrix}=\left[\begin{array}{c|ccc}0&0&0&0\\\hline-1&1&0&0\\0&-1&1&0\\0&0&-1&1\end{array}\right]$$

利用引理 3.4，根据式(3-76)和式(3-77)，选取 $\boldsymbol{a}=[10\quad0.1\quad1]^{\mathrm{T}}$ 和 $\boldsymbol{b}=[1\quad0.1\quad10]^{\mathrm{T}}$，则有 $\bar{\boldsymbol{a}}=\boldsymbol{L}_1^{-1}\boldsymbol{a}=[10\quad10.1\quad11.1]^{\mathrm{T}}$ 和 $\bar{\boldsymbol{b}}=\boldsymbol{L}_1^{-\mathrm{T}}\boldsymbol{b}=[11.1\quad10.1\quad10]^{\mathrm{T}}$，再根据式(3-78)可得 $\boldsymbol{G}=\mathrm{diag}\{1.11,\ 1,\ 0.9009\}$。可以求出，矩阵 $\boldsymbol{GL}_1+\boldsymbol{L}_1^{\mathrm{T}}\boldsymbol{G}$ 的特征值分别为 0.6542，1.9894，3.3782，则根据定理 3.5，加权参数 $\underline{\hat{c}}$ 需满足 $\underline{\hat{c}}\geqslant1/\lambda_{\min}(\boldsymbol{GL}_1+\boldsymbol{L}_1^{\mathrm{T}}\boldsymbol{G})=1.5286$，因此可选取 $\underline{\hat{c}}=1.6$。

选取 4 个无人车的航向位置初值(单位：m)、横向位置初值(单位：m)、航向速度初值(单位：m/s)、横向速度初值(单位：m/s)、偏航角初值(单位：°)以及偏航角速度初值(单位：°/s)分别如下：

$x_0(0)=20,\quad x_1(0)=40,\quad x_2(0)=60,\quad x_3(0)=90$

$y_0(0)=30,\quad y_1(0)=50,\quad y_2(0)=80,\quad y_3(0)=100$

$\dot{x}_0(0)=-1,\quad \dot{x}_1(0)=-2,\quad \dot{x}_2(0)=-3,\quad \dot{x}_3(0)=-4$

$\dot{y}_0(0)=-1.5,\quad \dot{y}_1(0)=-2.5,\quad \dot{y}_2(0)=-3.5,\quad \dot{y}_3(0)=-4.5$

$\psi_0(0)=25,\quad \psi_1(0)=30,\quad \psi_2(0)=40,\quad \psi_3(0)=50$

$\dot{\psi}_0(0)=0.5,\quad \dot{\psi}_1(0)=1,\quad \dot{\psi}_2(0)=1.5,\quad \dot{\psi}_3(0)=2$

4 个无人车的航向位置 $x_i(t)$、横向位置 $y_i(t)$、航向速度 $\dot{x}_i(t)$、横向速度 $\dot{y}_i(t)$、偏航角 $\psi_i(t)$ 以及偏航角速度 $\dot{\psi}_i(t)$ 的曲线如图 3-26 ～ 图 3-31 所示。

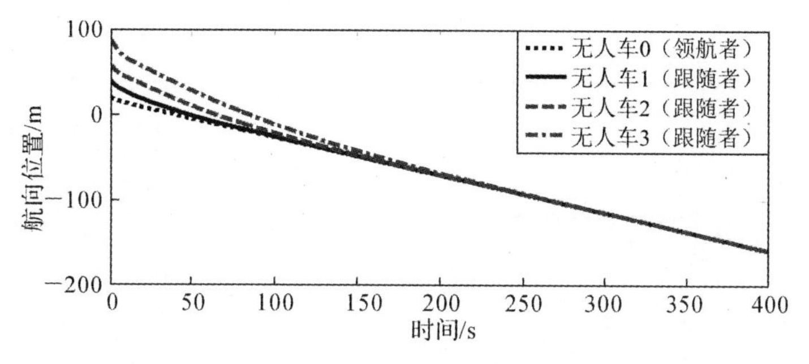

图 3-26　无人车航向位置 $x_i(t)$ 曲线

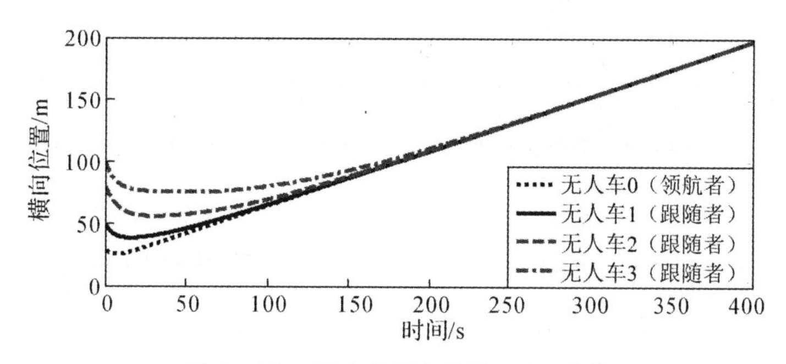

图 3-27　无人车横向位置 $y_i(t)$ 曲线

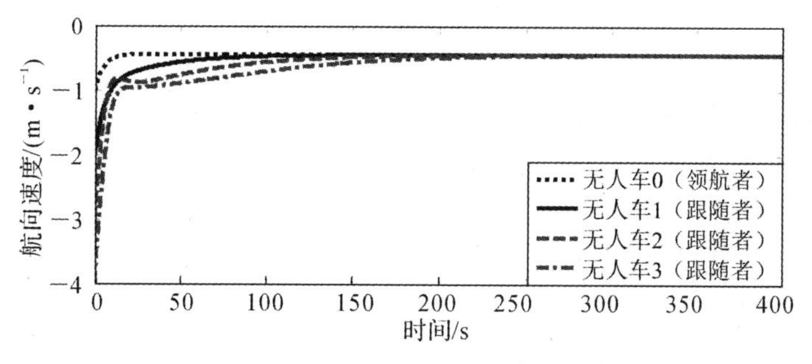

图 3-28　无人车航向速度 $\dot{x}_i(t)$ 曲线

从图 3-26～图 3-31 中可以看出，利用式(3-83)所设计的协同控制器，能够保证 3 个跟随者无人车的位置、速度、偏航角以及偏航角速度均能够跟踪上领航者无人车，即实现了"领航-跟踪"一致。因此，图 3-26～图 3-31 验证了控制器式(3-83)的有效性。

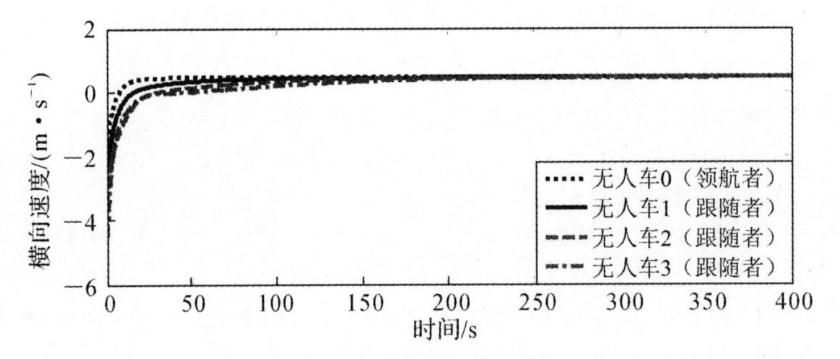

图 3-29　无人车横向速度 $\dot{y}_i(t)$ 曲线

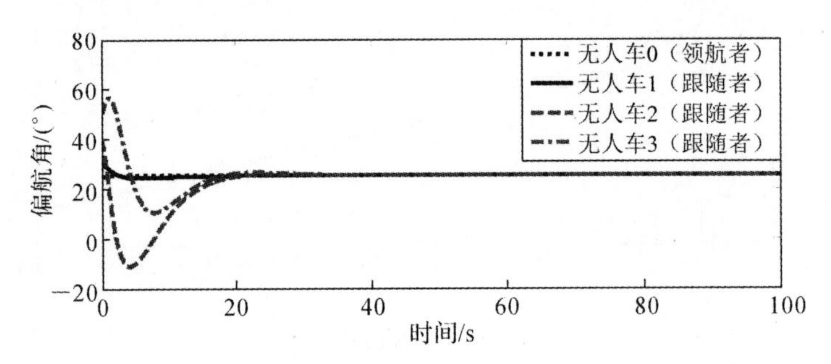

图 3-30　无人车偏航角 $\psi_i(t)$ 曲线

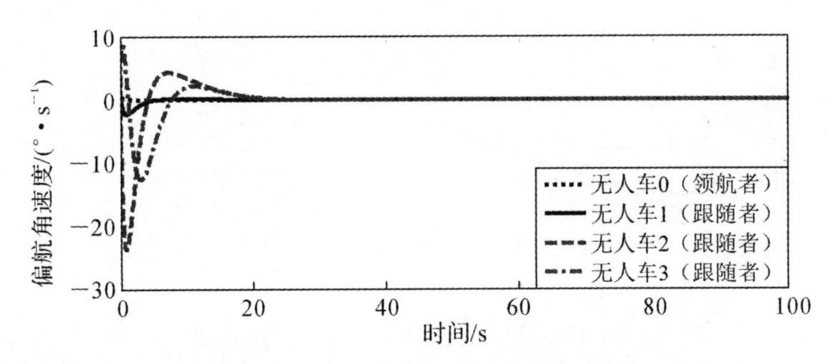

图 3-31　无人车偏航角速度 $\dot{\psi}_i(t)$ 曲线

仿真程序：

(1)Simulink 主程序模块图如图 3-32 所示。

(2)求解控制增益 $\boldsymbol{K}_2$ 的程序。

```
a10=1; a11=0; a12=0; a13=0;
a20=0; a21=1; a22=0; a23=0;
a30=0; a31=0; a32=1; a33=0;
A=[0    0    0          1          0          0;
   0    0    0          0          1          0;
   0    0    0          0          0          1;
   0    0    -0.2003    -0.2003    0          0;
   0    0    0.2003     0          -0.2003    0;
   0    0    0          0          0          -1.6129];
```

```
B=[0            0;
   0            0;
   0            0;
   0.9441       0.9441;
   0.9441       0.9441;
   -28.7097     28.7097];
R_2=1e7 * eye(2);
Q_2=1e1 * eye(6);
setlmis([])
P=lmivar(1,[6 1]);
Fir_One=newlmi ;
lmiterm([Fir_One 1 1 P],A,1);
lmiterm([Fir_One 1 1 P],1,A');
lmiterm([Fir_One 1 1 0],-B * inv(R_2) * B');
lmiterm([Fir_One 1 2 P],1,sqrt(Q_2));
lmiterm([Fir_One 2 2 0],-1);
Tri=newlmi;
lmiterm([Tri 1 1 P],-1,1);
lmis=getlmis;
number_var=decnbr(lmis);
weigthing=zeros(number_var,1);
weigthing(number_var)=1;
options=[1e-5,100,0,0,0];
[copt,xopt]=mincx(lmis,weigthing,options);
[tmin,xfeas]=feasp(lmis);
tmin;
P_2^hat=(dec2mat(lmis,xfeas,P));
K_2=-inv(R_2) * B' * inv(P_2^hat)
```

(3)被控对象程序:System_Matrix_A。

```
function y=System_Matrix_A()
A=[0    0    0          1          0          0;
   0    0    0          0          1          0;
   0    0    0          0          0          1;
   0    0    -0.2003    -0.2003    0          0;
   0    0    0.2003     0          -0.2003    0;
   0    0    0          0          0          -1.6129];
y=[A];
```

(4)被控对象程序:System_Matrix_B。

```
function y=System_Matrix_B()
B=[0            0;
   0            0;
   0            0;
   0.9441       0.9441;
```

```
    0.9441          0.9441;
    -28.7097        28.7097];
y=[B];
```

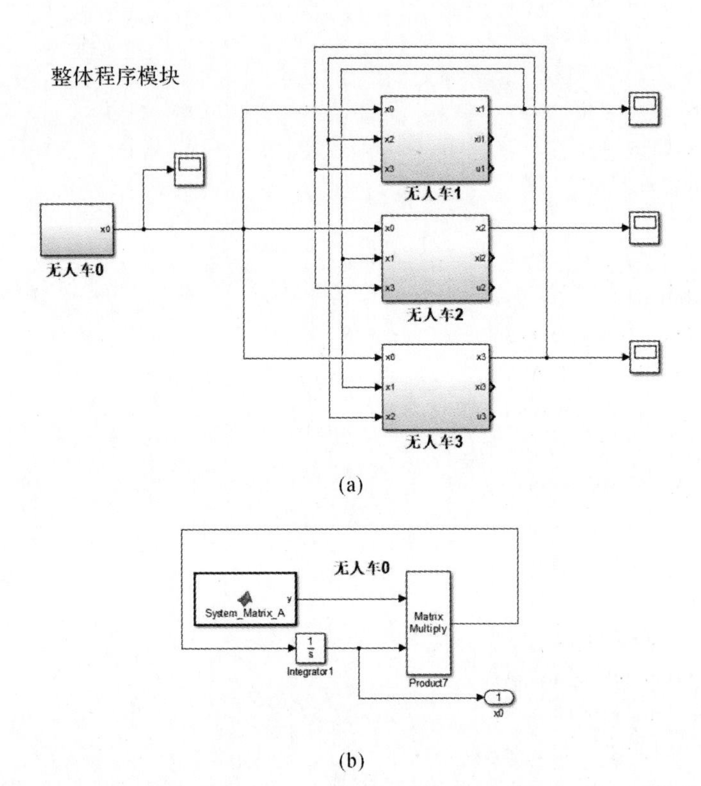

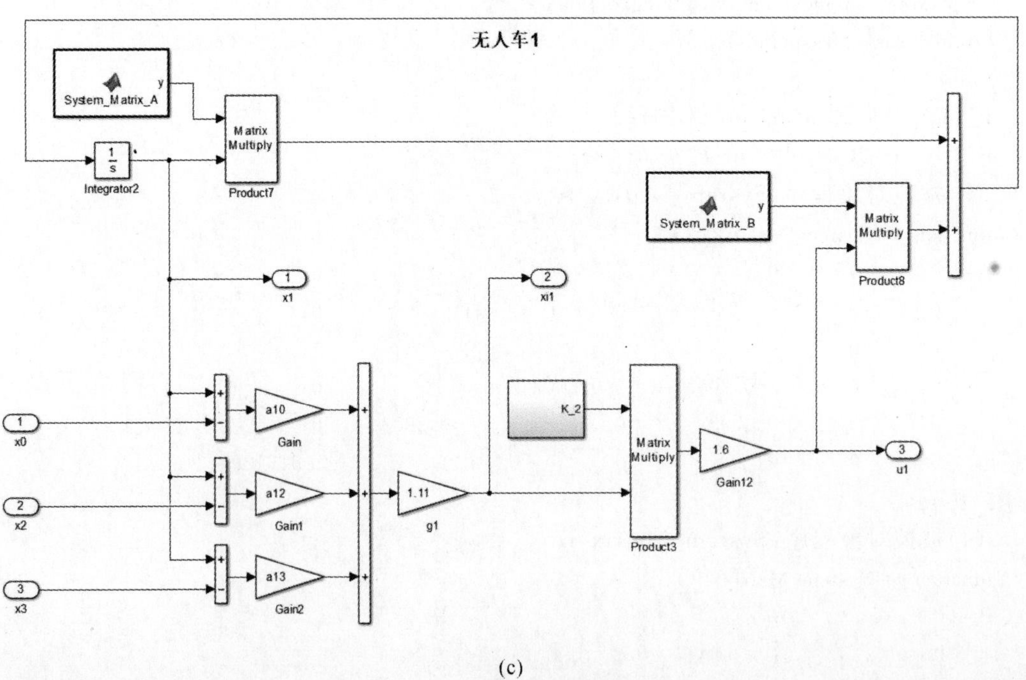

(c)

图 3-32 Simulink 主程序模块

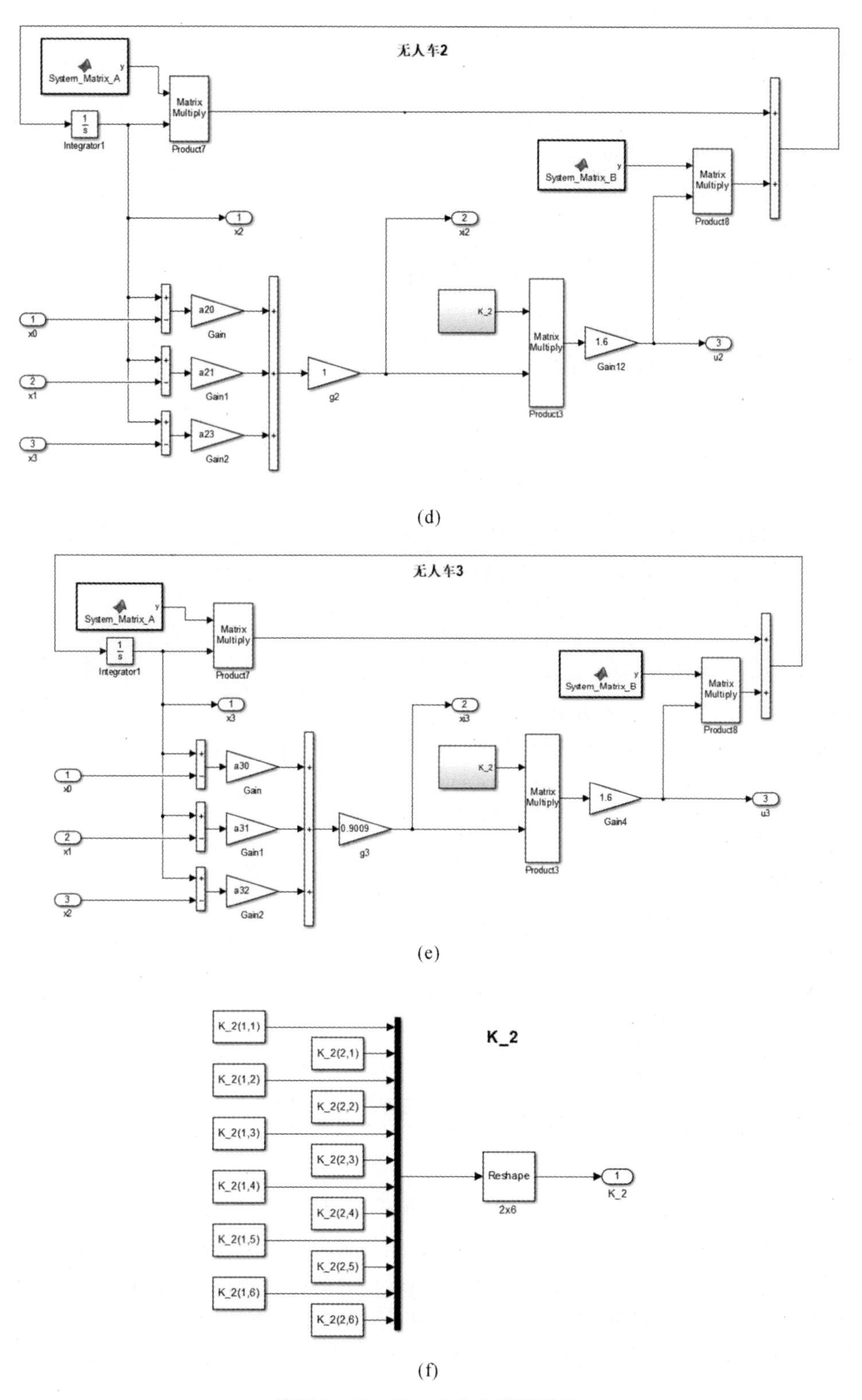

(d)

(e)

(f)

续图 3-32　Simulink 主程序模块

(5)作图程序:如图 3-26 所示。

```
plot(x0.time,x0.signals.values(:,1));hold on;
plot(x1.time,x1.signals.values(:,1));hold on;
plot(x2.time,x2.signals.values(:,1));hold on;
plot(x3.time,x3.signals.values(:,1));
```

(6)作图程序:如图 3-27 所示。

```
plot(x0.time,x0.signals.values(:,2));hold on;
plot(x1.time,x1.signals.values(:,2));hold on;
plot(x2.time,x2.signals.values(:,2));hold on;
plot(x3.time,x3.signals.values(:,2));
```

(7)作图程序:如图 3-28 所示。

```
plot(x0.time,x0.signals.values(:,3));hold on;
plot(x1.time,x1.signals.values(:,3));hold on;
plot(x2.time,x2.signals.values(:,3));hold on;
plot(x3.time,x3.signals.values(:,3));
```

(8)作图程序:如图 3-29 所示。

```
plot(x0.time,x0.signals.values(:,4));hold on;
plot(x1.time,x1.signals.values(:,4));hold on;
plot(x2.time,x2.signals.values(:,4));hold on;
plot(x3.time,x3.signals.values(:,4));
```

(9)作图程序:如图 3-30 所示。

```
plot(x0.time,x0.signals.values(:,5));hold on;
plot(x1.time,x1.signals.values(:,5));hold on;
plot(x2.time,x2.signals.values(:,5));hold on;
plot(x3.time,x3.signals.values(:,5));
```

(10)作图程序:如图 3-31 所示。

```
plot(x0.time,x0.signals.values(:,6));hold on;
plot(x1.time,x1.signals.values(:,6));hold on;
plot(x2.time,x2.signals.values(:,6));hold on;
plot(x3.time,x3.signals.values(:,6));
```

3.4 本章小结

本章主要研究了线性多智能体系统的一致性控制问题。先针对线性定常多智能体系统的无领航一致性问题,分别提出了适用于无向拓扑图和有向平衡图的协同控制算法,实现了系统的无领航一致性,并通过两组仿真算例验证了所提出算法的有效性;再针对线性定常多智能体系统的“领航-跟踪”一致性问题,分别提出了适用于无向拓扑图、有向平衡图以及任意有向图的协同控制算法,确保跟随者能够跟踪上领航者的状态,并通过三组仿真算例验证了所提出算法的有效性。

第4章 线性时延多智能体系统协同控制

4.1 研究背景

在实际问题中，各类电子元件及电路系统本身的属性导致控制系统的反馈回路、执行机构以及传感器中都不可避免地存在时延，而时延问题的处理不当不仅会影响控制系统的性能，甚至会导致控制系统发散。在多智能体系统中，各智能体之间通过无线通信实现相对信息交互；而智能体在相互通信的过程中，由于通信距离较远且环境中存在干扰，将会导致智能体之间存在通信时延。另外，由于不同智能体需要进行信息交互的对象不同、通信距离不同以及通信过程中受到的外干扰程度不同，导致不同智能体之间在通信过程中受到时延影响的程度也不尽相同，此时称多智能体系统中存在的时延是非均匀的。此外，对于线性时延多智能体系统协同控制问题，通常采用线性矩阵不等式的方法求解控制器增益矩阵。然而，线性矩阵不等式的计算复杂度将会随着多智能体个数的增多而大幅增加，进而加重了计算机的负担，此时需要通过设计降阶方法降低线性矩阵不等式的计算复杂度。本章将针对非均匀时延下的线性多智能体系统，分别研究协同跟踪控制算法及有效的降阶方法。

4.2 问题构建

考虑连续时间高阶线性多智能体系统，系统的状态方程如下：

$$\dot{\boldsymbol{x}}_i(t)=\boldsymbol{A}\boldsymbol{x}_i(t)+\boldsymbol{B}\boldsymbol{u}_i(t),\quad i=0,1,\cdots,N \tag{4-1}$$

其中，下角标 i 表示第 i 个智能体；$\boldsymbol{x}_i(t)\in\mathbf{R}^{p\times 1}$ 表示系统的状态变量；$\boldsymbol{u}_i(t)\in\mathbf{R}^{q\times 1}$ 表示系统的控制输入；$\boldsymbol{A}$ 和 $\boldsymbol{B}$ 为系统的参数矩阵。令智能体节点 v_0 为虚拟领航者，并假设 $\boldsymbol{u}_0(t)=0$。再令

$$\boldsymbol{\xi}_i(t)=\sum_{j=0}^{N}a_{ij}(\boldsymbol{x}_i(t)-\boldsymbol{x}_j(t)) \tag{4-2}$$

定义 $\boldsymbol{\xi}(t)=[\boldsymbol{\xi}_1^{\mathrm{T}}(t)\quad\cdots\quad\boldsymbol{\xi}_N^{\mathrm{T}}(t)]^{\mathrm{T}}$，$\boldsymbol{X}(t)=[\boldsymbol{x}_1^{\mathrm{T}}(t)\quad\cdots\quad\boldsymbol{x}_N^{\mathrm{T}}(t)]^{\mathrm{T}}$，则有

$$\boldsymbol{\xi}(t)=(\boldsymbol{L}_1\otimes\boldsymbol{I}_p)(\boldsymbol{X}(t)-\boldsymbol{1}_N\otimes\boldsymbol{x}_0(t)) \tag{4-3}$$

根据引理2.3可知，若拓扑图$\mathcal{G}$包含一个有向生成树，且生成树的根节点为虚拟领航者，即0号智能体节点，则矩阵 $\boldsymbol{L}_1$ 为满秩矩阵。因此，跟随者能够跟踪上虚拟领航者，即对于任意 $i=1,\cdots,N$，$\lim\limits_{t\to\infty}\|\boldsymbol{x}_i(t)-\boldsymbol{x}_0(t)\|=0$ 均能够成立的充分必要条件为$\lim\limits_{t\to\infty}\|\boldsymbol{\xi}(t)\|=0$。

根据系统式(4-1)可知，当 $i=1,\cdots,N$ 时，全局多智能体系统为

$$\dot{\boldsymbol{X}}(t)=(\boldsymbol{I}_N\otimes\boldsymbol{A})\boldsymbol{X}(t)+(\boldsymbol{I}_N\otimes\boldsymbol{B})\boldsymbol{U}(t) \tag{4-4}$$

式中，$\boldsymbol{U}(t)=[\boldsymbol{u}_1^{\mathrm{T}}(t)\quad\cdots\quad\boldsymbol{u}_N^{\mathrm{T}}(t)]$。因此，对式(4-3)求导可得

$$\begin{aligned}\dot{\boldsymbol{\xi}}(t)=&(\boldsymbol{L}_1\otimes\boldsymbol{I}_p)(\dot{\boldsymbol{X}}(t)-\boldsymbol{1}_N\otimes\dot{\boldsymbol{x}}_0(t))=\\&(\boldsymbol{L}_1\otimes\boldsymbol{I}_p)((\boldsymbol{I}_N\otimes\boldsymbol{A})\boldsymbol{X}(t)+(\boldsymbol{I}_N\otimes\boldsymbol{B})\boldsymbol{U}(t)-(\boldsymbol{I}_N\otimes\boldsymbol{A})(\boldsymbol{1}_N\otimes\boldsymbol{x}_0(t)))=\\&(\boldsymbol{L}_1\otimes\boldsymbol{I}_p)((\boldsymbol{I}_N\otimes\boldsymbol{A})(\boldsymbol{X}(t)-\boldsymbol{1}_N\otimes\boldsymbol{x}_0(t))+(\boldsymbol{I}_N\otimes\boldsymbol{B})\boldsymbol{U}(t))=\\&(\boldsymbol{I}_N\otimes\boldsymbol{A})(\boldsymbol{L}_1\otimes\boldsymbol{I}_p)(\boldsymbol{X}(t)-\boldsymbol{1}_N\otimes\boldsymbol{x}_0(t))+(\boldsymbol{L}_1\otimes\boldsymbol{B})\boldsymbol{U}(t)=\\&(\boldsymbol{I}_N\otimes\boldsymbol{A})\boldsymbol{\xi}(t)+(\boldsymbol{L}_1\otimes\boldsymbol{B})\boldsymbol{U}(t)\end{aligned}\tag{4-5}$$

式中，$\boldsymbol{1}_N$ 表示一个 N 维列向量，且向量中的元素均为 1。

本章将考虑输入时延存在的情况，通过设计控制器，使得跟随者跟踪上虚拟领航者，即保证系统式(4-5)渐进稳定。

4.3 非一致时延下的协同跟踪控制器设计

4.3.1 主要结果

设计如下时延依赖群集协同控制器：

$$\boldsymbol{u}_i(t)=\boldsymbol{K}\boldsymbol{\xi}_i(t-\tau_i(t))\tag{4-6}$$

其中，$\boldsymbol{K}$ 表示待求的增益矩阵；$\tau_i(t)$ 表示非均匀的时延参数，并满足 $0\leqslant\tau_i(t)\leqslant\bar{\tau}_i$ 以及 $\dot{\tau}_i(t)\leqslant\rho_i$。将控制器式(4-6)代入系统式(4-5)中，便可得到如下闭环系统：

$$\dot{\boldsymbol{\xi}}(t)=(\boldsymbol{I}_N\otimes\boldsymbol{A})\boldsymbol{\xi}(t)+(\boldsymbol{L}_1\otimes\boldsymbol{BK})\boldsymbol{\xi}_\tau(t)\tag{4-7}$$

其中，$\boldsymbol{\xi}_\tau(t)=[\boldsymbol{\xi}_1^{\mathrm{T}}(t-\tau_1(t))\quad\cdots\quad\boldsymbol{\xi}_N^{\mathrm{T}}(t-\tau_N(t))]^{\mathrm{T}}$。

本节设计的控制器不仅要保证闭环跟踪误差系统式(4-7)的渐进稳定性，还要保证如下能耗约束条件的成立：

$$J=\sum_{i=1}^{N}\int_0^\infty(\boldsymbol{u}_i^{\mathrm{T}}(t)\boldsymbol{R}\boldsymbol{u}_i(t)+\boldsymbol{\xi}_i^{\mathrm{T}}(t)\boldsymbol{Q}\boldsymbol{\xi}_i(t))\,\mathrm{d}t\leqslant\delta\tag{4-8}$$

式中，$\boldsymbol{R}$ 和 $\boldsymbol{Q}$ 均为正定对称的加权矩阵；δ 为正定标量。再给出如下初值条件：对于任意 $\varphi_i\in[-\bar{\tau}_i,0]$，$i=1,\cdots,N$，均有 $\boldsymbol{\xi}_i^{\mathrm{T}}(\varphi_i)\boldsymbol{\xi}_i(\varphi_i)\leqslant\alpha_i$ 以及 $\dot{\boldsymbol{\xi}}_i^{\mathrm{T}}(\varphi_i)\dot{\boldsymbol{\xi}}_i(\varphi_i)\leqslant\beta_i$，其中，$\alpha_i$ 和 β_i 为已知参数。

下述定理将证明系统式(4-7)的渐进稳定性和能耗约束条件式(4-8)的成立，并求解出相应的控制增益矩阵 $\boldsymbol{K}$。

定理 4.1：给定参数 $\bar{\tau},\rho,\alpha,\beta$ 以及 δ，若存在正定矩阵 $\widetilde{\boldsymbol{M}}\in\mathbf{R}^{p\times p}$，$\widetilde{\boldsymbol{P}}\in\mathbf{R}^{p\times p}$，$\widetilde{\boldsymbol{Z}}\in\mathbf{R}^{p\times p}$，$\boldsymbol{R}\in\mathbf{R}^{q\times q}$，$\widetilde{\boldsymbol{Q}}\in\mathbf{R}^{p\times p}$ 以及正标量 φ，使得下述线性矩阵不等式成立：

$$\begin{bmatrix}\boldsymbol{I}_N\otimes(\boldsymbol{A}\widetilde{\boldsymbol{P}}+\widetilde{\boldsymbol{P}}\boldsymbol{A}^{\mathrm{T}}+\widetilde{\boldsymbol{Z}}-\widetilde{\boldsymbol{P}}+\widetilde{\boldsymbol{M}}) & \boldsymbol{L}_1\otimes(-\boldsymbol{B}\boldsymbol{B}^{\mathrm{T}})+\boldsymbol{I}_N\otimes\widetilde{\boldsymbol{P}} & \boldsymbol{I}_N\otimes\bar{\tau}\widetilde{\boldsymbol{P}}\boldsymbol{A}^{\mathrm{T}}\\ * & \boldsymbol{I}_N\otimes((\rho-1)\widetilde{\boldsymbol{Z}}-\widetilde{\boldsymbol{P}}) & \boldsymbol{L}_1^{\mathrm{T}}\otimes(-\bar{\tau}\boldsymbol{B}\boldsymbol{B}^{\mathrm{T}})\\ * & * & \boldsymbol{I}_N\otimes(-\widetilde{\boldsymbol{P}})\end{bmatrix}\leqslant 0\tag{4-9}$$

$$\begin{bmatrix}\boldsymbol{I}_N\otimes(\boldsymbol{A}\widetilde{\boldsymbol{P}}+\widetilde{\boldsymbol{P}}\boldsymbol{A}^{\mathrm{T}}+\widetilde{\boldsymbol{Q}}-\widetilde{\boldsymbol{P}}+\widetilde{\boldsymbol{M}}) & \boldsymbol{L}_1\otimes(-\boldsymbol{B}\boldsymbol{B}^{\mathrm{T}})+\boldsymbol{I}_N\otimes\widetilde{\boldsymbol{P}} & \boldsymbol{I}_N\otimes\bar{\tau}\widetilde{\boldsymbol{P}}\boldsymbol{A}^{\mathrm{T}}\\ * & \boldsymbol{I}_N\otimes(\boldsymbol{B}\boldsymbol{R}\boldsymbol{B}^{\mathrm{T}}-\widetilde{\boldsymbol{P}}) & \boldsymbol{L}_1^{\mathrm{T}}\otimes(-\bar{\tau}\boldsymbol{B}\boldsymbol{B}^{\mathrm{T}})\\ * & * & \boldsymbol{I}_N\otimes(-\widetilde{\boldsymbol{P}})\end{bmatrix}\leqslant 0\tag{4-10}$$

$$\begin{bmatrix} -\delta & \varphi\sqrt{\alpha} & \varphi\sqrt{\bar{\tau}^3\beta/2} \\ * & -\varphi & 0 \\ * & * & -\varphi \end{bmatrix} \leqslant 0 \tag{4-11}$$

$$\begin{bmatrix} -\varphi\boldsymbol{I} & \boldsymbol{I} \\ * & -\widetilde{\boldsymbol{P}} \end{bmatrix} \leqslant 0 \tag{4-12}$$

式中，$\bar{\tau}=\max\{\bar{\tau}_1,\cdots,\bar{\tau}_N\}$；$\rho=\max\{\rho_1,\cdots,\rho_N\}$；$\alpha=\sum_{i=1}^{N}\alpha_i$；$\beta=\sum_{i=1}^{N}\beta_i$，则式(4-7)中给出的跟踪误差系统渐进稳定，且能耗约束条件式(4-8)成立。此外，控制增益矩阵的表达式为$\boldsymbol{K}=-\boldsymbol{B}^{\mathrm{T}}\widetilde{\boldsymbol{P}}^{-1}$。

证明：首先，针对系统式(4-7)选取如下 Lyapunov 函数：

$$V(t)=V_1(t)+V_2(t)+V_3(t) \tag{4-13}$$

$$V_1(t)=\sum_{i=1}^{N}\boldsymbol{\xi}_i^{\mathrm{T}}(t)\boldsymbol{P}\boldsymbol{\xi}_i(t) \tag{4-14}$$

$$V_2(t)=\sum_{i=1}^{N}\int_{t-\tau_i(t)}^{t}\boldsymbol{\xi}_i^{\mathrm{T}}(s)\boldsymbol{Z}\boldsymbol{\xi}_i(s)\mathrm{d}s \tag{4-15}$$

$$V_3(t)=\sum_{i=1}^{N}\bar{\tau}_i\int_{-\bar{\tau}_i}^{0}\int_{t+\theta}^{t}\dot{\boldsymbol{\xi}}_i^{T}(\vartheta)\boldsymbol{P}\dot{\boldsymbol{\xi}}_i(\vartheta)\mathrm{d}\vartheta\mathrm{d}\theta \tag{4-16}$$

其中，正定矩阵$\boldsymbol{P}$和$\boldsymbol{Z}$均表示 Lyapunov 函数中的加权矩阵。对$V_1(t)$，$V_2(t)$及$V_3(t)$分别求导可得

$$\dot{V}_1(t)=2\boldsymbol{\xi}^{\mathrm{T}}(t)(\boldsymbol{I}_N\otimes\boldsymbol{P})\dot{\boldsymbol{\xi}}(t)=\boldsymbol{\xi}^{\mathrm{T}}(t)(\boldsymbol{I}_N\otimes(\boldsymbol{PA}+\boldsymbol{A}^{\mathrm{T}}\boldsymbol{P}))\boldsymbol{\xi}(t)+2\boldsymbol{\xi}^{\mathrm{T}}(t)(\boldsymbol{L}_1\otimes\boldsymbol{PBK})\boldsymbol{\xi}_\tau(t) \tag{4-17}$$

$$\begin{aligned}\dot{V}_2(t)=&\sum_{i=1}^{N}(\boldsymbol{\xi}_i^{\mathrm{T}}(t)\boldsymbol{Z}\boldsymbol{\xi}_i(t)-(1-\dot{\tau}_i(t))\boldsymbol{\xi}_i^{\mathrm{T}}(t-\tau_i(t))\boldsymbol{Z}\boldsymbol{\xi}_i(t-\tau_i(t)))\leqslant\\&\boldsymbol{\xi}^{\mathrm{T}}(t)(\boldsymbol{I}_N\otimes\boldsymbol{Z})\boldsymbol{\xi}(t)-(1-\rho)\boldsymbol{\xi}_\tau^{\mathrm{T}}(t)(\boldsymbol{I}_N\otimes\boldsymbol{Z})\boldsymbol{\xi}_\tau(t)\end{aligned} \tag{4-18}$$

$$\begin{aligned}\dot{V}_3(t)=&\sum_{i=1}^{N}\bar{\tau}_i\int_{-\bar{\tau}_i}^{0}(\dot{\boldsymbol{\xi}}_i^{\mathrm{T}}(t)\boldsymbol{P}\dot{\boldsymbol{\xi}}_i(t)-\dot{\boldsymbol{\xi}}_i^{\mathrm{T}}(t+\theta)\boldsymbol{P}\dot{\boldsymbol{\xi}}_i(t+\theta))\mathrm{d}\theta\leqslant\\&\sum_{i=1}^{N}\left(\bar{\tau}_i^2\dot{\boldsymbol{\xi}}_i^{\mathrm{T}}(t)\boldsymbol{P}\dot{\boldsymbol{\xi}}_i(t)-\tau_i(t)\int_{t-\tau_i(t)}^{t}\dot{\boldsymbol{\xi}}_i^{\mathrm{T}}(\theta)\boldsymbol{P}\dot{\boldsymbol{\xi}}_i(\theta)\mathrm{d}\theta\right)\end{aligned} \tag{4-19}$$

利用引理 2.5，可将式(4-19)化作

$$\begin{aligned}\dot{V}_3(t)\leqslant&\sum_{i=1}^{N}\left(\bar{\tau}_i^2\dot{\boldsymbol{\xi}}_i^{\mathrm{T}}(t)\boldsymbol{P}\dot{\boldsymbol{\xi}}_i(t)-\left(\int_{t-\tau_i(t)}^{t}\dot{\boldsymbol{\xi}}_i(\theta)\mathrm{d}\theta\right)^{\mathrm{T}}\boldsymbol{P}\left(\int_{t-\tau_i(t)}^{t}\dot{\boldsymbol{\xi}}_i(\theta)\mathrm{d}\theta\right)\right)\leqslant\\&\bar{\tau}^2\dot{\boldsymbol{\xi}}^{\mathrm{T}}(t)(\boldsymbol{I}_N\otimes\boldsymbol{P})\dot{\boldsymbol{\xi}}(t)-(\boldsymbol{\xi}^{\mathrm{T}}(t)-\boldsymbol{\xi}_\tau^{\mathrm{T}}(t))(\boldsymbol{I}_N\otimes\boldsymbol{P})(\boldsymbol{\xi}(t)-\boldsymbol{\xi}_\tau(t))=\\&\boldsymbol{\xi}^{\mathrm{T}}(t)(\boldsymbol{I}_N\otimes(\bar{\tau}^2\boldsymbol{A}^{\mathrm{T}}\boldsymbol{PA}-\boldsymbol{P}))\boldsymbol{\xi}(t)+\boldsymbol{\xi}_\tau^{\mathrm{T}}(t)(\boldsymbol{L}_1^{\mathrm{T}}\boldsymbol{L}_1\otimes\bar{\tau}^2\boldsymbol{K}^{\mathrm{T}}\boldsymbol{B}^{\mathrm{T}}\boldsymbol{PBK}-\\&\boldsymbol{I}_N\otimes\boldsymbol{P})\boldsymbol{\xi}_\tau(t)+2\boldsymbol{\xi}^{\mathrm{T}}(t)(\boldsymbol{L}_1\otimes\bar{\tau}^2\boldsymbol{A}^{\mathrm{T}}\boldsymbol{PBK}+\boldsymbol{I}_N\otimes\boldsymbol{P})\boldsymbol{\xi}_\tau(t)\end{aligned} \tag{4-20}$$

进而可得

$$\begin{aligned}\dot{V}(t)=&\dot{V}_1(t)+\dot{V}_2(t)+\dot{V}_3(t)\leqslant\\&\boldsymbol{\xi}^{\mathrm{T}}(t)(\boldsymbol{I}_N\otimes\boldsymbol{PA}+\boldsymbol{A}^{\mathrm{T}}\boldsymbol{P}+\boldsymbol{Z}-\boldsymbol{P}+\bar{\tau}^2\boldsymbol{A}^{\mathrm{T}}\boldsymbol{PA})\boldsymbol{\xi}(t)+\\&\boldsymbol{\xi}_\tau^{\mathrm{T}}(t)(\boldsymbol{I}_N\otimes((\rho-1)\boldsymbol{Z}-\boldsymbol{P})+\boldsymbol{L}_1^{\mathrm{T}}\boldsymbol{L}_1\otimes\bar{\tau}^2\boldsymbol{K}^{\mathrm{T}}\boldsymbol{B}^{\mathrm{T}}\boldsymbol{PBK})\boldsymbol{\xi}_\tau(t)+\\&2\boldsymbol{\xi}^{\mathrm{T}}(t)(\boldsymbol{L}_1\otimes\boldsymbol{PBK}+\boldsymbol{L}_1\otimes\bar{\tau}^2\boldsymbol{A}^{\mathrm{T}}\boldsymbol{PBK}+\boldsymbol{I}_N\otimes\boldsymbol{P})\boldsymbol{\xi}_\tau(t)\end{aligned} \tag{4-21}$$

定义矩阵 $\boldsymbol{P}$ 为 $\boldsymbol{P}=\widetilde{\boldsymbol{P}}^{-1}$,并对矩阵不等式(4-9)两端同时左乘和右乘矩阵 $\boldsymbol{I}_N\otimes\boldsymbol{P}$,再利用 $\boldsymbol{K}=-\boldsymbol{B}^{\mathrm{T}}\widetilde{\boldsymbol{P}}^{-1}$ 可得

$$\begin{bmatrix}\boldsymbol{I}_N\otimes(\widetilde{\boldsymbol{P}}\boldsymbol{A}+\boldsymbol{A}^{\mathrm{T}}\widetilde{\boldsymbol{P}}+\boldsymbol{Z}-\boldsymbol{P}+\boldsymbol{M}) & \boldsymbol{L}_1\otimes\boldsymbol{PBK}+\boldsymbol{I}_N\otimes\boldsymbol{P} & \boldsymbol{I}_N\otimes\bar{\tau}\boldsymbol{A}^{\mathrm{T}}\widetilde{\boldsymbol{P}}\\ * & \boldsymbol{I}_N\otimes((\rho-1)\boldsymbol{Z}-\boldsymbol{P}) & \boldsymbol{L}_1^{\mathrm{T}}\otimes\bar{\tau}\boldsymbol{K}^{\mathrm{T}}\boldsymbol{B}^{\mathrm{T}}\boldsymbol{P}\\ * & * & \boldsymbol{I}_N\otimes(-\boldsymbol{P})\end{bmatrix}\leqslant 0 \tag{4-22}$$

式中,$\boldsymbol{Z}=\boldsymbol{P}\widetilde{\boldsymbol{Z}}\boldsymbol{P}$;$\boldsymbol{M}=\boldsymbol{P}\widetilde{\boldsymbol{M}}\boldsymbol{P}$。

利用引理2.1可知,矩阵不等式(4-22)等价于

$$\begin{bmatrix}\boldsymbol{\Xi}_{11} & \boldsymbol{\Xi}_{12}\\ * & \boldsymbol{\Xi}_{22}\end{bmatrix}\leqslant 0 \tag{4-23}$$

式中

$$\boldsymbol{\Xi}_{11}=\boldsymbol{I}_N\otimes(\boldsymbol{PA}+\boldsymbol{A}^{\mathrm{T}}\boldsymbol{P}+\boldsymbol{Z}-\boldsymbol{P}+\bar{\tau}^2\boldsymbol{A}^{\mathrm{T}}\boldsymbol{PA}+\boldsymbol{M})$$
$$\boldsymbol{\Xi}_{12}=\boldsymbol{L}_1\otimes\boldsymbol{PBK}+\boldsymbol{L}_1\otimes\bar{\tau}^2\boldsymbol{A}^{\mathrm{T}}\boldsymbol{PBK}+\boldsymbol{I}_N\otimes\boldsymbol{P}$$
$$\boldsymbol{\Xi}_{22}=\boldsymbol{I}_N\otimes((\rho-1)\boldsymbol{Z}-\boldsymbol{P})+\boldsymbol{L}_1^{\mathrm{T}}\boldsymbol{L}_1\otimes\bar{\tau}^2\boldsymbol{K}^{\mathrm{T}}\boldsymbol{B}^{\mathrm{T}}\boldsymbol{PBK}$$

而根据不等式(4-21)可知,矩阵不等式(4-23)成立的充分必要条件为

$$\dot{V}(t)+\boldsymbol{\xi}^{\mathrm{T}}(t)(\boldsymbol{I}_N\otimes\boldsymbol{M})\boldsymbol{\xi}(t)\leqslant 0 \tag{4-24}$$

从而可得

$$\dot{V}(t)\leqslant-\boldsymbol{\xi}^{\mathrm{T}}(t)(\boldsymbol{I}_N\otimes\boldsymbol{M})\boldsymbol{\xi}(t)\leqslant-\lambda_{\min}(\boldsymbol{M})\ \|\boldsymbol{\xi}(t)\|^2 \tag{4-25}$$

其中,$\lambda_{\min}(\boldsymbol{M})$ 表示矩阵 $\boldsymbol{M}$ 的最小特征值。对式(4-25)进行积分可得

$$\lim_{t\to\infty}V(t)-V(0)\leqslant-\lambda_{\min}(\boldsymbol{M})\int_0^{\infty}\|\boldsymbol{\xi}(t)\|^2\mathrm{d}t \tag{4-26}$$

即

$$\lambda_{\min}(\boldsymbol{M})\int_0^{\infty}\|\boldsymbol{\xi}(t)\|^2\mathrm{d}t\leqslant V(0)-\lim_{t\to\infty}V(t) \tag{4-27}$$

根据Lyapunov函数的表达式可知,$V(t)$ 在任意时刻均为非负,因此,不等式(4-27)可以化作

$$\lambda_{\min}(\boldsymbol{M})\int_0^{\infty}\|\boldsymbol{\xi}(t)\|^2\mathrm{d}t\leqslant V(0) \tag{4-28}$$

此外,根据不等式(4-28)可知,$\|\boldsymbol{\xi}(t)\|^2$ 在$[0,\infty)$区间内的积分是有界的,因此在无穷大的时刻,即当 $t\to\infty$ 时,一定有 $\boldsymbol{\xi}(t)\to\boldsymbol{0}$,也就意味着系统式(4-7)渐近稳定。

接下来证明式(4-8)中描述的能耗约束条件成立。根据引理2.1可知,矩阵不等式(4-10)与下述式(4-29)是等价的:

$$\begin{bmatrix}\hat{\boldsymbol{\Xi}}_{11} & \hat{\boldsymbol{\Xi}}_{12}\\ * & \hat{\boldsymbol{\Xi}}_{22}\end{bmatrix}\leqslant 0 \tag{4-29}$$

式中

$$\hat{\boldsymbol{\Xi}}_{11}=\boldsymbol{I}_N\otimes(\boldsymbol{PA}+\boldsymbol{A}^{\mathrm{T}}\boldsymbol{P}+\boldsymbol{Q}-\boldsymbol{P}+\bar{\tau}^2\boldsymbol{A}^{\mathrm{T}}\boldsymbol{PA}+\boldsymbol{M})$$
$$\hat{\boldsymbol{\Xi}}_{12}=\boldsymbol{L}_1\otimes\boldsymbol{PBK}+\boldsymbol{L}_1\otimes\bar{\tau}^2\boldsymbol{A}^{\mathrm{T}}\boldsymbol{PBK}+\boldsymbol{I}_N\otimes\boldsymbol{P}$$
$$\hat{\boldsymbol{\Xi}}_{22}=\boldsymbol{I}_N\otimes(\boldsymbol{K}^{\mathrm{T}}\boldsymbol{RK}-\boldsymbol{P})+\boldsymbol{L}_1^{\mathrm{T}}\boldsymbol{L}_1\otimes\bar{\tau}^2\boldsymbol{K}^{\mathrm{T}}\boldsymbol{B}^{\mathrm{T}}\boldsymbol{PBK}$$

当矩阵不等式(4－29) 成立时，有

$$\boldsymbol{\xi}^{\mathrm{T}}(t)(\boldsymbol{I}_N\otimes(\boldsymbol{PA}+\boldsymbol{A}^{\mathrm{T}}\boldsymbol{P}+\boldsymbol{Q}-\boldsymbol{P}+\bar{\tau}^2\boldsymbol{A}^{\mathrm{T}}\boldsymbol{PA}+\boldsymbol{M}))\boldsymbol{\xi}(t)+$$
$$\boldsymbol{\xi}_\tau^{\mathrm{T}}(t)(\boldsymbol{I}_N\otimes(\boldsymbol{K}^{\mathrm{T}}\boldsymbol{RK}-\boldsymbol{P})+\boldsymbol{L}_1^{\mathrm{T}}\boldsymbol{L}_1\otimes\bar{\tau}^2\boldsymbol{K}^{\mathrm{T}}\boldsymbol{B}^{\mathrm{T}}\boldsymbol{PBK})\boldsymbol{\xi}_\tau(t)+$$
$$2\boldsymbol{\xi}^{\mathrm{T}}(t)(\boldsymbol{L}_1\otimes\boldsymbol{PBK}+\boldsymbol{L}_1\otimes\bar{\tau}^2\boldsymbol{A}^{\mathrm{T}}\boldsymbol{PBK}+\boldsymbol{I}_N\otimes\boldsymbol{P})\boldsymbol{\xi}_\tau(t)\leqslant 0 \tag{4-30}$$

根据式(4－17)、式(4－20) 和式(4－30) 可得

$$\boldsymbol{\xi}^{\mathrm{T}}(t)(\boldsymbol{I}_N\otimes\boldsymbol{Q})\boldsymbol{\xi}(t)+\boldsymbol{\xi}_\tau^{\mathrm{T}}(t)(\boldsymbol{I}_N\otimes\boldsymbol{K}^{\mathrm{T}}\boldsymbol{RK})\boldsymbol{\xi}_\tau(t)+\dot{V}_1(t)+\dot{V}_3(t)+\boldsymbol{\xi}^{\mathrm{T}}(t)(\boldsymbol{I}_N\otimes\boldsymbol{M})\boldsymbol{\xi}(t)\leqslant 0 \tag{4-31}$$

根据式(4－6) 中设计的分布式控制器易知，多智能体系统的全局控制器为 $\boldsymbol{U}(t)=(\boldsymbol{I}_N\otimes\boldsymbol{K})\boldsymbol{\xi}_\tau(t)$，则不等式(4－31) 可写作

$$\boldsymbol{\xi}^{\mathrm{T}}(t)(\boldsymbol{I}_N\otimes\boldsymbol{Q})\boldsymbol{\xi}(t)+\boldsymbol{U}^{\mathrm{T}}(t)(\boldsymbol{I}_N\otimes\boldsymbol{R})\boldsymbol{U}(t)+\dot{V}_1(t)+\dot{V}_3(t)+\boldsymbol{\xi}^{\mathrm{T}}(t)(\boldsymbol{I}_N\otimes\boldsymbol{M})\boldsymbol{\xi}(t)\leqslant 0 \tag{4-32}$$

进而可得

$$J=\int_0^{\infty}(\boldsymbol{U}^{\mathrm{T}}(t)(\boldsymbol{I}_N\otimes\boldsymbol{R})\boldsymbol{U}(t)+\boldsymbol{\xi}^{\mathrm{T}}(t)(\boldsymbol{I}_N\otimes\boldsymbol{Q})\boldsymbol{\xi}(t))\,\mathrm{d}t\leqslant$$
$$-\int_0^{\infty}(\dot{V}_1(t)+\dot{V}_3(t))\mathrm{d}t\leqslant V_1(0)+V_3(0) \tag{4-33}$$

再利用初值条件 $\boldsymbol{\xi}^{\mathrm{T}}(\varphi_i)\boldsymbol{\xi}(\varphi_i)\leqslant\alpha_i$ 以及 $\dot{\boldsymbol{\xi}}^{\mathrm{T}}(\varphi_i)\dot{\boldsymbol{\xi}}(\varphi_i)\leqslant\beta_i,\ \forall\varphi_i\in[-\bar{\tau}_i,0]$，进而有

$$V_1(0)+V_3(0)=\sum_{i=1}^{N}\boldsymbol{\xi}_i^{\mathrm{T}}(0)\boldsymbol{P}\boldsymbol{\xi}_i(0)+\sum_{i=1}^{N}\bar{\tau}_i\int_{-\bar{\tau}_i}^{0}\int_{\theta}^{0}\dot{\boldsymbol{\xi}}_i^{\mathrm{T}}(\vartheta)\boldsymbol{P}\dot{\boldsymbol{\xi}}_i(\vartheta)\mathrm{d}\vartheta\mathrm{d}\theta\leqslant$$
$$\lambda_{\max}(\boldsymbol{P})\sum_{i=1}^{N}\boldsymbol{\xi}_i^{\mathrm{T}}(0)\boldsymbol{\xi}_i(0)+\lambda_{\max}(\boldsymbol{P})\sum_{i=1}^{N}\bar{\tau}_i\int_{-\bar{\tau}_i}^{0}\int_{\theta}^{0}\dot{\boldsymbol{\xi}}_i^{\mathrm{T}}(\vartheta)\dot{\boldsymbol{\xi}}_i(\vartheta)\mathrm{d}\vartheta\mathrm{d}\theta\leqslant$$
$$\lambda_{\max}(\boldsymbol{P})\sum_{i=1}^{N}\alpha_i+\lambda_{\max}(\boldsymbol{P})\sum_{i=1}^{N}\bar{\tau}_i\beta_i\int_{-\bar{\tau}_i}^{0}\int_{\theta}^{0}\mathrm{d}\vartheta\mathrm{d}\theta=$$
$$\lambda_{\max}(\boldsymbol{P})\sum_{i=1}^{N}\alpha_i+\lambda_{\max}(\boldsymbol{P})\sum_{i=1}^{N}\beta_i\frac{\bar{\tau}_i^3}{2} \tag{4-34}$$

其中，$\lambda_{\max}(\boldsymbol{P})$ 表示矩阵 $\boldsymbol{P}$ 的最大特征值。另外，再根据 $\bar{\tau}=\max\{\bar{\tau}_1,\cdots,\bar{\tau}_N\}$，$\alpha=\sum_{i=1}^{N}\alpha_i$ 以及 $\beta=\sum_{i=1}^{N}\beta_i$ 可得

$$V_1(0)+V_3(0)\leqslant\lambda_{\max}(\boldsymbol{P})\alpha+\lambda_{\max}(\boldsymbol{P})\frac{\bar{\tau}^3}{2}\beta \tag{4-35}$$

根据引理 2.1 可知，不等式(4－12) 等价于 $\boldsymbol{P}\leqslant\varphi\boldsymbol{I}$，即 $\lambda_{\max}(\boldsymbol{P})\leqslant\varphi$。则再根据不等式(4－33) 和式(4－35) 有

$$J\leqslant\alpha\varphi+\beta\frac{\bar{\tau}^3}{2}\varphi \tag{4-36}$$

再次利用引理 2.1，不等式(4－11) 等价于 $\alpha\varphi+\beta(\bar{\tau}^3/2)\varphi\leqslant\delta$。因此有 $J\leqslant\delta$，即能耗约束条件式(4－8) 成立。

证毕。

注 4.1：线性矩阵不等式的计算复杂度取决于待求不等式中矩阵的总阶数 N_L，即所有矩阵的阶数之和。在定理 4.1 中，待求的矩阵不等式为式(4－9)、式(4－10)、式(4－11) 和式

(4-12),矩阵的总阶数为 $N_L=6pN+2p+3$,其中,p 表示系统式(4-1)的维数;N 则表示智能体的总个数。因此,定理 4.1 中线性矩阵不等式的计算复杂度与智能体的总个数 N 密切相关,即意味着当整个网络中存在大量智能体时,线性矩阵不等式的计算复杂度将非常庞大,从而极大地增加了线性矩阵不等式的求解难度。

4.3.2 仿真算例

本部分将以分布式卫星相对轨道转移和保持问题为背景来验证 4.3.1 节提出的协同控制器的有效性。考虑系统中有 4 个卫星,包括 3 个跟随者和 1 个领航者,均以参考卫星为基准点进行相对运动。卫星间通信拓扑结构如图 4-1 所示,其中,0 号节点表示领航者;1,2,3 号节点表示跟随者。

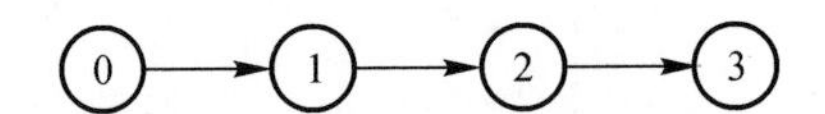

图 4-1 跟随者与领航者之间的通信拓扑图

假设参考点轨道为圆形,且卫星间相对距离远小于地心距,则第 i 个卫星与参考点之间的相对运动方程如下[112]:

$$\left.\begin{aligned}&\ddot{x}_i(t)-2\omega_r\dot{y}_i(t)-3\omega_r^2x_i(t)=u_{ix}(t)\\&\ddot{y}_i(t)+2\omega_r\dot{x}_i(t)=u_{iy}(t)\\&\ddot{z}_i(t)+\omega_r^2z_i(t)=u_{iz}(t)\end{aligned}\quad,\quad i=0,1,2,3\right\}\tag{4-37}$$

式中,$x_i(t),y_i(t),z_i(t)$ 表示第 i 个卫星与参考点之间的相对位置在参考点体坐标系下的 X 轴、Y 轴、Z 轴分量;$\omega_r=\sqrt{\mu_0/r_0^3}$ 为参考点在自身轨道内的角速度,其中,$\mu_0=3.986\times10^5$ kg/m^3 表示地球引力系数,r_0 为卫星与地心之间的距离(地心距);$u_{ix}(t),u_{iy}(t),u_{iz}(t)$ 表示控制输入在三轴方向上的分量,假设领航者的控制输入为零,即 $u_{0x}(t)=u_{0y}(t)=u_{0z}(t)=0$。

接下来分析初值的选取对领航者与参考点之间相对运动状态的影响。由式(4-37)可知,领航者与参考点之间的相对运动方程为

$$\left.\begin{aligned}&\ddot{x}_0(t)-2\omega_r\dot{y}_0(t)-3\omega_r^2x_0(t)=0\\&\ddot{y}_0(t)+2\omega_r\dot{x}_0(t)=0\\&\ddot{z}_0(t)+\omega_r^2z_0(t)=0\end{aligned}\right\}\tag{4-38}$$

对微分方程组式(4-38)进行求解,可以得到如下等式:

$$\left.\begin{aligned}&x_0(t)=4x_0(0)+\frac{2\dot{y}_0(0)}{\omega_r}-\left(3x_0(0)+\frac{2\dot{y}_0(0)}{\omega_r}\right)\cos(\omega_rt)+\frac{\dot{x}_0(0)\sin(\omega_rt)}{\omega_r}\\&y_0(t)=y_0(0)-\frac{2\dot{x}_0(0)}{\omega_r}+\frac{2\dot{x}_0(0)\cos(\omega_rt)}{\omega_r}+\left(6x_0(0)+\frac{4\dot{y}_0(0)}{\omega_r}\right)\sin(\omega_rt)-\\&\qquad(6\omega_rx_0(0)+3\dot{y}_0(0))t\\&z_0(t)=z_0(0)\cos(\omega_rt)+\frac{\dot{z}_0(0)\sin(\omega_rt)}{\omega_r}\end{aligned}\right\}\tag{4-39}$$

从式(4-39)第 2 项的表达式中可以看出,Y 轴方向上存在漂移项 $-(6\omega_rx_0(0)+3\dot{y}_0(0))t$,即意味着该方向上的运动是非周期性的。若要保证卫星间相对运动是周期性的,则

须将漂移项消除。根据漂移项的表达式可知，若初值满足 $\dot{y}_0(0)=-2\omega_r x_0(0)$，则可消去漂移项，进而可将式(4-39)化作

$$\left.\begin{aligned}
x_0(t)&=x_0(0)\cos(\omega_r t)+\frac{1}{\omega_r}\dot{x}_0(0)\sin(\omega_r t)\\
y_0(t)&=y_0(0)-\frac{2}{\omega_r}\dot{x}_0(0)+\frac{2}{\omega_r}\dot{x}_0(0)\cos(\omega_r t)-2x_0(0)\sin(\omega_r t)\\
z_0(t)&=z_0(0)\cos(\omega_r t)+\frac{1}{\omega_r}\dot{z}_0(0)\sin(\omega_r t)
\end{aligned}\right\}\tag{4-40}$$

对式(4-40)进行整理可得

$$\left.\begin{aligned}
&\frac{x_0^2(t)}{a_0^2}+\frac{(y_0(t)-d_0)^2}{(2a_0)^2}=1\\
&z_0(t)=b_0\cos(\omega_r t+\beta_0)
\end{aligned}\right\}\tag{4-41}$$

式中

$$d_0=y_0(0)-\frac{2}{\omega_r}\dot{x}_0(0),\quad a_0=\sqrt{x_0^2(0)+\left(\frac{\dot{x}_0(0)}{\omega_r}\right)^2}$$

$$b_0=\sqrt{z_0^2(0)+\left(\frac{\dot{z}_0(0)}{\omega_r}\right)^2},\quad \cos\beta_0=\frac{z_0(0)}{b_0},\sin\beta_0=-\frac{\dot{z}_0(0)}{\omega_r b_0}$$

根据式(4-41)可知，领航者与参考点之间相对运动轨迹在 $X-Y$ 平面内的投影为椭圆形。若要使椭圆形的中心位于参考卫星处，即 $d_0=0$，则初值条件需满足 $\dot{x}_0(0)=y_0(0)\omega_r/2$。

式(4-37)可以化作如下所示的状态空间方程的形式：

$$\dot{\boldsymbol{x}}_i(t)=\boldsymbol{A}\boldsymbol{x}_i(t)+\boldsymbol{B}\boldsymbol{u}_i(t),\quad i=0,1,2,3\tag{4-42}$$

式中

$$\boldsymbol{x}_i(t)=\begin{bmatrix}x_i(t)\\y_i(t)\\z_i(t)\\\dot{x}_i(t)\\\dot{y}_i(t)\\\dot{z}_i(t)\end{bmatrix},\quad \boldsymbol{u}_i(t)=\begin{bmatrix}u_{ix}(t)\\u_{iy}(t)\\u_{iz}(t)\end{bmatrix}$$

$$\boldsymbol{A}=\begin{bmatrix}0&0&0&1&0&0\\0&0&0&0&1&0\\0&0&0&0&0&1\\3\omega_r^2&0&0&0&2\omega_r&0\\0&0&0&-2\omega_r&0&0\\0&0&-\omega_r^2&0&0&0\end{bmatrix},\quad \boldsymbol{B}=\begin{bmatrix}0&0&0\\0&0&0\\0&0&0\\1&0&0\\0&1&0\\0&0&1\end{bmatrix}$$

且有 $\boldsymbol{u}_0(t)=0$。

由于系统式(4-42)和式(4-1)的形式相同，因此，在 4.3.1 节中提出的针对系统式(4-1)的理论方法能够应用于系统式(4-42)中。

取参考卫星的轨道高度为 30 000 km，则可以计算出其轨道角速度为 $\omega_r=9.102\times10^{-5}$ rad/s。取三个跟随者控制输入中存在的时延参数分别为 $\tau_1(t)=2\mathrm{e}^{-0.001t}\sin(t)$，$\tau_2(t)=\mathrm{e}^{-0.0005t}$

和 $\tau_3(t)=-2\mathrm{e}^{-0.002t}\cos(t)$。取 4 个卫星与参考点之间的相对状态初值（领航者的初值 $x_0(0)$ 按照前述提到的初值选取准则选取，单位为 m）分别为

$$\boldsymbol{x}_0(0)=\begin{bmatrix}1\,500\\1\,500\\1\,000\\0.068\,3\\-0.273\\-0.1\end{bmatrix},\quad \boldsymbol{x}_1(0)=\begin{bmatrix}2\,000\\-1\,500\\1\,500\\-0.2\\0.15\\-0.15\end{bmatrix},\quad \boldsymbol{x}_2(0)=\begin{bmatrix}-2\,000\\-1\,000\\-1\,500\\0.2\\0.1\\0.15\end{bmatrix},\quad \boldsymbol{x}_3(0)=\begin{bmatrix}2\,500\\1\,000\\2\,000\\-0.25\\-0.1\\-0.2\end{bmatrix}$$

此外，根据选取的时延参数和初值，分别取 $\bar{\tau}=2$，$\rho=2.5$，$\alpha=1\times10^8$，$\beta=1\times10^3$，$\delta=1.5\times10^6$。利用定理 4.1，可以求解出正定对称矩阵 $\widetilde{\boldsymbol{P}}$ 为

$$\widetilde{\boldsymbol{P}}=\begin{bmatrix}246\,003.74 & 3.43 & 0 & -440.81 & -22.22 & 0\\3.43 & 246\,064.93 & 0 & 22.22 & -439.9 & 0\\0 & 0 & 246\,065.41 & 0 & 0 & -439.9\\-440.81 & 22.22 & 0 & 1.89 & 0 & 0\\-22.22 & -439.9 & 0 & 0 & 1.89 & 0\\0 & 0 & -439.9 & 0 & 0 & 1.88\end{bmatrix}\times10^2$$

进而可以计算出控制增益矩阵为

$$\boldsymbol{K}=-\boldsymbol{B}^{\mathrm{T}}\widetilde{\boldsymbol{P}}^{-1}=$$

$$\begin{bmatrix}-163.5 & 8.2 & 0 & -91\,231.8 & -4.5 & 0\\-8.2 & -162.8 & 0 & -4.5 & -91\,056.9 & 0\\0 & 0 & -162.8 & 0 & 0 & -91\,056.1\end{bmatrix}\times10^{-7}$$

4 个卫星在与参考点相对坐标系下的三轴位置、速度以及控制输入曲线如图 4-2～图 4-4 所示。

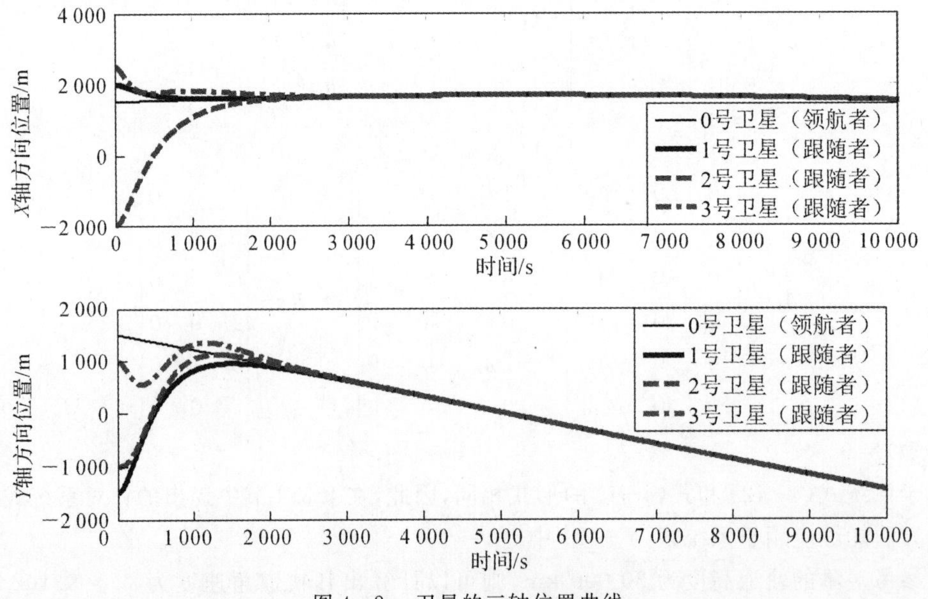

图 4-2　卫星的三轴位置曲线

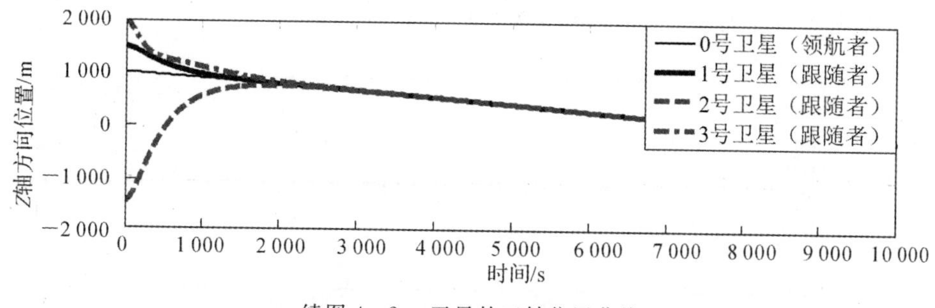

续图 4-2　卫星的三轴位置曲线

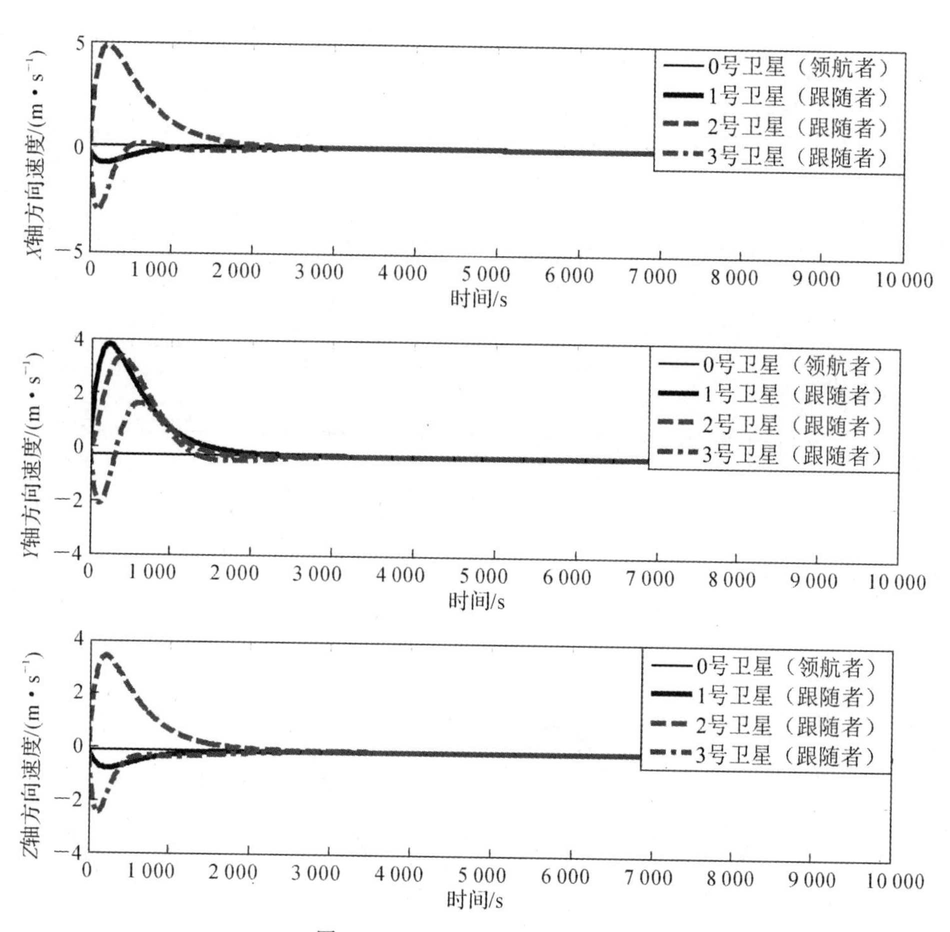

图 4-3　卫星的三轴速度曲线

此外，图 4-5 和图 4-6 还给出了稳态时（即轨道保持阶段）卫星的三轴位置和速度曲线。

从图 4-2 和图 4-3 中可以看出，利用式（4-6）设计出的协同控制器，能够保证 3 个跟随者（1，2，3 号卫星）的状态跟踪上领航者（0 号卫星）的状态，且跟踪时间约为 3 500 s。从图 4-4 中可以看出，整个控制过程中所需的控制力最大值（绝对值）均不超过 0.1 N/kg。从图 4-5 和图 4-6 中可以看出，3 个跟随者在跟踪上领航者之后，均能够以参考点为中心进行周期性运动，并不会产生漂移。综上所述可知，本节设计的协同控制器式（4-6）能够以较小的控制

力保证 3 个跟随者跟踪上领航者，即$\lim\limits_{t\to\infty}\|\boldsymbol{X}_i(t)-\boldsymbol{X}_0(t)\|=0$。

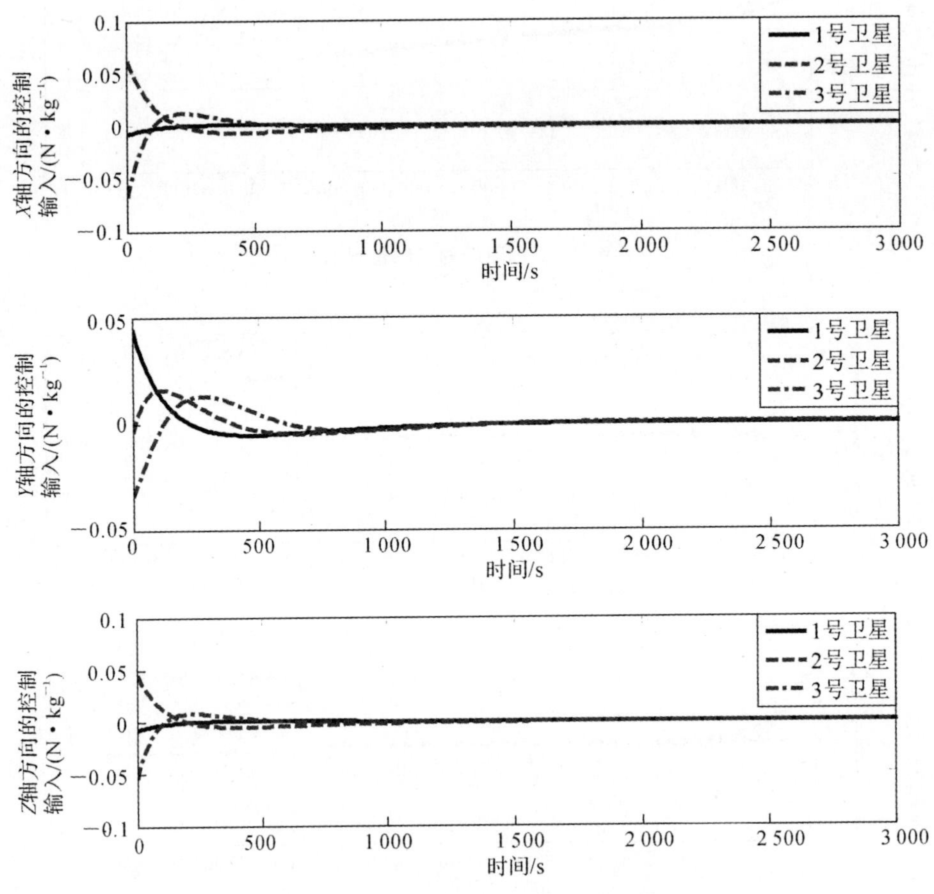

图 4-4　卫星的三轴控制输入曲线

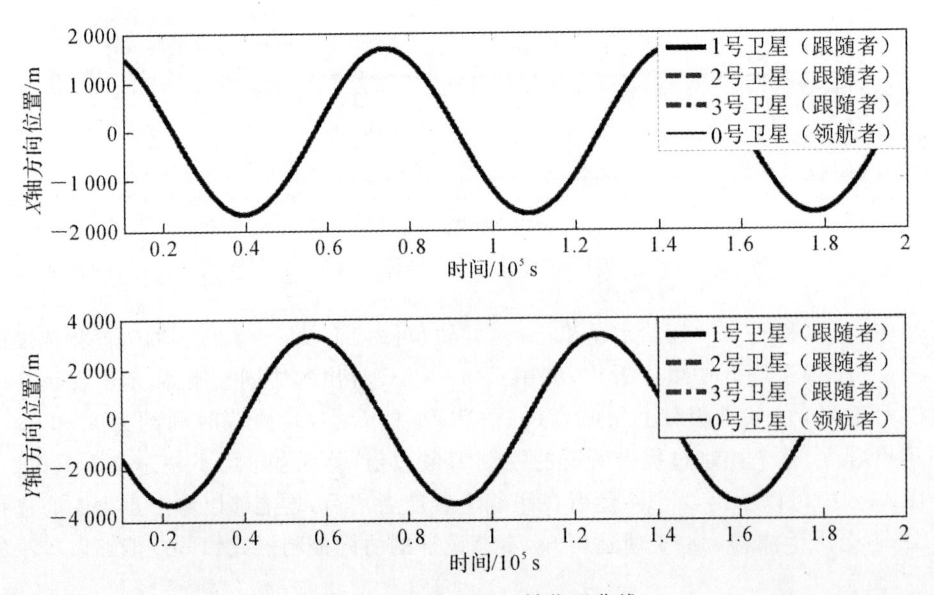

图 4-5　稳态时的三轴位置曲线

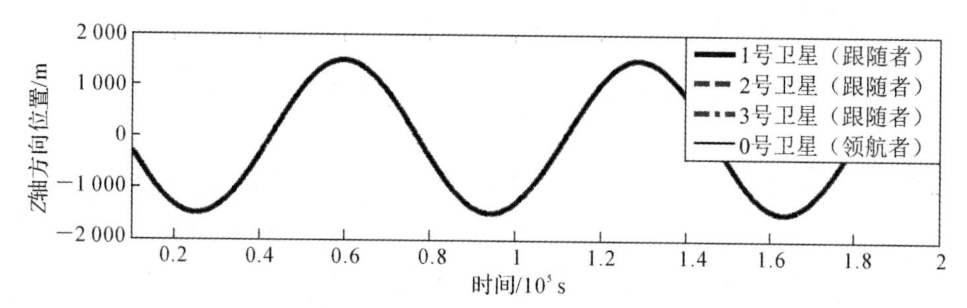

续图 4-5　稳态时的三轴位置曲线

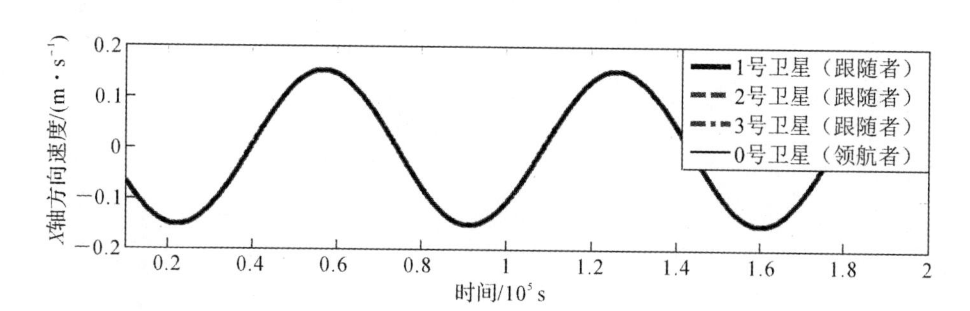

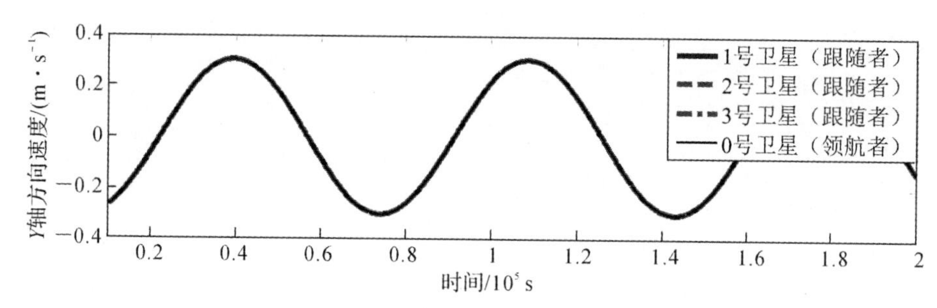

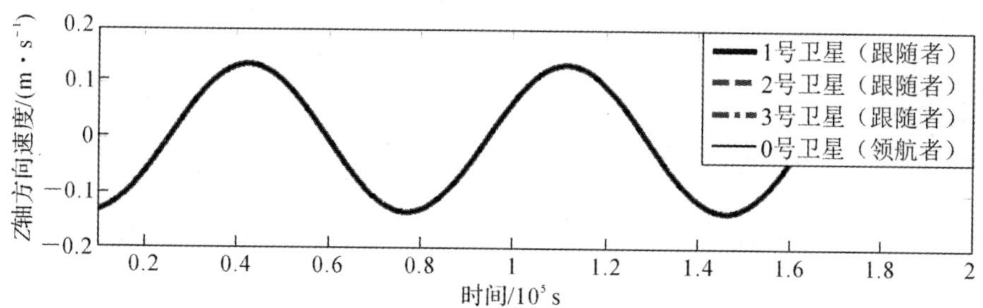

图 4-6　稳态时的三轴速度曲线

仿真程序：

(1)Simulink 主程序模块图如图 4-7 所示。

(2)求解控制增益 $\boldsymbol{K}$ 的程序。

```
a10=1; a11=0; a12=0; a13=0;
a20=0; a21=1; a22=0; a23=0;
a30=0; a31=0; a32=1; a33=0;
l11=a10+a11+a12+a13;  l12=-a12;  l13=-a13;
```

```
l21=-a21;  l22=a20+a21+a22+a23;  l23=-a23;
l31=-a31;  l32=-a32;  l33=a30+a31+a32+a33;
a=36371; miu=398600; w0=sqrt(miu/a^3);
A=[0        0    0       1        0       0;
   0        0    0       0        1       0;
   0        0    0       0        0       1;
   3*w0^2   0    0       0        2*w0    0;
   0        0    0       -2*w0    0       0;
   0        0    -w0^2   0        0       0];
B=[0  0  0;
   0  0  0;
   0  0  0;
   1  0  0;
   0  1  0;
   0  0  1];
tao=2;
rou=2.5;
alpha=1e8;
Delta=1.5e6;
beta=1e3;
setlmis([])
P=lmivar(1,[6 1]);
Q=lmivar(1,[6,1]);
M=lmivar(1,[6,1]);
R=lmivar(1,[3,1]);
Z=lmivar(1,[6,1]);
theta=lmivar(1,[1,1]);
Fir=newlmi ;
lmiterm([Fir 1 1 P],1,A');
lmiterm([Fir 1 1 P],A,1);
lmiterm([Fir 1 1 Z],1,1);
lmiterm([Fir 1 1 P],-1,1);
lmiterm([Fir 1 1 M],1,1);
lmiterm([Fir 2 2 P],1,A');
lmiterm([Fir 2 2 P],A,1);
lmiterm([Fir 2 2 Z],1,1);
lmiterm([Fir 2 2 P],-1,1);
lmiterm([Fir 2 2 M],1,1);
lmiterm([Fir 3 3 P],1,A');
lmiterm([Fir 3 3 P],A,1);
lmiterm([Fir 3 3 Z],1,1);
lmiterm([Fir 3 3 P],-1,1);
lmiterm([Fir 3 3 M],1,1);
```

```
lmiterm([Fir 1 4 0],-l11*B*B');
lmiterm([Fir 1 4 P],1,1);
lmiterm([Fir 1 5 0],-l12*B*B');
lmiterm([Fir 1 6 0],-l13*B*B');
lmiterm([Fir 2 4 0],-l21*B*B');
lmiterm([Fir 2 5 0],-l22*B*B');
lmiterm([Fir 2 5 P],1,1);
lmiterm([Fir 2 6 0],-l23*B*B');
lmiterm([Fir 3 4 0],-l31*B*B');
lmiterm([Fir 3 5 0],-l32*B*B');
lmiterm([Fir 3 6 0],-l33*B*B');
lmiterm([Fir 3 6 P],1,1);
lmiterm([Fir 1 7 P],tao,A');
lmiterm([Fir 2 8 P],tao,A');
lmiterm([Fir 3 9 P],tao,A');
lmiterm([Fir 4 4 Z],rou-1,1);
lmiterm([Fir 4 4 P],-1,1);
lmiterm([Fir 5 5 Z],rou-1,1);
lmiterm([Fir 5 5 P],-1,1);
lmiterm([Fir 6 6 Z],rou-1,1);
lmiterm([Fir 6 6 P],-1,1);
lmiterm([Fir 4 7 0],-l11*tao*B*B');
lmiterm([Fir 4 8 0],-l21*tao*B*B');
lmiterm([Fir 4 9 0],-l31*tao*B*B');
lmiterm([Fir 5 7 0],-l12*tao*B*B');
lmiterm([Fir 5 8 0],-l22*tao*B*B');
lmiterm([Fir 5 9 0],-l32*tao*B*B');
lmiterm([Fir 6 7 0],-l13*tao*B*B');
lmiterm([Fir 6 8 0],-l23*tao*B*B');
lmiterm([Fir 6 9 0],-l33*tao*B*B');
lmiterm([Fir 7 7 P],-1,1);
lmiterm([Fir 8 8 P],-1,1);
lmiterm([Fir 9 9 P],-1,1);
Sec=newlmi;
lmiterm([Sec 1 1 P],1,A');
lmiterm([Sec 1 1 P],A,1);
lmiterm([Sec 1 1 Q],1,1);
lmiterm([Sec 1 1 P],-1,1);
lmiterm([Sec 1 1 M],1,1);
lmiterm([Sec 2 2 P],1,A');
lmiterm([Sec 2 2 P],A,1);
lmiterm([Sec 2 2 Q],1,1);
lmiterm([Sec 2 2 P],-1,1);
```

```
lmiterm([Sec 2 2 M],1,1);
lmiterm([Sec 3 3 P],1,A');
lmiterm([Sec 3 3 P],A,1);
lmiterm([Sec 3 3 Q],1,1);
lmiterm([Sec 3 3 P],-1,1);
lmiterm([Sec 3 3 M],1,1);
lmiterm([Sec 1 4 0],-l11*B*B');
lmiterm([Sec 1 4 P],1,1);
lmiterm([Sec 1 5 0],-l12*B*B');
lmiterm([Sec 1 6 0],-l13*B*B');
lmiterm([Sec 2 4 0],-l21*B*B');
lmiterm([Sec 2 5 0],-l22*B*B');
lmiterm([Sec 2 5 P],1,1);
lmiterm([Sec 2 6 0],-l23*B*B');
lmiterm([Sec 3 4 0],-l31*B*B');
lmiterm([Sec 3 5 0],-l32*B*B');
lmiterm([Sec 3 6 0],-l33*B*B');
lmiterm([Sec 3 6 P],1,1);
lmiterm([Sec 1 7 P],tao,A');
lmiterm([Sec 2 8 P],tao,A');
lmiterm([Sec 3 9 P],tao,A');
lmiterm([Sec 4 4 R],B,B');
lmiterm([Sec 4 4 P],-1,1);
lmiterm([Sec 5 5 R],B,B');
lmiterm([Sec 5 5 P],-1,1);
lmiterm([Sec 6 6 R],B,B');
lmiterm([Sec 6 6 P],-1,1);
lmiterm([Sec 4 7 0],-l11*tao*B*B');
lmiterm([Sec 4 8 0],-l21*tao*B*B');
lmiterm([Sec 4 9 0],-l31*tao*B*B');
lmiterm([Sec 5 7 0],-l12*tao*B*B');
lmiterm([Sec 5 8 0],-l22*tao*B*B');
lmiterm([Sec 5 9 0],-l32*tao*B*B');
lmiterm([Sec 6 7 0],-l13*tao*B*B');
lmiterm([Sec 6 8 0],-l23*tao*B*B');
lmiterm([Sec 6 9 0],-l33*tao*B*B');
lmiterm([Sec 7 7 P],-1,1);
lmiterm([Sec 8 8 P],-1,1);
lmiterm([Sec 9 9 P],-1,1);
Tri=newlmi;
lmiterm([Tri 1 1 P],-1,1);
Four=newlmi;
lmiterm([Four 1 1 Q],-1,1);
```

```
Five=newlmi;
lmiterm([Five 1 1 M],-1,1);
Six=newlmi;
lmiterm([Six 1 1 R],-1,1);
Seven=newlmi;
lmiterm([Seven 1 1 Z],-1,1);
Nine=newlmi;
lmiterm([Nine 1 1 0],-Delta);
lmiterm([Nine 1 2 theta],sqrt(alpha),1);
lmiterm([Nine 1 3 theta],sqrt(tao^3 * beta/2),1);
lmiterm([Nine 2 2 theta],-1,1);
lmiterm([Nine 3 3 theta],-1,1);
Ten=newlmi;
lmiterm([Ten 1 1 theta],-1,1);
lmiterm([Ten 1 2 0],1);
lmiterm([Ten 2 2 P],-1,1);
lmis=getlmis;
[tmin,xfeas]=feasp(lmis);
P_tilde=(dec2mat(lmis,xfeas,P));
K=-B' * inv(P_tilde);
```

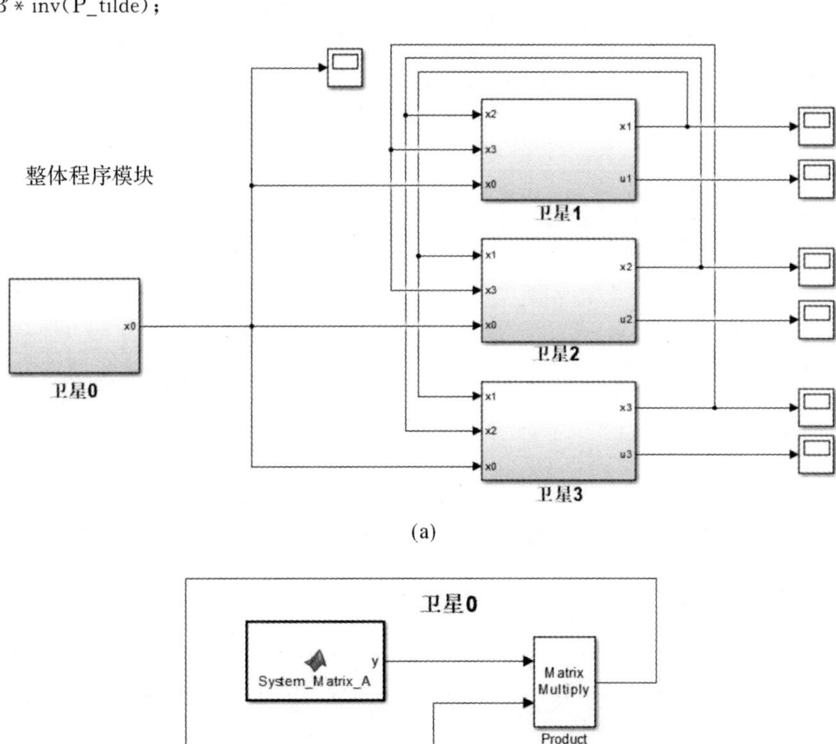

图 4-7　Simulink 主程序模块

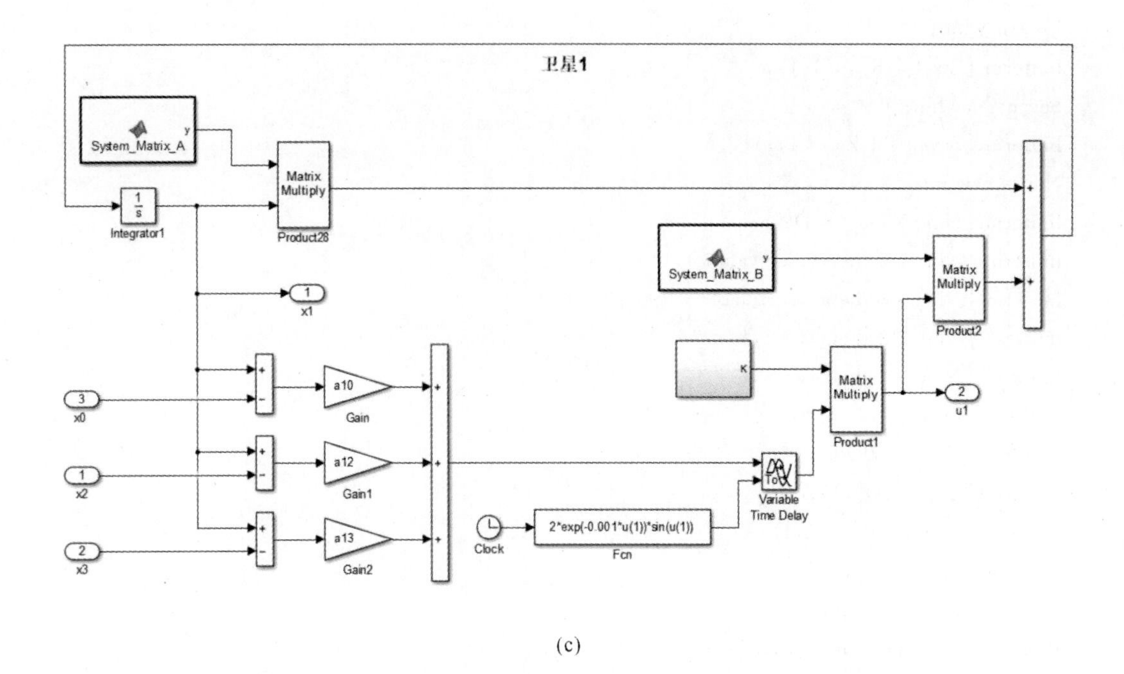

(c)

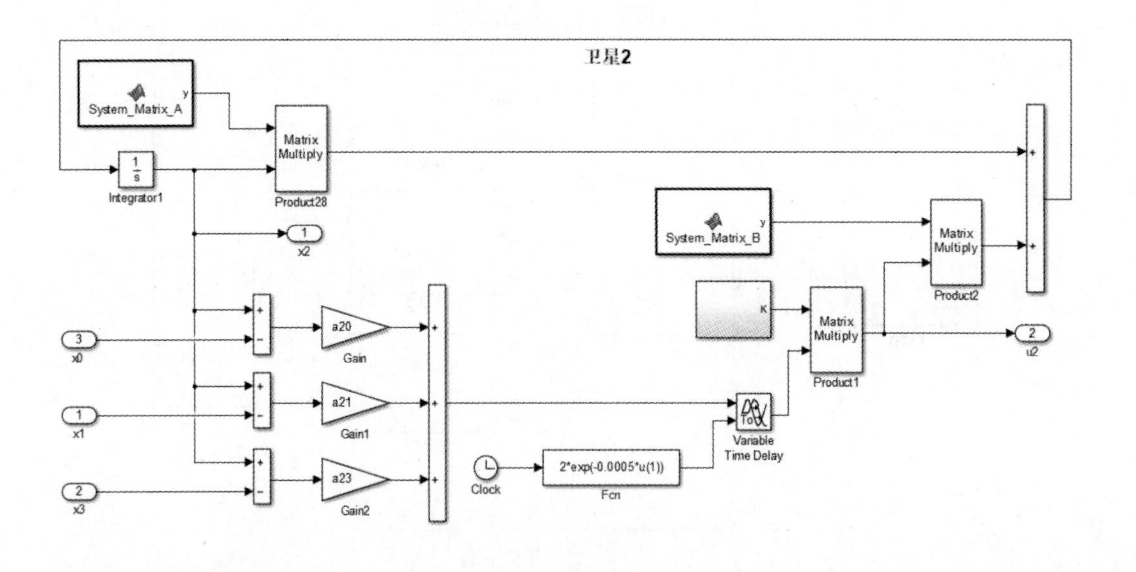

(d)

续图 4-7　Simulink 主程序模块

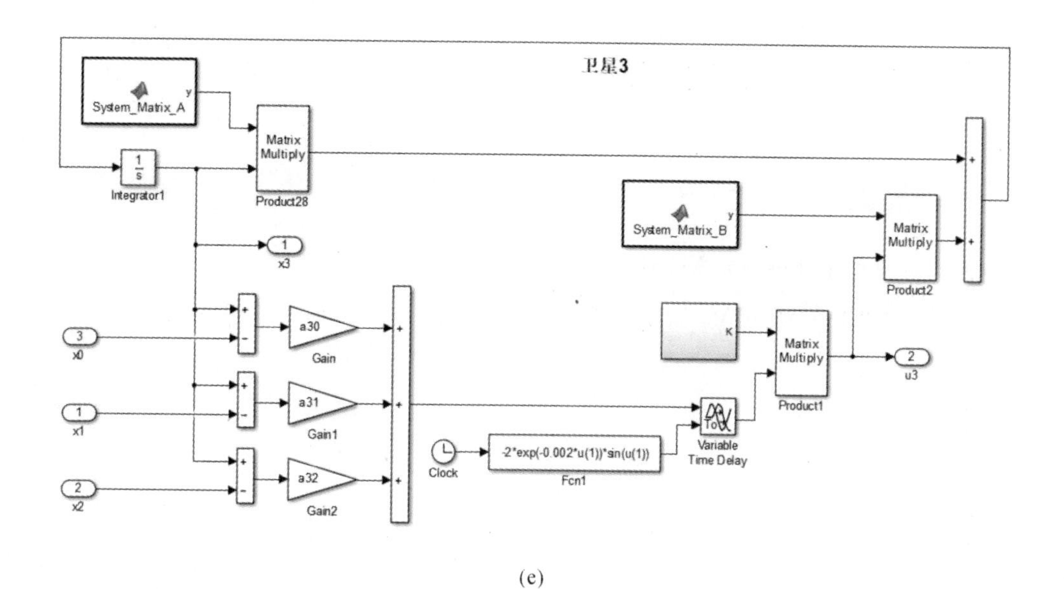

(e)

(f)

续图 4-7　Simulink 主程序模块

(3)被控对象程序：System_Matrix_A。

```
function y=System_Matrix_A()
a=36371;
miu=398600;
w0=sqrt(miu/a^3);
A=[0        0        0        1        0        0;
```

```
    0          0      0        0          1        0;
    0          0      0        0          0        1;
    3 * w0^2   0      0        0          2 * w0   0;
    0          0      0        -2 * w0    0        0;
    0          0      -w0^2    0          0        0];
y=[A];
```

(4)被控对象程序:System_Matrix_B。

```
function y=System_Matrix_B()
B=[0  0  0;
   0  0  0;
   0  0  0;
   1  0  0;
   0  1  0;
   0  0  1];
y=[B];
```

(5)作图程序:如图 4-2 和图 4-5 所示。

```
plot(x1.time,x1.signals.values(:,1));hold on;
plot(x2.time,x2.signals.values(:,1));hold on;
plot(x3.time,x3.signals.values(:,1));hold on;
plot(x0.time,x0.signals.values(:,1));
plot(x1.time,x1.signals.values(:,2));hold on;
plot(x2.time,x2.signals.values(:,2));hold on;
plot(x3.time,x3.signals.values(:,2));hold on;
plot(x0.time,x0.signals.values(:,2));
plot(x1.time,x1.signals.values(:,3));hold on;
plot(x2.time,x2.signals.values(:,3));hold on;
plot(x3.time,x3.signals.values(:,3));hold on;
plot(x0.time,x0.signals.values(:,3));
```

(6)作图程序:如图 4-3 和图 4-6 所示。

```
plot(x1.time,x1.signals.values(:,4));hold on;
plot(x2.time,x2.signals.values(:,4));hold on;
plot(x3.time,x3.signals.values(:,4));hold on;
plot(x0.time,x0.signals.values(:,4));
plot(x1.time,x1.signals.values(:,5));hold on;
plot(x2.time,x2.signals.values(:,5));hold on;
plot(x3.time,x3.signals.values(:,5));hold on;
plot(x0.time,x0.signals.values(:,5));
plot(x1.time,x1.signals.values(:,6));hold on;
plot(x2.time,x2.signals.values(:,6));hold on;
plot(x3.time,x3.signals.values(:,6));hold on;
plot(x0.time,x0.signals.values(:,6));
```

(7)作图程序:如图 4-4 所示。

```
plot(u1. time,u1. signals. values(:,1));hold on;
plot(u2. time,u2. signals. values(:,1));hold on;
plot(u3. time,u3. signals. values(:,1));
plot(u1. time,u1. signals. values(:,2));hold on;
plot(u2. time,u2. signals. values(:,2));hold on;
plot(u3. time,u3. signals. values(:,2));
plot(u1. time,u1. signals. values(:,3));hold on;
plot(u2. time,u2. signals. values(:,3));hold on;
plot(u3. time,u3. signals. values(:,3));
```

4.4　基于降阶方法的协同跟踪控制器设计

4.4.1　主要结果

本节提出一种降阶方法来降低线性矩阵不等式中矩阵的阶数，设计协同跟踪控制器，并利用降阶后的线性矩阵不等式求解出控制器的增益矩阵。本节主要考虑整个拓扑图包含一个有向生成树(根节点为领航者)，且跟随者节点之间的拓扑图为有向平衡图的情况。根据引理2.3和引理2.4可知，当拓扑图满足上述条件时，拓扑图对应的矩阵 $\boldsymbol{L}_1$ 满足 $\boldsymbol{L}_1+\boldsymbol{L}_1^{\mathrm{T}}>0$，即 $\boldsymbol{L}_1+\boldsymbol{L}_1^{\mathrm{T}}$ 为正定矩阵。

引理 4.1：对于实对称矩阵 $\boldsymbol{\Pi}_{ii}$ 以及实矩阵 $\boldsymbol{\Pi}_{ij}$，其中，$i,j\in\{1,\cdots,n\}$，且 $i\neq j$，则如下两组矩阵的正定 / 负定性是等价的：

$$\boldsymbol{\Pi}=\begin{bmatrix}\boldsymbol{\Pi}_{11} & \cdots & \boldsymbol{\Pi}_{1n}\\ \vdots & & \vdots\\ \boldsymbol{\Pi}_{1n}^{\mathrm{T}} & \cdots & \boldsymbol{\Pi}_{nn}\end{bmatrix},\quad \overline{\boldsymbol{\Pi}}=\begin{bmatrix}\boldsymbol{I}_N\otimes\boldsymbol{\Pi}_{11} & \cdots & \boldsymbol{I}_N\otimes\boldsymbol{\Pi}_{1n}\\ \vdots & & \vdots\\ \boldsymbol{I}_N\otimes\boldsymbol{\Pi}_{1n}^{\mathrm{T}} & \cdots & \boldsymbol{I}_N\otimes\boldsymbol{\Pi}_{nn}\end{bmatrix}\tag{4-43}$$

证明：由于正定性和负定性的证明原理及步骤相似，因而此处只证明两矩阵的负定性是等价的。

对于任意列向量 $\boldsymbol{\alpha}_i$ 且 $i\in\{1,\cdots,n\}$，矩阵 $\overline{\boldsymbol{\Pi}}<0$ 等价于

$$\begin{aligned}\boldsymbol{\alpha}_1^{\mathrm{T}}(\boldsymbol{I}_N\otimes\boldsymbol{\Pi}_{11})\boldsymbol{\alpha}_1+2\boldsymbol{\alpha}_1^{\mathrm{T}}(\boldsymbol{I}_N\otimes\boldsymbol{\Pi}_{12})\boldsymbol{\alpha}_2+\cdots+2\boldsymbol{\alpha}_1^{\mathrm{T}}(\boldsymbol{I}_N\otimes\boldsymbol{\Pi}_{1n})\boldsymbol{\alpha}_n+\\ \boldsymbol{\alpha}_2^{\mathrm{T}}(\boldsymbol{I}_N\otimes\boldsymbol{\Pi}_{22})\boldsymbol{\alpha}_2+2\boldsymbol{\alpha}_2^{\mathrm{T}}(\boldsymbol{I}_N\otimes\boldsymbol{\Pi}_{23})\boldsymbol{\alpha}_3+\cdots+\\ 2\boldsymbol{\alpha}_2^{\mathrm{T}}(\boldsymbol{I}_N\otimes\boldsymbol{\Pi}_{2n})\boldsymbol{\alpha}_n+\cdots+\boldsymbol{\alpha}_n^{\mathrm{T}}(\boldsymbol{I}_N\otimes\boldsymbol{\Pi}_{nn})\boldsymbol{\alpha}_n<0\end{aligned}\tag{4-44}$$

式(4-44)还可写作

$$\begin{aligned}\sum_{l=1}^{N}\boldsymbol{\alpha}_{1l}^{\mathrm{T}}\boldsymbol{\Pi}_{11}\boldsymbol{\alpha}_{1l}+\sum_{l=1}^{N}2\boldsymbol{\alpha}_{1l}^{\mathrm{T}}\boldsymbol{\Pi}_{12}\boldsymbol{\alpha}_{2l}+\cdots+\sum_{l=1}^{N}2\boldsymbol{\alpha}_{1l}^{\mathrm{T}}\boldsymbol{\Pi}_{1n}\boldsymbol{\alpha}_{nl}+\sum_{l=1}^{N}\boldsymbol{\alpha}_{2l}^{\mathrm{T}}\boldsymbol{\Pi}_{22}\boldsymbol{\alpha}_{2l}+\\ \sum_{l=1}^{N}2\boldsymbol{\alpha}_{2l}^{\mathrm{T}}\boldsymbol{\Pi}_{23}\boldsymbol{\alpha}_{3l}+\cdots+\sum_{l=1}^{N}2\boldsymbol{\alpha}_{2l}^{\mathrm{T}}\boldsymbol{\Pi}_{2n}\boldsymbol{\alpha}_{nl}+\cdots+\sum_{l=1}^{N}\boldsymbol{\alpha}_{nl}^{\mathrm{T}}\boldsymbol{\Pi}_{nn}\boldsymbol{\alpha}_{nl}=\\ \sum_{l=1}^{N}[\boldsymbol{\alpha}_{1l}^{\mathrm{T}}\ \cdots\ \boldsymbol{\alpha}_{nl}^{\mathrm{T}}]\boldsymbol{\Pi}[\boldsymbol{\alpha}_{1l}^{\mathrm{T}}\ \cdots\ \boldsymbol{\alpha}_{nl}^{\mathrm{T}}]^{\mathrm{T}}<0\end{aligned}\tag{4-45}$$

其中，$\boldsymbol{\alpha}_i=[\boldsymbol{\alpha}_{i1}^{\mathrm{T}}\ \cdots\ \boldsymbol{\alpha}_{iN}^{\mathrm{T}}]^{\mathrm{T}}$。另外，还可以看出不等式(4-45)等价于 $\boldsymbol{\Pi}<0$。因而可知，矩阵

不等式 $\overline{\boldsymbol{\Pi}}<0$ 和 $\boldsymbol{\Pi}<0$ 是等价的。

设计如下时延依赖群集协同控制器：

$$\boldsymbol{u}_i(t)=\boldsymbol{K}\boldsymbol{\xi}_i(t-\tau_i(t)) \tag{4-46}$$

其中，$\boldsymbol{K}$ 表示待求的增益矩阵；$\tau_i(t)$ 表示非均匀的时延参数，并满足 $0\leqslant\tau_i(t)\leqslant\bar{\tau}_i$ 以及 $\dot{\tau}_i(t)\leqslant\rho_i$。将控制器式(4-46)代入系统式(4-5)中，可以得到如下闭环系统：

$$\dot{\boldsymbol{\xi}}(t)=(\boldsymbol{I}_N\otimes\boldsymbol{A})\boldsymbol{\xi}(t)+(\boldsymbol{L}_1\otimes\boldsymbol{BK})\boldsymbol{\xi}_\tau(t) \tag{4-47}$$

其中，$\boldsymbol{\xi}_\tau(t)=[\boldsymbol{\xi}_1^{\mathrm{T}}(t-\tau_1(t))\quad\cdots\quad\boldsymbol{\xi}_N^{\mathrm{T}}(t-\tau_N(t))]^{\mathrm{T}}$。

与4.3节内容相似，本节设计的控制器仍需保证闭环跟踪误差系统式(4-47)的渐进稳定性，并使得如下能耗约束条件成立：

$$J=\sum_{i=1}^{N}\int_0^\infty(\boldsymbol{u}_i^{\mathrm{T}}(t)\boldsymbol{R}\boldsymbol{u}_i(t)+\boldsymbol{\xi}_i^{\mathrm{T}}(t)\boldsymbol{Q}\boldsymbol{\xi}_i(t))\,\mathrm{d}t\leqslant\delta \tag{4-48}$$

式中，$\boldsymbol{R}$ 和 $\boldsymbol{Q}$ 均为正定矩阵；δ 为正定标量。给出如下初值条件：对于任意 $\varphi_i\in[-\bar{\tau}_i,0]$，均有 $\boldsymbol{\xi}_i^{\mathrm{T}}(\varphi_i)\boldsymbol{\xi}_i(\varphi_i)\leqslant\alpha_i$ 以及 $\dot{\boldsymbol{\xi}}_i^{\mathrm{T}}(\varphi_i)\dot{\boldsymbol{\xi}}_i(\varphi_i)\leqslant\beta_i$，其中 α_i 和 β_i 为已知参数。

下述定理将证明系统式(4-47)的渐进稳定性和能耗约束条件式(4-48)的成立，并求解出相应的控制增益矩阵 $\boldsymbol{K}$。

定理4.2：给定参数 $\bar{\tau},\rho,\alpha,\bar{\beta}$ 以及 δ，若存在正定矩阵 $\boldsymbol{M}\in\mathbf{R}^{p\times p}$，$\tilde{\boldsymbol{P}}\in\mathbf{R}^{p\times p}$，$\tilde{\boldsymbol{Z}}\in\mathbf{R}^{p\times p}$，$\tilde{\boldsymbol{S}}\in\mathbf{R}^{p\times p}$，$\boldsymbol{R}\in\mathbf{R}^{q\times q}$，$\tilde{\boldsymbol{Q}}\in\mathbf{R}^{p\times p}$ 以及正标量 φ，使得下述线性矩阵不等式成立：

$$\begin{bmatrix}\hat{\boldsymbol{\Omega}}_{11} & \tilde{\boldsymbol{P}}-\boldsymbol{M} & \frac{\sqrt{\upsilon}}{2}\boldsymbol{BB}^{\mathrm{T}} & \sqrt{\upsilon}\tilde{\boldsymbol{P}}\boldsymbol{A}^{\mathrm{T}} & \boldsymbol{0}\\ * & (\rho-1)\tilde{\boldsymbol{Z}}-\tilde{\boldsymbol{P}}+\boldsymbol{M} & \boldsymbol{0} & \boldsymbol{0} & \sqrt{\eta}\boldsymbol{BB}^{\mathrm{T}}\\ * & * & -\boldsymbol{M} & \boldsymbol{0} & \boldsymbol{0}\\ * & * & * & -\tilde{\boldsymbol{P}} & \boldsymbol{0}\\ * & * & * & * & -\tilde{\boldsymbol{P}}\end{bmatrix}\leqslant 0 \tag{4-49}$$

$$\begin{bmatrix}\hat{\boldsymbol{\Pi}}_{11} & \tilde{\boldsymbol{P}}-\boldsymbol{M} & \frac{\sqrt{\upsilon}}{2}\boldsymbol{BB}^{\mathrm{T}} & \sqrt{\upsilon}\tilde{\boldsymbol{P}}\boldsymbol{A}^{\mathrm{T}} & \boldsymbol{0}\\ * & \boldsymbol{BRB}^{\mathrm{T}}-\tilde{\boldsymbol{P}}+\boldsymbol{M} & \boldsymbol{0} & \boldsymbol{0} & \sqrt{\eta}\boldsymbol{BB}^{\mathrm{T}}\\ * & * & -\boldsymbol{M} & \boldsymbol{0} & \boldsymbol{0}\\ * & * & * & -\tilde{\boldsymbol{P}} & \boldsymbol{0}\\ * & * & * & * & -\tilde{\boldsymbol{P}}\end{bmatrix}\leqslant 0 \tag{4-50}$$

$$\begin{bmatrix}-\delta & \sqrt{\alpha+\bar{\beta}}\varphi\\ * & -\varphi\end{bmatrix}\leqslant 0 \tag{4-51}$$

$$\begin{bmatrix}-\varphi\boldsymbol{I} & \boldsymbol{I}\\ * & -\tilde{\boldsymbol{P}}\end{bmatrix}\leqslant 0 \tag{4-52}$$

式中

$$\hat{\boldsymbol{\Omega}}_{11}=\tilde{\boldsymbol{P}}\boldsymbol{A}^{\mathrm{T}}+\boldsymbol{A}\tilde{\boldsymbol{P}}+\tilde{\boldsymbol{Z}}-\tilde{\boldsymbol{P}}+\tilde{\boldsymbol{S}}+\boldsymbol{M}-\gamma\boldsymbol{BB}^{\mathrm{T}}$$
$$\hat{\boldsymbol{\Pi}}_{11}=\tilde{\boldsymbol{P}}\boldsymbol{A}^{\mathrm{T}}+\boldsymbol{A}\tilde{\boldsymbol{P}}+\tilde{\boldsymbol{Q}}-\tilde{\boldsymbol{P}}+\boldsymbol{M}-\gamma\boldsymbol{BB}^{\mathrm{T}}$$
$$\bar{\tau}=\max\{\bar{\tau}_1,\bar{\tau}_2,\cdots,\bar{\tau}_N\},\quad\rho=\max\{\rho_1,\rho_2,\cdots,\rho_N\}$$

$$\alpha=\sum_{i=1}^{N}\alpha_i,\quad \bar{\beta}=\frac{\bar{\tau}^3}{2}\sum_{i=1}^{N}\beta_i,\quad \gamma\leqslant\frac{1}{2}\lambda_{\min}(\boldsymbol{L}_1+\boldsymbol{L}_1^{\mathrm{T}})$$

$$\upsilon\geqslant\lambda_{\max}(\boldsymbol{L}_1\boldsymbol{L}_1^{\mathrm{T}}),\quad \eta\geqslant\lambda_{\max}(\boldsymbol{L}_1^{\mathrm{T}}\boldsymbol{L}_1),\quad \bar{\upsilon}=\frac{\upsilon\bar{\tau}^4}{4}+\bar{\tau}^2,\quad \bar{\eta}=\frac{\eta\bar{\tau}^2}{4}+1$$

则式(4-47)中给出的跟踪误差系统渐进稳定，且能耗约束条件式(4-48)成立。此外，控制增益矩阵的表达式为 $\boldsymbol{K}=-\boldsymbol{B}^{\mathrm{T}}\widetilde{\boldsymbol{P}}^{-1}/2$。

证明：首先选取如下 Lyapunov 函数：

$$V(t)=V_1(t)+V_2(t)+V_3(t) \tag{4-53}$$

$$V_1(t)=\sum_{i=1}^{N}\boldsymbol{\xi}_i^{\mathrm{T}}(t)\boldsymbol{P}\boldsymbol{\xi}_i(t) \tag{4-54}$$

$$V_2(t)=\sum_{i=1}^{N}\int_{t-\tau_i(t)}^{t}\boldsymbol{\xi}_i^{\mathrm{T}}(s)\boldsymbol{Z}\boldsymbol{\xi}_i(s)\mathrm{d}s \tag{4-55}$$

$$V_3(t)=\sum_{i=1}^{N}\bar{\tau}_i\int_{-\bar{\tau}_i}^{0}\int_{t+\theta}^{t}\dot{\boldsymbol{\xi}}_i^{\mathrm{T}}(s)\boldsymbol{P}\dot{\boldsymbol{\xi}}_i(s)\mathrm{d}s\mathrm{d}\theta \tag{4-56}$$

其中，$\boldsymbol{P}$ 和 $\boldsymbol{Z}$ 为正定对称矩阵。对 $V_1(t)$，$V_2(t)$ 及 $V_3(t)$ 分别求导有

$$\begin{aligned}\dot{V}_1(t)=&2\boldsymbol{\xi}^{\mathrm{T}}(t)(\boldsymbol{I}_N\otimes\boldsymbol{P})\dot{\boldsymbol{\xi}}(t)=\\&\boldsymbol{\xi}^{\mathrm{T}}(t)(\boldsymbol{I}_N\otimes(\boldsymbol{PA}+\boldsymbol{A}^{\mathrm{T}}\boldsymbol{P}))\boldsymbol{\xi}(t)+2\boldsymbol{\xi}^{\mathrm{T}}(t)(\boldsymbol{L}_1\otimes\boldsymbol{PBK})\boldsymbol{\xi}_\tau(t)\end{aligned} \tag{4-57}$$

$$\begin{aligned}\dot{V}_2(t)=&\sum_{i=1}^{N}(\boldsymbol{\xi}_i^{\mathrm{T}}(t)\boldsymbol{Z}\boldsymbol{\xi}_i(t)-(1-\dot{\tau}_i(t))\boldsymbol{\xi}_i^{\mathrm{T}}(t-\tau_i(t))\boldsymbol{Z}\boldsymbol{\xi}_i(t-\tau_i(t)))\leqslant\\&\boldsymbol{\xi}^{\mathrm{T}}(t)(\boldsymbol{I}_N\otimes\boldsymbol{Z})\boldsymbol{\xi}(t)-(1-\rho)\boldsymbol{\xi}_\tau^{\mathrm{T}}(t)(\boldsymbol{I}_N\otimes\boldsymbol{Z})\boldsymbol{\xi}_\tau(t)\end{aligned} \tag{4-58}$$

$$\begin{aligned}\dot{V}_3(t)=&\sum_{i=1}^{N}\bar{\tau}_i\int_{-\bar{\tau}_i}^{0}(\dot{\boldsymbol{\xi}}_i^{\mathrm{T}}(t)\boldsymbol{P}\dot{\boldsymbol{\xi}}_i(t)-\dot{\boldsymbol{\xi}}_i^{\mathrm{T}}(t+\theta)\boldsymbol{P}\dot{\boldsymbol{\xi}}_i(t+\theta))\mathrm{d}\theta=\\&\sum_{i=1}^{N}\left(\bar{\tau}_i^2\dot{\boldsymbol{\xi}}_i^{\mathrm{T}}(t)\boldsymbol{P}\dot{\boldsymbol{\xi}}_i(t)-\bar{\tau}_i\int_{t-\bar{\tau}_i}^{t}\dot{\boldsymbol{\xi}}_i^{\mathrm{T}}(\theta)\boldsymbol{P}\dot{\boldsymbol{\xi}}_i(\theta)\mathrm{d}\theta\right)\leqslant\\&\sum_{i=1}^{N}\left(\bar{\tau}_i^2\dot{\boldsymbol{\xi}}_i^{\mathrm{T}}(t)\boldsymbol{P}\dot{\boldsymbol{\xi}}_i(t)-\tau_i(t)\int_{t-\tau_i(t)}^{t}\dot{\boldsymbol{\xi}}_i^{\mathrm{T}}(\theta)\boldsymbol{P}\dot{\boldsymbol{\xi}}_i(\theta)\mathrm{d}\theta\right)\end{aligned} \tag{4-59}$$

利用引理 2.5，可将式(4-59)化为

$$\begin{aligned}\dot{V}_3(t)\leqslant&\sum_{i=1}^{N}\left(\bar{\tau}_i^2\dot{\boldsymbol{\xi}}_i^{\mathrm{T}}(t)\boldsymbol{P}\dot{\boldsymbol{\xi}}_i(t)-\left(\int_{t-\tau_i(t)}^{t}\dot{\boldsymbol{\xi}}_i(\theta)\mathrm{d}\theta\right)^{\mathrm{T}}\boldsymbol{P}\left(\int_{t-\tau_i(t)}^{t}\dot{\boldsymbol{\xi}}_i(\theta)\mathrm{d}\theta\right)\right)\leqslant\\&\bar{\tau}^2\dot{\boldsymbol{\xi}}^{\mathrm{T}}(t)(\boldsymbol{I}_N\otimes\boldsymbol{P})\dot{\boldsymbol{\xi}}(t)-(\boldsymbol{\xi}^{\mathrm{T}}(t)-\boldsymbol{\xi}_\tau^{\mathrm{T}}(t))(\boldsymbol{I}_N\otimes\boldsymbol{P})(\boldsymbol{\xi}(t)-\boldsymbol{\xi}_\tau(t))=\\&\boldsymbol{\xi}^{\mathrm{T}}(t)(\boldsymbol{I}_N\otimes(\bar{\tau}^2\boldsymbol{A}^{\mathrm{T}}\boldsymbol{PA}-\boldsymbol{P}))\boldsymbol{\xi}(t)+2\boldsymbol{\xi}^{\mathrm{T}}(t)(\boldsymbol{L}_1\otimes\bar{\tau}^2\boldsymbol{A}^{\mathrm{T}}\boldsymbol{PBK}+\boldsymbol{I}_N\otimes\boldsymbol{P})\boldsymbol{\xi}_\tau(t)+\\&\boldsymbol{\xi}_\tau^{\mathrm{T}}(t)(\boldsymbol{L}_1^{\mathrm{T}}\boldsymbol{L}_1\otimes\bar{\tau}^2\boldsymbol{K}^{\mathrm{T}}\boldsymbol{B}^{\mathrm{T}}\boldsymbol{PBK}-\boldsymbol{I}_N\otimes\boldsymbol{P})\boldsymbol{\xi}_\tau(t)\end{aligned} \tag{4-60}$$

进而可得

$$\dot{V}(t)=\sum_{i=1}^{3}\dot{V}_i(t)\leqslant[\boldsymbol{\xi}^{\mathrm{T}}(t)\quad \boldsymbol{\xi}_\tau^{\mathrm{T}}(t)]\boldsymbol{\Gamma}\begin{bmatrix}\boldsymbol{\xi}(t)\\ \boldsymbol{\xi}_\tau(t)\end{bmatrix} \tag{4-61}$$

式中

$$\boldsymbol{\Gamma}=\begin{bmatrix}\boldsymbol{\Gamma}_{11} & \boldsymbol{\Gamma}_{12}\\ * & \boldsymbol{\Gamma}_{22}\end{bmatrix}$$

$$\boldsymbol{\Gamma}_{11}=\boldsymbol{I}_N\otimes(\boldsymbol{A}^{\mathrm{T}}\boldsymbol{P}+\boldsymbol{PA}+\boldsymbol{Z}+\bar{\tau}^2\boldsymbol{A}^{\mathrm{T}}\boldsymbol{PA}-\boldsymbol{P})$$

$$\boldsymbol{\Gamma}_{12}=\boldsymbol{L}_1\otimes\boldsymbol{PBK}+\boldsymbol{L}_1\otimes\bar{\tau}^2\boldsymbol{A}^{\mathrm{T}}\boldsymbol{PBK}+\boldsymbol{I}_N\otimes\boldsymbol{P}$$

$$\boldsymbol{\Gamma}_{22}=\boldsymbol{I}_N\otimes((\rho-1)\boldsymbol{Z}-\boldsymbol{P})+\boldsymbol{L}_1^{\mathrm{T}}\boldsymbol{L}_1\otimes\bar{\tau}^2\boldsymbol{K}^{\mathrm{T}}\boldsymbol{B}^{\mathrm{T}}\boldsymbol{PBK}$$

对于正定对称矩阵 $\boldsymbol{S}$,若如下不等式成立:

$$\dot{V}(t)+\boldsymbol{\xi}^{\mathrm{T}}(t)(\boldsymbol{I}_N\otimes\boldsymbol{S})\boldsymbol{\xi}(t)\leqslant 0 \tag{4-62}$$

则有

$$\dot{V}(t)\leqslant-\lambda_{\min}(\boldsymbol{S})\ \|\boldsymbol{\xi}(t)\|^2 \tag{4-63}$$

进而可得

$$\lambda_{\min}(\boldsymbol{S})\int_0^{\infty}\|\boldsymbol{\xi}(t)\|^2\mathrm{d}t\leqslant V(0) \tag{4-64}$$

根据式(4-64)可知,$\|\boldsymbol{\xi}(t)\|^2$ 在$[0,\infty)$区间内的积分是有界的,因而t在无穷大的时刻,即当 $t\to\infty$ 时,必定有 $\boldsymbol{\xi}(t)\to 0$,即意味着系统式(4-47)是渐近稳定的。因此,如果要证明系统式(4-47)是渐近稳定的,则只需证明不等式(4-62)成立即可。

根据式(4-61)可知,若如下矩阵不等式成立,则不等式(4-62)也成立:

$$\begin{bmatrix}\boldsymbol{\Gamma}_{11}+\boldsymbol{I}_N\otimes\boldsymbol{S} & \boldsymbol{\Gamma}_{12}\\ * & \boldsymbol{\Gamma}_{22}\end{bmatrix}\leqslant 0 \tag{4-65}$$

令 $\widetilde{\boldsymbol{P}}=\boldsymbol{P}^{-1}$,$\widetilde{\boldsymbol{Z}}=\boldsymbol{P}^{-1}\boldsymbol{Z}\boldsymbol{P}^{-1}$ 和 $\widetilde{\boldsymbol{S}}=\boldsymbol{P}^{-1}\boldsymbol{S}\boldsymbol{P}^{-1}$,则在定理4.2中定义的控制增益矩阵 $\boldsymbol{K}$ 可以化为 $\boldsymbol{K}=-\boldsymbol{B}^{\mathrm{T}}\widetilde{\boldsymbol{P}}^{-1}/2=-\boldsymbol{B}^{\mathrm{T}}\boldsymbol{P}/2$。将增益矩阵的表示式 $\boldsymbol{K}=-\boldsymbol{B}^{\mathrm{T}}\boldsymbol{P}/2$ 代入式(4-65)中可得

$$\begin{bmatrix}\widetilde{\boldsymbol{\Gamma}}_{11} & \widetilde{\boldsymbol{\Gamma}}_{12}\\ * & \widetilde{\boldsymbol{\Gamma}}_{22}\end{bmatrix}\leqslant 0 \tag{4-66}$$

式中

$$\widetilde{\boldsymbol{\Gamma}}_{11}=\boldsymbol{I}_N\otimes(\widetilde{\boldsymbol{P}}\boldsymbol{A}^{\mathrm{T}}+\boldsymbol{A}\widetilde{\boldsymbol{P}}+\widetilde{\boldsymbol{Z}}+\bar{\tau}^2\widetilde{\boldsymbol{P}}\boldsymbol{A}^{\mathrm{T}}\widetilde{\boldsymbol{P}}^{-1}\boldsymbol{A}\widetilde{\boldsymbol{P}}-\widetilde{\boldsymbol{P}}+\widetilde{\boldsymbol{S}})$$

$$\widetilde{\boldsymbol{\Gamma}}_{12}=\boldsymbol{L}_1\otimes\frac{1}{2}(-\boldsymbol{B}\boldsymbol{B}^{\mathrm{T}}-\bar{\tau}^2\widetilde{\boldsymbol{P}}\boldsymbol{A}^{\mathrm{T}}\widetilde{\boldsymbol{P}}^{-1}\boldsymbol{B}\boldsymbol{B}^{\mathrm{T}})+\boldsymbol{I}_N\otimes\widetilde{\boldsymbol{P}}$$

$$\widetilde{\boldsymbol{\Gamma}}_{22}=\boldsymbol{I}_N\otimes((\rho-1)\widetilde{\boldsymbol{Z}}-\widetilde{\boldsymbol{P}})+\boldsymbol{L}_1^{\mathrm{T}}\boldsymbol{L}_1\otimes\bar{\tau}^2\boldsymbol{B}\boldsymbol{B}^{\mathrm{T}}\widetilde{\boldsymbol{P}}^{-1}\boldsymbol{B}\boldsymbol{B}^{\mathrm{T}}/4$$

根据引理4.1可知,若一个对称矩阵的每一个分块矩阵均能够化作形如 $\boldsymbol{I}_N\otimes\boldsymbol{\Pi}_{ij}$ 的形式,则该矩阵的正/负定性与矩阵$[\boldsymbol{\Pi}_{ij}]_{n\times n}$的正/负定性是等价的,进而可以实现对矩阵不等式的降阶。然而,在矩阵不等式(4-66)的左侧,并非所有的分块矩阵均能够化作形如 $\boldsymbol{I}_N\otimes(\boldsymbol{\Pi}_{ij})$ 的形式,因此,需要对这些分块矩阵进行适当的处理。

对于任意非零向量 $\boldsymbol{\xi}(t)$ 和 $\boldsymbol{\xi}_\tau(t)$,矩阵不等式(4-66)与如下不等式是等价的:

$$\boldsymbol{\xi}^{\mathrm{T}}(t)\widetilde{\boldsymbol{\Gamma}}_{11}\boldsymbol{\xi}(t)+2\boldsymbol{\xi}^{\mathrm{T}}(t)\widetilde{\boldsymbol{\Gamma}}_{12}\boldsymbol{\xi}_\tau(t)+\boldsymbol{\xi}_\tau^{\mathrm{T}}(t)\widetilde{\boldsymbol{\Gamma}}_{22}\boldsymbol{\xi}_\tau(t)\leqslant 0 \tag{4-67}$$

将不等式左侧的第2项进行拆分,令 $2\boldsymbol{\xi}^{\mathrm{T}}(t)\widetilde{\boldsymbol{\Gamma}}_{12}\boldsymbol{\xi}_\tau(t)=\boldsymbol{\vartheta}_1(t)+\boldsymbol{\vartheta}_2(t)$,其中,$\boldsymbol{\vartheta}_1(t)=2\boldsymbol{\xi}^{\mathrm{T}}(t)(\boldsymbol{L}_1\otimes(-\boldsymbol{B}\boldsymbol{B}^{\mathrm{T}}/2))\boldsymbol{\xi}_\tau(t)$;$\boldsymbol{\vartheta}_2(t)=2\boldsymbol{\xi}^{\mathrm{T}}(t)(\boldsymbol{L}_1\otimes(-\bar{\tau}^2\widetilde{\boldsymbol{P}}\boldsymbol{A}^{\mathrm{T}}\widetilde{\boldsymbol{P}}^{-1}\boldsymbol{B}\boldsymbol{B}^{\mathrm{T}}/2))\boldsymbol{\xi}_\tau(t)$。利用牛顿-莱布尼茨公式,可将 $\boldsymbol{\vartheta}_1(t)$ 转化为如下形式:

$$\begin{aligned}\boldsymbol{\vartheta}_1(t)=&2\boldsymbol{\xi}^{\mathrm{T}}(t)(\boldsymbol{L}_1\otimes(-\boldsymbol{B}\boldsymbol{B}^{\mathrm{T}}/2))(\boldsymbol{\xi}(t)-\boldsymbol{\zeta}(t))=\\&-\boldsymbol{\xi}^{\mathrm{T}}(t)((\boldsymbol{L}_1/2)\otimes\boldsymbol{B}\boldsymbol{B}^{\mathrm{T}})\boldsymbol{\xi}(t)-\boldsymbol{\xi}^{\mathrm{T}}(t)((\boldsymbol{L}_1^{\mathrm{T}}/2)\otimes\boldsymbol{B}\boldsymbol{B}^{\mathrm{T}})\boldsymbol{\xi}(t)+\\&2\boldsymbol{\xi}^{\mathrm{T}}(t)(\boldsymbol{L}_1\otimes\boldsymbol{B}\boldsymbol{B}^{\mathrm{T}}/2)\boldsymbol{\zeta}(t)=\\&-\boldsymbol{\xi}^{\mathrm{T}}(t)(((\boldsymbol{L}_1+\boldsymbol{L}_1^{\mathrm{T}})/2)\otimes\boldsymbol{B}\boldsymbol{B}^{\mathrm{T}})\boldsymbol{\xi}(t)+2\boldsymbol{\xi}^{\mathrm{T}}(t)(\boldsymbol{L}_1\otimes\boldsymbol{B}\boldsymbol{B}^{\mathrm{T}}/2)\boldsymbol{\zeta}(t)\end{aligned} \tag{4-68}$$

式中,$\boldsymbol{\zeta}(t)=\left[\int_{t-\tau_1(t)}^{t}\dot{\boldsymbol{\xi}}_1^{\mathrm{T}}(s)\mathrm{d}s\ \cdots\ \int_{t-\tau_N(t)}^{t}\dot{\boldsymbol{\xi}}_N^{\mathrm{T}}(s)\mathrm{d}s\right]^{\mathrm{T}}$。接下来将对式(4-68)中的 $\boldsymbol{\vartheta}_1(t)$ 项进

行拆分，令 $\boldsymbol{\vartheta}_1(t)=\boldsymbol{\vartheta}_{1(1)}(t)+\boldsymbol{\vartheta}_{1(2)}(t)$，其中，$\boldsymbol{\vartheta}_{1(1)}(t)=-\boldsymbol{\xi}^{\mathrm{T}}(t)(((\boldsymbol{L}_1+\boldsymbol{L}_1^{\mathrm{T}})/2)\otimes\boldsymbol{BB}^{\mathrm{T}})\boldsymbol{\xi}(t)$；$\boldsymbol{\vartheta}_{1(2)}(t)=2\boldsymbol{\xi}^{\mathrm{T}}(t)(\boldsymbol{L}_1\otimes\boldsymbol{BB}^{\mathrm{T}}/2)\boldsymbol{\zeta}(t)$。根据引理 2.3 和引理 2.4 可知，矩阵 $\boldsymbol{L}_1+\boldsymbol{L}_1^{\mathrm{T}}$ 为正定矩阵，也就意味着必定存在一个正数 γ，满足 $\gamma\leqslant\lambda_{\min}((\boldsymbol{L}_1+\boldsymbol{L}_1^{\mathrm{T}})/2)$。因此，$\boldsymbol{\vartheta}_{1(1)}(t)$ 项可以化作如下形式：

$$\boldsymbol{\vartheta}_{1(1)}(t)\leqslant-\boldsymbol{\xi}^{\mathrm{T}}(t)(\boldsymbol{I}_N\otimes\gamma\boldsymbol{BB}^{\mathrm{T}})\boldsymbol{\xi}(t)\tag{4-69}$$

利用引理 2.2，可将 $\boldsymbol{\vartheta}_{1(2)}(t)$ 项转化为

$$\begin{aligned}\boldsymbol{\vartheta}_{1(2)}(t)\leqslant&\ \boldsymbol{\xi}^{\mathrm{T}}(t)\left(\boldsymbol{L}_1\otimes\frac{1}{2}\boldsymbol{BB}^{\mathrm{T}}\right)(\boldsymbol{I}_N\otimes\boldsymbol{M})^{-1}\left(\boldsymbol{L}_1^{\mathrm{T}}\otimes\frac{1}{2}\boldsymbol{BB}^{\mathrm{T}}\right)\boldsymbol{\xi}(t)+\boldsymbol{\zeta}^{\mathrm{T}}(t)(\boldsymbol{I}_N\otimes\boldsymbol{M})\boldsymbol{\zeta}(t)=\\&\boldsymbol{\xi}^{\mathrm{T}}(t)\left(\boldsymbol{L}_1\boldsymbol{L}_1^{\mathrm{T}}\otimes\frac{1}{4}\boldsymbol{BB}^{\mathrm{T}}\boldsymbol{M}^{-1}\boldsymbol{BB}^{\mathrm{T}}\right)\boldsymbol{\xi}(t)+\\&(\boldsymbol{\xi}^{\mathrm{T}}(t)-\boldsymbol{\xi}_\tau^{\mathrm{T}}(t))(\boldsymbol{I}_N\otimes\boldsymbol{M})(\boldsymbol{\xi}(t)-\boldsymbol{\xi}_\tau(t))\leqslant\\&\boldsymbol{\xi}^{\mathrm{T}}(t)\left(\boldsymbol{I}_N\otimes\left(\frac{\upsilon}{4}\boldsymbol{BB}^{\mathrm{T}}\boldsymbol{M}^{-1}\boldsymbol{BB}^{\mathrm{T}}+\boldsymbol{M}\right)\right)\boldsymbol{\xi}(t)+\boldsymbol{\xi}_\tau^{\mathrm{T}}(t)(\boldsymbol{I}_N\otimes\boldsymbol{M})\boldsymbol{\xi}_\tau(t)-\\&2\boldsymbol{\xi}^{\mathrm{T}}(t)(\boldsymbol{I}_N\otimes\boldsymbol{M})\boldsymbol{\xi}_\tau(t)\end{aligned}\tag{4-70}$$

其中，υ 是一个正常数，且满足 $\upsilon\geqslant\lambda_{\max}(\boldsymbol{L}_1\boldsymbol{L}_1^{\mathrm{T}})$；$\boldsymbol{M}$ 则是一个正定对称矩阵。因此，结合式(4-69) 和式(4-70)，可将 $\boldsymbol{\vartheta}_1(t)$ 项化作如下形式：

$$\begin{aligned}\boldsymbol{\vartheta}_1(t)=&\ \boldsymbol{\vartheta}_{1(1)}(t)+\boldsymbol{\vartheta}_{1(2)}(t)\leqslant\\&\boldsymbol{\xi}^{\mathrm{T}}(t)(\boldsymbol{I}_N\otimes(\frac{\upsilon}{4}\boldsymbol{BB}^{\mathrm{T}}\boldsymbol{M}^{-1}\boldsymbol{BB}^{\mathrm{T}}+\boldsymbol{M}-\gamma\boldsymbol{BB}^{\mathrm{T}}))\boldsymbol{\xi}(t)+\\&\boldsymbol{\xi}_\tau^{\mathrm{T}}(t)(\boldsymbol{I}_N\otimes\boldsymbol{M})\boldsymbol{\xi}_\tau(t)-2\boldsymbol{\xi}^{\mathrm{T}}(t)(\boldsymbol{I}_N\otimes\boldsymbol{M})\boldsymbol{\xi}_\tau(t)\end{aligned}\tag{4-71}$$

接下来对 $\boldsymbol{\vartheta}_2(t)$ 项进行处理。利用引理 2.2，可将 $\boldsymbol{\vartheta}_2(t)$ 项转化为如下形式：

$$\begin{aligned}\boldsymbol{\vartheta}_2(t)=&-2\boldsymbol{\xi}^{\mathrm{T}}(t)\left(\boldsymbol{L}_1\otimes\frac{\bar{\tau}^2}{2}\widetilde{\boldsymbol{P}}\boldsymbol{A}^{\mathrm{T}}\right)(\boldsymbol{I}_N\otimes\widetilde{\boldsymbol{P}}^{-1}\boldsymbol{BB}^{\mathrm{T}})\boldsymbol{\xi}_\tau(t)\leqslant\\&\boldsymbol{\xi}^{\mathrm{T}}(t)\left(\boldsymbol{L}_1\otimes\frac{\bar{\tau}^2}{2}\widetilde{\boldsymbol{P}}\boldsymbol{A}^{\mathrm{T}}\right)(\boldsymbol{I}_N\otimes\widetilde{\boldsymbol{P}})^{-1}\left(\boldsymbol{L}_1^{\mathrm{T}}\otimes\frac{\bar{\tau}^2}{2}\boldsymbol{A}\widetilde{\boldsymbol{P}}\right)\boldsymbol{\xi}(t)+\\&\boldsymbol{\xi}_\tau^{\mathrm{T}}(t)(\boldsymbol{I}_N\otimes\boldsymbol{BB}^{\mathrm{T}}\widetilde{\boldsymbol{P}}^{-1})(\boldsymbol{I}_N\otimes\widetilde{\boldsymbol{P}})(\boldsymbol{I}_N\otimes\widetilde{\boldsymbol{P}}^{-1}\boldsymbol{BB}^{\mathrm{T}})\boldsymbol{\xi}_\tau(t)=\\&\boldsymbol{\xi}^{\mathrm{T}}(t)\left(\boldsymbol{L}_1\boldsymbol{L}_1^{\mathrm{T}}\otimes\frac{\bar{\tau}^4}{4}\widetilde{\boldsymbol{P}}\boldsymbol{A}^{\mathrm{T}}\widetilde{\boldsymbol{P}}^{-1}\boldsymbol{A}\widetilde{\boldsymbol{P}}\right)\boldsymbol{\xi}(t)+\boldsymbol{\xi}_\tau^{\mathrm{T}}(t)(\boldsymbol{I}_N\otimes\boldsymbol{BB}^{\mathrm{T}}\widetilde{\boldsymbol{P}}^{-1}\boldsymbol{BB}^{\mathrm{T}})\boldsymbol{\xi}_\tau(t)\leqslant\\&\boldsymbol{\xi}^{\mathrm{T}}(t)\left(\boldsymbol{I}_N\otimes\frac{\upsilon\bar{\tau}^4}{4}\widetilde{\boldsymbol{P}}\boldsymbol{A}^{\mathrm{T}}\widetilde{\boldsymbol{P}}^{-1}\boldsymbol{A}\widetilde{\boldsymbol{P}}\right)\boldsymbol{\xi}(t)+\boldsymbol{\xi}_\tau^{\mathrm{T}}(t)(\boldsymbol{I}_N\otimes\boldsymbol{BB}^{\mathrm{T}}\widetilde{\boldsymbol{P}}^{-1}\boldsymbol{BB}^{\mathrm{T}})\boldsymbol{\xi}_\tau(t)\end{aligned}\tag{4-72}$$

令正常数 η 满足 $\eta\geqslant\lambda_{\max}(\boldsymbol{L}_1^{\mathrm{T}}\boldsymbol{L}_1)$，则根据式(4-71) 和式(4-72)，可将不等式(4-67) 进一步化作如下形式：

$$\boldsymbol{\xi}^{\mathrm{T}}(t)(\boldsymbol{I}_N\otimes\boldsymbol{\Psi}_{11})\boldsymbol{\xi}(t)+\boldsymbol{\xi}_\tau^{\mathrm{T}}(t)(\boldsymbol{I}_N\otimes\boldsymbol{\Psi}_{22})\boldsymbol{\xi}_\tau(t)+2\boldsymbol{\xi}^{\mathrm{T}}(t)(\boldsymbol{I}_N\otimes(\widetilde{\boldsymbol{P}}-\boldsymbol{M}))\boldsymbol{\xi}_\tau(t)\leqslant 0\tag{4-73}$$

式中

$$\boldsymbol{\Psi}_{11}=\widetilde{\boldsymbol{P}}\boldsymbol{A}^{\mathrm{T}}+\boldsymbol{A}\widetilde{\boldsymbol{P}}+\widetilde{\boldsymbol{Z}}-\widetilde{\boldsymbol{P}}+\widetilde{\boldsymbol{S}}+\frac{\upsilon}{4}\boldsymbol{BB}^{\mathrm{T}}\boldsymbol{M}^{-1}\boldsymbol{BB}^{\mathrm{T}}+\boldsymbol{M}-\gamma\boldsymbol{BB}^{\mathrm{T}}+\bar{\upsilon}\widetilde{\boldsymbol{P}}\boldsymbol{A}^{\mathrm{T}}\widetilde{\boldsymbol{P}}^{-1}\boldsymbol{A}\widetilde{\boldsymbol{P}}$$

$$\boldsymbol{\Psi}_{22}=(\rho-1)\widetilde{\boldsymbol{Z}}-\widetilde{\boldsymbol{P}}+\bar{\eta}\boldsymbol{BB}^{\mathrm{T}}\widetilde{\boldsymbol{P}}^{-1}\boldsymbol{BB}^{\mathrm{T}}+\boldsymbol{M}$$

$$\bar{\upsilon}=\frac{\upsilon\bar{\tau}^4}{4}+\bar{\tau}^2,\quad \bar{\eta}=\frac{\eta\bar{\tau}^2}{4}+1$$

对于任意非零向量 $\boldsymbol{\xi}(t)$ 和 $\boldsymbol{\xi}_\tau(t)$，不等式(4-73) 与如下矩阵不等式是等价的：

$$\begin{bmatrix} \boldsymbol{I}_N \otimes \boldsymbol{\Psi}_{11} & \boldsymbol{I}_N \otimes (\tilde{\boldsymbol{P}} - \boldsymbol{M}) \\ * & \boldsymbol{I}_N \otimes \boldsymbol{\Psi}_{22} \end{bmatrix} \leqslant 0 \tag{4-74}$$

根据引理 4.1 可知,矩阵不等式(4-74) 与如下矩阵不等式等价:

$$\begin{bmatrix} \boldsymbol{\Psi}_{11} & \tilde{\boldsymbol{P}} - \boldsymbol{M} \\ * & \boldsymbol{\Psi}_{22} \end{bmatrix} \leqslant 0 \tag{4-75}$$

利用引理 2.1,可将式(4-75) 化作

$$\begin{bmatrix} \boldsymbol{\Psi}_{11(a)} & \tilde{\boldsymbol{P}} - \boldsymbol{M} & \frac{\sqrt{\upsilon}}{2}\boldsymbol{B}\boldsymbol{B}^{\mathrm{T}} \\ * & \boldsymbol{\Psi}_{22} & \boldsymbol{0} \\ * & * & -\boldsymbol{M} \end{bmatrix} \leqslant 0 \tag{4-76}$$

其中,$\boldsymbol{\Psi}_{11(a)} = \tilde{\boldsymbol{P}}\boldsymbol{A}^{\mathrm{T}} + \boldsymbol{A}\tilde{\boldsymbol{P}} + \tilde{\boldsymbol{Z}} - \tilde{\boldsymbol{P}} + \tilde{\boldsymbol{S}} + \boldsymbol{M} - \gamma\boldsymbol{B}\boldsymbol{B}^{\mathrm{T}} + \upsilon\tilde{\boldsymbol{P}}\boldsymbol{A}^{\mathrm{T}}\tilde{\boldsymbol{P}}^{-1}\boldsymbol{A}\tilde{\boldsymbol{P}}$。利用引理 2.1,可将式(4-76)化作

$$\begin{bmatrix} \boldsymbol{\Psi}_{11(b)} & \tilde{\boldsymbol{P}} - \boldsymbol{M} & \frac{\sqrt{\upsilon}}{2}\boldsymbol{B}\boldsymbol{B}^{\mathrm{T}} & \sqrt{\upsilon}\,\tilde{\boldsymbol{P}}\boldsymbol{A}^{\mathrm{T}} \\ * & \boldsymbol{\Psi}_{22} & \boldsymbol{0} & \boldsymbol{0} \\ * & * & -\boldsymbol{M} & \boldsymbol{0} \\ * & * & * & -\tilde{\boldsymbol{P}} \end{bmatrix} \leqslant 0 \tag{4-77}$$

其中,$\boldsymbol{\Psi}_{11(b)} = \tilde{\boldsymbol{P}}\boldsymbol{A}^{\mathrm{T}} + \boldsymbol{A}\tilde{\boldsymbol{P}} + \tilde{\boldsymbol{Z}} - \tilde{\boldsymbol{P}} + \tilde{\boldsymbol{S}} + \boldsymbol{M} - \gamma\boldsymbol{B}\boldsymbol{B}^{\mathrm{T}}$。再次利用引理 2.1,可将式(4-77) 化作

$$\begin{bmatrix} \boldsymbol{\Psi}_{11(b)} & \tilde{\boldsymbol{P}} - \boldsymbol{M} & \frac{\sqrt{\upsilon}}{2}\boldsymbol{B}\boldsymbol{B}^{\mathrm{T}} & \sqrt{\upsilon}\,\tilde{\boldsymbol{P}}\boldsymbol{A}^{\mathrm{T}} & \boldsymbol{0} \\ * & \boldsymbol{\Psi}_{22(b)} & \boldsymbol{0} & \boldsymbol{0} & \sqrt{\eta}\,\boldsymbol{B}\boldsymbol{B}^{\mathrm{T}} \\ * & * & -\boldsymbol{M} & \boldsymbol{0} & \boldsymbol{0} \\ * & * & * & -\tilde{\boldsymbol{P}} & \boldsymbol{0} \\ * & * & * & * & -\tilde{\boldsymbol{P}} \end{bmatrix} \leqslant 0 \tag{4-78}$$

其中,$\boldsymbol{\Psi}_{22(b)} = (\rho - 1)\tilde{\boldsymbol{Z}} - \tilde{\boldsymbol{P}} + \boldsymbol{M}$。

很显然,式(4-78) 和式(4-49) 是相同的。

综上所述可知,式(4-49)$\Leftrightarrow$ 式(4-78)$\Leftrightarrow$ 式(4-75)$\Leftrightarrow$ 式(4-73)$\Rightarrow$ 式(4-67)$\Leftrightarrow$ 式(4-66)$\Leftrightarrow$ 式(4-65)$\Rightarrow$ 式(4-62)$\Rightarrow$ $\lim\limits_{t\to\infty}\|\boldsymbol{\xi}(t)\| = 0$。因此,当式(4-49) 成立时,系统式(4-47) 是渐近稳定的。

接下来证明式(4-48) 中描述的能耗约束条件成立。可以证明,当式(4-50) 成立时,如下矩阵不等式也成立:

$$\begin{bmatrix} \boldsymbol{\Gamma}_{11} + \boldsymbol{I}_N \otimes (\boldsymbol{Q} - \boldsymbol{Z}) & \boldsymbol{\Gamma}_{12} \\ * & \hat{\boldsymbol{\Gamma}}_{22} \end{bmatrix} \leqslant 0 \tag{4-79}$$

其中,$\boldsymbol{Q} = \boldsymbol{P}\tilde{\boldsymbol{Q}}\boldsymbol{P}$;$\hat{\boldsymbol{\Gamma}}_{22} = \boldsymbol{I}_N \otimes (\boldsymbol{K}^{\mathrm{T}}\boldsymbol{R}\boldsymbol{K} - \boldsymbol{P}) + \boldsymbol{L}_1^{\mathrm{T}}\boldsymbol{L}_1 \otimes \bar{\tau}^2\boldsymbol{K}^{\mathrm{T}}\boldsymbol{B}^{\mathrm{T}}\boldsymbol{P}\boldsymbol{B}\boldsymbol{K}$。具体证明过程与式前述步骤类似,此处不再赘述。对于任意非零向量 $\boldsymbol{\xi}(t)$ 和 $\boldsymbol{\xi}_\tau(t)$,不等式(4-79) 与如下矩阵不等式是等价的:

$$\boldsymbol{\xi}^{\mathrm{T}}(t)(\boldsymbol{\Gamma}_{11} + \boldsymbol{I}_N \otimes (\boldsymbol{Q} - \boldsymbol{Z}))\boldsymbol{\xi}(t) + \boldsymbol{\xi}_\tau^{\mathrm{T}}(t)\hat{\boldsymbol{\Gamma}}_{22}\boldsymbol{\xi}_\tau(t) + 2\boldsymbol{\xi}^{\mathrm{T}}(t)\boldsymbol{\Gamma}_{12}\boldsymbol{\xi}_\tau(t) \leqslant 0 \tag{4-80}$$

根据式(4-57) 和式(4-60) 可知,当不等式(4-80) 成立时,如下不等式也成立:

$$\boldsymbol{\xi}^{\mathrm{T}}(t)(\boldsymbol{I}_N \otimes \boldsymbol{Q})\boldsymbol{\xi}(t) + \boldsymbol{\xi}_\tau^{\mathrm{T}}(t)(\boldsymbol{I}_N \otimes \boldsymbol{K}^{\mathrm{T}}\boldsymbol{R}\boldsymbol{K})\boldsymbol{\xi}_\tau(t) + \dot{V}_1(t) + \dot{V}_3(t) \leqslant 0 \tag{4-81}$$

根据式(4－46)中设计的控制律可知,多智能体系统的全局控制输入为$\boldsymbol{U}(t)=(\boldsymbol{I}_N\otimes\bar{\boldsymbol{K}})\boldsymbol{\xi}_\tau(t)$,则有

$$\boldsymbol{U}^{\mathrm{T}}(t)(\boldsymbol{I}_N\otimes\boldsymbol{R})\boldsymbol{U}(t)=\boldsymbol{\xi}_\tau^{\mathrm{T}}(t)(\boldsymbol{I}_N\otimes\boldsymbol{K}^{\mathrm{T}}\boldsymbol{RK})\boldsymbol{\xi}_\tau(t)\tag{4-82}$$

因此,利用式(4－81)和式(4－82)有

$$\begin{aligned}J=&\sum_{i=1}^{N}\int_0^{\infty}(\boldsymbol{u}_i^{\mathrm{T}}(t)\boldsymbol{R}\boldsymbol{u}_i(t)+\boldsymbol{\xi}_i^{\mathrm{T}}(t)\boldsymbol{Q}\boldsymbol{\xi}_i(t))\,\mathrm{d}t=\\&\int_0^{\infty}(\boldsymbol{U}^{\mathrm{T}}(t)(\boldsymbol{I}_N\otimes\boldsymbol{R})\boldsymbol{U}(t)+\boldsymbol{\xi}^{\mathrm{T}}(t)(\boldsymbol{I}_N\otimes\boldsymbol{Q})\boldsymbol{\xi}(t))\,\mathrm{d}t\leqslant\\&-\int_0^{\infty}\dot{V}_1(t)\mathrm{d}t-\int_0^{\infty}\dot{V}_3(t)\mathrm{d}t\leqslant V_1(0)+V_3(0)\end{aligned}\tag{4-83}$$

根据初值条件 $\boldsymbol{\xi}_i^{\mathrm{T}}(\varphi_i)\boldsymbol{\xi}_i(\varphi_i)\leqslant\alpha_i$ 和 $\dot{\boldsymbol{\xi}}_i^{\mathrm{T}}(\varphi_i)\dot{\boldsymbol{\xi}}_i(\varphi_i)\leqslant\beta_i$ 可得

$$\begin{aligned}V_1(0)+V_3(0)=&\sum_{i=1}^{N}\boldsymbol{\xi}_i^{\mathrm{T}}(0)\boldsymbol{P}\boldsymbol{\xi}_i(0)+\sum_{i=1}^{N}\bar{\tau}_i\int_{-\bar{\tau}_i}^{0}\int_{\theta}^{0}\dot{\boldsymbol{\xi}}_i^{\mathrm{T}}(s)\boldsymbol{P}\dot{\boldsymbol{\xi}}_i(s)\mathrm{d}s\mathrm{d}\theta\leqslant\\&\lambda_{\max}(\boldsymbol{P})\sum_{i=1}^{N}\alpha_i+\lambda_{\max}(\boldsymbol{P})\sum_{i=1}^{N}\bar{\tau}_i\int_{-\bar{\tau}_i}^{0}\int_{\theta}^{0}\beta_i\mathrm{d}s\mathrm{d}\theta=\\&\lambda_{\max}(\boldsymbol{P})\left(\sum_{i=1}^{N}\alpha_i+\sum_{i=1}^{N}\beta_i\frac{\bar{\tau}_i^3}{2}\right)\leqslant\lambda_{\max}(\boldsymbol{P})(\alpha+\bar{\beta})\end{aligned}\tag{4-84}$$

根据引理 2.1 可知,矩阵不等式(4－51)等价于$\boldsymbol{P}\leqslant\psi\boldsymbol{I}$,进而有$\lambda_{\max}(\boldsymbol{P})\leqslant\psi$。

此外,利用引理 2.1,矩阵不等式(4－52)等价于$(\alpha+\bar{\beta})\psi\leqslant\delta$。因此,式(4－84)可化作如下形式:

$$V_1(0)+V_3(0)\leqslant\lambda_{\max}(\boldsymbol{P})(\alpha+\bar{\beta})\leqslant(\alpha+\bar{\beta})\psi\leqslant\delta\tag{4-85}$$

则根据式(4－83)可知,能耗指标 J 将满足如下约束条件:

$$J\leqslant V_1(0)+V_3(0)\leqslant\delta\tag{4-86}$$

即式(4－48)中描述的能耗约束条件成立。

证毕。

4.4.2　降阶效果分析

为了分析本节所提出降阶方法的有效性,下面将分别对 4.3 节中线性矩阵不等式(4－9)～式(4－12)的计算复杂度和本节中线性矩阵不等式(4－49)～式(4－52)的计算复杂度进行对比分析。根据文献[113]可知,对于线性矩阵不等式的计算复杂度,可以通过决策标量的总个数 N_D 和待求矩阵的总行数 N_L 来定量地描述。决策标量的总个数是指矩阵不等式中相互独立的标量的个数。例如,对于一个 6×6 阶的实矩阵,决策标量的个数为 6×6＝36(矩阵元素的个数);而对于一个 6×6 阶的实对称矩阵,决策标量的个数则为 6＋5＋…＋1＝21(矩阵中不包括对称元素的元素个数)。

接下来将对比在 4.3 节中提出的方法(不采取任何降阶措施)和本节提出的降阶方法作用下,线性矩阵不等式的计算复杂度。

(1) 若利用 4.3 节中的方法,即不采取任何降阶措施,则待求的线性矩阵不等式为式(4－9)～式(4－12),这些矩阵不等式决策标量的总个数为 $N_{D1}=4\times(1+2+3+\cdots+p)+(1+2+3\cdots+q)+2=2p(1+p)+q(1+q)+2$,矩阵的总行数为$N_{L1}=6Np+2p+3$,其中,

p 为系统状态变量的维数；q 为系统输入变量的维数；N 为智能体的总个数，如 4.2 节所示。

(2) 若利用本节中提出的降阶方法，则待求的线性矩阵不等式为式(4-49) ～ 式(4-52)，这些矩阵不等式决策标量的总个数为 $N_{D2}=5\times(1+2+3+\cdots+p)+(1+2+3\cdots+q)+2=2.5p(1+p)+q(1+q)+2$，矩阵的总行数为 $N_{L2}=12p+2$。

综上所述可知，与 4.3 节中的方法相比，在利用本节所提出的降阶方法时，决策标量的总个数 N_{D2} 稍大于 N_{D1}，具体差值为 $N_{D2}-N_{D1}=0.5p(1+p)$，这是因为在本节中引入了一个新的矩阵变量 $\boldsymbol{M}\in\mathbf{R}^{p\times p}$。需要注意的是，这一差值只与系统状态变量的维数 p 有关，而与网络中智能体的总个数 N 是无关的，也就意味着无论整个网络中存在多少个智能体，这个差值始终为 $0.5p(1+p)$。此外，与 4.3 节中的方法相比，在利用本节所提出的方法时，待求矩阵不等式的总行数将会大幅减少，尤其对于大规模多智能体网络的情况(N 值较大)。而且 $N_{L1}-N_{L2}=2p(3N-5)+1$，也就意味着当整个网络中存在大量智能体，即 N 的值很大时，差值 $N_{L1}-N_{L2}$ 将会非常大。

因此，相比于 4.3 节中的方法，即不采取任何降阶措施，本节所提出的降阶方法将可以在很大程度上降低线性矩阵不等式的计算复杂度，且网络中智能体的个数越多，降阶效果越明显。

4.4.3 仿真算例

本节将以分布式卫星相对轨道转移和保持问题为背景，验证 4.4.1 节提出方法的有效性。考虑系统中有 13 个卫星(12 个跟随者和 1 个领航者)，卫星间通信拓扑结构如图 4-8 所示，其中，0 号节点表示领航者；其余节点表示跟随者。

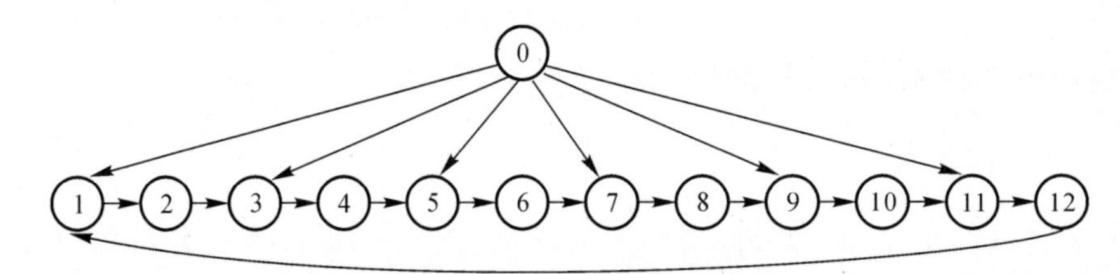

图 4-8 跟随者与领航者之间的通信拓扑图

在本节的仿真算例中，仍假设参考点轨道为圆形，且卫星间相对距离远小于地心距，则根据 4.3.2 节可知，卫星与参考点之间的相对运动方程可以化作如下所示的状态空间方程的形式：

$$\dot{\boldsymbol{x}}_i(t)=\boldsymbol{A}\boldsymbol{x}_i(t)+\boldsymbol{B}\boldsymbol{u}_i(t),\quad i=0,1,2,\cdots,12 \tag{4-87}$$

式中

$$\boldsymbol{x}_i(t)=\begin{bmatrix}x_i(t)\\ y_i(t)\\ z_i(t)\\ \dot{x}_i(t)\\ \dot{y}_i(t)\\ \dot{z}_i(t)\end{bmatrix},\quad \boldsymbol{u}_i(t)=\begin{bmatrix}u_{ix}(t)\\ u_{iy}(t)\\ u_{iz}(t)\end{bmatrix}$$

$$A=\begin{bmatrix}0&0&0&1&0&0\\0&0&0&0&1&0\\0&0&0&0&0&1\\3\omega_r^2&0&0&0&2\omega_r&0\\0&0&0&-2\omega_r&0&0\\0&0&-\omega_r^2&0&0&0\end{bmatrix},\quad B=\begin{bmatrix}0&0&0\\0&0&0\\0&0&0\\1&0&0\\0&1&0\\0&0&1\end{bmatrix}$$

且 $\omega_r=\sqrt{\mu_0/r_0^3}$ 为参考点轨道的角速度；$\mu_0=3.986\times10^5\ \mathrm{kg/m^3}$ 为地球引力系数；r_0 为地心距。此外，假设 $\boldsymbol{u}_0(t)=0$。由于系统式(4-87)和式(4-1)的形式相同，因此 4.4.1 节中提出的针对系统式(4-1)的理论方法能够应用于系统式(4-87)中。

取参考卫星的轨道高度为 30 000 km，则可以计算出其轨道角速度为 $\omega_0=9.102\times10^{-5}$ rad/s。取 12 个跟随者控制输入中存在的时延参数分别为 $\tau_1(t)=\tau_2(t)=\tau_3(t)=\sin(0.1t)$，$\tau_4(t)=\tau_5(t)=\tau_6(t)=\cos(0.1t)$，$\tau_7(t)=\tau_8(t)=\tau_9(t)=\mathrm{e}^{-0.1t}$，$\tau_{10}(t)=\tau_{11}(t)=\tau_{12}(t)=-\mathrm{e}^{-0.05t}\sin(0.05t)$。取 13 个卫星与参考点之间的相对状态初值分别如下（领航者的初值 $\boldsymbol{x}_0(0)$ 按照 4.3.2 节中给出的初值选取准则选取，单位分别为 m 和 m/s）：

$$\boldsymbol{x}_0(0)=\begin{bmatrix}500\\500\\50\\0.022\,8\\-0.091\\-0.05\end{bmatrix},\quad \boldsymbol{x}_1(0)=\begin{bmatrix}800\\800\\80\\-0.08\\-0.08\\-0.08\end{bmatrix},\quad \boldsymbol{x}_2(0)=\begin{bmatrix}-800\\-800\\-80\\0.08\\0.08\\0.08\end{bmatrix},\quad \boldsymbol{x}_3(0)=\begin{bmatrix}1\,000\\1\,000\\100\\-0.1\\-0.1\\-0.1\end{bmatrix}$$

$$\boldsymbol{x}_4(0)=\begin{bmatrix}-1\,000\\-1\,000\\-100\\0.1\\0.1\\0.1\end{bmatrix},\quad \boldsymbol{x}_5(0)=\begin{bmatrix}1\,200\\1\,200\\120\\-0.12\\-0.12\\-0.12\end{bmatrix},\quad \boldsymbol{x}_6(0)=\begin{bmatrix}-1\,200\\-1\,200\\-120\\0.12\\0.12\\0.12\end{bmatrix},\quad \boldsymbol{x}_7(0)=\begin{bmatrix}1\,500\\1\,500\\150\\-0.15\\-0.15\\-0.15\end{bmatrix}$$

$$\boldsymbol{x}_8(0)=\begin{bmatrix}-1\,500\\-1\,500\\-150\\0.15\\0.15\\0.15\end{bmatrix},\quad \boldsymbol{x}_9(0)=\begin{bmatrix}1\,800\\1\,800\\180\\-0.18\\-0.18\\-0.18\end{bmatrix},\quad \boldsymbol{x}_{10}(0)=\begin{bmatrix}-1\,800\\-1\,800\\-180\\0.18\\0.18\\0.18\end{bmatrix}$$

$$\boldsymbol{x}_{11}(0)=\begin{bmatrix}2\,000\\2\,000\\200\\-0.2\\-0.2\\-0.2\end{bmatrix},\quad \boldsymbol{x}_{12}(0)=\begin{bmatrix}-2\,000\\-2\,000\\-200\\0.2\\0.2\\0.2\end{bmatrix}$$

根据选取的时延参数和初值，取 $\bar{\tau}=1,\rho=0.1,\alpha=2\times10^{8},\bar{\beta}=60$。利用定理 4.2，可以求解出正定对称矩阵 $\widetilde{\boldsymbol{P}}$ 的值为

$$\widetilde{\boldsymbol{P}}=\begin{bmatrix} 12\,031\,584.49 & 56.92 & 0 & -18\,782.67 & -1\,091.16 & 0 \\ 56.92 & 12\,037\,206.17 & 0 & 1\,090.31 & -18\,740.09 & 0 \\ 0 & 0 & 12\,037\,218.39 & 0 & 0 & -18\,740.08 \\ -18\,782.67 & 1\,090.31 & 0 & 86.18 & 0 & 0 \\ -1\,091.16 & -18\,740.09 & 0 & 0 & 86.17 & 0 \\ 0 & 0 & -18\,740.08 & 0 & 0 & 86.07 \end{bmatrix}$$

进而可以计算出控制增益矩阵为

$$\boldsymbol{K}=-\frac{\boldsymbol{B}^{\mathrm{T}}\widetilde{\boldsymbol{P}}^{-1}}{2}=\begin{bmatrix} -137.5 & 8 & 0 & -88\,092.4 & -6.8 & 0 \\ -8 & -136.8 & 0 & -6.8 & -87\,885.9 & 0 \\ 0 & 0 & -136.8 & 0 & 0 & -87\,885.1 \end{bmatrix}\times10^{-7}$$

因此，可绘制出 13 个卫星在与参考点相对坐标系下的三轴位置、速度以及控制输入曲线，如图 4-9 ～ 图 4-11 所示。

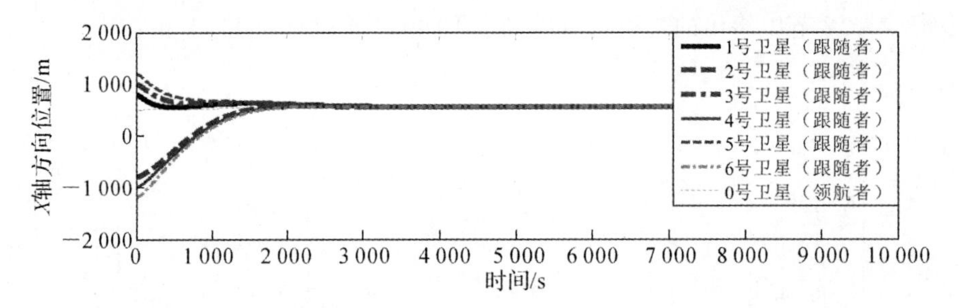

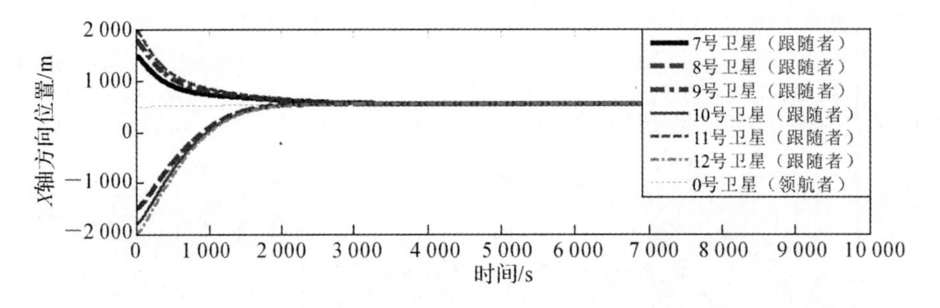

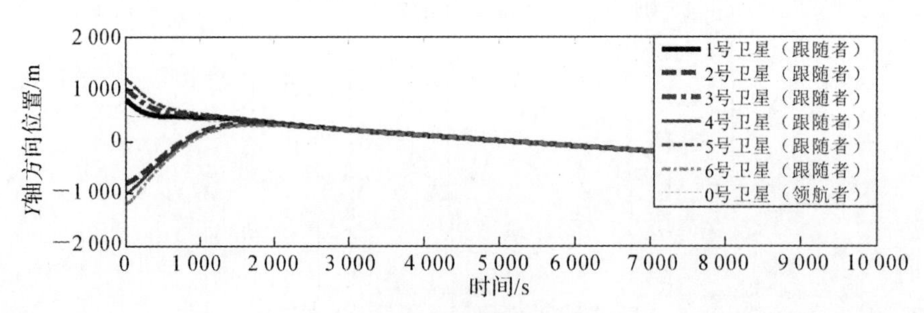

图 4-9　卫星的三轴位置曲线

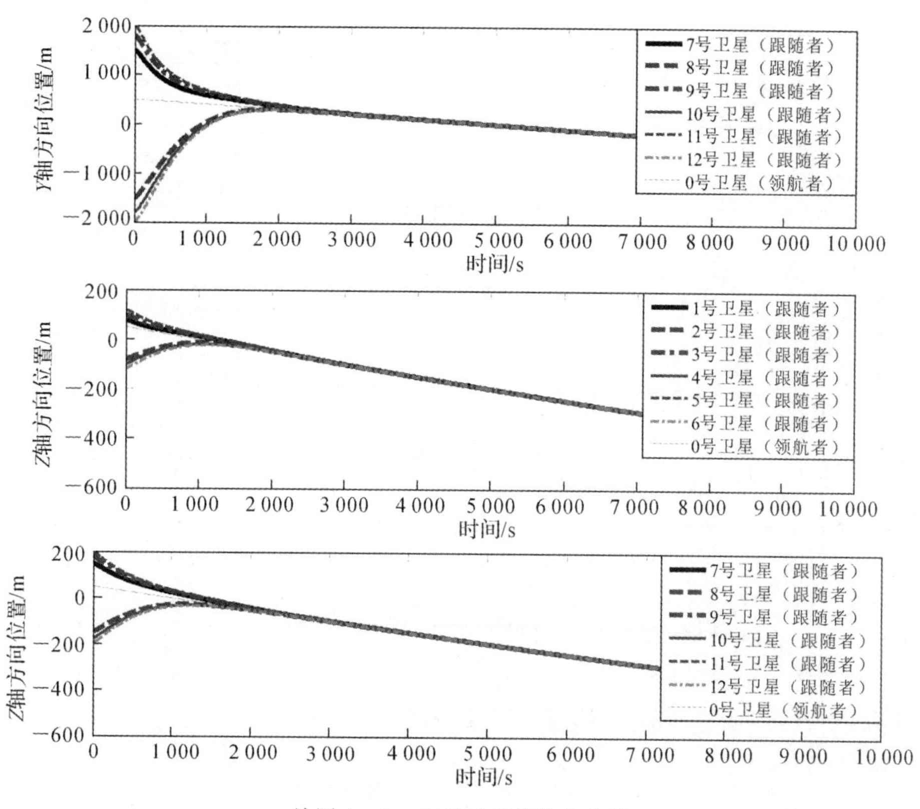

续图 4－9　卫星的三轴位置曲线

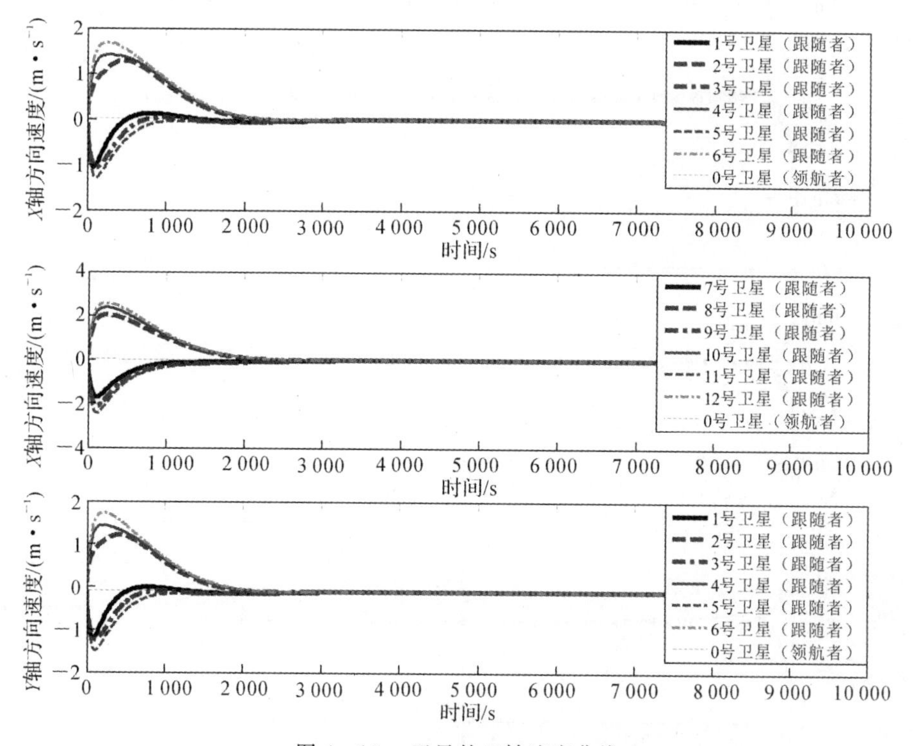

图 4－10　卫星的三轴速度曲线

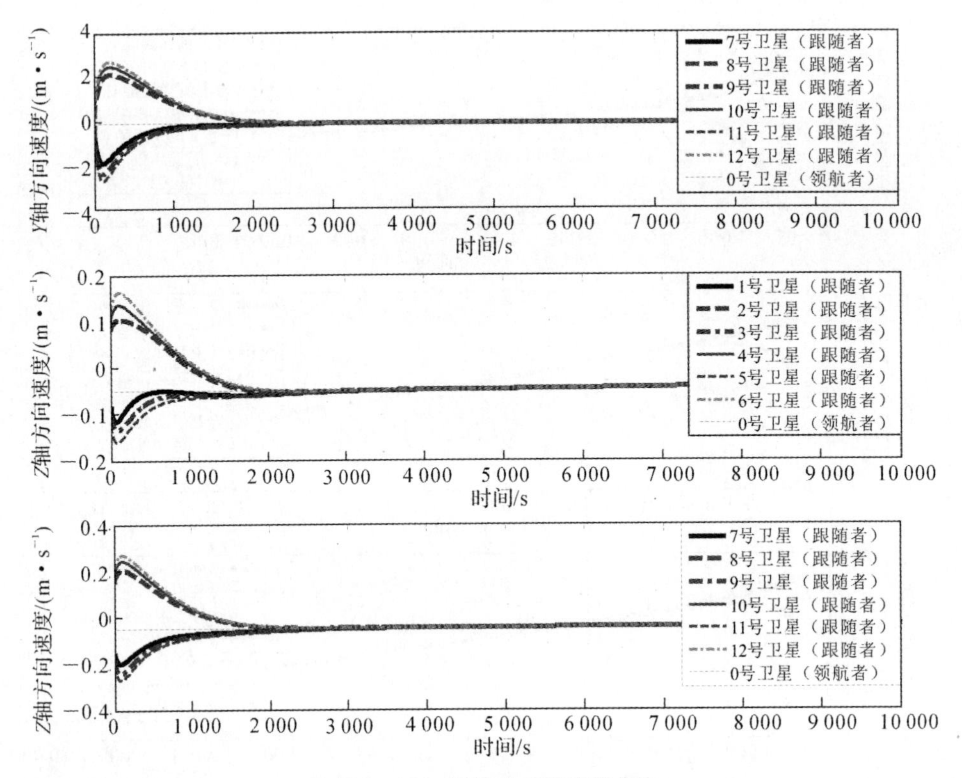

续图 4-10　卫星的三轴速度曲线

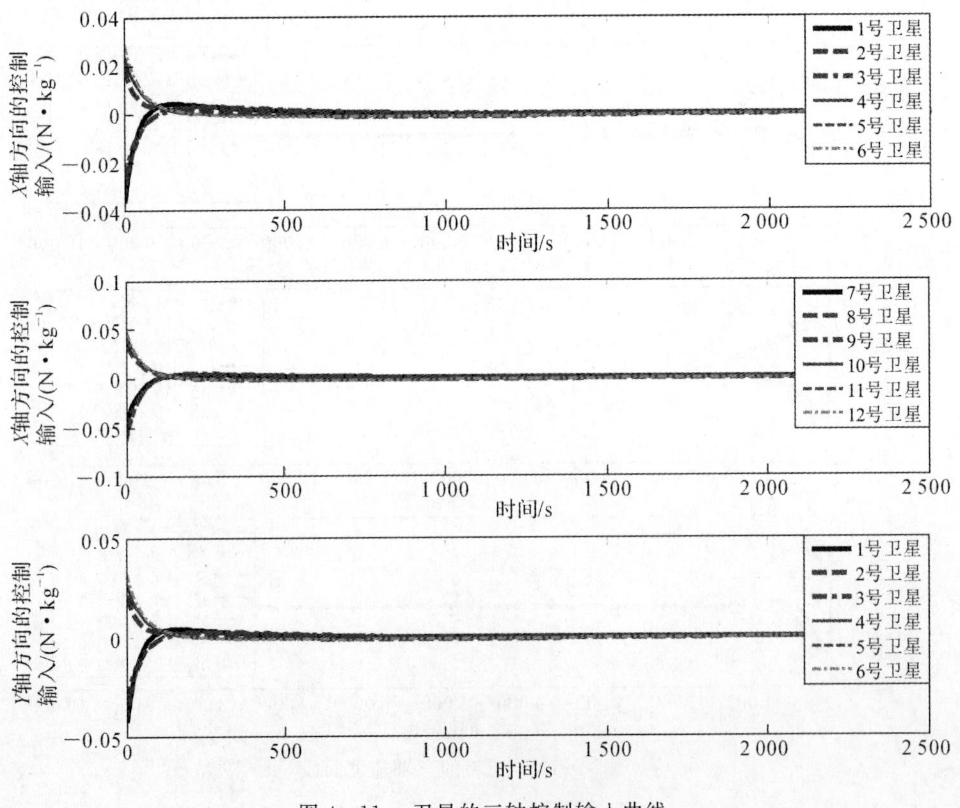

图 4-11　卫星的三轴控制输入曲线

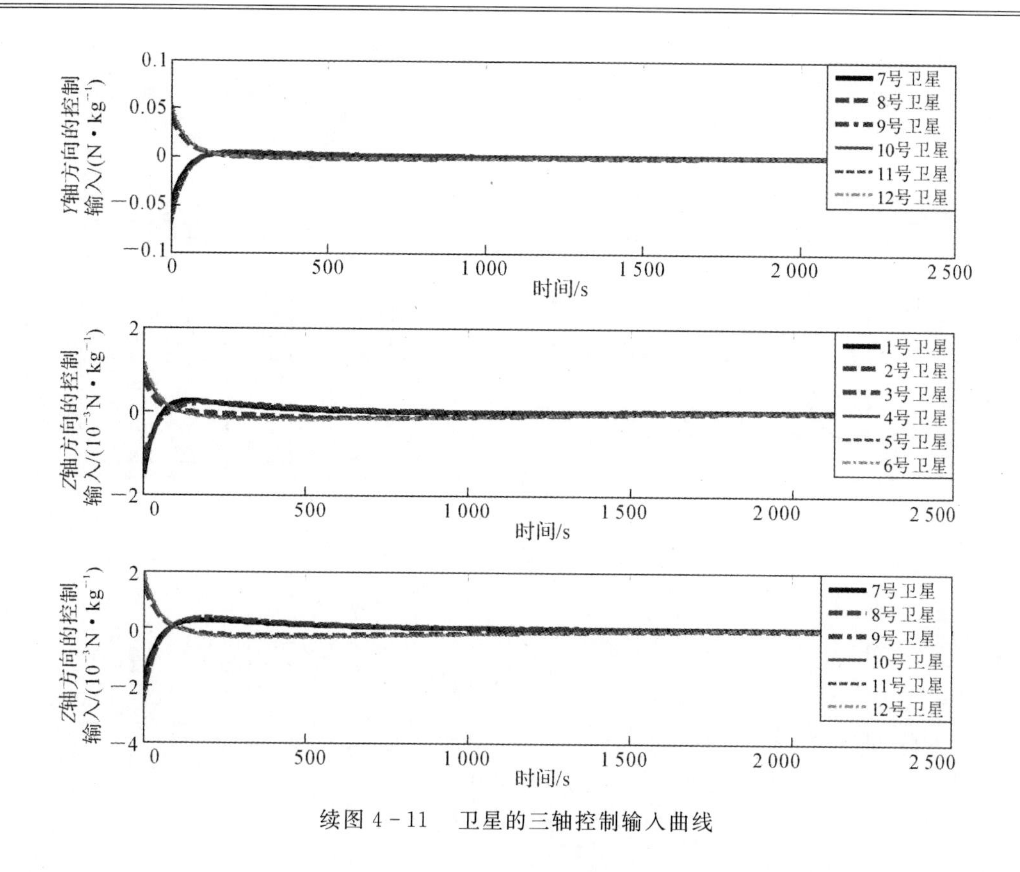

续图 4-11　卫星的三轴控制输入曲线

此外，图 4-12 和图 4-13 还给出了稳态时卫星的三轴位置和速度曲线。

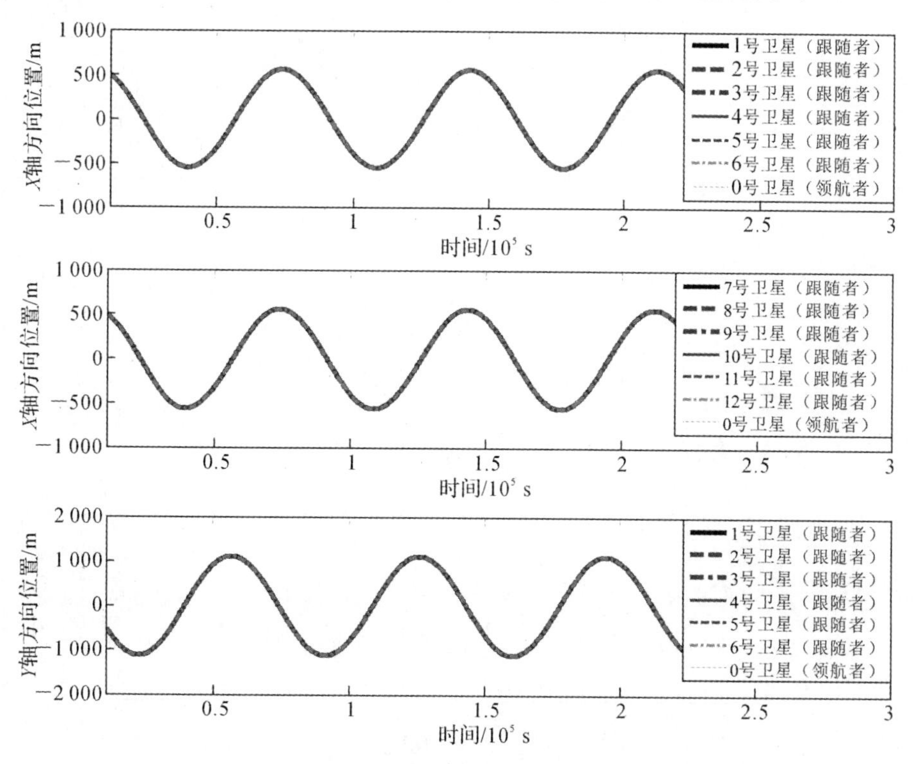

图 4-12　稳态时的三轴位置曲线

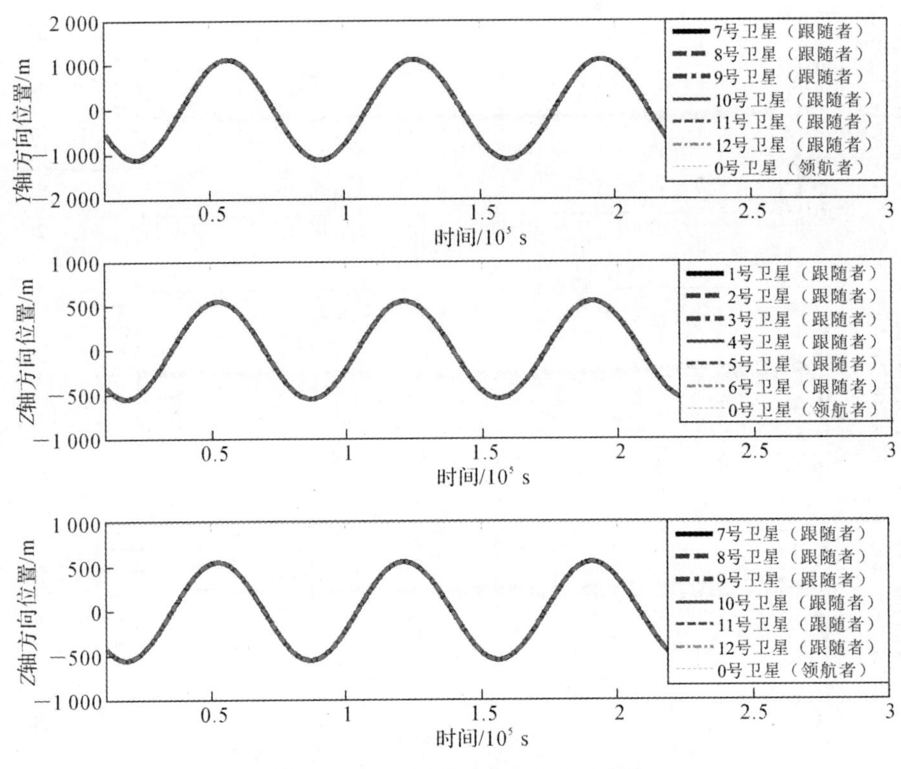

续图 4－12　稳态时的三轴位置曲线

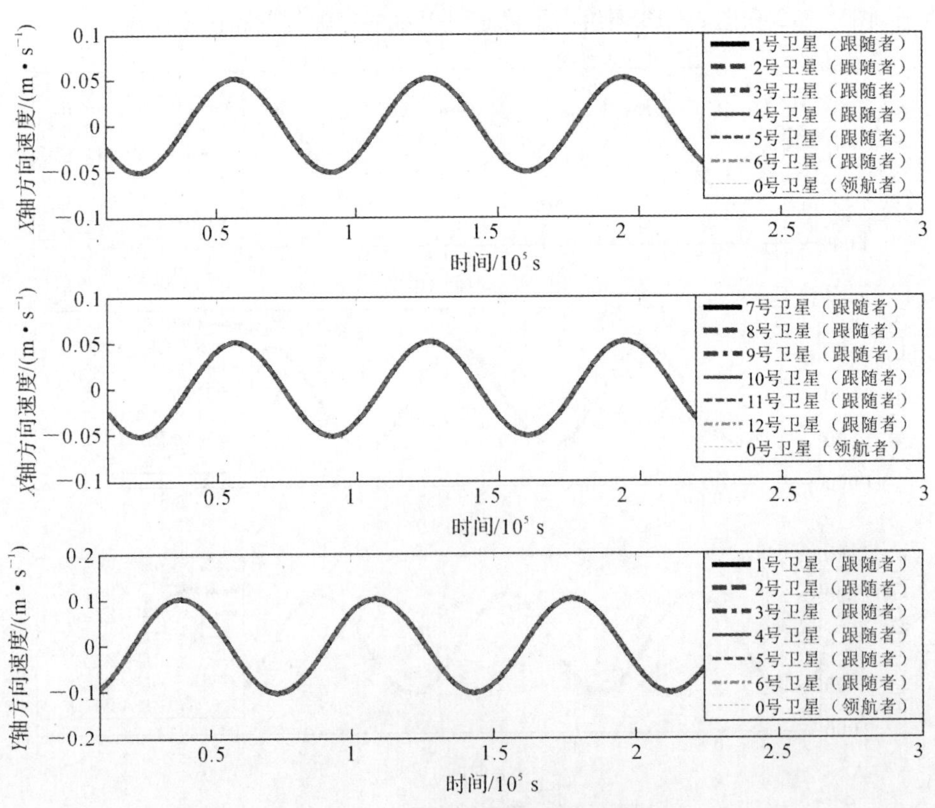

图 4－13　稳态时的三轴速度曲线

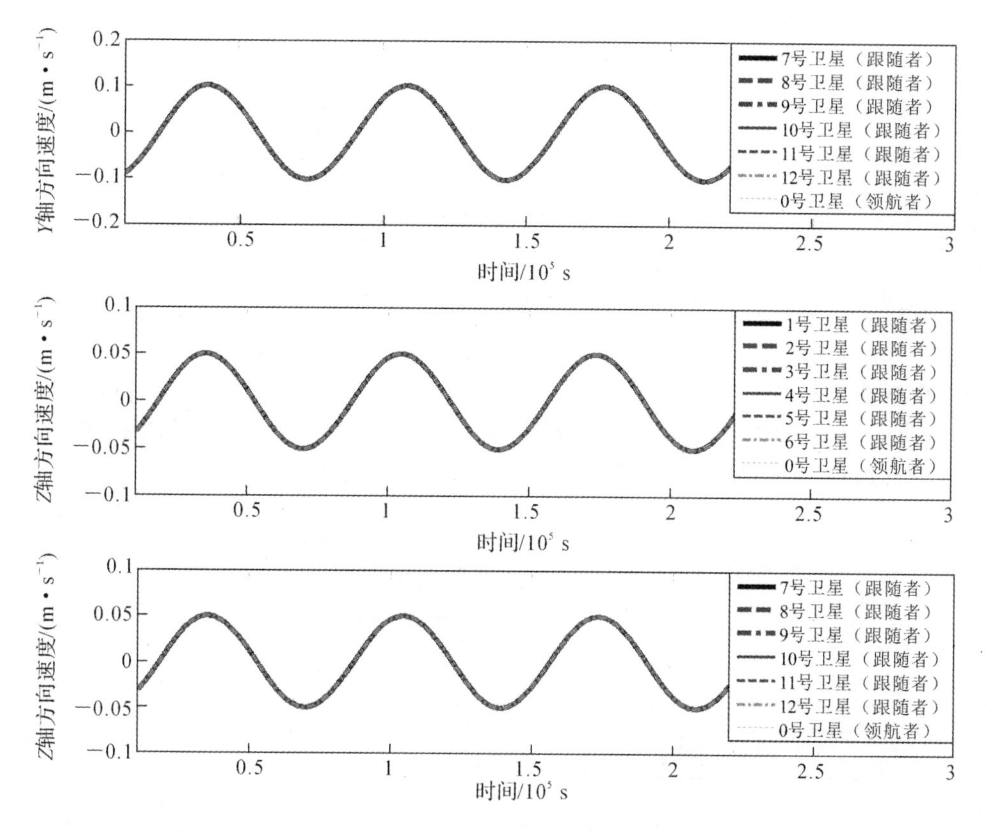

续图 4-13　稳态时的三轴速度曲线

从图 4-9 和图 4-10 中可以看出，利用本节提出的算法，能够保证 12 个跟随者的状态跟踪上领航者的状态，且跟踪时间约为 4 000 s。从图 4-11 中可以看出，整个控制过程中所需的控制力最大值(绝对值) 均不超过 0.1 N/kg。从图 4-12 和图 4-13 中可以看出，12 个跟随者在跟踪上领航者之后，均能够以参考点为中心进行周期性运动，并不会产生漂移。综上所述可知，本节所提出的算法能够以较小的控制力保证 12 个跟随者跟踪上领航者，即 $\lim_{t\to\infty}\|\boldsymbol{x}_i(t)-\boldsymbol{x}_0(t)\|=0$。

接下来将分析本章提出的降阶方法的具体效果。

(1) 若利用 4.3 节中的方法，即不采取任何降阶措施，则待求的线性矩阵不等式为式(4-9) ～ 式(4-12)，这些矩阵不等式决策标量的总个数为 $N_{D1}=2p(1+p)+q(1+q)+2=98$，矩阵的总行数为 $N_{L1}=6Np+2p+3=447$。

(2) 若利用本节中提出的降阶方法，则待求的线性矩阵不等式为式(4-49) ～ 式(4-52)，这些矩阵不等式决策标量的总个数为 $N_{D2}=2.5p(1+p)+q(1+q)+2=119$，矩阵的总行数为 $N_{L2}=12p+2=74$。

因此，在大规模多智能体网络下，本节提出的降阶方法能够极大地降低线性矩阵不等式的计算复杂度。表 4-1 分别给出了在 4.3 节中的方法和本节提出的方法下，计算线性矩阵不等式所需的具体时间(仿真所采用的计算机配置如下：处理器为 i7-7660 四核 2.50 GHz，内存为 16 GB)。

表 4-1　仿真时间

	4.3 节中的方法(不采取降阶措施)	本节提出的降阶方法
仿真时间/s	983.04	0.48

从表 4-1 中可以看出,利用本节所提出的降阶方法能够极大地减少求解线性矩阵不等式所需的时间。

仿真程序:

(1)Simulink 主程序。

整个多智能体网络中包含 13 个卫星节点,使得 Simulink 主程序极为庞大(包含 1 个整体模块和 13 个子模块)。因此,本环节内容将略去 Simulink 主程序的完整模块图,只给出基本原理示意图,以第 i 个卫星为例,整体模块示意图和内部结构图如图 4-14 所示。

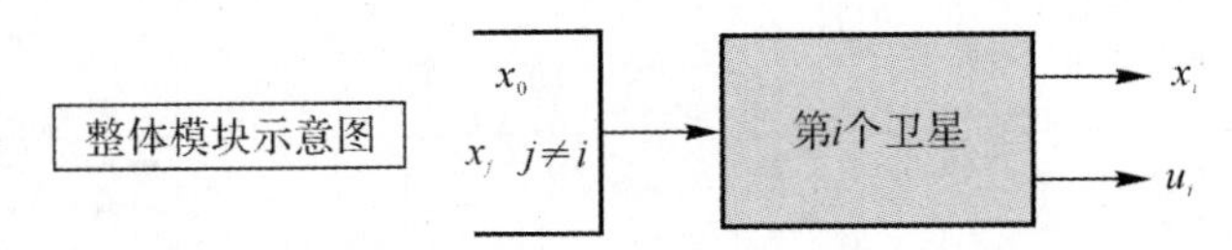

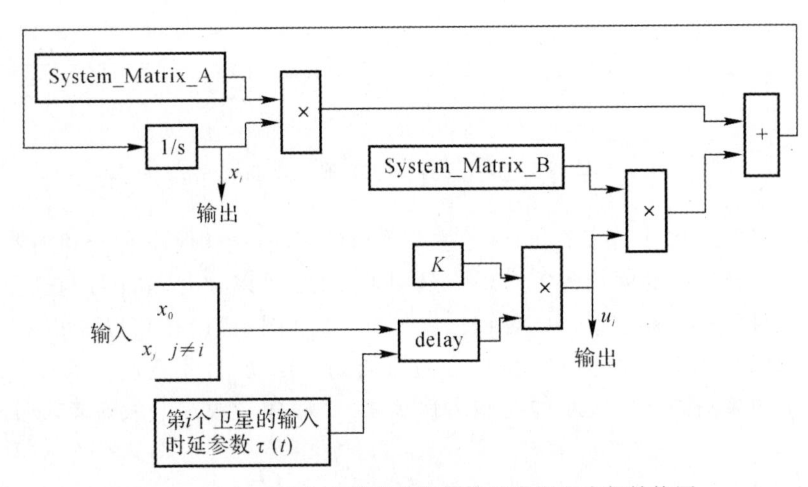

图 4-14　Simulink 主程序整体模块示意图和内部结构图

(2)求解控制增益 $\boldsymbol{K}$ 的程序。

```
a1_0=1;a1_1=0;a1_2=0;a1_3=0;a1_4=0;a1_5=0;a1_6=0;
a1_7=0;a1_8=0;a1_9=0;a1_10=0;a1_11=0;a1_12=1;
a2_0=0;a2_1=1;a2_2=0;a2_3=0;a2_4=0;a2_5=0;a2_6=0;
a2_7=0;a2_8=0;a2_9=0;a2_10=0;a2_11=0;a2_12=0;
a3_0=1;a3_1=0;a3_2=1;a3_3=0;a3_4=0;a3_5=0;a3_6=0;
a3_7=0;a3_8=0;a3_9=0;a3_10=0;a3_11=0;a3_12=0;
a4_0=0;a4_1=0;a4_2=0;a4_3=1;a4_4=0;a4_5=0;a4_6=0;
a4_7=0;a4_8=0;a4_9=0;a4_10=0;a4_11=0;a4_12=0;
a5_0=1;a5_1=0;a5_2=0;a5_3=0;a5_4=1;a5_5=0;a5_6=0;
a5_7=0;a5_8=0;a5_9=0;a5_10=0;a5_11=0;a5_12=0;
```

```
a6_0=0;a6_1=0;a6_2=0;a6_3=0;a6_4=0;a6_5=1;a6_6=0;
a6_7=0;a6_8=0;a6_9=0;a6_10=0;a6_11=0;a6_12=0;
a7_0=1;a7_1=0;a7_2=0;a7_3=0;a7_4=0;a7_5=0;a7_6=1;
a7_7=0;a7_8=0;a7_9=0;a7_10=0;a7_11=0;a7_12=0;
a8_0=0;a8_1=0;a8_2=0;a8_3=0;a8_4=0;a8_5=0;a8_6=0;
a8_7=1;a8_8=0;a8_9=0;a8_10=0;a8_11=0;a8_12=0;
a9_0=1;a9_1=0;a9_2=0;a9_3=0;a9_4=0;a9_5=0;a9_6=0;
a9_7=0;a9_8=1;a9_9=0;a9_10=0;a9_11=0;a9_12=0;
a10_0=0;a10_1=0;a10_2=0;a10_3=0;a10_4=0;a10_5=0;a10_6=0; a10_7=0;a10_8=0;a10_9=1;
a10_10=0;a10_11=0;a10_12=0;
a11_0=1;a11_1=0;a11_2=0;a11_3=0;a11_4=0;a11_5=0;a11_6=0; a11_7=0;a11_8=0;a11_9=0;
a11_10=1;a11_11=0;a11_12=0;
a12_0=0;a12_1=0;a12_2=0;a12_3=0;a12_4=0;a12_5=0;a12_6=0;  a12_7=0;a12_8=0;a12_9=
0;a12_10=0;a12_11=1;a12_12=0;
l1_1=a1_0+a1_1+a1_2+a1_3+a1_4+a1_5+a1_6+a1_7+a1_8+a1_9+a1_10+a1_11+a1_12;
l2_2=a2_0+a2_1+a2_2+a2_3+a2_4+a2_5+a2_6+a2_7+a2_8+a2_9+a2_10+a2_11+a2_12;
l3_3=a3_0+a3_1+a3_2+a3_3+a3_4+a3_5+a3_6+a3_7+a3_8+a3_9+a3_10+a3_11+a3_12;
l4_4=a4_0+a4_1+a4_2+a4_3+a4_4+a4_5+a4_6+a4_7+a4_8+a4_9+a4_10+a4_11+a4_12;
l5_5=a5_0+a5_1+a5_2+a5_3+a5_4+a5_5+a5_6+a5_7+a5_8+a5_9+a5_10+a5_11+a5_12;
l6_6=a6_0+a6_1+a6_2+a6_3+a6_4+a6_5+a6_6+a6_7+a6_8+a6_9+a6_10+a6_11+a6_12;
l7_7=a7_0+a7_1+a7_2+a7_3+a7_4+a7_5+a7_6+a7_7+a7_8+a7_9+a7_10+a7_11+a7_12;
l8_8=a8_0+a8_1+a8_2+a8_3+a8_4+a8_5+a8_6+a8_7+a8_8+a8_9+a8_10+a8_11+a8_12;
l9_9=a9_0+a9_1+a9_2+a9_3+a9_4+a9_5+a9_6+a9_7+a9_8+a9_9+a9_10+a9_11+a9_12;
l10_10=a10_0+a10_1+a10_2+a10_3+a10_4+a10_5+a10_6+a10_7+a10_8+a10_9+a10_10+a10_
11+a10_12;
l11_11=a11_0+a11_1+a11_2+a11_3+a11_4+a11_5+a11_6+a11_7+a11_8+a11_9+a11_10+a11_
11+a11_12;
l12_12=a12_0+a12_1+a12_2+a12_3+a12_4+a12_5+a12_6+a12_7+a12_8+a12_9+a12_10+a12_
11+a12_12;
L=[l1_1 -a1_2 -a1_3 -a1_4 -a1_5 -a1_6 -a1_7 -a1_8 -a1_9  -a1_10 -a1_11 -a1_12;
   -a2_1 l2_2 -a2_3 -a2_4 -a2_5 -a2_6 -a2_7 -a2_8 -a2_9  -a2_10 -a2_11 -a2_12;
   -a3_1 -a3_2 l3_3 -a3_4 -a3_5 -a3_6 -a3_7 -a3_8 -a3_9  -a3_10 -a3_11 -a3_12;
   -a4_1 -a4_2 -a4_3 l4_4 -a4_5 -a4_6 -a4_7 -a4_8 -a4_9  -a4_10 -a4_11 -a4_12;
   -a5_1 -a5_2 -a5_3 -a5_4 l5_5 -a5_6 -a5_7 -a5_8 -a5_9  -a5_10 -a5_11 -a5_12;
   -a6_1 -a6_2 -a6_3 -a6_4 -a6_5 l6_6 -a6_7 -a6_8 -a6_9  -a6_10 -a6_11 -a6_12;
   -a7_1 -a7_2 -a7_3 -a7_4 -a7_5 -a7_6 l7_7 -a7_8 -a7_9  -a7_10 -a7_11 -a7_12;
   -a8_1 -a8_2 -a8_3 -a8_4 -a8_5 -a8_6 -a8_7 l8_8 -a8_9  -a8_10 -a8_11 -a8_12;
   -a9_1 -a9_2 -a9_3 -a9_4 -a9_5 -a9_6 -a9_7 -a9_8 l9_9  -a9_10 -a9_11 -a9_12;
   -a10_1 -a10_2 -a10_3 -a10_4 -a10_5 -a10_6 -a10_7 -a10_8  -a10_9 l10_10 -a10_11
   -a10_12;
   -a11_1 -a11_2 -a11_3 -a11_4 -a11_5 -a11_6 -a11_7 -a11_8  -a11_9 -a11_10 l11_11
   -a11_12;
   -a12_1 -a12_2 -a12_3 -a12_4 -a12_5 -a12_6 -a12_7 -a12_8  -a12_9 -a12_10 -a12_11
```

```
  l12_12];
a=36371;
miu=398600;
w0=sqrt(miu/a^3);
A=[0        0    0      1        0       0;
   0        0    0      0        1       0;
   0        0    0      0        0       1;
   3*w0^2   0    0      0        2*w0    0;
   0        0    0      -2*w0    0       0;
   0        0    -w0^2  0        0       0];
B=[0  0  0;
   0  0  0;
   0  0  0;
   1  0  0;
   0  1  0;
   0  0  1];
gamma=min(eig((L+L')/2))
xigma=max(eig(L*L'))
yita=max(eig(L'*L))
tao=1;rou=0.1;alpha=2e8;Delta=1e7;beta_bar=60;
setlmis([])
P=lmivar(1,[6 1]);
Q=lmivar(1,[6,1]);
M=lmivar(1,[6,1]);
S=lmivar(1,[6,1]);
R=lmivar(1,[3,1]);
Z=lmivar(1,[6,1]);
theta=lmivar(1,[1,1]);
Fir=newlmi;
lmiterm([Fir 1 1 P],1,A');
lmiterm([Fir 1 1 P],A,1);
lmiterm([Fir 1 1 Q],1,1);
lmiterm([Fir 1 1 P],-1,1);
lmiterm([Fir 1 1 0],-gamma*B*B');
lmiterm([Fir 1 1 M],1,1);
lmiterm([Fir 1 2 P],1,1);
lmiterm([Fir 1 2 M],-1,1);
lmiterm([Fir 1 3 0],(sqrt(xigma)/2)*B*B');
lmiterm([Fir 1 4 P],(tao/2)*sqrt(4+xigma*tao^2),A');
lmiterm([Fir 2 2 R],B,B');
lmiterm([Fir 2 2 P],-1,1);
lmiterm([Fir 2 2 M],1,1);
lmiterm([Fir 2 5 0],(sqrt(4+yita*tao^2)/2)*B*B');
```

```
lmiterm([Fir 3 3 M],-1,1);
lmiterm([Fir 4 4 P],-1,1);
lmiterm([Fir 5 5 P],-1,1);
Sec=newlmi;
lmiterm([Sec 1 1 P],1,A');
lmiterm([Sec 1 1 P],A,1);
lmiterm([Sec 1 1 Z],1,1);
lmiterm([Sec 1 1 P],-1,1);
lmiterm([Sec 1 1 0],-gamma*B*B');
lmiterm([Sec 1 1 M],1,1);
lmiterm([Sec 1 1 S],1,1);
lmiterm([Sec 1 2 P],1,1);
lmiterm([Sec 1 2 M],-1,1);
lmiterm([Sec 1 3 0],(sqrt(xigma)/2)*B*B');
lmiterm([Sec 1 4 P],(tao/2)*sqrt(4+xigma*tao^2),A');
lmiterm([Sec 2 2 Z],-(1-rou),1);
lmiterm([Sec 2 2 P],-1,1);
lmiterm([Sec 2 2 M],1,1);
lmiterm([Sec 2 5 0],(sqrt(4+yita*tao^2)/2)*B*B');
lmiterm([Sec 3 3 M],-1,1);
lmiterm([Sec 4 4 P],-1,1);
lmiterm([Sec 5 5 P],-1,1);
Tri=newlmi;
lmiterm([Tri 1 1 P],-1,1);
Four=newlmi;
lmiterm([Four 1 1 Q],-1,1);
Five=newlmi;
lmiterm([Five 1 1 M],-1,1);
Six=newlmi;
lmiterm([Six 1 1 R],-1,1);
Seven=newlmi;
lmiterm([Seven 1 1 Z],-1,1);
Eight=newlmi;
lmiterm([Eight 1 1 S],-1,1);
Nine=newlmi;
lmiterm([Nine 1 1 0],-Delta);
lmiterm([Nine 1 2 theta],sqrt(alpha+beta_bar),1);
lmiterm([Nine 2 2 theta],-1,1);
Ten=newlmi;
lmiterm([Ten 1 1 theta],-1,1);
lmiterm([Ten 1 2 0],1);
lmiterm([Ten 2 2 P],-1,1);
lmis=getlmis;
```

```
[tmin,xfeas]=feasp(lmis);
P_tilde=(dec2mat(lmis,xfeas,P));
K=-0.5*B'*inv(P_tilde);
```

(3)被控对象程序:System_Matrix_A。

```
function y=System_Matrix_A()
a=36371;
miu=398600;
w0=sqrt(miu/a^3);
A=[0        0    0       1       0      0;
   0        0    0       0       1      0;
   0        0    0       0       0      1;
   3*w0^2   0    0       0       2*w0   0;
   0        0    0       -2*w0   0      0;
   0        0    -w0^2   0       0      0];
y=[A];
```

(4)被控对象程序:System_Matrix_B。

```
function y=System_Matrix_B()
B=[0 0 0;
   0 0 0;
   0 0 0;
   1 0 0;
   0 1 0;
   0 0 1];
y=[B];
```

(5)作图程序:如图 4-9 和图 4-12 所示。

```
plot(xi.time,xi.signals.values(:,1));
plot(xi.time,xi.signals.values(:,2));
plot(xi.time,xi.signals.values(:,3));
i=0,1,2,…,12.
```

(6)作图程序:如图 4-10 和图 4-13 所示。

```
plot(xi.time,xi.signals.values(:,4));
plot(xi.time,xi.signals.values(:,5));
plot(xi.time,xi.signals.values(:,6));
i=0,1,2,…,12.
```

(7)作图程序:如图 4-11 所示。

```
plot(ui.time,ui.signals.values(:,1));
plot(ui.time,ui.signals.values(:,2));
plot(ui.time,ui.signals.values(:,3));
i=1,2,…,12.
```

4.5　低保守性的改进降阶方法及协同跟踪控制器设计

4.4 节提出了一种用于降低线性矩阵不等式阶数的降阶方法。然而在 4.4 节提出的降阶方法要求跟随者之间的通信拓扑图为平衡图，使得该方法具有较高的保守性。本节将提出一种具有较低保守性的改进降阶方法（不要求跟随者之间的通信拓扑图为平衡图），并利用该方法设计协同跟踪控制器的增益矩阵。

4.5.1　主要结果

假设 4.2：多智能体系统之间的通信拓扑图包含一个有向生成树，且生成树的根节点为 v_0，即虚拟领航者。

与 4.4 节提出的假设 4.1 相比，本节提出的假设不要求跟随者节点构成的拓扑图为平衡图，因此本节提出的方法将具有更低的保守性。

设计如下时延依赖群集协同控制器：

$$\boldsymbol{u}_i(t)=\boldsymbol{K}\boldsymbol{\xi}_i(t-\tau_i(t)) \tag{4-88}$$

其中，$\boldsymbol{K}$ 表示待求的增益矩阵；$\tau_i(t)$ 表示非均匀的时延参数，并满足 $0\leqslant\tau_i(t)\leqslant\bar{\tau}_i$ 以及 $\dot{\tau}_i(t)\leqslant\rho_i$。将控制器式（4-88）代入系统式（4-5）中，可以得到如下闭环系统：

$$\dot{\boldsymbol{\xi}}(t)=(\boldsymbol{I}_N\otimes\boldsymbol{A})\boldsymbol{\xi}(t)+(\boldsymbol{L}_1\otimes\boldsymbol{BK})\boldsymbol{\xi}_\tau(t) \tag{4-89}$$

其中，$\boldsymbol{\xi}_\tau(t)=[\boldsymbol{\xi}_1^{\mathrm{T}}(t-\tau_1(t))\quad\cdots\quad\boldsymbol{\xi}_N^{\mathrm{T}}(t-\tau_N(t))]^{\mathrm{T}}$。

下述定理将证明系统式（4-89）的渐进稳定性，并求解出相应的控制增益矩阵 $\boldsymbol{K}$。

定理 4.3：给定非负参数 $\bar{\tau},\rho,\hat{\gamma}$ 以及 c，若存在正定对称矩阵 $\widetilde{\boldsymbol{M}}\in\mathbf{R}^{p\times p},\widetilde{\boldsymbol{P}}\in\mathbf{R}^{p\times p},\widetilde{\boldsymbol{Z}}\in\mathbf{R}^{p\times p},\widetilde{\boldsymbol{Q}}_{11}\in\mathbf{R}^{p\times p}$，以及实矩阵 $\widetilde{\boldsymbol{K}}\in\mathbf{R}^{q\times p}$，使得下述线性矩阵不等式成立：

$$\begin{bmatrix}\boldsymbol{A}\widetilde{\boldsymbol{P}}+\widetilde{\boldsymbol{P}}\boldsymbol{A}^{\mathrm{T}}+\widetilde{\boldsymbol{Z}}-\mathrm{e}^{-\hat{\gamma}\bar{\tau}}\widetilde{P}+\hat{\boldsymbol{M}}+\widetilde{\boldsymbol{Q}}_{11} & \boldsymbol{B}\widetilde{\boldsymbol{K}}+\mathrm{e}^{-\hat{\gamma}\bar{\tau}}\widetilde{\boldsymbol{P}} & \bar{\tau}\widetilde{\boldsymbol{P}}\boldsymbol{A}^{\mathrm{T}}\\ * & (\rho-1)\mathrm{e}^{-\hat{\gamma}\bar{\tau}}\widetilde{\boldsymbol{Z}}-\mathrm{e}^{-\hat{\gamma}\bar{\tau}}\widetilde{P} & c\bar{\tau}\widetilde{\boldsymbol{K}}^{\mathrm{T}}\boldsymbol{B}^{\mathrm{T}}\\ * & * & -\widetilde{\boldsymbol{P}}\end{bmatrix}\leqslant 0 \tag{4-90}$$

式中，$\bar{\tau}=\max\{\bar{\tau}_1,\cdots,\bar{\tau}_N\}$，$\rho=\max\{\rho_1,\cdots,\rho_N\}$，$c\geqslant\sqrt{\lambda_{\max}(\boldsymbol{L}_1^{\mathrm{T}}\boldsymbol{L}_1)}$，则式（4-89）中给出的系统渐进稳定。此外，控制增益矩阵的表达式为 $\boldsymbol{K}=\widetilde{\boldsymbol{K}}\widetilde{\boldsymbol{P}}^{-1}$。

证明：针对系统式（4-89），选取 Lyapunov 函数 $V(t)=V_1(t)+V_2(t)+V_3(t)$，其中

$$V_1(t)=\sum_{i=1}^{N}\boldsymbol{\xi}_i^{\mathrm{T}}(t)\boldsymbol{P}\boldsymbol{\xi}_i(t) \tag{4-91}$$

$$V_2(t)=\sum_{i=1}^{N}\int_{t-\tau_i(t)}^{t}\mathrm{e}^{\hat{\gamma}(s-t)}\boldsymbol{\xi}_i^{\mathrm{T}}(s)\boldsymbol{Z}\boldsymbol{\xi}_i(s)\mathrm{d}s \tag{4-92}$$

$$V_3(t)=\sum_{i=1}^{N}\bar{\tau}_i\int_{-\bar{\tau}_i}^{0}\int_{t+\theta}^{t}\mathrm{e}^{\hat{\gamma}(s-t)}\dot{\boldsymbol{\xi}}_i^{\mathrm{T}}(\vartheta)\boldsymbol{P}\dot{\boldsymbol{\xi}}_i(\vartheta)\mathrm{d}\vartheta\mathrm{d}\theta \tag{4-93}$$

式中，$\boldsymbol{P}$ 和 $\boldsymbol{Z}$ 表示正定对称的加权矩阵；$\hat{\gamma}\geqslant 0$ 为任意非负数。对 $V_1(t)$，$V_2(t)$ 及 $V_3(t)$ 分别求导有

$$\dot{V}_1(t)=2\boldsymbol{\xi}^{\mathrm{T}}(t)(\boldsymbol{I}_N\otimes\boldsymbol{P})\dot{\boldsymbol{\xi}}(t)=$$
$$\boldsymbol{\xi}^{\mathrm{T}}(t)(\boldsymbol{I}_N\otimes(\boldsymbol{PA}+\boldsymbol{A}^{\mathrm{T}}\boldsymbol{P}))\boldsymbol{\xi}(t)+2\boldsymbol{\xi}^{\mathrm{T}}(t)(\boldsymbol{L}_1\otimes\boldsymbol{PBK})\boldsymbol{\xi}_\tau(t) \tag{4-94}$$

$$\dot{V}_2(t)=\sum_{i=1}^{N}(\boldsymbol{\xi}_i^{\mathrm{T}}(t)\boldsymbol{Z}\boldsymbol{\xi}_i(t)-(1-\dot{\tau}_i(t))\mathrm{e}^{-\bar{\gamma}\tau_i(t)}\boldsymbol{\xi}_i^{\mathrm{T}}(t-\tau_i(t))\boldsymbol{Z}\boldsymbol{\xi}_i(t-\tau_i(t)))\leqslant$$
$$\boldsymbol{\xi}^{\mathrm{T}}(t)(\boldsymbol{I}_N\otimes\boldsymbol{Z})\boldsymbol{\xi}(t)-(1-\rho)\mathrm{e}^{-\bar{\gamma}\tau_i(t)}\boldsymbol{\xi}_\tau^{\mathrm{T}}(t)(\boldsymbol{I}_N\otimes\boldsymbol{Z})\boldsymbol{\xi}_\tau(t)\leqslant$$
$$\boldsymbol{\xi}^{\mathrm{T}}(t)(\boldsymbol{I}_N\otimes\boldsymbol{Z})\boldsymbol{\xi}(t)-(1-\rho)\mathrm{e}^{-\bar{\gamma}\bar{\tau}}\boldsymbol{\xi}_\tau^{\mathrm{T}}(t)(\boldsymbol{I}_N\otimes\boldsymbol{Z})\boldsymbol{\xi}_\tau(t) \tag{4-95}$$

$$\dot{V}_3(t)=\sum_{i=1}^{N}\bar{\tau}_i\int_{-\bar{\tau}_i}^{0}(\dot{\boldsymbol{\xi}}_i^{\mathrm{T}}(t)\boldsymbol{P}\dot{\boldsymbol{\xi}}_i(t)-\mathrm{e}^{\bar{\gamma}\theta}\dot{\boldsymbol{\xi}}_i^{\mathrm{T}}(t+\theta)\boldsymbol{P}\dot{\boldsymbol{\xi}}_i(t+\theta))\mathrm{d}\theta\leqslant$$
$$\sum_{i=1}^{N}\left(\bar{\tau}_i^2\dot{\boldsymbol{\xi}}_i^{\mathrm{T}}(t)\boldsymbol{P}\dot{\boldsymbol{\xi}}_i(t)-\tau_i(t)\mathrm{e}^{-\bar{\gamma}\bar{\tau}_i}\int_{t-\tau_i(t)}^{t}\dot{\boldsymbol{\xi}}_i^{\mathrm{T}}(\theta)\boldsymbol{P}\dot{\boldsymbol{\xi}}_i(\theta)\mathrm{d}\theta\right)\leqslant$$
$$\sum_{i=1}^{N}\left(\bar{\tau}_i^2\dot{\boldsymbol{\xi}}_i^{\mathrm{T}}(t)\boldsymbol{P}\dot{\boldsymbol{\xi}}_i(t)-\left(\int_{t-\tau_i(t)}^{t}\dot{\boldsymbol{\xi}}_i(\theta)\mathrm{d}\theta\right)^{\mathrm{T}}\mathrm{e}^{-\bar{\gamma}\bar{\tau}_i}\boldsymbol{P}\left(\int_{t-\tau_i(t)}^{t}\dot{\boldsymbol{\xi}}_i(\theta)\mathrm{d}\theta\right)\right)\leqslant$$
$$\bar{\tau}^2\dot{\boldsymbol{\xi}}^{\mathrm{T}}(t)(\boldsymbol{I}_N\otimes\boldsymbol{P})\dot{\boldsymbol{\xi}}(t)-\mathrm{e}^{-\bar{\gamma}\bar{\tau}}(\boldsymbol{\xi}^{\mathrm{T}}(t)-\boldsymbol{\xi}_\tau^{\mathrm{T}}(t))(\boldsymbol{I}_N\otimes\boldsymbol{P})(\boldsymbol{\xi}(t)-\boldsymbol{\xi}_\tau(t))=$$
$$\boldsymbol{\xi}^{\mathrm{T}}(t)(\boldsymbol{I}_N\otimes(\bar{\tau}^2\boldsymbol{A}^{\mathrm{T}}\boldsymbol{PA}-\mathrm{e}^{-\bar{\gamma}\bar{\tau}}\boldsymbol{P}))\boldsymbol{\xi}(t)+\boldsymbol{\xi}_\tau^{\mathrm{T}}(t)(\boldsymbol{L}_1^{\mathrm{T}}\boldsymbol{L}_1\otimes\bar{\tau}^2\boldsymbol{K}^{\mathrm{T}}\boldsymbol{B}^{\mathrm{T}}\boldsymbol{PBK}-$$
$$\boldsymbol{I}_N\otimes\mathrm{e}^{-\bar{\gamma}\bar{\tau}}\boldsymbol{P})\boldsymbol{\xi}_\tau(t)+2\boldsymbol{\xi}^{\mathrm{T}}(t)(\boldsymbol{L}_1\otimes\bar{\tau}^2\boldsymbol{A}^{\mathrm{T}}\boldsymbol{PBK}+\boldsymbol{I}_N\otimes\mathrm{e}^{-\bar{\gamma}\bar{\tau}}\boldsymbol{P})\boldsymbol{\xi}_\tau(t) \tag{4-96}$$

进而有

$$\dot{V}(t)=\dot{V}_1(t)+\dot{V}_2(t)+\dot{V}_3(t)\leqslant$$
$$\boldsymbol{\xi}^{\mathrm{T}}(t)(\boldsymbol{I}_N\otimes\boldsymbol{PA}+\boldsymbol{A}^{\mathrm{T}}\boldsymbol{P}+\boldsymbol{Z}-\mathrm{e}^{-\bar{\gamma}\bar{\tau}}\boldsymbol{P}+\bar{\tau}^2\boldsymbol{A}^{\mathrm{T}}\boldsymbol{PA})\boldsymbol{\xi}(t)+$$
$$\boldsymbol{\xi}_\tau^{\mathrm{T}}(t)(\boldsymbol{I}_N\otimes((\rho-1)\mathrm{e}^{-\bar{\gamma}\bar{\tau}}\boldsymbol{Z}-\mathrm{e}^{-\bar{\gamma}\bar{\tau}}\boldsymbol{P})+\boldsymbol{L}_1^{\mathrm{T}}\boldsymbol{L}_1\otimes\bar{\tau}^2\boldsymbol{K}^{\mathrm{T}}\boldsymbol{B}^{\mathrm{T}}\boldsymbol{PBK})\boldsymbol{\xi}_\tau(t)+$$
$$2\boldsymbol{\xi}^{\mathrm{T}}(t)(\boldsymbol{L}_1\otimes\boldsymbol{PBK}+\boldsymbol{L}_1\otimes\bar{\tau}^2\boldsymbol{A}^{\mathrm{T}}\boldsymbol{PBK}+\boldsymbol{I}_N\otimes\mathrm{e}^{-\bar{\gamma}\bar{\tau}}\boldsymbol{P})\boldsymbol{\xi}_\tau(t) \tag{4-97}$$

对于任意的正定对称矩阵 $\boldsymbol{M}$,若有

$$\dot{V}(t)+\boldsymbol{\xi}^{\mathrm{T}}(t)(\boldsymbol{I}_N\otimes\boldsymbol{M})\boldsymbol{\xi}(t)\leqslant 0 \tag{4-98}$$

则进而有

$$\dot{V}(t)\leqslant-\boldsymbol{\xi}^{\mathrm{T}}(t)(\boldsymbol{I}_N\otimes\boldsymbol{M})\boldsymbol{\xi}(t)\leqslant-\lambda_{\min}(\boldsymbol{M})\ \|\boldsymbol{\xi}(t)\|^2 \tag{4-99}$$

其中,$\lambda_{\min}(\boldsymbol{M})$ 表示矩阵 $\boldsymbol{M}$ 的最小特征值。对式(4-99)两端进行积分可得

$$\lim_{t\to\infty}V(t)-V(0)\leqslant-\lambda_{\min}(\boldsymbol{M})\int_0^{\infty}\|\boldsymbol{\xi}(t)\|^2\mathrm{d}t \tag{4-100}$$

即

$$\lambda_{\min}(\boldsymbol{M})\int_0^{\infty}\|\boldsymbol{\xi}(t)\|^2\mathrm{d}t\leqslant V(0)-\lim_{t\to\infty}V(t) \tag{4-101}$$

根据式(4-91)、式(4-92)和式(4-93)中给出的Lyapunov函数可知,$V(t)$ 在任意时刻均为非负,因此,不等式(4-101)可以化作

$$\lambda_{\min}(\boldsymbol{M})\int_0^{\infty}\|\boldsymbol{\xi}(t)\|^2\mathrm{d}t\leqslant V(0) \tag{4-102}$$

不等式(4-102)表明,$\|\boldsymbol{\xi}(t)\|^2$ 在$[0,\infty)$区间内的积分是有界的,因而当 $t\to\infty$ 时,一定有 $\boldsymbol{\xi}(t)\to 0$,即意味着系统式(4-89)是渐近稳定的。因此,不等式(4-98)可以保证系统式(4-89)渐进稳定。

根据式(4-97)可知,不等式(4-98)成立的充分条件为

$$\begin{bmatrix}\hat{\boldsymbol{\Xi}}_{11} & \hat{\boldsymbol{\Xi}}_{12}\\ * & \hat{\boldsymbol{\Xi}}_{22}\end{bmatrix}\leqslant 0 \tag{4-103}$$

式中

$$\hat{\boldsymbol{\Xi}}_{11}=\boldsymbol{I}_N\otimes(\boldsymbol{PA}+\boldsymbol{A}^{\mathrm{T}}\boldsymbol{P}+\boldsymbol{Z}-\mathrm{e}^{-\hat{\gamma}\bar{\tau}}\boldsymbol{P}+\bar{\tau}^2\boldsymbol{A}^{\mathrm{T}}\boldsymbol{PA}+\boldsymbol{M})$$
$$\hat{\boldsymbol{\Xi}}_{12}=\boldsymbol{L}_1\otimes\boldsymbol{PBK}+\boldsymbol{L}_1\otimes\bar{\tau}^2\boldsymbol{A}^{\mathrm{T}}\boldsymbol{PBK}+\boldsymbol{I}_N\otimes\mathrm{e}^{-\hat{\gamma}\bar{\tau}}\boldsymbol{P}$$
$$\hat{\boldsymbol{\Xi}}_{22}=\boldsymbol{I}_N\otimes((\rho-1)\mathrm{e}^{-\hat{\gamma}\bar{\tau}}\boldsymbol{Z}-\mathrm{e}^{-\hat{\gamma}\bar{\tau}}\boldsymbol{P})+\boldsymbol{L}_1^{\mathrm{T}}\boldsymbol{L}_1\otimes\bar{\tau}^2\boldsymbol{K}^{\mathrm{T}}\boldsymbol{B}^{\mathrm{T}}\boldsymbol{PBK}$$

取如下对称矩阵：

$$\boldsymbol{Q}=\begin{bmatrix}\boldsymbol{I}_N\otimes\boldsymbol{Q}_{11} & \boldsymbol{Q}_{12}\\ * & \boldsymbol{Q}_{22}\end{bmatrix}\tag{4-104}$$

式中

$$\boldsymbol{Q}_{12}=\boldsymbol{I}_N\otimes c\bar{\tau}^2\boldsymbol{A}^{\mathrm{T}}\boldsymbol{PBK}+\boldsymbol{I}_N\otimes\boldsymbol{PBK}-\boldsymbol{L}_1\otimes\boldsymbol{PBK}-\boldsymbol{L}_1\otimes\bar{\tau}^2\boldsymbol{A}^{\mathrm{T}}\boldsymbol{PBK}$$
$$\boldsymbol{Q}_{22}=\boldsymbol{I}_N\otimes c^2\bar{\tau}^2\boldsymbol{K}^{\mathrm{T}}\boldsymbol{B}^{\mathrm{T}}\boldsymbol{PBK}-\boldsymbol{L}_1^{\mathrm{T}}\boldsymbol{L}_1\otimes\bar{\tau}^2\boldsymbol{K}^{\mathrm{T}}\boldsymbol{B}^{\mathrm{T}}\boldsymbol{PBK}$$

若式(4－104)中给出的矩阵$\boldsymbol{Q}$为非负定对称矩阵，即$\boldsymbol{Q}\geqslant 0$，则如下矩阵不等式能够保证式(4－103)成立：

$$\begin{bmatrix}\hat{\boldsymbol{\Xi}}_{11} & \hat{\boldsymbol{\Xi}}_{12}\\ * & \hat{\boldsymbol{\Xi}}_{22}\end{bmatrix}+\boldsymbol{Q}\leqslant 0\tag{4-105}$$

式(4－105)可化作

$$\begin{bmatrix}\bar{\boldsymbol{\Xi}}_{11} & \bar{\boldsymbol{\Xi}}_{12}\\ * & \bar{\boldsymbol{\Xi}}_{22}\end{bmatrix}\leqslant 0\tag{4-106}$$

式中

$$\bar{\boldsymbol{\Xi}}_{11}=\boldsymbol{I}_N\otimes(\boldsymbol{PA}+\boldsymbol{A}^{\mathrm{T}}\boldsymbol{P}+\boldsymbol{Z}-\mathrm{e}^{-\hat{\gamma}\bar{\tau}}\boldsymbol{P}+\bar{\tau}^2\boldsymbol{A}^{\mathrm{T}}\boldsymbol{PA}+\boldsymbol{M}+\boldsymbol{Q}_{11})$$
$$\bar{\boldsymbol{\Xi}}_{12}=\boldsymbol{I}_N\otimes c\bar{\tau}^2\boldsymbol{A}^{\mathrm{T}}\boldsymbol{PBK}+\boldsymbol{I}_N\otimes\boldsymbol{PBK}+\boldsymbol{I}_N\otimes\mathrm{e}^{-\hat{\gamma}\bar{\tau}}\boldsymbol{P}$$
$$\bar{\boldsymbol{\Xi}}_{22}=\boldsymbol{I}_N\otimes((\rho-1)\mathrm{e}^{-\hat{\gamma}\bar{\tau}}\boldsymbol{Z}-\mathrm{e}^{-\hat{\gamma}\bar{\tau}}\boldsymbol{P})+\boldsymbol{I}_N\otimes c^2\bar{\tau}^2\boldsymbol{K}^{\mathrm{T}}\boldsymbol{B}^{\mathrm{T}}\boldsymbol{PBK}$$

根据引理 2.1 可知，矩阵不等式(4－106)等价于

$$\begin{bmatrix}\tilde{\boldsymbol{\Xi}}_{11} & \tilde{\boldsymbol{\Xi}}_{12} & \tilde{\boldsymbol{\Xi}}_{13}\\ * & \tilde{\boldsymbol{\Xi}}_{22} & \tilde{\boldsymbol{\Xi}}_{23}\\ * & * & \tilde{\boldsymbol{\Xi}}_{33}\end{bmatrix}\leqslant 0\tag{4-107}$$

式中

$$\tilde{\boldsymbol{\Xi}}_{11}=\boldsymbol{I}_N\otimes(\boldsymbol{PA}+\boldsymbol{A}^{\mathrm{T}}\boldsymbol{P}+\boldsymbol{Z}-e^{-\hat{\gamma}\bar{\tau}}\boldsymbol{P}+\boldsymbol{M}+\boldsymbol{Q}_{11})$$
$$\tilde{\boldsymbol{\Xi}}_{12}=\boldsymbol{I}_N\otimes\boldsymbol{PBK}+\boldsymbol{I}_N\otimes\mathrm{e}^{-\hat{\gamma}\bar{\tau}}\boldsymbol{P}$$
$$\tilde{\boldsymbol{\Xi}}_{13}=\boldsymbol{I}_N\otimes\bar{\tau}\boldsymbol{A}^{\mathrm{T}}\boldsymbol{P}$$
$$\tilde{\boldsymbol{\Xi}}_{22}=\boldsymbol{I}_N\otimes((\rho-1)\mathrm{e}^{-\hat{\gamma}\bar{\tau}}\boldsymbol{Z}-\mathrm{e}^{-\hat{\gamma}\bar{\tau}}\boldsymbol{P})$$
$$\tilde{\boldsymbol{\Xi}}_{23}=\boldsymbol{I}_N\otimes c\bar{\tau}\boldsymbol{K}^{\mathrm{T}}\boldsymbol{B}^{\mathrm{T}}\boldsymbol{P}$$
$$\tilde{\boldsymbol{\Xi}}_{33}=-\boldsymbol{I}_N\otimes\boldsymbol{P}$$

根据引理 4.1 可知，矩阵不等式(4－107)与如下矩阵不等式等价：

$$\begin{bmatrix}\boldsymbol{PA}+\boldsymbol{A}^{\mathrm{T}}\boldsymbol{P}+\boldsymbol{Z}-\mathrm{e}^{-\hat{\gamma}\bar{\tau}}\boldsymbol{P}+\boldsymbol{M}+\boldsymbol{Q}_{11} & \boldsymbol{PBK}+\mathrm{e}^{-\hat{\gamma}\bar{\tau}}\boldsymbol{P} & \bar{\tau}\boldsymbol{A}^{\mathrm{T}}\boldsymbol{P}\\ * & (\rho-1)\mathrm{e}^{-\hat{\gamma}\bar{\tau}}\boldsymbol{Z}-\mathrm{e}^{-\hat{\gamma}\bar{\tau}}\boldsymbol{P} & c\bar{\tau}\boldsymbol{K}^{\mathrm{T}}\boldsymbol{B}^{\mathrm{T}}\boldsymbol{P}\\ * & * & -\boldsymbol{P}\end{bmatrix}\leqslant 0\tag{4-108}$$

对矩阵不等式(4－108)的两端同时左乘和右乘矩阵 $\boldsymbol{P}^{-1}$，并令 $\boldsymbol{P}^{-1}=\tilde{\boldsymbol{P}}$ 有

$$\begin{bmatrix} A\widetilde{P}+\widetilde{P}A^{\mathrm{T}}+\widetilde{Z}-\mathrm{e}^{-\bar{\gamma}\tau}\widetilde{P}+\hat{M}+\widetilde{Q}_{11} & BK\widetilde{P}+\mathrm{e}^{-\bar{\gamma}\tau}\widetilde{P} & \bar{\tau}\widetilde{P}A^{\mathrm{T}} \\ * & (\rho-1)\mathrm{e}^{-\bar{\gamma}\tau}\widetilde{Z}-\mathrm{e}^{-\bar{\gamma}\tau}\widetilde{P} & c\bar{\tau}\widetilde{P}K^{\mathrm{T}}B^{\mathrm{T}} \\ * & * & -\widetilde{P} \end{bmatrix} \leqslant 0 \quad (4-109)$$

其中，$\widetilde{Z}=\widetilde{P}Z\widetilde{P}$，$\widetilde{M}=\widetilde{P}M\widetilde{P}$，$\widetilde{Q}_{11}=\widetilde{P}Q_{11}\widetilde{P}$。根据前述给出的控制增益表达式 $K=\widetilde{K}\widetilde{P}^{-1}$，即 $\widetilde{K}=K\widetilde{P}$ 易知，矩阵不等式(4－109) 和式(4－90) 等价。

综上所述可知，式(4－90)⇔ 式(4－109)⇔ 式(4－108)⇔ 式(4－107)⇔ 式(4－106)⇔ 式(4－105)⇒ 式(4－103)⇒ 式(4－98)⇒ 系统式(4－89) 渐进稳定。因此，当式(4－90) 成立时，系统式(4－89) 是渐近稳定的。

接下来分析式(4－104) 中描述的矩阵 Q 的非负定性。若要保证矩阵 Q 的非负定性，即 $Q\geqslant 0$，则首先须保证 Q 的主对角元矩阵是非负定的，即 $Q_{11}\geqslant 0$ 和 $Q_{22}\geqslant 0$。$Q_{11}\geqslant 0$ 很容易满足，而 $Q_{22}\geqslant 0$ 则可以利用条件 $c\geqslant\sqrt{\lambda_{\max}(L_1^{\mathrm{T}}L_1)}$ 来保证。此外，根据式(4－104)，并利用引理 2.1 可知，$Q\geqslant 0$ 等价于如下不等式：

$$I_N\otimes Q_{11}-Q_{12}\,Q_{22}^{-1}\,Q_{12}^{\mathrm{T}}\geqslant 0 \quad (4-110)$$

因此，若 $Q_{11}\geqslant 0$、$c\geqslant\sqrt{\lambda_{\max}(L_1^{\mathrm{T}}L_1)}$ 且式(4－110) 成立，则矩阵 Q 是非负定的，即 $Q\geqslant 0$。

证毕。

4.5.2 降阶效果分析

为分析本节所提出降阶方法的有效性，将对 4.3 节中线性矩阵不等式(4－9)、式(4－10)、式(4－11) 和式(4－12) 的计算复杂度，4.4 节中线性矩阵不等式(4－49)、式(4－50)、式(4－51) 和式(4－52) 的计算复杂度和本节中线性矩阵不等式(4－90) 的计算复杂度进行对比分析。

(1) 若利用 4.3 节中的方法，则待求的线性矩阵不等式为式(4－9)、式(4－10)、式(4－11) 和式(4－12)，这些矩阵不等式决策标量的总个数为 $N_{D1}=4\times(1+2+3+\cdots+p)+(1+2+3\cdots+q)+2=2p(1+p)+q(1+q)+2$，矩阵的总行数为 $N_{L1}=6Np+2p+3$，其中，p 为系统状态变量的维数；q 为系统输入变量的维数；N 为智能体的总个数。

(2) 若利用 4.4 节中提出的方法，则待求的线性矩阵不等式为式(4－49)、式(4－50)、式(4－51) 和式(4－52)，这些矩阵不等式决策标量的总个数为 $N_{D2}=5\times(1+2+3+\cdots+p)+(1+2+3\cdots+q)+2=2.5p(1+p)+q(1+q)+2$，矩阵的总行数为 $N_{L2}=12p+2$。

(3) 若利用本节提出的方法，则待求的线性矩阵不等式为式(4－90)，该矩阵不等式决策标量的总个数为 $N_{D3}=4\times(1+2+3+\cdots+p)+p\times q=2p(1+p)+pq$，矩阵的总行数为 $N_{L3}=3p$。

综上所述可知，与 4.3 节中的方法相比，在利用本节所提出的降阶方法时，决策标量总个数的具体差值为 $N_{D3}-N_{D1}=pq-q^2-q-2$，这一差值只与系统状态变量的维数 p 和控制输入变量的维数 q 有关，而与网络中智能体的总个数 N 是无关的，也就意味着无论整个网络中存在多少个智能体，这个差值始终保持不变。与 4.3 节的方法相比，在利用本节所提出的方法时，待求矩阵不等式的总行数将会大幅减少，尤其对于大规模多智能体网络的情况（N 值较大）。而 $N_{L1}-N_{L3}=p(6N-1)+3$，也就意味着当整个网络中存在大量智能体，即 N 的值很大时，差值 $N_{L1}-N_{L3}$ 将会非常大。此外，与 4.4 节的方法相比，在利用本节所提出的方法时，决策标量总个数的差值为

$$\begin{aligned} N_{D2} - N_{D3} &= 0.5p(1+p) + q^2 - pq + q + 2 = \\ &0.5p + 0.25p^2 + (0.25p^2 + q^2 - pq) + q + 2 = \\ &0.5p + 0.25p^2 + (0.5p - q)^2 + q + 2 > 0 \end{aligned} \tag{4-111}$$

待求矩阵不等式总行数的差值为 $N_{L2} - N_{L3} = 9p + 2$。因此，与 4.4 节中的方法相比，在利用本节所提出的方法时，待求矩阵不等式中决策标量总个数和总行数均会减少，即本节提出的降阶方法更为有效。

4.5.3　仿真算例

本部分将以分布式卫星相对轨道转移和保持问题为背景来验证 4.5.1 节提出方法的有效性。考虑系统中有 13 个卫星(12 个跟随者和 1 个领航者)，卫星间的通信拓扑结构如图 4 - 15 所示，其中，0 号节点表示领航者；其余节点表示跟随者。

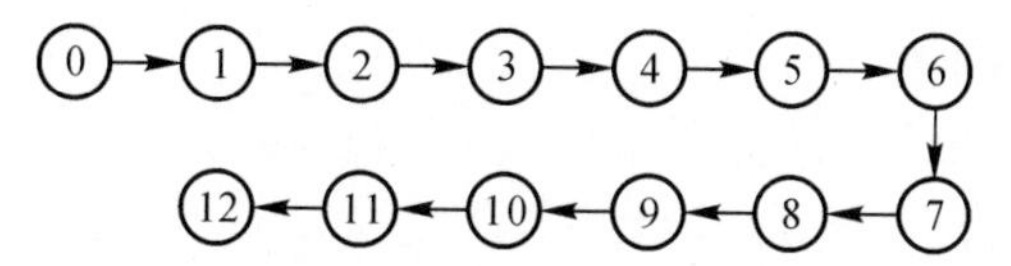

图 4 - 15　跟随者与领航者之间的通信拓扑图

在本节的仿真算例中，仍假设参考点轨道为圆形，且卫星间相对距离远小于地心距，则根据 4.3.2 节可知，卫星与参考点之间的相对运动方程可以化作如下所示的状态空间方程的形式：

$$\dot{\boldsymbol{x}}_i(t) = \boldsymbol{A}\boldsymbol{x}_i(t) + \boldsymbol{B}\boldsymbol{u}_i(t), \quad i = 0,1,2,\cdots,12 \tag{4-112}$$

式中

$$\boldsymbol{x}_i(t) = \begin{bmatrix} x_i(t) \\ y_i(t) \\ z_i(t) \\ \dot{x}_i(t) \\ \dot{y}_i(t) \\ \dot{z}_i(t) \end{bmatrix}, \quad \boldsymbol{u}_i(t) = \begin{bmatrix} u_{ix}(t) \\ u_{iy}(t) \\ u_{iz}(t) \end{bmatrix}$$

$$\boldsymbol{A} = \begin{bmatrix} 0 & 0 & 0 & 1 & 0 & 0 \\ 0 & 0 & 0 & 0 & 1 & 0 \\ 0 & 0 & 0 & 0 & 0 & 1 \\ 3\omega_r^2 & 0 & 0 & 0 & 2\omega_r & 0 \\ 0 & 0 & 0 & -2\omega_r & 0 & 0 \\ 0 & 0 & -\omega_r^2 & 0 & 0 & 0 \end{bmatrix}, \quad \boldsymbol{B} = \begin{bmatrix} 0 & 0 & 0 \\ 0 & 0 & 0 \\ 0 & 0 & 0 \\ 1 & 0 & 0 \\ 0 & 1 & 0 \\ 0 & 0 & 1 \end{bmatrix}$$

且 $\omega_r = \sqrt{\mu_0 / r_0^3}$ 为参考点轨道的角速度；$\mu_0 = 3.986 \times 10^5\ \mathrm{kg/m^3}$ 为地球引力系数；r_0 为地心距。此外，假设 $\boldsymbol{u}_0(t) = 0$。由于系统式(4 - 112) 和式(4 - 1) 的形式相同，因此 4.5.1 节中提出的针对系统式(4 - 1) 的理论方法能够应用于系统式(4 - 112) 中。

取参考星的轨道高度为 30 000 km,则可以计算出其轨道角速度为 $\omega_0 = 9.102 \times 10^{-5}$ rad/s。取 12 个跟随者控制输入中存在的时延参数为 $\tau_1(t) = \tau_2(t) = \cdots = \tau_6(t) = 2\sin(0.2t) + 2$, $\tau_7(t) = \tau_8(t) = \cdots = \tau_{12}(t) = 2\cos(0.2t) + 2$。根据选取的时延参数,取 $\bar{\tau} = 4$ 和 $\rho = 0.4$。令参数 $\hat{\gamma} = 1.2$,则利用定理 4.3,可以分别求解出矩阵 $\widetilde{\boldsymbol{P}}$ 和 $\widetilde{\boldsymbol{K}}$ 为

$$\widetilde{\boldsymbol{P}} = \begin{bmatrix} 423.35 & -0.0047 & 0 & -0.95 & -0.037 & 0 \\ -0.0047 & 423.39 & 0 & 0.037 & -0.95 & 0 \\ 0 & 0 & 423.39 & 0 & 0 & -0.95 \\ -0.95 & 0.037 & 0 & 0.013 & 0 & 0 \\ -0.037 & -0.95 & 0 & 0 & 0.013 & 0 \\ 0 & 0 & -0.95 & 0 & 0 & 0.013 \end{bmatrix}$$

$$\widetilde{\boldsymbol{K}} = \begin{bmatrix} -441.14 & -1.92 & 0 & -7.61 & 0.019 & 0 \\ 1.96 & -441.08 & 0 & -0.019 & -7.61 & 0 \\ 0 & 0 & -441.12 & 0 & 0 & -7.62 \end{bmatrix} \times 10^{-5}$$

进而可以计算出控制增益矩阵为

$$\boldsymbol{K} = \widetilde{\boldsymbol{K}}\widetilde{\boldsymbol{P}}^{-1} = \begin{bmatrix} -2.77 & 0.059 & 0 & -771.49 & -2.17 & 0 \\ -0.058 & -2.77 & 0 & 2.17 & -771.46 & 0 \\ 0 & 0 & -2.77 & 0 & 0 & -771.46 \end{bmatrix} \times 10^{-5}$$

取 13 个卫星与参考点之间的相对状态初值(领航者的初值 $X_0(0)$ 按照 4.3.2 节中给出的初值选取准则选取,单位为 m) 分别为:

$$\boldsymbol{x}_0(0) = \begin{bmatrix} 1\,000 \\ 1\,000 \\ -100 \\ 0.046 \\ -0.18 \\ 0.1 \end{bmatrix}, \quad \boldsymbol{x}_1(0) = \begin{bmatrix} 800 \\ -800 \\ 80 \\ -0.08 \\ 0.08 \\ -0.08 \end{bmatrix}, \quad \boldsymbol{x}_2(0) = \begin{bmatrix} -800 \\ 800 \\ -80 \\ 0.08 \\ -0.08 \\ 0.08 \end{bmatrix}, \quad \boldsymbol{x}_3(0) = \begin{bmatrix} 1\,500 \\ -1\,500 \\ 150 \\ -0.15 \\ 0.15 \\ -0.15 \end{bmatrix}$$

$$\boldsymbol{x}_4(0) = \begin{bmatrix} -1\,500 \\ 1\,500 \\ -150 \\ 0.15 \\ -0.15 \\ 0.15 \end{bmatrix}, \quad \boldsymbol{x}_5(0) = \begin{bmatrix} 2\,000 \\ -2\,000 \\ 200 \\ -0.2 \\ 0.2 \\ -0.2 \end{bmatrix}, \quad \boldsymbol{x}_6(0) = \begin{bmatrix} -2\,000 \\ 2\,000 \\ -200 \\ 0.2 \\ -0.2 \\ 0.2 \end{bmatrix}$$

$$\boldsymbol{x}_7(0) = \begin{bmatrix} 2\,500 \\ -2\,500 \\ 250 \\ -0.25 \\ 0.25 \\ -0.25 \end{bmatrix}, \quad \boldsymbol{x}_8(0) = \begin{bmatrix} -2\,500 \\ 2\,500 \\ -250 \\ 0.25 \\ -0.25 \\ 0.25 \end{bmatrix}, \quad \boldsymbol{x}_9(0) = \begin{bmatrix} 3\,000 \\ -3\,000 \\ 300 \\ -0.3 \\ 0.3 \\ -0.3 \end{bmatrix}$$

$$\boldsymbol{x}_{10}(0)=\begin{bmatrix}-3\ 000\\3\ 000\\-300\\0.3\\-0.3\\0.3\end{bmatrix},\quad \boldsymbol{x}_{11}(0)=\begin{bmatrix}3\ 500\\-3\ 500\\350\\-0.35\\0.35\\-0.35\end{bmatrix},\quad \boldsymbol{x}_{12}(0)=\begin{bmatrix}-3\ 500\\3\ 500\\-350\\0.35\\-0.35\\0.35\end{bmatrix}$$

接下来绘制 13 个卫星在与参考点相对坐标系下的三轴位置、速度以及控制输入曲线，如图 4-16～图 4-18 所示。

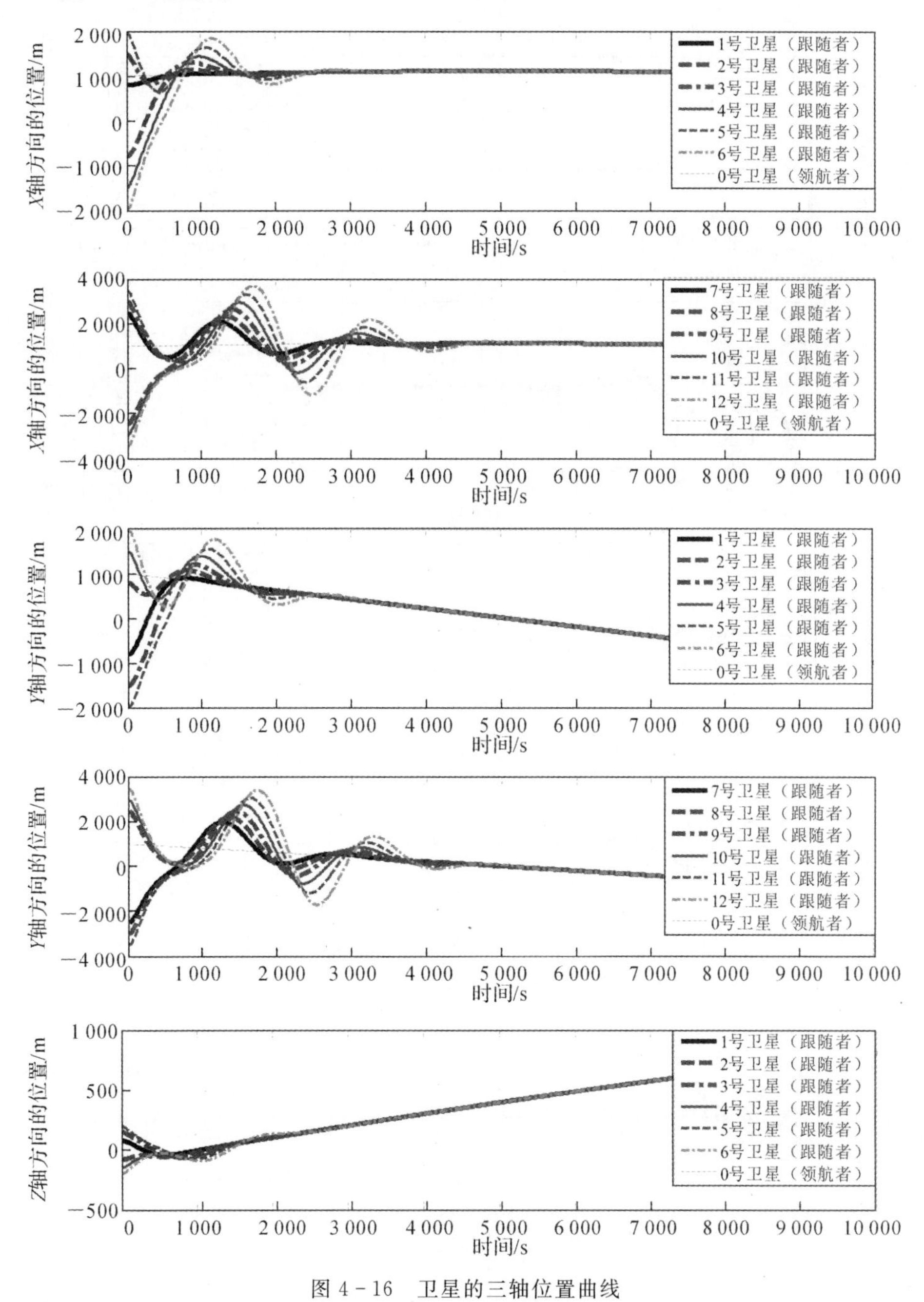

图 4-16　卫星的三轴位置曲线

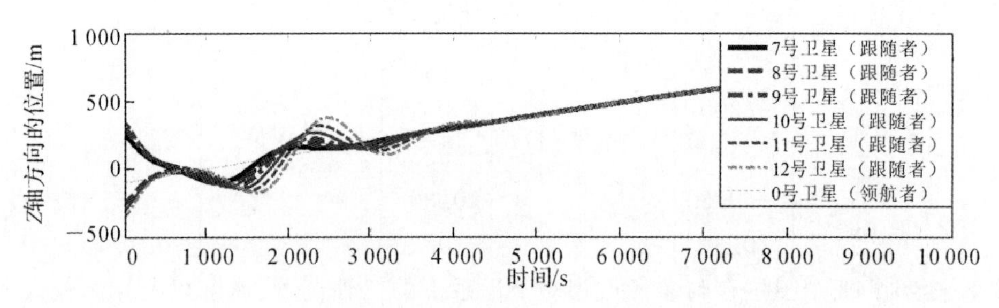

续图 4-16　卫星的三轴位置曲线

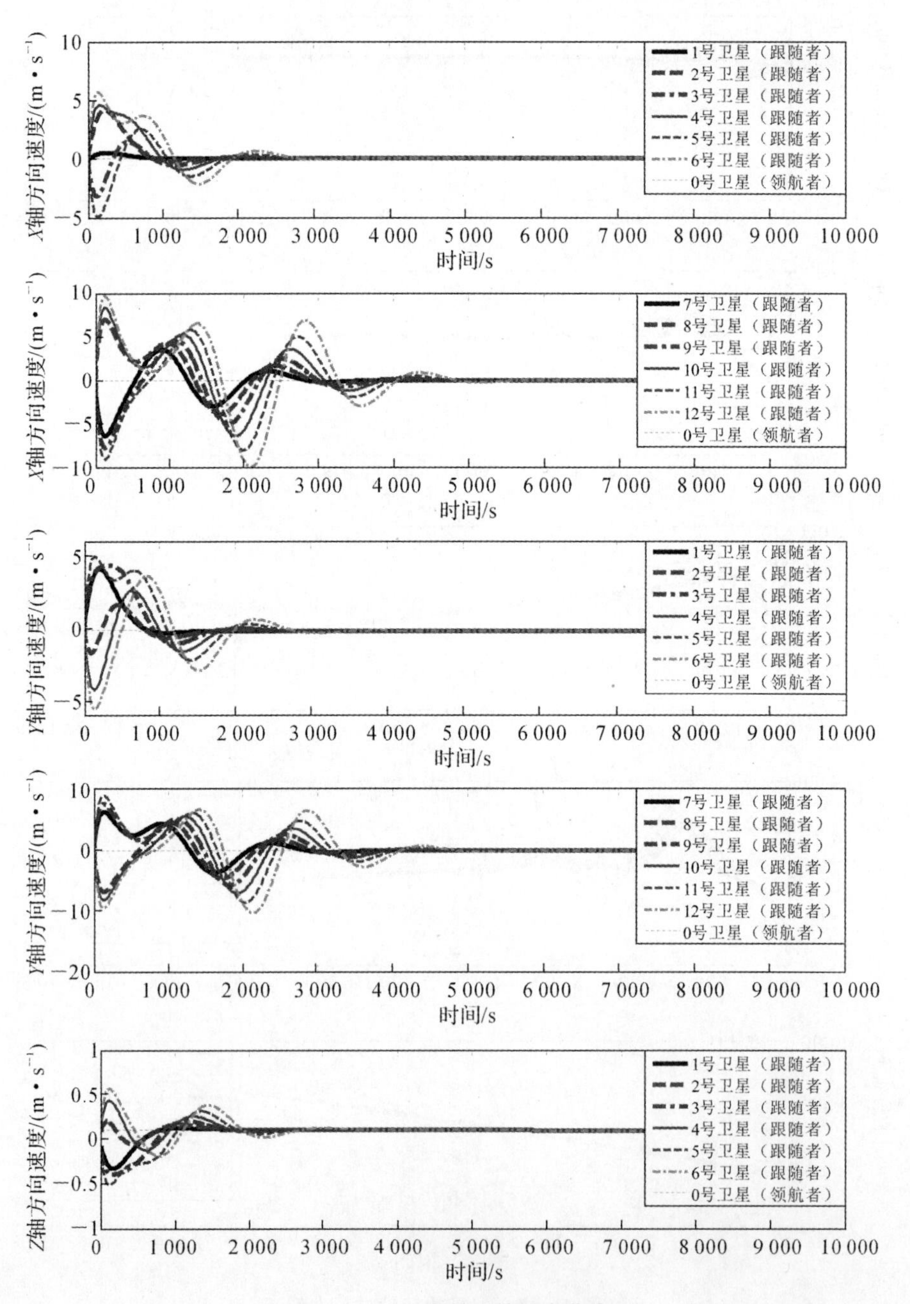

图 4-17　卫星的三轴速度曲线

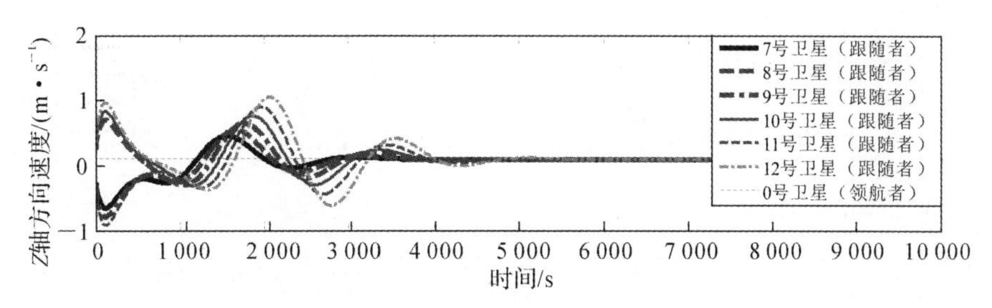

续图 4－17　卫星的三轴速度曲线

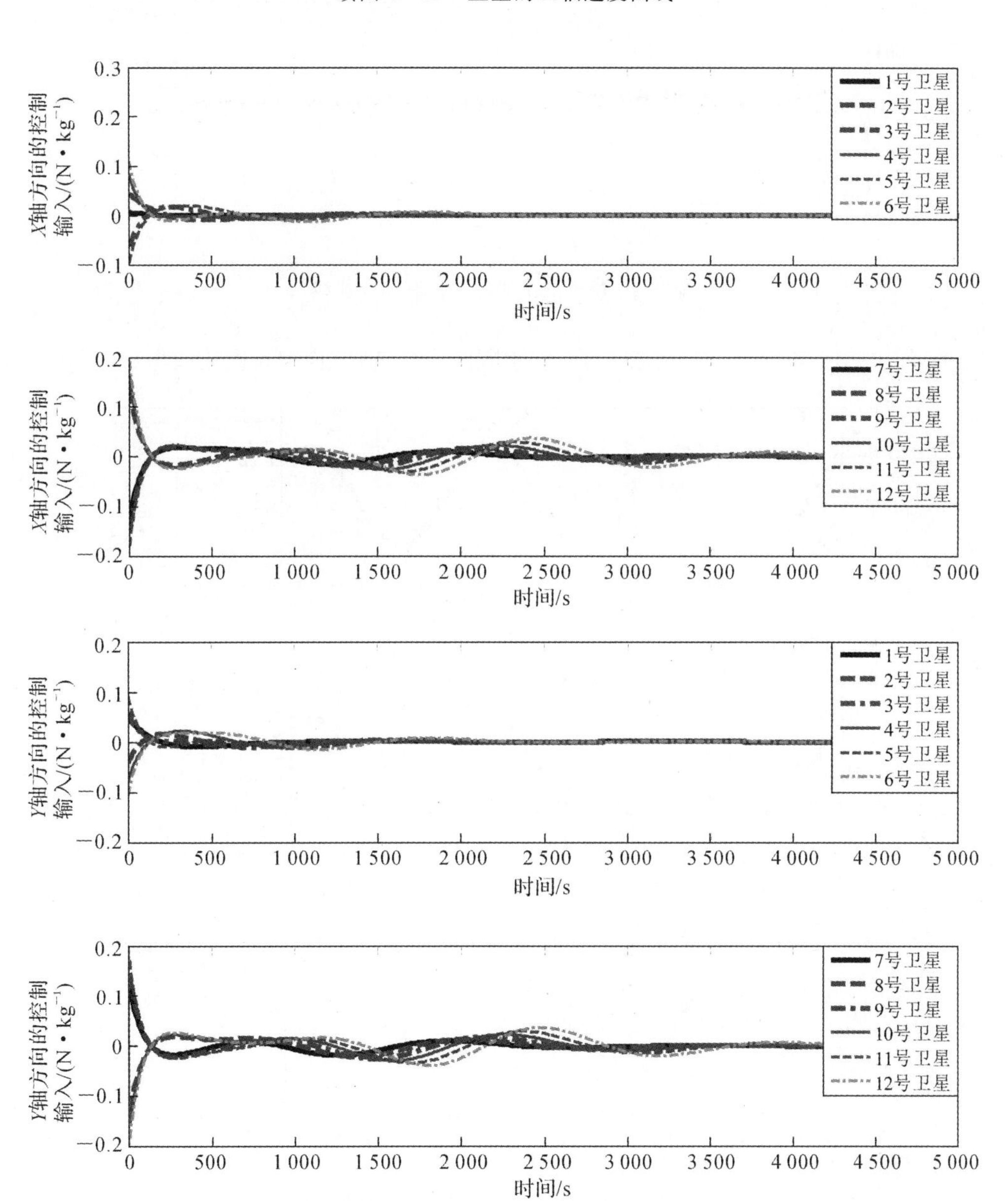

图 4－18　卫星的三轴控制输入曲线

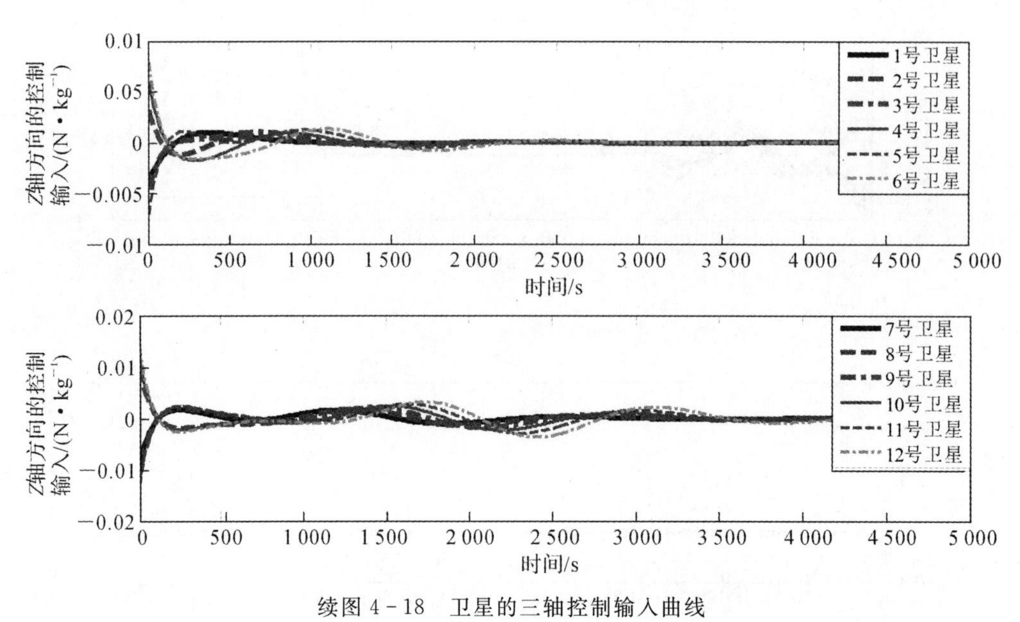

续图 4-18　卫星的三轴控制输入曲线

此外,图 4-19 和图 4-20 还给出了稳态时卫星的三轴位置和速度曲线。

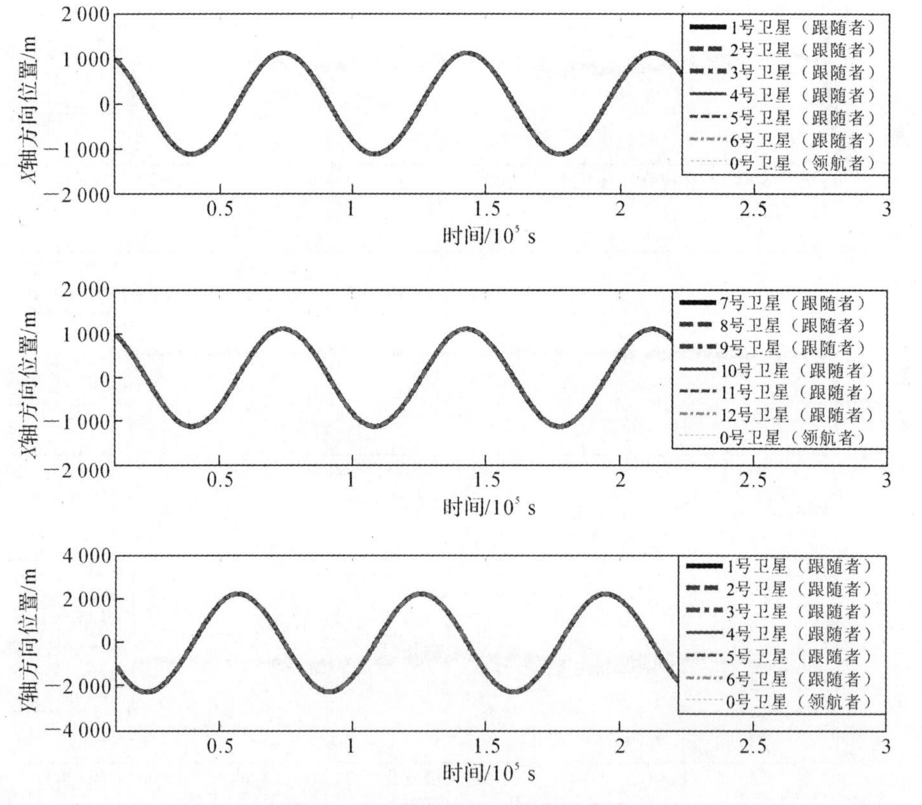

图 4-19　稳态时的三轴位置曲线

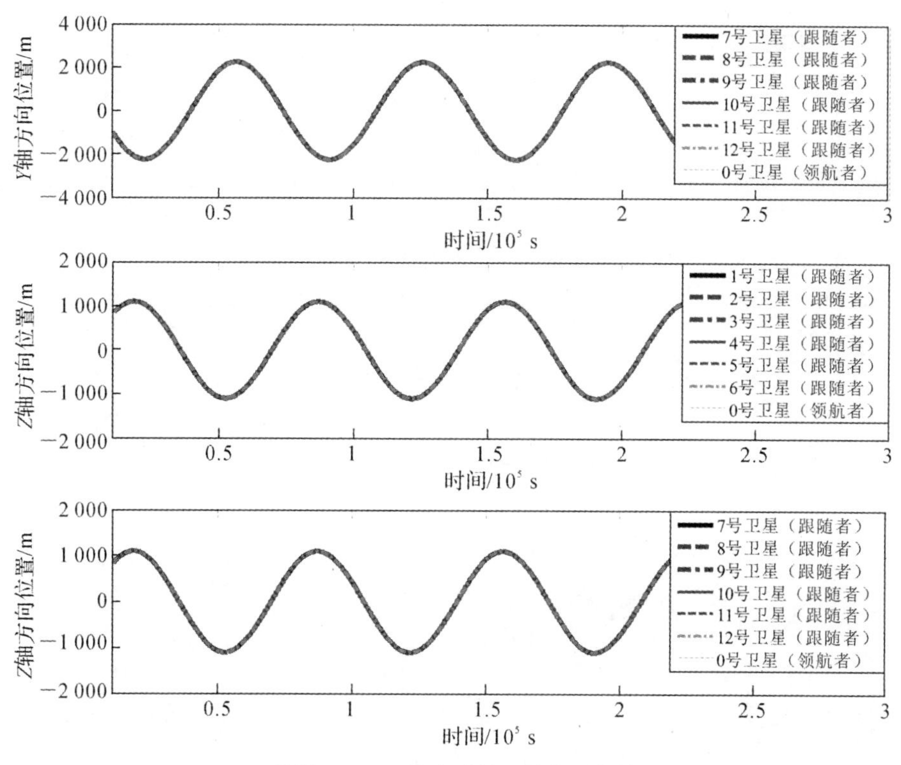

续图 4－19　稳态时的三轴位置曲线

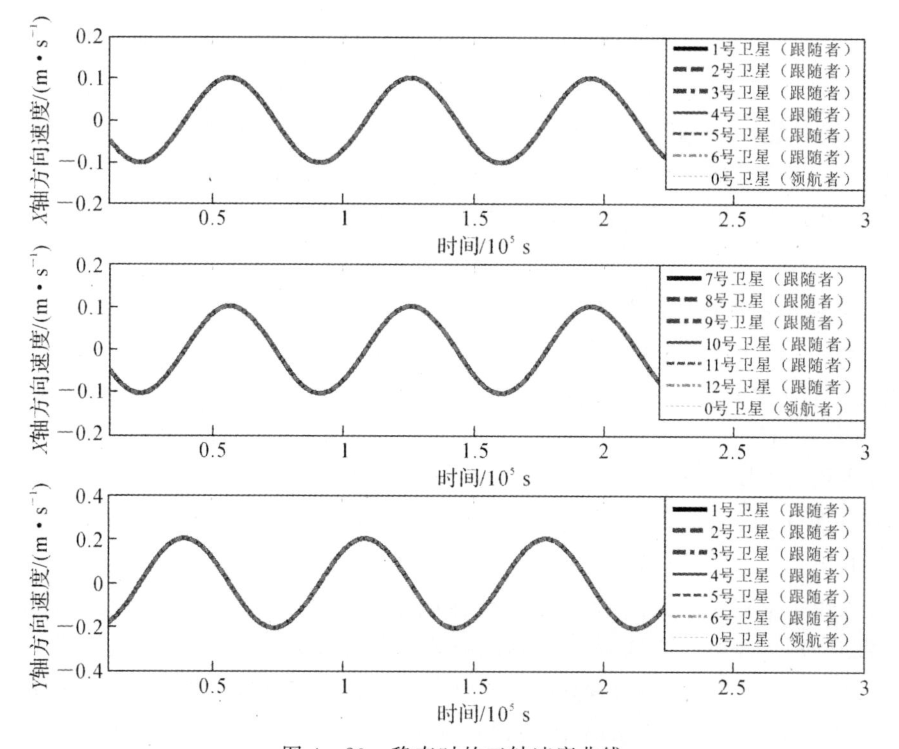

图 4－20　稳态时的三轴速度曲线

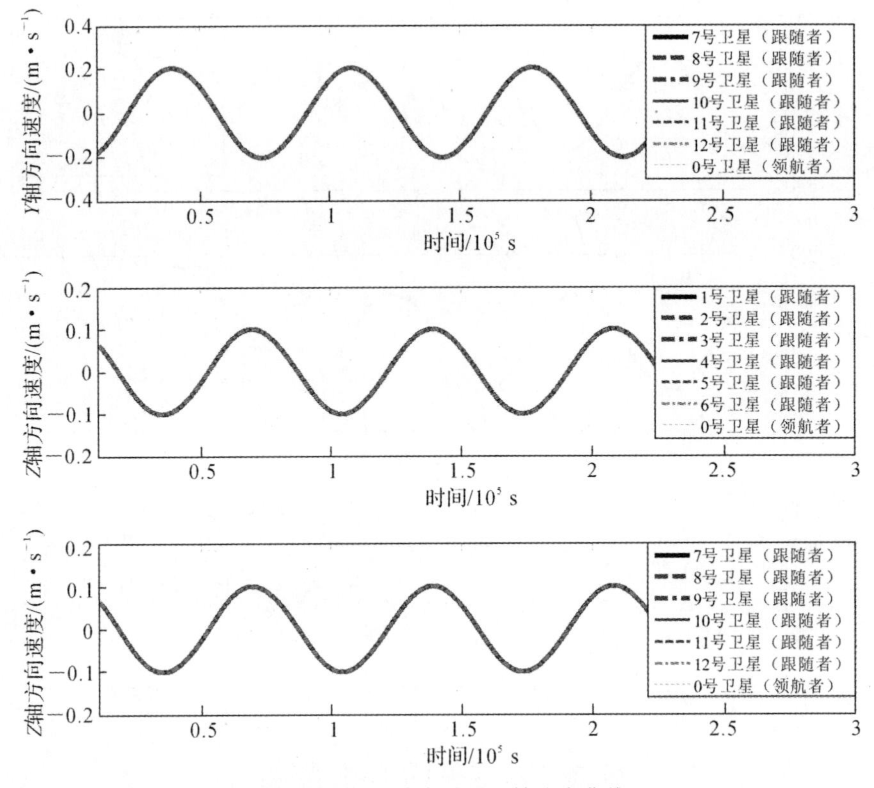

续图 4-20　稳态时的三轴速度曲线

从图 4-16 和图 4-17 中可以看出，利用本节提出的算法，能够保证 12 个跟随者的状态跟踪上领航者的状态，跟踪时间约为 5 000 s。从图 4-18 中可以看出，整个控制过程中所需的控制力最大值(绝对值) 均不超过 0.2 N/kg。从图 4-19 和图 4-20 中可以看出，12 个跟随者在跟踪上领航者之后，均能够以参考点为中心进行周期性运动，并不会产生漂移。综上所述可知，本节所提出的算法能够以较小的控制力保证 12 个跟随者跟踪上领航者，即 $\lim_{t\to\infty}\|\boldsymbol{x}_i(t)-\boldsymbol{x}_0(t)\|=0$。

接下来分析本章提出的降阶方法的具体效果。

(1) 若利用 4.3 节中的方法，待求的线性矩阵不等式为式(4-9)、式(4-10)、式(4-11) 和式(4-12)，决策标量的总个数为 $N_{D1}=2p(1+p)+q(1+q)+2=98$，矩阵的总行数为 $N_{L1}=6Np+2p+3=447$。

(2) 若利用 4.4 节中的方法，待求线性矩阵不等式为式(4-49)、式(4-50)、式(4-51) 和式(4-52)，决策标量总数为 $N_{D2}=2.5p(1+p)+q(1+q)+2=119$，矩阵的总行数为 $N_{L2}=12p+2=74$。

(3) 若利用本节提出的方法，则待求的线性矩阵不等式为式(4-90)，该矩阵不等式决策标量的总个数为 $N_{D3}=2p(1+p)+pq=102$，矩阵的总行数为 $N_{L3}=3p=18$。

因此，相比于 4.4 节的方法，本节提出的改进降阶方法能够进一步地降低线性矩阵不等式的计算复杂度。表 4-2 分别给出了在 4.3 节中的方法、4.4 节中的方法和本节提出的方法作用下，计算线性矩阵不等式所需的具体时间(仿真所采用的计算机配置如下：处理器为

i7-7660四核 2.50 GHz,内存为 16 GB)。

表 4-2　仿真时间

	4.3节的方法	4.4节的方法	本节提出的方法
仿真时间/s	982.12	0.46	0.11

从表 4-2 中可以看出,利用本节所提出的改进降阶方法能够进一步地减少求解线性矩阵不等式所需的时间。

仿真程序:

整个 Simulink 主程序较庞大,本环节内容将略去 Simulink 主程序的完整模块图,基本原理示意图如图 4-14 所示。此外,被控对象程序和作图程序与 4.4.3 节相同,此处略去,只给出控制增益的程序。

下面是求解控制增益 $\boldsymbol{K}$ 的程序。

```
a1_0=1;a1_1=0;a1_2=0;a1_3=0;a1_4=0;a1_5=0;a1_6=0;a1_7=0; a1_8=0;a1_9=0;a1_10=0;
a1_11=0;a1_12=0;
a2_0=0;a2_1=1;a2_2=0;a2_3=0;a2_4=0;a2_5=0;a2_6=0;a2_7=0; a2_8=0;a2_9=0;a2_10=0;
a2_11=0;a2_12=0;
a3_0=0;a3_1=0;a3_2=1;a3_3=0;a3_4=0;a3_5=0;a3_6=0;a3_7=0; a3_8=0;a3_9=0;a3_10=0;
a3_11=0;a3_12=0;
a4_0=0;a4_1=0;a4_2=0;a4_3=1;a4_4=0;a4_5=0;a4_6=0;a4_7=0; a4_8=0;a4_9=0;a4_10=0;
a4_11=0;a4_12=0;
a5_0=0;a5_1=0;a5_2=0;a5_3=0;a5_4=1;a5_5=0;a5_6=0; a5_7=0;a5_8=0;a5_9=0;a5_10=0;
a5_11=0;a5_12=0;
a6_0=0;a6_1=0;a6_2=0;a6_3=0;a6_4=0;a6_5=1;a6_6=0;a6_7=0; a6_8=0;a6_9=0;a6_10=0;
a6_11=0;a6_12=0;
a7_0=0;a7_1=0;a7_2=0;a7_3=0;a7_4=0;a7_5=0;a7_6=1;a7_7=0; a7_8=0;a7_9=0;a7_10=0;
a7_11=0;a7_12=0;
a8_0=0;a8_1=0;a8_2=0;a8_3=0;a8_4=0;a8_5=0;a8_6=0;a8_7=1; a8_8=0;a8_9=0;a8_10=0;
a8_11=0;a8_12=0;
a9_0=0;a9_1=0;a9_2=0;a9_3=0;a9_4=0;a9_5=0;a9_6=0;a9_7=0; a9_8=1;a9_9=0;a9_10=0;
a9_11=0;a9_12=0;
a10_0=0;a10_1=0;a10_2=0;a10_3=0;a10_4=0;a10_5=0;a10_6=0; a10_7=0;a10_8=0;a10_9=1;
a10_10=0;a10_11=0;a10_12=0;
a11_0=0;a11_1=0;a11_2=0;a11_3=0;a11_4=0;a11_5=0;a11_6=0; a11_7=0;a11_8=0;a11_9=0;
a11_10=1;a11_11=0;a11_12=0;
a12_0=0;a12_1=0;a12_2=0;a12_3=0;a12_4=0;a12_5=0;a12_6=0; a12_7=0;a12_8=0;a12_9=0;
a12_10=0;a12_11=1;a12_12=0;
l1_1=a1_0+a1_1+a1_2+a1_3+a1_4+a1_5+a1_6+a1_7+a1_8+a1_9+a1_10+a1_11+a1_12;
l2_2=a2_0+a2_1+a2_2+a2_3+a2_4+a2_5+a2_6+a2_7+a2_8+a2_9+a2_10+a2_11+a2_12;
l3_3=a3_0+a3_1+a3_2+a3_3+a3_4+a3_5+a3_6+a3_7+a3_8+a3_9+a3_10+a3_11+a3_12;
l4_4=a4_0+a4_1+a4_2+a4_3+a4_4+a4_5+a4_6+a4_7+a4_8+a4_9+a4_10+a4_11+a4_12;
l5_5=a5_0+a5_1+a5_2+a5_3+a5_4+a5_5+a5_6+a5_7+a5_8+a5_9+a5_10+a5_11+a5_12;
```

```
l6_6=a6_0+a6_1+a6_2+a6_3+a6_4+a6_5+a6_6+a6_7+a6_8+a6_9+a6_10+a6_11+a6_12;
l7_7=a7_0+a7_1+a7_2+a7_3+a7_4+a7_5+a7_6+a7_7+a7_8+a7_9+a7_10+a7_11+a7_12;
l8_8=a8_0+a8_1+a8_2+a8_3+a8_4+a8_5+a8_6+a8_7+a8_8+a8_9+a8_10+a8_11+a8_12;
l9_9=a9_0+a9_1+a9_2+a9_3+a9_4+a9_5+a9_6+a9_7+a9_8+a9_9+a9_10+a9_11+a9_12;
l10_10=a10_0+a10_1+a10_2+a10_3+a10_4+a10_5+a10_6+a10_7+a10_8+a10_9+a10_10+a10_
11+a10_12;
l11_11=a11_0+a11_1+a11_2+a11_3+a11_4+a11_5+a11_6+a11_7+a11_8+a11_9+a11_10+a11_
11+a11_12;
l12_12=a12_0+a12_1+a12_2+a12_3+a12_4+a12_5+a12_6+a12_7+a12_8+a12_9+a12_10+a12_
11+a12_12;
L=[l1_1 -a1_2 -a1_3 -a1_4 -a1_5 -a1_6 -a1_7 -a1_8 -a1_9 -a1_10 -a1_11 -a1_12;
   -a2_1 l2_2 -a2_3 -a2_4 -a2_5 -a2_6 -a2_7 -a2_8 -a2_9 -a2_10 -a2_11 -a2_12;
   -a3_1 -a3_2 l3_3 -a3_4 -a3_5 -a3_6 -a3_7 -a3_8 -a3_9 -a3_10 -a3_11 -a3_12;
   -a4_1 -a4_2 -a4_3 l4_4 -a4_5 -a4_6 -a4_7 -a4_8 -a4_9 -a4_10 -a4_11 -a4_12;
   -a5_1 -a5_2 -a5_3 -a5_4 l5_5 -a5_6 -a5_7 -a5_8 -a5_9 -a5_10 -a5_11 -a5_12;
   -a6_1 -a6_2 -a6_3 -a6_4 -a6_5 l6_6 -a6_7 -a6_8 -a6_9 -a6_10 -a6_11 -a6_12;
   -a7_1 -a7_2 -a7_3 -a7_4 -a7_5 -a7_6 l7_7 -a7_8 -a7_9 -a7_10 -a7_11 -a7_12;
   -a8_1 -a8_2 -a8_3 -a8_4 -a8_5 -a8_6 -a8_7 l8_8 -a8_9 -a8_10 -a8_11 -a8_12;
   -a9_1 -a9_2 -a9_3 -a9_4 -a9_5 -a9_6 -a9_7 -a9_8 l9_9 -a9_10 -a9_11 -a9_12;
   -a10_1 -a10_2 -a10_3 -a10_4 -a10_5 -a10_6 -a10_7 -a10_8 -a10_9 l10_10 -a10_11 -a10_12;
   -a11_1 -a11_2 -a11_3 -a11_4 -a11_5 -a11_6 -a11_7 -a11_8 -a11_9 -a11_10 l11_11 -a11_12;
   -a12_1 -a12_2 -a12_3 -a12_4 -a12_5 -a12_6 -a12_7 -a12_8 -a12_9 -a12_10 -a12_11 l12_12];
a=36371;
miu=398600;
w0=sqrt(miu/a^3);
A=[0          0     0       1        0       0;
   0          0     0       0        1       0;
   0          0     0       0        0       1;
   3*w0^2     0     0       0        2*w0    0;
   0          0     0       -2*w0    0       0;
   0          0     -w0^2   0        0       0];
B=[0  0  0;
   0  0  0;
   0  0  0;
   1  0  0;
   0  1  0;
   0  0  1];
tao=4;rou=0.4;gamma=1.2;c=sqrt(max(eig(L'*L)));
setlmis([])
P=lmivar(1,[6 1]);
Q11=lmivar(1,[6,1]);
M=lmivar(1,[6,1]);
Z=lmivar(1,[6,1]);
```

```
K_hat=lmivar(2,[3,6]);
Fir=newlmi;
lmiterm([Fir 1 1 P],1,A');
lmiterm([Fir 1 1 P],A,1);
lmiterm([Fir 1 1 Z],1,1);
lmiterm([Fir 1 1 P],-1,exp(-gamma * tao));
lmiterm([Fir 1 1 M],1,1);
lmiterm([Fir 1 1 Q11],1,1);
lmiterm([Fir 1 2 P],1,exp(-gamma * tao));
lmiterm([Fir 1 2 K_hat],B,1);
lmiterm([Fir 1 3 P],tao,A');
lmiterm([Fir 2 2 Z],(rou-1) * exp(-gamma * tao),1);
lmiterm([Fir 2 2 P],-1,exp(-gamma * tao));
lmiterm([Fir 2 3 -K_hat],c * tao,B');
lmiterm([Fir 3 3 P],-1,1);
Tri=newlmi;
lmiterm([Tri 1 1 P],-1,1);
Four=newlmi;
lmiterm([Four 1 1 Q11],-1,1);
Five=newlmi;
lmiterm([Five 1 1 M],-1,1);
Seven=newlmi;
lmiterm([Seven 1 1 Z],-1,1);
lmis=getlmis;
[tmin,xfeas]=feasp(lmis);
P_tilde=(dec2mat(lmis,xfeas,P));
K_tilde=(dec2mat(lmis,xfeas,K_hat));
K=K_tilde * inv(P_tilde);
```

4.6　本章小结

本章针对含有输入时延的线性多智能体系统协同控制问题，提出了分布式协同控制算法，证明了算法能够保证多智能体系统的“领航-跟踪”一致性。此外，针对线性矩阵不等式在大规模多智能体网络下的计算复杂度问题，本章还提出了两种有效的降阶方法，并对两种方法进行了分析和对比。在仿真应用部分，将本章提出的理论方法应用于分布式卫星相对轨道转移问题中，仿真结果表明，本章提出的分布式协同控制律能有效地保证多个跟随者卫星以较小的控制力跟踪上领航者卫星，并在目标轨道内进行周期性运行。另外，利用本章提出的降阶方法还可以大幅度减少求解线性矩阵不等式所需的时间。

第5章　线性多智能体系统鲁棒协同控制

5.1　研究背景

在实际环境中，许多因素会对控制系统产生干扰。例如：对于卫星来说，有地球非球形引力摄动、太阳光压和空间电磁干扰等；对于无人机来说，有风扰动；对于海面无人船来说，有洋流扰动和海浪等。若对外界环境干扰处理不当，将会导致控制系统性能降低甚至发散，无法满足任务需求。因此，考虑外干扰存在的鲁棒控制问题值得研究。本章将针对含有外干扰的线性多智能体系统，分别设计三种鲁棒控制算法：①积分型滑模控制算法；②基于低通滤波器的动态滑模控制算法；③H_∞控制算法。

5.2　问题构建

考虑连续时间高阶线性多智能体系统，系统的状态方程如下：

$$\dot{\boldsymbol{x}}_i(t)=\boldsymbol{A}\boldsymbol{x}_i(t)+\boldsymbol{B}\boldsymbol{u}_i(t)+\boldsymbol{B}\boldsymbol{w}_i(t),\quad i=0,1,\cdots,N \tag{5-1}$$

其中，下角标 i 表示第 i 个智能体；$\boldsymbol{x}_i(t)\in\mathbf{R}^{p\times 1}$ 表示系统的状态变量；$\boldsymbol{u}_i(t)\in\mathbf{R}^{q\times 1}$ 表示系统的控制输入；$\boldsymbol{w}_i(t)\in\mathbf{R}^{q\times 1}$ 表示系统的外干扰输入；$\boldsymbol{A}$ 和 $\boldsymbol{B}$ 为系统的参数矩阵。

令智能体节点 v_0 为虚拟领航者，并假设 $\boldsymbol{u}_0(t)=\boldsymbol{w}_0(t)=0$，定义如下变量：

$$\boldsymbol{\xi}_i(t)=\sum_{j=0}^{N}a_{ij}(\boldsymbol{x}_i(t)-\boldsymbol{x}_j(t)) \tag{5-2}$$

再令 $\boldsymbol{\xi}(t)=[\boldsymbol{\xi}_1^{\mathrm{T}}(t)\quad\cdots\quad\boldsymbol{\xi}_N^{\mathrm{T}}(t)]^{\mathrm{T}}$，$\boldsymbol{X}(t)=[\boldsymbol{x}_1^{\mathrm{T}}(t)\quad\cdots\quad\boldsymbol{x}_N^{\mathrm{T}}(t)]^{\mathrm{T}}$，则有

$$\boldsymbol{\xi}(t)=(\boldsymbol{L}_1\otimes\boldsymbol{I}_p)(\boldsymbol{X}(t)-\boldsymbol{1}_N\otimes\boldsymbol{x}_0(t)) \tag{5-3}$$

根据引理2.3可知，若拓扑图$\mathcal{G}$包含一个有向生成树，且生成树的根节点为虚拟领航者 v_0，则矩阵 $\boldsymbol{L}_1$ 为满秩矩阵。因此，跟随者能够跟踪上虚拟领航者的充分必要条件为$\lim\limits_{t\to\infty}\|\boldsymbol{\xi}(t)\|=0$。

根据系统式(5-1)可知，当 $i=1,\cdots,N$ 时，全局多智能体系统为

$$\dot{\boldsymbol{X}}(t)=(\boldsymbol{I}_N\otimes\boldsymbol{A})\boldsymbol{X}(t)+(\boldsymbol{I}_N\otimes\boldsymbol{B})(\boldsymbol{U}(t)+\boldsymbol{w}(t)) \tag{5-4}$$

式中，$\boldsymbol{U}(t)=[\boldsymbol{u}_1^{\mathrm{T}}(t)\quad\cdots\quad\boldsymbol{u}_N^{\mathrm{T}}(t)]$；$\boldsymbol{w}(t)=[\boldsymbol{w}_1^{\mathrm{T}}(t)\quad\cdots\quad\boldsymbol{w}_N^{\mathrm{T}}(t)]$。对等式(5-3)求导可得

$$\begin{aligned}\dot{\boldsymbol{\xi}}(t)=&(\boldsymbol{L}_1\otimes\boldsymbol{I}_p)(\dot{\boldsymbol{X}}(t)-\boldsymbol{1}_N\otimes\dot{\boldsymbol{x}}_0(t))=\\&(\boldsymbol{L}_1\otimes\boldsymbol{I}_p)((\boldsymbol{I}_N\otimes\boldsymbol{A})\boldsymbol{X}(t)+(\boldsymbol{I}_N\otimes\boldsymbol{B})(\boldsymbol{U}(t)+\boldsymbol{w}(t))-(\boldsymbol{I}_N\otimes\boldsymbol{A})(\boldsymbol{1}_N\otimes\boldsymbol{x}_0(t)))=\\&(\boldsymbol{L}_1\otimes\boldsymbol{I}_p)((\boldsymbol{I}_N\otimes\boldsymbol{A})(\boldsymbol{X}(t)-\boldsymbol{1}_N\otimes\boldsymbol{x}_0(t))+(\boldsymbol{I}_N\otimes\boldsymbol{B})(\boldsymbol{U}(t)+\boldsymbol{w}(t)))=\\&(\boldsymbol{I}_N\otimes\boldsymbol{A})(\boldsymbol{L}_1\otimes\boldsymbol{I}_p)(\boldsymbol{X}(t)-\boldsymbol{1}_N\otimes\boldsymbol{x}_0(t))+(\boldsymbol{L}_1\otimes\boldsymbol{B})(\boldsymbol{U}(t)+\boldsymbol{w}(t))=\\&(\boldsymbol{I}_N\otimes\boldsymbol{A})\boldsymbol{\xi}(t)+(\boldsymbol{L}_1\otimes\boldsymbol{B})(\boldsymbol{U}(t)+\boldsymbol{w}(t))\end{aligned} \tag{5-5}$$

式中，$\mathbf{1}_N=[1,1,\cdots,1]^{\mathrm{T}}$ 表示所有元素均为 1 的 N 维列向量。

本章设计控制器使得跟随者跟踪上虚拟领航者，即保证系统式(5－5) 渐进稳定。

5.3　积分型滑模控制器设计

滑模变结构控制(简称滑模控制)的概念由苏联学者 Emelyanov 在 20 世纪 60 年代首次提出[114]。滑模控制是指控制器的结构随着系统状态的变化而不断改变，目的是保证系统沿着预期的“滑动模态”轨迹运动。滑模控制经历半个多世纪的研究，在理论和实际应用方面均取得了一系列的进展[115-125]。本节将针对跟踪误差系统式(5－5)设计一种滑模控制器。

5.3.1　主要结果

本节设计积分型滑模控制器，使跟踪误差系统式(5－5) 渐进稳定。所谓积分型滑模控制器，是指滑模变量中含有积分项。首先定义积分型滑模变量 $\boldsymbol{s}_i(t)$ 为

$$\boldsymbol{s}_i(t)=\boldsymbol{G}(\boldsymbol{x}_i(t)-\boldsymbol{x}_i(0))-\int_0^t(\boldsymbol{GAx}_i(s)+\boldsymbol{GBu}_{i\mathrm{Snom}}(s))\mathrm{d}s,\quad i=1,\cdots,N \tag{5-6}$$

式中，$\boldsymbol{G}$ 是满足 $\det\{\boldsymbol{GB}\}\neq 0$ 的常数矩阵；$\boldsymbol{u}_{i\mathrm{Snom}}(t)$的表达式为

$$\boldsymbol{u}_{i\mathrm{Snom}}(t)=\boldsymbol{K}_{\mathrm{S}}\boldsymbol{\xi}_i(t) \tag{5-7}$$

其中，$\boldsymbol{K}_{\mathrm{S}}$ 表示待求的增益矩阵。

设计滑模控制器如下：

$$\boldsymbol{u}_{i\mathrm{S}}(t)=\boldsymbol{u}_{i\mathrm{Snom}}(t)-k(\boldsymbol{GB})^{-1}\mathrm{sgn}(\boldsymbol{s}_i(t)) \tag{5-8}$$

式中，参数 $k>0$ 表示滑模切换函数的增益；$\mathrm{sgn}(\boldsymbol{s}_i(t))=[\mathrm{sgn}(\boldsymbol{s}_{i1}(t))\ \ \cdots\ \ \mathrm{sgn}(s_{iq}(t))]^{\mathrm{T}}$ 表示滑模变量 $\boldsymbol{s}_i(t)$ 的符号函数，其中，$s_{i1}(t),\cdots,s_{iq}(t)$ 表示滑模变量的 q 个分量，即 $\boldsymbol{s}_i(t)=[s_{i1}(t)\ \ \cdots\ \ s_{iq}(t)]^{\mathrm{T}}$。

在滑模控制问题中，通常需要满足两个条件：一是要保证在滑模面上时，系统的状态变量能够渐进收敛至零，即当 $\boldsymbol{s}_i(t)=\dot{\boldsymbol{s}}_i(t)=\boldsymbol{0}$ 时，$\lim\limits_{t\to\infty}\|\boldsymbol{\xi}_i(t)\|=0$；二是要保证滑模变量能够在有限时间内到达滑模面上，即当 $t\geqslant T_{\mathrm{con}}$ 时，$\boldsymbol{s}_i(t)=\dot{\boldsymbol{s}}_i(t)=\boldsymbol{0}$，其中，$T_{\mathrm{con}}$ 为有界正数。

此外，本节设计的积分型滑模控制器还将考虑控制过程中的能耗约束问题，给出如下能耗函数：

$$J_{\mathrm{S}}=\sum_{i=1}^{N}\int_0^{\infty}(\boldsymbol{u}_{i\mathrm{Snom}}^{\mathrm{T}}(t)\boldsymbol{R}_{\mathrm{S}}\boldsymbol{u}_{i\mathrm{Snom}}(t)+\boldsymbol{\xi}_i^{\mathrm{T}}(t)\boldsymbol{Q}_{\mathrm{S}}\boldsymbol{\xi}_i(t))\mathrm{d}t\leqslant\delta_{\mathrm{S}} \tag{5-9}$$

式中，$\boldsymbol{R}_{\mathrm{S}}$ 和 $\boldsymbol{Q}_{\mathrm{S}}$ 均为正定对称的加权矩阵；δ_{S} 为正定标量。再给出如下初值条件：

$$\boldsymbol{\xi}_i^{\mathrm{T}}(0)\boldsymbol{\xi}_i(0)\leqslant\alpha_i$$

其中，$\alpha_i>0$。

下面将分别证明式(5－8) 中给出的积分滑模控制器能够使得滑模控制问题中的两个条件均成立，并满足能耗约束条件式(5－9)。

(1) 系统状态在滑模面上的收敛性。

当系统在滑模面上时，有 $\boldsymbol{s}_i(t)=\dot{\boldsymbol{s}}_i(t)=0$，则根据式(5－6) 可得

$$\dot{s}_i(t)=G\dot{x}_i(t)-GAx_i(t)-GBu_{i\mathrm{Snom}}(t)=$$
$$G(Ax_i(t)+Bu_{i\mathrm{S}}(t)+Bw_i(t))-GAx_i(t)-GBu_{i\mathrm{Snom}}(t)=$$
$$GB(u_{i\mathrm{S}}(t)-u_{i\mathrm{Snom}}(t)+w_i(t))=0 \tag{5-10}$$

由于 $\boldsymbol{GB}$ 为非奇异矩阵，则根据式(5－10)可知

$$u_{i\mathrm{S}}(t)-u_{i\mathrm{Snom}}(t)+w_i(t)=0 \tag{5-11}$$

利用等效控制方法[126]可以得到系统在滑模面上运动时的等效控制器为

$$u_{i\mathrm{Seq}}(t)=u_{i\mathrm{Snom}}(t)-w_i(t) \tag{5-12}$$

式(5－12)对应的增广控制变量为

$$U_{\mathrm{Seq}}(t)=U_{\mathrm{Snom}}(t)-w(t) \tag{5-13}$$

式中

$$U_{\mathrm{Seq}}(t)=\begin{bmatrix}u_{1\mathrm{Seq}}(t)\\ \vdots\\ u_{N\mathrm{Seq}}(t)\end{bmatrix},\quad U_{\mathrm{Snom}}(t)=\begin{bmatrix}u_{1\mathrm{Snom}}(t)\\ \vdots\\ u_{N\mathrm{Snom}}(t)\end{bmatrix},\quad w(t)=\begin{bmatrix}w_1(t)\\ \vdots\\ w_N(t)\end{bmatrix}$$

将式(5－5)中的控制输入 $U(t)$ 替换为式(5－13)中描述的等效控制器 $U_{\mathrm{Seq}}(t)$ 可得

$$\dot{\xi}(t)=(I_N\otimes A)\xi(t)+(L_1\otimes B)(U_{\mathrm{Seq}}+w(t))=$$
$$(I_N\otimes A)\xi(t)+(L_1\otimes B)U_{\mathrm{Snom}} \tag{5-14}$$

而根据式(5－7)可知

$$U_{\mathrm{Snom}}(t)=(I_N\otimes K_{\mathrm{S}})\xi(t) \tag{5-15}$$

再将式(5－15) 代入式(5－14) 有

$$\dot{\xi}(t)=(I_N\otimes A+L_1\otimes BK_{\mathrm{S}})\xi(t) \tag{5-16}$$

因此，当 $s_i(t)=\dot{s}_i(t)=0$ 时，原系统式(5－5) 等价于式(5－16) 所描述的系统。下述定理将证明系统式(5－16) 的渐进稳定性，并求解出相应的控制增益矩阵 K_{S}。

定理 5.1：给定参数 α，若存在正定对称阵 $\widetilde{P}_{\mathrm{S}}\in\mathbf{R}^{p\times p}$，$R_{\mathrm{S}}\in\mathbf{R}^{q\times q}$，$\widetilde{Q}_{\mathrm{S}}\in\mathbf{R}^{p\times p}$，正定标量 φ_{S} 和 δ_{S}，使得下述线性矩阵不等式有可行解：

$$I_N\otimes(A\widetilde{P}_{\mathrm{S}}+\widetilde{P}_{\mathrm{S}}A^{\mathrm{T}}+\widetilde{Q}_{\mathrm{S}}+BR_{\mathrm{S}}B^{\mathrm{T}})-(L_1+L_1^{\mathrm{T}})\otimes BB^{\mathrm{T}}\leqslant 0 \tag{5-17}$$

$$\begin{bmatrix}-\delta_{\mathrm{S}} & \varphi_{\mathrm{S}}\sqrt{\alpha}\\ * & -\varphi_{\mathrm{S}}\end{bmatrix}\leqslant 0 \tag{5-18}$$

$$\begin{bmatrix}-\varphi_{\mathrm{S}}I & I\\ * & -\widetilde{P}_{\mathrm{S}}\end{bmatrix}\leqslant 0 \tag{5-19}$$

式中，$\alpha=\sum_{i=1}^{N}\alpha_i$，则系统式(5-16) 渐进稳定，并能够满足能耗约束条件式(5-9)。另外，控制增益矩阵的表达式为 $K_{\mathrm{S}}=-B^{\mathrm{T}}\widetilde{P}_{\mathrm{S}}^{-1}$。

证明：首先针对系统式(5－16) 选取如下 Lyapunov 函数：

$$V_{\mathrm{S}}(t)=\sum_{i=1}^{N}\xi_i^{\mathrm{T}}(t)P_{\mathrm{S}}\xi_i(t) \tag{5-20}$$

其中，P_{S} 为正定对称的加权矩阵。对 $V_{\mathrm{S}}(t)$ 求导有

$$\dot{V}_{\mathrm{S}}(t)=2\xi^{\mathrm{T}}(t)(I_N\otimes P_{\mathrm{S}})\dot{\xi}(t)=$$
$$\xi^{\mathrm{T}}(t)(I_N\otimes(P_{\mathrm{S}}A+A^{\mathrm{T}}P_{\mathrm{S}})+L_1\otimes P_{\mathrm{S}}BK_{\mathrm{S}}+L_1^{\mathrm{T}}\otimes K_{\mathrm{S}}^{\mathrm{T}}B^{\mathrm{T}}P_{\mathrm{S}})\xi(t) \tag{5-21}$$

令 $\boldsymbol{P}_S=\widetilde{\boldsymbol{P}}_S^{-1}$，对不等式(5-17) 两端同时左乘右乘矩阵 $\boldsymbol{I}_N\otimes\boldsymbol{P}_S$ 有

$$\boldsymbol{I}_N\otimes(\boldsymbol{P}_S\boldsymbol{A}+\boldsymbol{A}^{\mathrm{T}}\boldsymbol{P}_S+\boldsymbol{Q}_S+\boldsymbol{P}_S\boldsymbol{B}\boldsymbol{R}_S\boldsymbol{B}^{\mathrm{T}}\boldsymbol{P}_S)-(\boldsymbol{L}_1+\boldsymbol{L}_1^{\mathrm{T}})\otimes\boldsymbol{P}_S\boldsymbol{B}\boldsymbol{B}^{\mathrm{T}}\boldsymbol{P}_S\leqslant 0 \tag{5-22}$$

式中，$\boldsymbol{Q}_S=\boldsymbol{P}_S\widetilde{\boldsymbol{Q}}_S\boldsymbol{P}_S$。

再利用 $\boldsymbol{K}_S=-\boldsymbol{B}^{\mathrm{T}}\widetilde{\boldsymbol{P}}_S^{-1}=-\boldsymbol{B}^{\mathrm{T}}\boldsymbol{P}_S$，可将式(5-22) 化作如下形式：

$$\boldsymbol{I}_N\otimes(\boldsymbol{P}_S\boldsymbol{A}+\boldsymbol{A}^{\mathrm{T}}\boldsymbol{P}_S)+\boldsymbol{L}_1\otimes\boldsymbol{P}_S\boldsymbol{B}\boldsymbol{K}_S+\boldsymbol{L}_1^{\mathrm{T}}\otimes\boldsymbol{K}_S^{\mathrm{T}}\boldsymbol{B}^{\mathrm{T}}\boldsymbol{P}_S+\boldsymbol{I}_N\otimes(\boldsymbol{Q}_S+\boldsymbol{K}_S^{\mathrm{T}}\boldsymbol{R}_S\boldsymbol{K}_S)\leqslant 0 \tag{5-23}$$

而根据不等式(5-21) 可知，当矩阵不等式(5-23) 成立时，有

$$\dot{V}_S(t)+\boldsymbol{\xi}^{\mathrm{T}}(t)(\boldsymbol{I}_N\otimes(\boldsymbol{Q}_S+\boldsymbol{K}_S^{\mathrm{T}}\boldsymbol{R}_S\boldsymbol{K}_S))\boldsymbol{\xi}(t)\leqslant 0 \tag{5-24}$$

可将式(5-24) 写作如下形式：

$$\dot{V}_S(t)\leqslant-\boldsymbol{\xi}^{\mathrm{T}}(t)(\boldsymbol{I}_N\otimes(\boldsymbol{Q}_S+\boldsymbol{K}_S^{\mathrm{T}}\boldsymbol{R}_S\boldsymbol{K}_S))\boldsymbol{\xi}(t)\leqslant-\lambda_{\min}(\boldsymbol{Q}_S+\boldsymbol{K}_S^{\mathrm{T}}\boldsymbol{R}_S\boldsymbol{K}_S)\,\|\boldsymbol{\xi}(t)\|^2 \tag{5-25}$$

其中，$\lambda_{\min}(\boldsymbol{Q}_S+\boldsymbol{K}_S^{\mathrm{T}}\boldsymbol{R}_S\boldsymbol{K}_S)$ 表示矩阵 $\boldsymbol{Q}_S+\boldsymbol{K}_S^{\mathrm{T}}\boldsymbol{R}_S\boldsymbol{K}_S$ 的最小特征值。由于 $\boldsymbol{Q}_S$ 和 $\boldsymbol{R}_S$ 均为正定对称矩阵，因此有 $\lambda_{\min}(\boldsymbol{Q}_S+\boldsymbol{K}_S^{\mathrm{T}}\boldsymbol{R}_S\boldsymbol{K}_S)>0$。对式(5-25) 进行积分可得

$$\lim_{t\to\infty}V_S(t)-V_S(0)\leqslant-\lambda_{\min}(\boldsymbol{Q}_S+\boldsymbol{K}_S^{\mathrm{T}}\boldsymbol{R}_S\boldsymbol{K}_S)\int_0^{\infty}\|\boldsymbol{\xi}(t)\|^2\mathrm{d}t \tag{5-26}$$

即

$$\lambda_{\min}(\boldsymbol{Q}_S+\boldsymbol{K}_S^{\mathrm{T}}\boldsymbol{R}_S\boldsymbol{K}_S)\int_0^{\infty}\|\boldsymbol{\xi}(t)\|^2\mathrm{d}t\leqslant V_S(0) \tag{5-27}$$

式(5-27) 意味着 $\|\boldsymbol{\xi}(t)\|^2$ 在$[0,\infty)$ 区间内的积分有界，从而可知当 $t\to\infty$ 时，一定有 $\boldsymbol{\xi}(t)\to 0$，即系统式(5-16) 是渐近稳定的。

接下来证明控制系统能够满足能耗约束条件式(5-9)。

根据式(5-24) 可得

$$\boldsymbol{\xi}^{\mathrm{T}}(t)(\boldsymbol{I}_N\otimes(\boldsymbol{Q}_S+\boldsymbol{K}_S^{\mathrm{T}}\boldsymbol{R}_S\boldsymbol{K}_S))\boldsymbol{\xi}(t)\leqslant-\dot{V}_S(t) \tag{5-28}$$

根据式(5-7)可知 $\boldsymbol{U}_{\mathrm{nom}}(t)=(\boldsymbol{I}_N\otimes\boldsymbol{K}_S)\boldsymbol{\xi}(t)$，因此不等式(5-28)可化作如下形式：

$$\boldsymbol{\xi}^{\mathrm{T}}(t)(\boldsymbol{I}_N\otimes\boldsymbol{Q}_S)\boldsymbol{\xi}(t)+\boldsymbol{U}_{\mathrm{nom}}^{\mathrm{T}}(t)(\boldsymbol{I}_N\otimes\boldsymbol{R}_S)\boldsymbol{U}_{\mathrm{nom}}(t)\leqslant-\dot{V}_S(t) \tag{5-29}$$

进而可得

$$\begin{aligned}J_S=&\int_0^{\infty}[\boldsymbol{U}_{\mathrm{nom}}^{\mathrm{T}}(t)(\boldsymbol{I}_N\otimes\boldsymbol{R}_S)\boldsymbol{U}_{\mathrm{nom}}(t)+\boldsymbol{\xi}^{\mathrm{T}}(t)(\boldsymbol{I}_N\otimes\boldsymbol{Q}_S)\boldsymbol{\xi}(t)]\mathrm{d}t\leqslant\\&-\int_0^{\infty}\dot{V}_S(t)\mathrm{d}t=V_S(0)-\lim_{t\to\infty}V_S(t)\end{aligned} \tag{5-30}$$

由于$V_S(t)$在任意时刻均为非负数，即$V_S(t)\geqslant 0,\forall t\in[0,\infty)$，则易知$\lim\limits_{t\to\infty}V_S(t)\geqslant 0$。因此，式(5-30) 可化作如下形式：

$$J_S\leqslant V_S(0) \tag{5-31}$$

利用初值条件 $\boldsymbol{\xi}_i^{\mathrm{T}}(0)\boldsymbol{\xi}_i(0)\leqslant\alpha_i,i=1,\cdots,N$，有

$$V_S(0)=\sum_{i=1}^{N}\boldsymbol{\xi}_i^{\mathrm{T}}(0)\boldsymbol{P}_S\boldsymbol{\xi}_i(0)\leqslant\lambda_{\max}(\boldsymbol{P}_S)\sum_{i=1}^{N}\boldsymbol{\xi}_i^{\mathrm{T}}(0)\boldsymbol{\xi}_i(0)\leqslant\lambda_{\max}(\boldsymbol{P}_S)\sum_{i=1}^{N}\alpha_i \tag{5-32}$$

其中，$\lambda_{\max}(\boldsymbol{P}_S)$ 表示矩阵 $\boldsymbol{P}_S$ 的最大特征值。另外，再根据 $\alpha=\sum\limits_{i=1}^{N}\alpha_i$ 可得

$$V_S(0)\leqslant\lambda_{\max}(\boldsymbol{P}_S)\alpha \tag{5-33}$$

根据引理 2.1 可知，不等式(5-19) 等价于 $\boldsymbol{P}_S\leqslant\varphi_S\boldsymbol{I}$，即 $\lambda_{\max}(\boldsymbol{P}_S)\leqslant\varphi_S$。则再根据不等式

(5-30) 和式(5-33) 有

$$J_S \leqslant \alpha\varphi_S \tag{5-34}$$

再次利用引理 2.1,不等式(5-18) 等价于 $\alpha\varphi_S \leqslant \delta_S$。因此有 $J_S \leqslant \delta_S$,即能耗约束条件式(5-9) 成立。

证毕。

(2) 滑模变量的收敛性。

下述定理将证明滑模变量 $\boldsymbol{s}_i(t)$ 将在有限时间内收敛至零。

定理 5.2:利用式(5-8) 中描述的积分型滑模控制器,可以使得滑模变量 $\boldsymbol{s}_i(t)$ 在有限时间内收敛至零,滑模切换函数的增益 k 满足 $k - \|\boldsymbol{GB}\|\|\boldsymbol{w}_i(t)\| \geqslant \sigma$,其中,$\sigma$ 为正实数。

证明:滑模变量 $\boldsymbol{s}_i(t)$ 的导数为

$$\begin{aligned}\dot{\boldsymbol{s}}_i(t) = &\boldsymbol{G}\dot{\boldsymbol{x}}_i(t) - \boldsymbol{GAx}_i(t) - \boldsymbol{GBu}_{i\text{Snom}}(t) = \\ &\boldsymbol{G}(\boldsymbol{Ax}_i(t) + \boldsymbol{Bu}_{i\text{S}}(t) + \boldsymbol{Bw}_i(t)) - \boldsymbol{GAx}_i(t) - \boldsymbol{GBu}_{i\text{Snom}}(t) = \\ &\boldsymbol{GB}(\boldsymbol{u}_{i\text{S}}(t) - \boldsymbol{u}_{i\text{Snom}}(t) + \boldsymbol{w}_i(t))\end{aligned} \tag{5-35}$$

将控制器式(5-8)代入式(5-35)中可得

$$\begin{aligned}\dot{\boldsymbol{s}}_i(t) = &\boldsymbol{GB}(\boldsymbol{u}_{i\text{Snom}}(t) - k(\boldsymbol{GB})^{-1}\text{sgn}(\boldsymbol{s}_\text{i}(t)) - \boldsymbol{u}_{i\text{Snom}}(t) + \boldsymbol{w}_i(t)) = \\ &\boldsymbol{GB}(-k(\boldsymbol{GB})^{-1}\text{sgn}(\boldsymbol{s}_i(t)) + \boldsymbol{w}_i(t)) = -k\text{sgn}(\boldsymbol{s}_i(t)) + \boldsymbol{GBw}_i(t)\end{aligned} \tag{5-36}$$

选取如下 Lyapunov 函数

$$\hat{V}_S(t) = \sum_{i=1}^{N}\hat{V}_{iS}(t) = \frac{1}{2}\sum_{i=1}^{N}\boldsymbol{s}_i^\text{T}(t)\boldsymbol{s}_i(t) \tag{5-37}$$

对上式求导有

$$\begin{aligned}\dot{\hat{V}}_S(t) = &\sum_{i=1}^{N}\boldsymbol{s}_i^\text{T}(t)\dot{\boldsymbol{s}}_i(t) = \\ &\sum_{i=1}^{N}\boldsymbol{s}_i^\text{T}(t)(-k\text{sgn}(\boldsymbol{s}_i(t)) + \boldsymbol{GBw}_i(t)) \leqslant \\ &\sum_{i=1}^{N}\|\boldsymbol{s}_i(t)\|(-k + \|\boldsymbol{GB}\|\|\boldsymbol{w}_i(t)\|) \leqslant -\sigma\sum_{i=1}^{N}\|\boldsymbol{s}_i(t)\| = \\ &-\sqrt{2}\sigma\sum_{i=1}^{N}\hat{V}_{iS}^{\frac{1}{2}}(t) \leqslant -\sqrt{2}\sigma\hat{V}_S^{\frac{1}{2}}(t)\end{aligned} \tag{5-38}$$

根据引理 2.6 可知,$\hat{V}_S(t)$ 将在有限时间 T_{conS} 内收敛至零,也就意味着滑模变量 $\boldsymbol{s}_i(t)$ 在有限时间内收敛至零,其中,T_{conS} 的具体表达式为

$$T_{\text{conS}} = \sqrt{\sum_{i=1}^{N}\boldsymbol{s}_i^\text{T}(0)\boldsymbol{s}_i(0)}/\sigma$$

此外,根据式(5-6) 中给出的积分滑模变量的表达式可知 $\boldsymbol{s}_i(0)=0$,因此 $T_{\text{conS}}=0$,即意味着滑模变量 $\boldsymbol{s}_i(t)$ 从初始时刻开始便始终保持在零值处。

证毕。

注 5.1:根据定理 5.2 可知,若滑模变量 $\boldsymbol{s}_i(t)$ 对应的 Lyapunov 函数 $\hat{V}_S(t)$ 不为零,那么其导数 $\dot{\hat{V}}_S(t)$ 是负数,即 $\hat{V}_S(t)$ 是单调递减函数。而若 $\hat{V}_S(t)$ 等于零,其导数 $\dot{\hat{V}}_S(t)$ 则是非正数,也就意味着 $\hat{V}_S(t)$ 是单调递减的函数或者恒为零;又因为 $\hat{V}_S(t) \geqslant 0$,所以当 $\hat{V}_S(t)$ 等于零时,$\hat{V}_S(t)$ 的值将无法再减小,也就意味着 $\hat{V}_S(t)$ 的值恒为零,即 $\hat{V}_S(t) \equiv 0, \forall t \in [0,\infty)$。根据上

述讨论可知，若 $\hat{V}_S(0) \neq 0$，$\hat{V}_S(t)$ 是单调递减的函数，而当 $\hat{V}_S(t)$ 的值收敛至零时，将始终保持该值；若 $\hat{V}_S(0)=0$，则 $\hat{V}_S(t) \equiv 0, \forall t \in [0,\infty)$。通过对式(5-6)中给出的积分型滑模变量 $\boldsymbol{s}_i(t)$ 的观察可知，$\boldsymbol{s}_i(0)=0$，也就意味着 $\hat{V}(0)=0$，进而有 $\hat{V}_S(t) \equiv 0$，即 $\boldsymbol{s}_i(t) \equiv 0, \forall t \in [0,\infty)$。当 $\boldsymbol{s}_i(t)=0$ 时，原系统式(5-5)等价于式(5-16)所描述的系统，而根据定理 5.1 可知，通过设计合适的 $\boldsymbol{K}_S$ 值可保证系统式(5-16)的渐进稳定性。$\boldsymbol{s}_i(t)$ 的值恒为零则意味着从初始时刻起，系统式(5-16)中的状态变量 $\boldsymbol{\xi}(t)$ 就开始向零收敛，进而减少了 $\boldsymbol{\xi}(t)$ 收敛至零附近的时间。

5.3.2　仿真算例

本节以多艘无人船协同跟踪定位控制问题为背景来验证 5.3.1 节提出控制算法的有效性。考虑系统中有 4 艘无人船，包括 3 个跟随者和 1 个领航者，无人船之间的通信拓扑结构如图 5-1 所示，其中，0 号节点表示领航者；1,2,3 号节点表示跟随者。

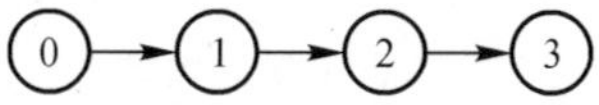

0 → 1 → 2 → 3

图 5-1　无人船之间的通信拓扑图

无人船的运动学模型如下所示[127]：

$$\dot{\boldsymbol{\eta}}_i(t) = \boldsymbol{\Omega}(\psi_i(t))\boldsymbol{\nu}_i(t), \quad i=0,1,2,3 \tag{5-39}$$

式中，$\boldsymbol{\eta}_i(t)=[x_i(t) \quad y_i(t) \quad \psi_i(t)]^{\mathrm{T}}$，$x_i(t)$ 和 $y_i(t)$ 分别表示第 i 艘无人船在惯性坐标系下的航向位置和横向位置，$\psi_i(t)$ 则表示无人船在惯性坐标系下的偏航角；$\boldsymbol{\nu}_i(t) = [\nu_{xi}(t) \quad \nu_{yi}(t) \quad \omega_i(t)]^{\mathrm{T}}$，$\nu_{xi}(t)$ 和 $\nu_{yi}(t)$ 分别表示无人船在惯性坐标系下的航向速度和横向速度分量，$\omega_i(t)$ 则表示无人船在惯性坐标系下的偏航角速度；$\boldsymbol{\Omega}(\psi_i(t))$ 表示转移矩阵，其表达式如下：

$$\boldsymbol{\Omega}(\psi_i(t)) = \begin{bmatrix} \cos(\psi_i(t)) & -\sin(\psi_i(t)) & 0 \\ \sin(\psi_i(t)) & \cos(\psi_i(t)) & 0 \\ 0 & 0 & 1 \end{bmatrix} \tag{5-40}$$

无人船的动力学模型如下：

$$\boldsymbol{M}\dot{\boldsymbol{\nu}}_i(t) + \boldsymbol{D}\boldsymbol{\nu}_i(t) = \boldsymbol{u}_i(t) + \boldsymbol{w}_i(t), \quad i=0,1,2,3 \tag{5-41}$$

式中，$\boldsymbol{M}$ 表示无人船惯性矩阵；$\boldsymbol{D}$ 表示阻尼矩阵；$\boldsymbol{u}_i(t)$ 和 $\boldsymbol{w}_i(t)$ 分别表示控制输入和干扰输入。假设领航者的控制和干扰输入均为零，即 $\boldsymbol{u}_0(t) = \boldsymbol{w}_0(t) = 0$。

令 $\boldsymbol{x}_i(t)=[\boldsymbol{\eta}_i^{\mathrm{T}}(t) \quad \boldsymbol{\nu}_i^{\mathrm{T}}(t)]^{\mathrm{T}}$，则可以将运动学方程式(5-39)和动力学方程式(5-41)化成如下状态空间方程的形式：

$$\dot{\boldsymbol{x}}_i(t) = \boldsymbol{A}(\psi_i(t))\boldsymbol{x}_i(t) + \boldsymbol{B}\boldsymbol{u}_i(t) + \boldsymbol{B}\boldsymbol{w}_i(t), \quad i=0,1,2,3 \tag{5-42}$$

式中

$$\boldsymbol{A}(\psi_i(t)) = \begin{bmatrix} \boldsymbol{0}_{3\times3} & \boldsymbol{\Omega}(\psi_i(t)) \\ \boldsymbol{0}_{3\times3} & -\boldsymbol{M}^{-1}\boldsymbol{D} \end{bmatrix}, \quad \boldsymbol{B} = \begin{bmatrix} \boldsymbol{0}_{3\times3} \\ \boldsymbol{M}^{-1} \end{bmatrix}$$

由于状态空间方程式(5-42)的系数矩阵 $\boldsymbol{A}(\psi_i(t))$ 中含有偏航角 $\psi_i(t)$，而 $\psi_i(t)$ 是状态向量 $\boldsymbol{x}_i(t)$ 的一个分量，因此式(5-42)描述的系统实际上是一个非线性系统。为了将 5.3.1 节中设计出的控制算法应用到本部分所采用的仿真算例中，需要对系统式(5-42)进行线性化处理。假设所有无人船的偏航角为一个相同的常值，即 $\psi_i(t)=\psi_c$，其中，$\psi_c\in[-\pi,\pi]$ 为一个常数，则式(5-42)可化为如下线性系统：

$$\dot{\boldsymbol{x}}_i(t)=\boldsymbol{A}_c\boldsymbol{x}_i(t)+\boldsymbol{B}\boldsymbol{u}_i(t)+\boldsymbol{B}\boldsymbol{w}_i(t),\quad i=0,1,2,3 \tag{5-43}$$

式中

$$\boldsymbol{A}_c=\begin{bmatrix}\boldsymbol{0}_{3\times 3} & \boldsymbol{\Omega}(\psi_c)\\ \boldsymbol{0}_{3\times 3} & -\boldsymbol{M}^{-1}\boldsymbol{D}\end{bmatrix},\quad \boldsymbol{\Omega}(\psi_c)=\begin{bmatrix}\cos(\psi_c) & -\sin(\psi_c) & 0\\ \sin(\psi_c) & \cos(\psi_c) & 0\\ 0 & 0 & 1\end{bmatrix}$$

且有 $\boldsymbol{u}_0(t)=\boldsymbol{w}_0(t)=\boldsymbol{0}$。由于系统式(5-43)和式(5-1)具有相同的形式，因此5.3.1节中提出的针对系统式(5-1)的理论方法能够应用于系统式(5-43)中。

取领航者和3个跟随者的状态初值如下：

$$\boldsymbol{x}_0(0)=[0.1\quad 0.2\quad \pi/6\quad 0.1\quad 0.1\quad 0]^{\mathrm{T}}$$
$$\boldsymbol{x}_1(0)=[0.5\quad 1\quad \pi/6\quad 0.1\quad 0.15\quad 0]^{\mathrm{T}}$$
$$\boldsymbol{x}_2(0)=[1\quad 1.5\quad \pi/6\quad 0.2\quad 0.25\quad 0]^{\mathrm{T}}$$
$$\boldsymbol{x}_3(0)=[2\quad 2.5\quad \pi/6\quad 0.3\quad 0.35\quad 0]^{\mathrm{T}}$$

取无人船的惯性矩阵 $\boldsymbol{M}$，阻尼矩阵 $\boldsymbol{D}$ 以及参数 ψ_c 如下：

$$\boldsymbol{M}=\begin{bmatrix}4 & 0 & 0\\ 0 & 3.5 & 0.5\\ 0 & 0.5 & 3\end{bmatrix},\quad \boldsymbol{D}=\begin{bmatrix}0.5 & 0 & 0\\ 0 & 0.4 & 0\\ 0 & 0 & 0.45\end{bmatrix},\quad \psi_c=\frac{\pi}{6}$$

利用定理5.1，并取 $\alpha=10$ 和 $\boldsymbol{R}_{\mathrm{S}}=0.01I_3$，通过求解线性矩阵不等式(5-17)、式(5-18)和式(5-19)，可以得到矩阵 $\widetilde{\boldsymbol{P}}_{\mathrm{S}}$ 为

$$\widetilde{\boldsymbol{P}}_{\mathrm{S}}=\begin{bmatrix}1\,249.06 & 3.74 & -17.59 & -101.55 & 56.21 & -6.33\\ 3.74 & 1\,244.74 & 30.47 & -58.63 & -97.36 & 10.97\\ -17.59 & 30.47 & 1\,193.5 & 0 & 14.28 & -135.55\\ -101.55 & -58.63 & 0 & 15.78 & 0 & 0\\ 56.21 & -97.36 & 14.28 & 0 & 15.03 & -4.61\\ -6.33 & 10.96 & -135.55 & 0 & -4.61 & 22.66\end{bmatrix}$$

进而可以计算出控制增益矩阵为

$$\boldsymbol{K}_{\mathrm{S}}=-\boldsymbol{B}^{\mathrm{T}}\widetilde{\boldsymbol{P}}_{\mathrm{S}}^{-1}=\begin{bmatrix}-0.004\,2 & -0.002\,4 & 0 & -0.052\,2 & 0 & 0\\ 0.002\,9 & -0.005\,1 & 0.000\,2 & 0 & -0.065\,8 & -0.006\,8\\ -0.000\,1 & 0.000\,2 & -0.005\,6 & 0 & -0.005\,2 & -0.049\,6\end{bmatrix}$$

令3个跟随者的干扰输入为 $\boldsymbol{w}_1(t)=\boldsymbol{w}_2(t)=\boldsymbol{w}_3(t)=1\times 10^{-4}[\sin(0.01t)\quad \cos(0.01t)\quad -\sin(0.01t)]^{\mathrm{T}}$，并取滑模切换函数的增益为 $k=1.1\times 10^{-4}$。

无人船的航向位置、横向位置、偏航角、航向速度、横向速度和偏航角速度如图5-2～图5-7所示。

从图5-2～图5-7中可以看出，5.3.1节中设计出的控制算法式(5-8)能够保证3艘无人船的位置、速度、偏航角及偏航角速度在约1 000 s内跟踪上领航者。作用于3艘跟随者无人船的航向和横向控制力以及偏航方向控制力矩如图5-8～图5-10所示。

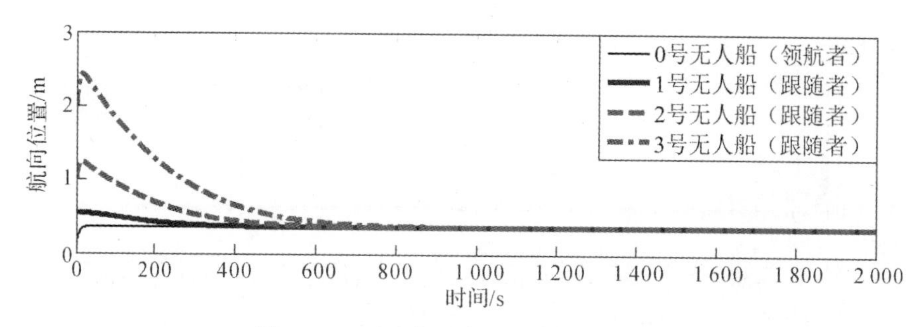

图 5－2　无人船的航向位置 $x_i(t)$ 曲线

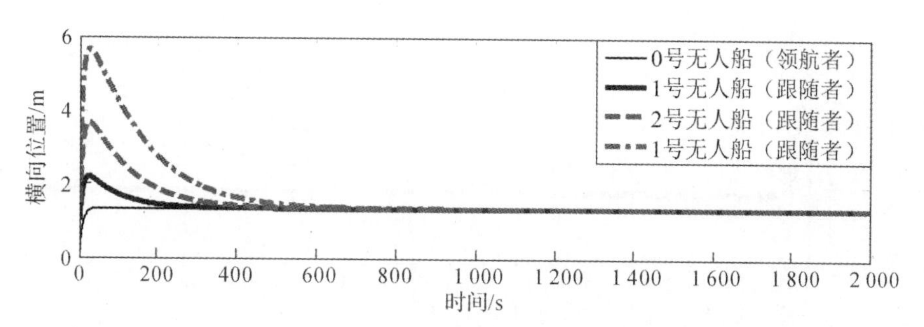

图 5－3　无人船的横向位置 $y_i(t)$ 曲线

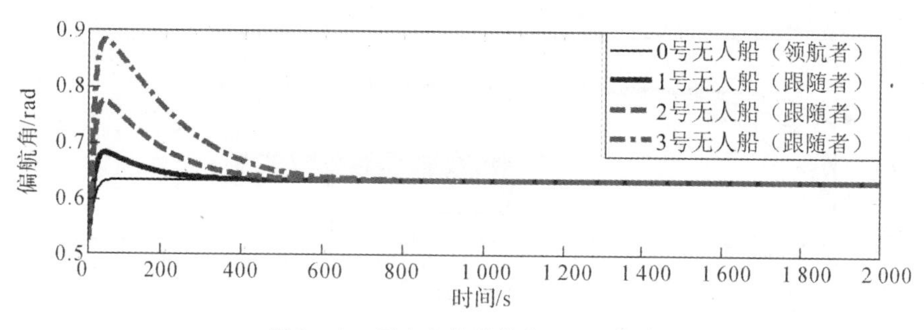

图 5－4　无人船的偏航角 $\psi_i(t)$ 曲线

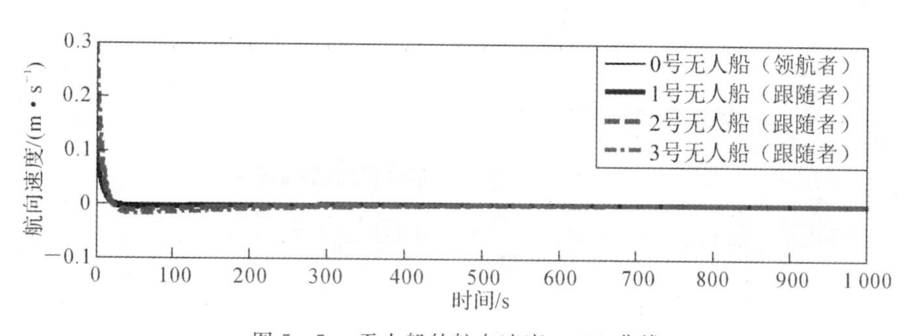

图 5－5　无人船的航向速度 $\nu_{xi}(t)$ 曲线

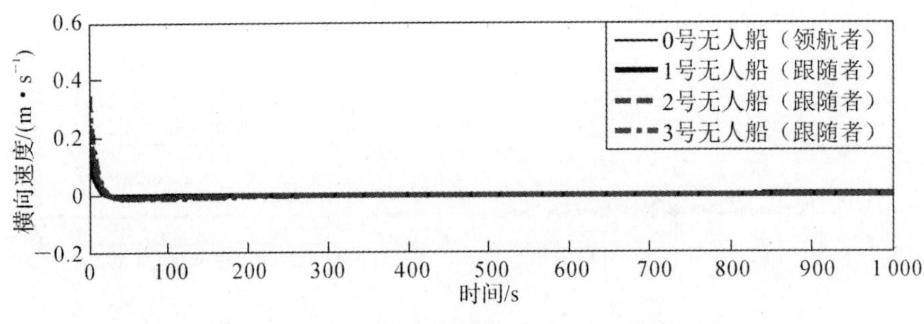

图 5-6　无人船的横向速度 $\nu_{yi}(t)$ 曲线

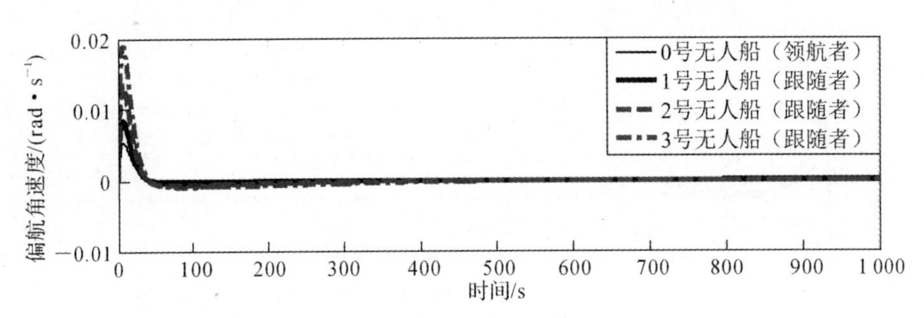

图 5-7　无人船的偏航角速度 $\omega_i(t)$ 曲线

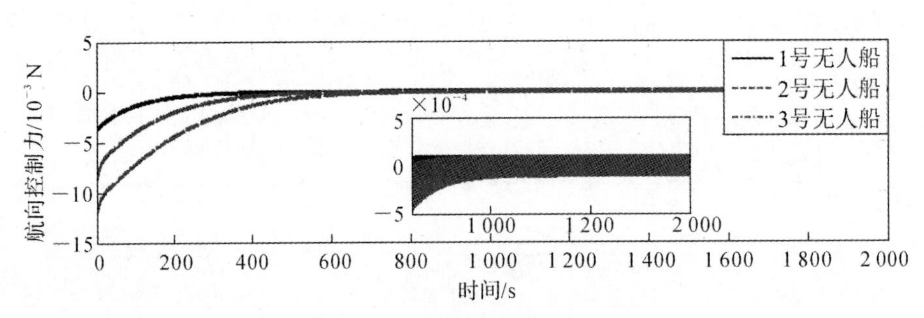

图 5-8　无人船的航向控制力曲线

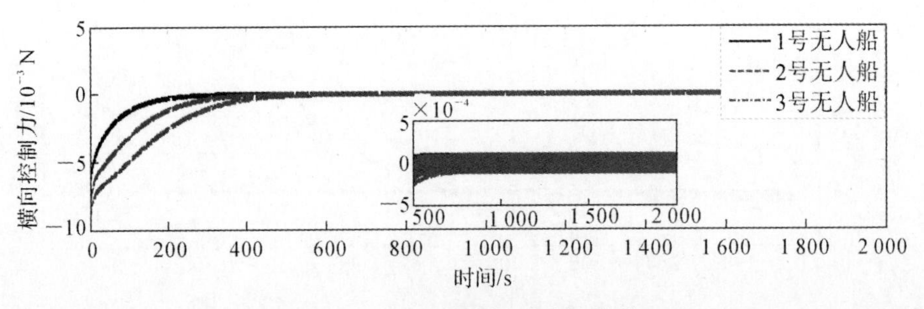

图 5-9　无人船的横向控制力曲线

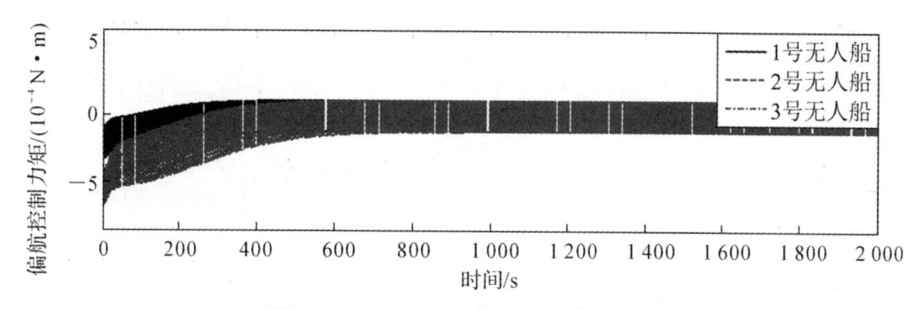

图 5-10　无人船的偏航控制力矩曲线

从图 5-8～图 5-10 中可以看出，作用于 3 艘无人船的航向和横向最大控制力（绝对值）约为 0.01 N，而最大偏航控制力矩约为 5×10^{-4} N·m。由此可以看出，采用 5.3.1 节设计的积分型滑模控制算法将在控制输入中产生较明显的抖振。无人船的航向和横向位置跟踪误差、偏航角跟踪误差、航向和横向速度跟踪误差以及偏航角速度跟踪误差如图 5-11～图 5-16所示。

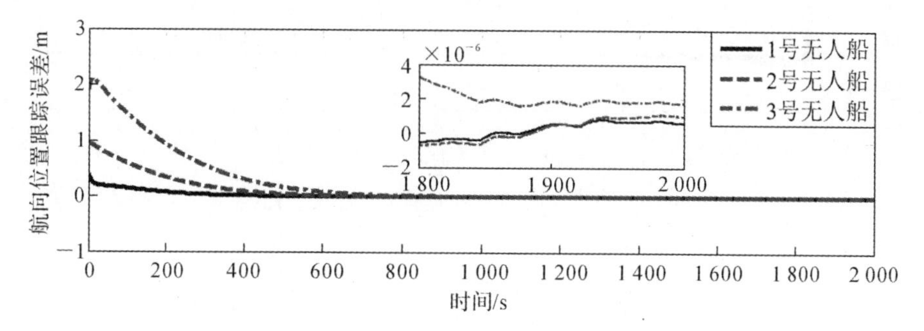

图 5-11　无人船的航向位置跟踪误差曲线

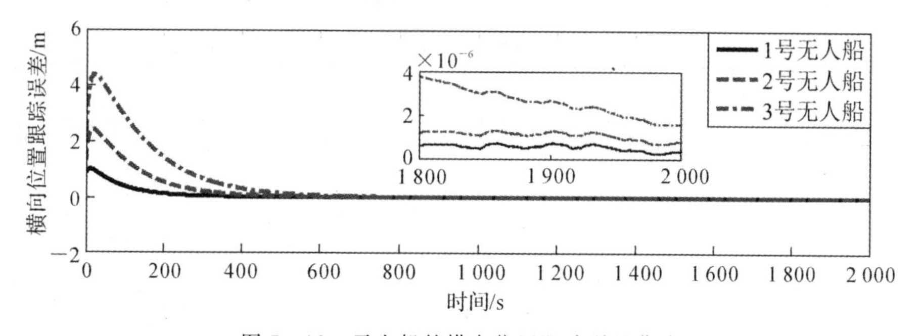

图 5-12　无人船的横向位置跟踪误差曲线

从图 5-11～图 5-16 中可以看出，3 个跟随者（1，2，3 号无人船）与领航者之间的位置跟踪误差的稳态值（绝对值）在 4×10^{-6} m 内，偏航角跟踪误差的稳态值在 1×10^{-6} rad 内，速度跟踪误差的稳态值在 5×10^{-7} m/s 内，偏航角速度跟踪误差的稳态值在 5×10^{-7} rad/s 内。

此外，需要注意的是，为了得到无人船的线性化模型式（5-43），假设无人船的偏航角为常值 $\psi_c=\pi/6$。尽管在实际中，无人船的偏航角并非常值，如图 5-4 所示，但根据图 5-2～图 5-7以及图 5-11～图 5-16 可知，5.3.1 节中设计出的控制算法式（5-8）仍能够保证 3 个跟随者的状态(包括位置、速度、偏航角和偏航角速度)能够跟踪上领航者的状态。

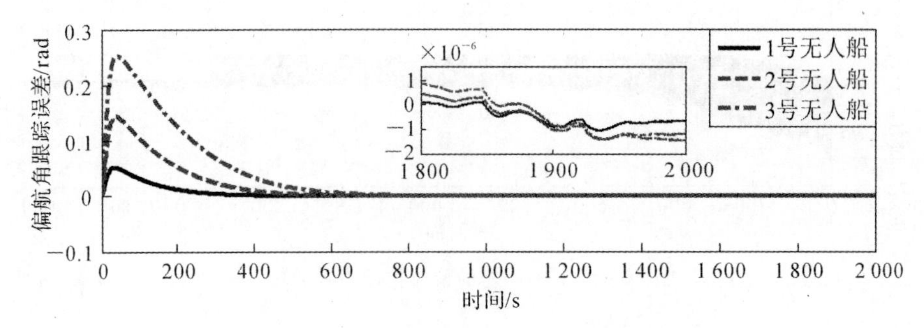

图 5-13　无人船的偏航角跟踪误差曲线

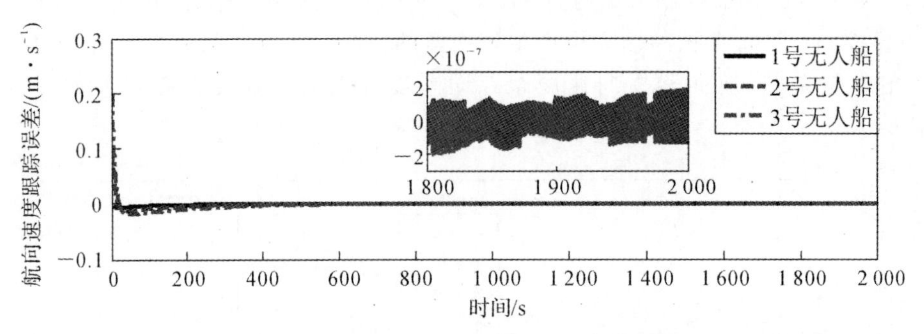

图 5-14　无人船的航向速度跟踪误差曲线

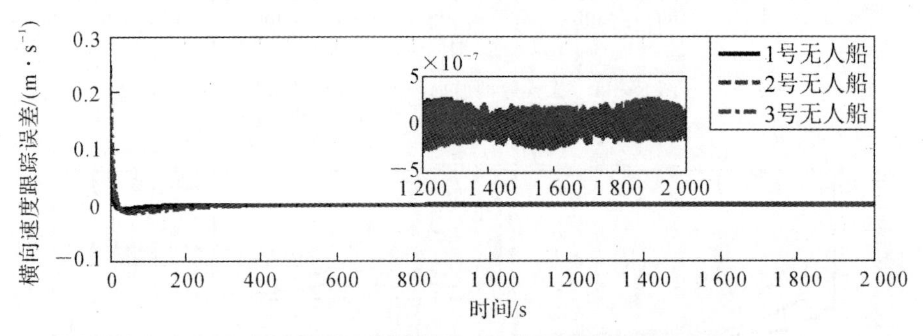

图 5-15　无人船的横向速度跟踪误差曲线

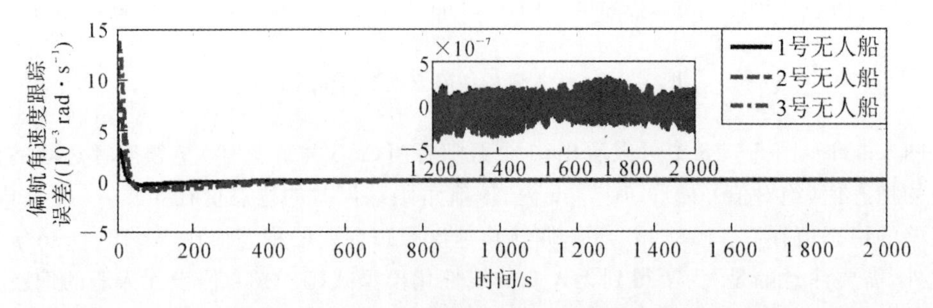

图 5-16　无人船的偏航角速度跟踪误差曲线

仿真程序：

(1)Simulink 主程序模块图如图 5－17 所示。

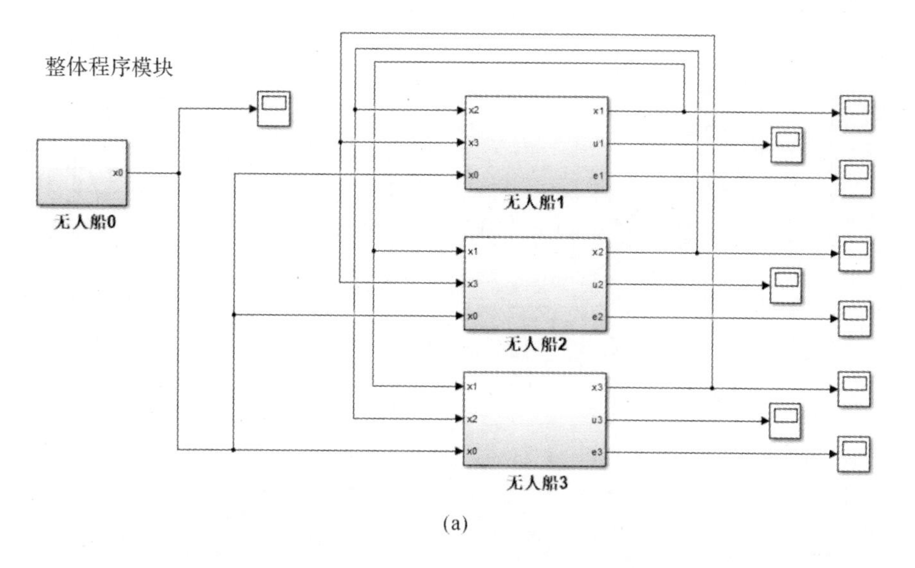

(a)

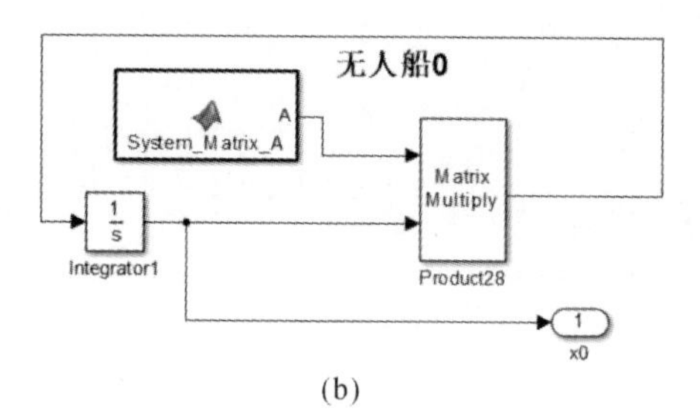

(b)

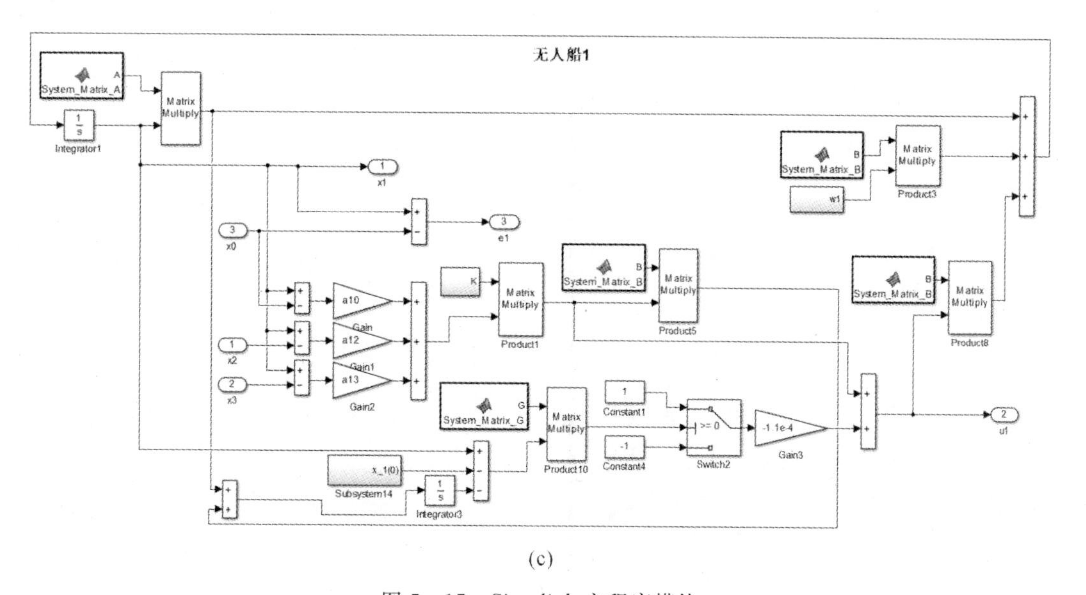

(c)

图 5－17　Simulink 主程序模块

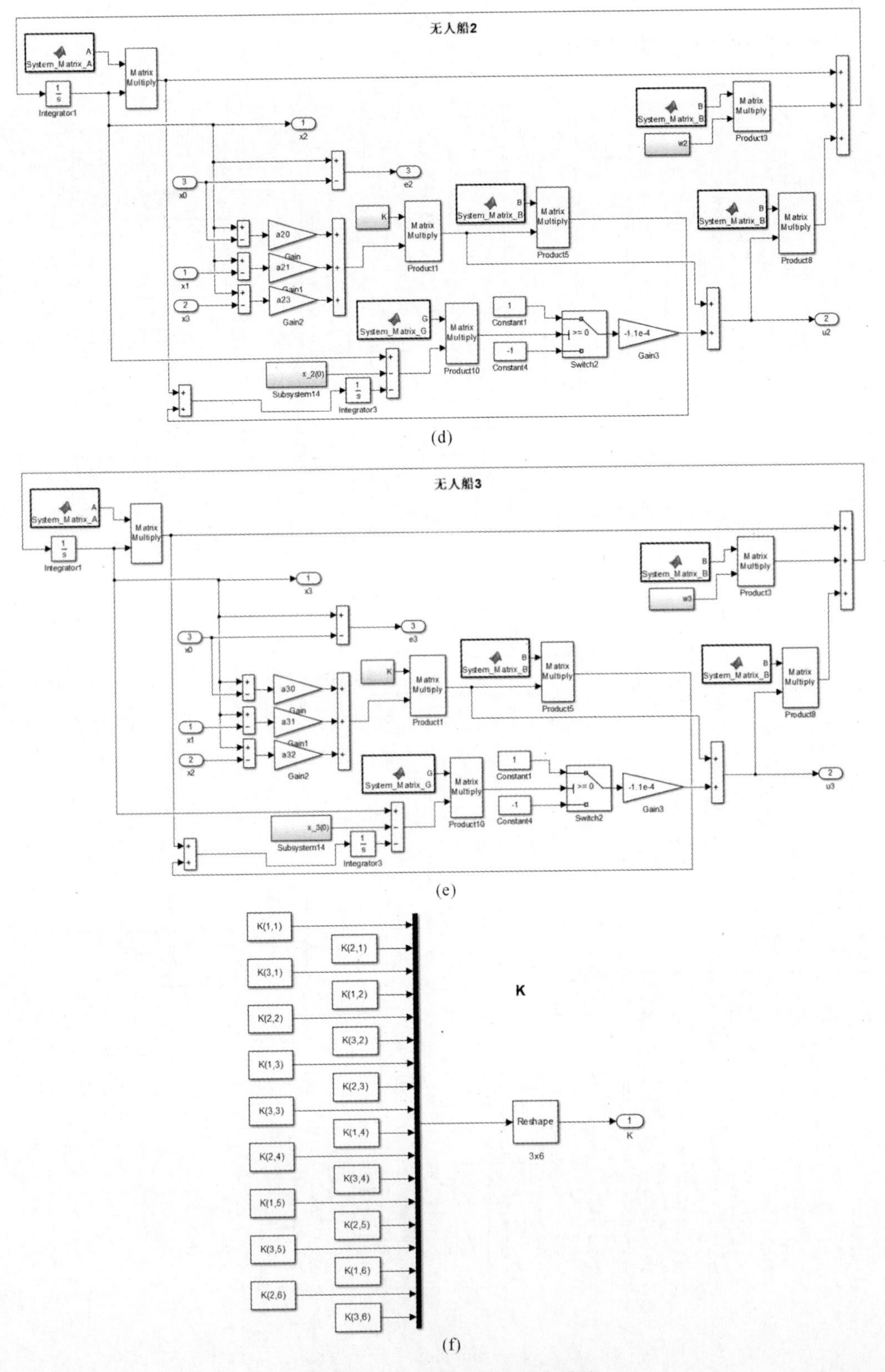

(d)

(e)

(f)

续图 5-17 Simulink 主程序模块

（2）求解控制增益 $\boldsymbol{K}$ 的程序。

```
a10=1; a11=0; a12=0; a13=0;
a20=0; a21=1; a22=0; a23=0;
a30=0; a31=0; a32=1; a33=0;
M=[4       0       0;
   0       3.5     0.5;
   0       0.5     3];
D=[0.5     0       0;
   0       0.4     0;
   0       0       0.45];
psai=pi/6;
Omega=[cos(psai)     -sin(psai)      0;
       sin(psai)     cos(psai)       0;
       0             0               1];
A=[0*eye(3)        Omega;
   0*eye(3)        -inv(M)*D];
B=[0*eye(3);inv(M)];
alpha=10;
k=0.00011;
R=1e-2*eye(3);
setlmis([])
P=lmivar(1,[6 1]);
Q=lmivar(1,[6 1]);
phi=lmivar(1,[1 1]);
delta=lmivar(1,[1 1]);
Fir=newlmi;
lmiterm([Fir 1 1 P],A,1);
lmiterm([Fir 1 1 P],1,A');
lmiterm([Fir 1 1 Q],1,1);
lmiterm([Fir 1 1 0],B*R*B');
lmiterm([Fir 1 1 0],-(l11+l11)*B*B');
lmiterm([Fir 1 2 0],-(l12+l21)*B*B');
lmiterm([Fir 1 3 0],-(l13+l31)*B*B');
lmiterm([Fir 2 2 P],A,1);
lmiterm([Fir 2 2 P],1,A');
lmiterm([Fir 2 2 Q],1,1);
lmiterm([Fir 2 2 0],B*R*B');
lmiterm([Fir 2 2 0],-(l22+l22)*B*B');
lmiterm([Fir 2 3 0],-(l23+l32)*B*B');
lmiterm([Fir 3 3 P],A,1);
lmiterm([Fir 3 3 P],1,A');
lmiterm([Fir 3 3 Q],1,1);
lmiterm([Fir 3 3 0],B*R*B');
```

```
lmiterm([Fir 3 3 0],-(l33+l33)*B*B');
Sec=newlmi;
lmiterm([Sec 1 1 delta],-1,1);
lmiterm([Sec 1 2 phi],1,sqrt(alpha));
lmiterm([Sec 2 2 phi],-1,1);
Tri=newlmi;
lmiterm([Tri 1 1 phi],-1,1);
lmiterm([Tri 1 2 0],1);
lmiterm([Tri 2 2 P],-1,1);
Four=newlmi;
lmiterm([Four 1 1 P],-1,1);
Fif=newlmi;
lmiterm([Fif 1 1 Q],-1,1);
Six=newlmi;
lmiterm([Six 1 1 phi],-1,1);
Sev=newlmi;
lmiterm([Sev 1 1 delta],-1,1);
lmis=getlmis;
[tmin,xfeas]=feasp(lmis);
P_s_tilde=(dec2mat(lmis,xfeas,P));
K_s=-B'*inv(P_s_tilde)
```

(3)被控对象程序：System_Matrix_A。

```
function A=System_Matrix_A
M=[4      0      0;
   0      3.5    0.5;
   0      0.5    3];
D=[0.5    0      0;
   0      0.4    0;
   0      0      0.45];
psai=pi/6;
Omega=[cos(psai)    -sin(psai)    0;
       sin(psai)    cos(psai)     0;
       0            0             1];
Ax=[0*eye(3)    Omega;
    0*eye(3)    -inv(M)*D];
A=Ax;
```

(4)被控对象程序：System_Matrix_B。

```
function B=System_Matrix_B
M=[4    0     0;
   0    3.5   0.5;
   0    0.5   3];
B=[0*eye(3);inv(M)];
```

(5)作图程序：如图 5-2 所示。

```
plot(x0.time,x0.signals.values(:,1));hold on;
plot(x1.time,x1.signals.values(:,1));hold on;
plot(x2.time,x2.signals.values(:,1));hold on;
plot(x3.time,x3.signals.values(:,1));
```

(6)作图程序:如图 5-3 所示。

```
plot(x0.time,x0.signals.values(:,2));hold on;
plot(x1.time,x1.signals.values(:,2));hold on;
plot(x2.time,x2.signals.values(:,2));hold on;
plot(x3.time,x3.signals.values(:,2));
```

(7)作图程序:如图 5-4 所示。

```
plot(x0.time,x0.signals.values(:,3));hold on;
plot(x1.time,x1.signals.values(:,3));hold on;
plot(x2.time,x2.signals.values(:,3));hold on;
plot(x3.time,x3.signals.values(:,3));
```

(8)作图程序:如图 5-5 所示。

```
plot(x0.time,x0.signals.values(:,4));hold on;
plot(x1.time,x1.signals.values(:,4));hold on;
plot(x2.time,x2.signals.values(:,4));hold on;
plot(x3.time,x3.signals.values(:,4));
```

(9)作图程序:如图 5-6 所示。

```
plot(x0.time,x0.signals.values(:,5));hold on;
plot(x1.time,x1.signals.values(:,5));hold on;
plot(x2.time,x2.signals.values(:,5));hold on;
plot(x3.time,x3.signals.values(:,5));
```

(9)作图程序:如图 5-7 所示。

```
plot(x0.time,x0.signals.values(:,6));hold on;
plot(x1.time,x1.signals.values(:,6));hold on;
plot(x2.time,x2.signals.values(:,6));hold on;
plot(x3.time,x3.signals.values(:,6));
```

(9)作图程序:如图 5-8 所示。

```
plot(u1.time,u1.signals.values(:,1));hold on;
plot(u2.time,u2.signals.values(:,1));hold on;
plot(u3.time,u3.signals.values(:,1));
```

(10)作图程序:如图 5-9 所示。

```
plot(u1.time,u1.signals.values(:,2));hold on;
plot(u2.time,u2.signals.values(:,2));hold on;
plot(u3.time,u3.signals.values(:,2));
```

(11)作图程序:如图 5-10 所示。

```
plot(u1.time,u1.signals.values(:,3));hold on;
plot(u2.time,u2.signals.values(:,3));hold on;
plot(u3.time,u3.signals.values(:,3));
```

(12)作图程序:如图 5-11 所示。

```
plot(e1.time,e1.signals.values(:,1));hold on;
plot(e2.time,e2.signals.values(:,1));hold on;
plot(e3.time,e3.signals.values(:,1));
```

(13)作图程序:如图 5-12 所示。

```
plot(e1.time,e1.signals.values(:,2));hold on;
plot(e2.time,e2.signals.values(:,2));hold on;
plot(e3.time,e3.signals.values(:,2));
```

(14)作图程序:如图 5-13 所示。

```
plot(e1.time,e1.signals.values(:,3));hold on;
plot(e2.time,e2.signals.values(:,3));hold on;
plot(e3.time,e3.signals.values(:,3));
```

(15)作图程序:如图 5-14 所示。

```
plot(e1.time,e1.signals.values(:,4));hold on;
plot(e2.time,e2.signals.values(:,4));hold on;
plot(e3.time,e3.signals.values(:,4));
```

(16)作图程序:如图 5-15 所示。

```
plot(e1.time,e1.signals.values(:,5));hold on;
plot(e2.time,e2.signals.values(:,5));hold on;
plot(e3.time,e3.signals.values(:,5));
```

(17)作图程序:如图 5-16 所示。

```
plot(e1.time,e1.signals.values(:,6));hold on;
plot(e2.time,e2.signals.values(:,6));hold on;
plot(e3.time,e3.signals.values(:,6));
```

5.4 基于低通滤波的动态滑模控制器设计

对于积分型滑模控制算法,由于控制器中存在符号函数,如式(5-8)所示,使得滑动模态一般难以严格按照预定的轨迹运动,而是在预定轨迹附近切换,因此将产生抖振。在理想情况下,滑模控制系统结构的切换不存在时间或空间上的延迟,因而滑动模态将完美地收敛至预期的轨迹上。然而在实际中,任何切换/开关机构都存在延迟,即控制器在本该切换至下一结构时,仍停留在当前结构,这将导致系统的滑动模态不能顺利的收敛至预期轨迹上,而是在预期的轨迹附近不断切换,进而引起抖振[128-143]。本节提出一种基于低通滤波器的动态滑模控制算法,以达到减小或消除抖振的目的。

5.4.1 主要结果

本节设计动态滑模控制器,使跟踪误差系统式(5-5)渐进稳定。首先定义滑模变量 $\boldsymbol{v}_i(t)$ 为

$$\boldsymbol{v}_i(t)=\boldsymbol{G}\dot{\boldsymbol{x}}_i(t)-(\boldsymbol{GAx}_i(t)+\boldsymbol{GBu}_{i\text{Dnom}}(t)),\quad i=1,\cdots,N \tag{5-44}$$

式中,$\boldsymbol{G}$ 仍是满足 $\det\{\boldsymbol{GB}\}\neq 0$ 的常数矩阵,而 $\boldsymbol{u}_{i\text{Dnom}}(t)$ 的表达式为

$$\boldsymbol{u}_{i\mathrm{Dnom}}(t)=\boldsymbol{K}_{\mathrm{D}}\boldsymbol{\xi}_{i}(t) \tag{5-45}$$

其中，$\boldsymbol{K}_{\mathrm{D}}$ 表示待求的增益矩阵。

设计滑模控制器如下：

$$\boldsymbol{u}_{i\mathrm{D}}(t)=\boldsymbol{u}_{i\mathrm{Dnom}}(t)+(\boldsymbol{GB})^{-1}\boldsymbol{\zeta}_{i}(t) \tag{5-46}$$

$$\dot{\boldsymbol{\zeta}}_{i}(t)+\boldsymbol{T}_{\mathrm{D}}\boldsymbol{\zeta}_{i}(t)=\boldsymbol{\psi}_{i}(t) \tag{5-47}$$

$$\boldsymbol{\psi}_{i}(t)=-k_{\mathrm{D}}\mathrm{sgn}(\boldsymbol{\upsilon}_{i}(t)) \tag{5-48}$$

式中，$\boldsymbol{\zeta}_i(t)$表示辅助变量，其初值条件为 $\boldsymbol{\zeta}_i(0)=0$；$\boldsymbol{T}_{\mathrm{D}}>0$ 和 $k_{\mathrm{D}}>0$ 表示控制器参数；$\mathrm{sgn}(\boldsymbol{\upsilon}_i(t))=[\mathrm{sgn}(\upsilon_{i1}(t)) \quad \cdots \quad \mathrm{sgn}(\upsilon_{iq}(t))]^{\mathrm{T}}$ 表示滑模变量 $\boldsymbol{\upsilon}_i(t)$的符号函数，其中，$\upsilon_{i1}(t),\cdots,\upsilon_{iq}(t)$表示滑模变量的 q 个分量，即 $\boldsymbol{\upsilon}_i(t)=[\upsilon_{i1}(t) \quad \cdots \quad \upsilon_{iq}(t)]^{\mathrm{T}}$。另外，将参数 k_{D} 分割为 $k_{\mathrm{D}}=k_d+k_T+k_\eta$，其中 k_d,k_T,k_η 均大于零。

此外，本节设计的动态滑模控制器仍考虑控制过程中的能耗约束问题，给出如下能耗函数：

$$J_{\mathrm{D}}=\sum_{i=1}^{N}\int_{0}^{\infty}(\boldsymbol{u}_{i\mathrm{Dnom}}^{\mathrm{T}}(t)\boldsymbol{R}_{\mathrm{D}}\boldsymbol{u}_{i\mathrm{Dnom}}(t)+\boldsymbol{\xi}_{i}^{\mathrm{T}}(t)\boldsymbol{Q}_{\mathrm{D}}\boldsymbol{\xi}_{i}(t))\mathrm{d}t\leqslant\delta_{\mathrm{D}} \tag{5-49}$$

式中，$\boldsymbol{R}_{\mathrm{D}}$ 和 $\boldsymbol{Q}_{\mathrm{D}}$ 均为正定对称的加权矩阵；δ_{D} 为正定标量。再给出如下初值条件：

$$\boldsymbol{\xi}_{i}^{\mathrm{T}}(0)\boldsymbol{\xi}_{i}(0)\leqslant\alpha_{i\mathrm{D}}$$

其中，$\alpha_{i\mathrm{D}}>0$。

在前述积分型滑模控制器的设计中，提到了滑模控制问题中需要满足两个条件：一是要保证在滑模面上时，系统的状态变量能够渐进收敛至零；二是要保证滑模变量能够在有限时间内到达滑模面上。下面将证明式(5-46)中设计出的动态滑模控制器同样能够保证滑模控制问题中的两个条件成立，并保证式(5-49)描述的能耗约束条件也成立。

(1)系统状态在滑模面上的收敛性。

当系统在滑模面上，即 $\boldsymbol{\upsilon}_i(t)=0$ 时，有

$$\begin{aligned}\boldsymbol{\upsilon}_{i}(t)=&\boldsymbol{G}\dot{\boldsymbol{x}}_{i}(t)-(\boldsymbol{GAx}_{i}(t)+\boldsymbol{GBu}_{i\mathrm{Dnom}}(t))=\\&\boldsymbol{G}(\boldsymbol{Ax}_{i}(t)+\boldsymbol{Bu}_{i\mathrm{D}}(t)+\boldsymbol{Bw}_{i}(t))-\boldsymbol{GAx}_{i}(t)-\boldsymbol{GBu}_{i\mathrm{Dnom}}(t)=\\&\boldsymbol{GB}(\boldsymbol{u}_{i\mathrm{D}}(t)-\boldsymbol{u}_{i\mathrm{Dnom}}(t)+\boldsymbol{w}_{i}(t))=0\end{aligned} \tag{5-50}$$

由于 $\boldsymbol{GB}$ 为非奇异矩阵，则根据上式可得

$$\boldsymbol{u}_{i\mathrm{D}}(t)-\boldsymbol{u}_{i\mathrm{Dnom}}(t)+\boldsymbol{w}_{i}(t)=0 \tag{5-51}$$

利用等效控制方法[126]可以得到系统在滑模面上运动时的等效控制器如下：

$$\boldsymbol{u}_{i\mathrm{Deq}}(t)=\boldsymbol{u}_{i\mathrm{Dnom}}(t)-\boldsymbol{w}_{i}(t) \tag{5-52}$$

式(5-52)应的增广控制变量为

$$\boldsymbol{U}_{\mathrm{Deq}}(t)=\boldsymbol{U}_{\mathrm{Dnom}}(t)-\boldsymbol{w}(t) \tag{5-53}$$

式中，

$$\boldsymbol{U}_{\mathrm{Deq}}(t)=\begin{bmatrix}\boldsymbol{u}_{1\mathrm{Deq}}(t)\\\vdots\\\boldsymbol{u}_{N\mathrm{Deq}}(t)\end{bmatrix},\quad \boldsymbol{U}_{\mathrm{Snom}}(t)=\begin{bmatrix}\boldsymbol{u}_{1\mathrm{Dnom}}(t)\\\vdots\\\boldsymbol{u}_{N\mathrm{Dnom}}(t)\end{bmatrix},\quad \boldsymbol{w}(t)=\begin{bmatrix}\boldsymbol{w}_{1}(t)\\\vdots\\\boldsymbol{w}_{N}(t)\end{bmatrix}$$

将式(5-5)中的控制输入 $\boldsymbol{U}(t)$替换为式(5-53)中描述的等效控制器 $\boldsymbol{U}_{\mathrm{Deq}}(t)$可得

$$\dot{\boldsymbol{\xi}}(t)=(\boldsymbol{I}_{N}\otimes\boldsymbol{A})\boldsymbol{\xi}(t)+(\boldsymbol{L}_{1}\otimes\boldsymbol{B})(\boldsymbol{U}_{\mathrm{Deq}}+\boldsymbol{w}(t))=(\boldsymbol{I}_{N}\otimes\boldsymbol{A})\boldsymbol{\xi}(t)+(\boldsymbol{L}_{1}\otimes\boldsymbol{B})\boldsymbol{U}_{\mathrm{Dnom}} \tag{5-54}$$

根据式(5-45)可知

$$\boldsymbol{U}_{\mathrm{Dnom}}(t)=(\boldsymbol{I}_{N}\otimes\boldsymbol{K}_{\mathrm{D}})\boldsymbol{\xi}(t) \tag{5-55}$$

再将式(5－55)代入式(5－54)中可得如下等式：

$$\dot{\boldsymbol{\xi}}(t)=(\boldsymbol{I}_N\otimes\boldsymbol{A}+\boldsymbol{L}_1\otimes\boldsymbol{B}\boldsymbol{K}_{\mathrm{D}})\boldsymbol{\xi}(t) \tag{5-56}$$

因此，利用本节设计的动态滑模控制器，当 $\boldsymbol{v}_i(t)=0$，即在滑模面上时，原系统式(5－5)等价于式(5－56)所描述的系统。

下述定理将证明系统式(5－56)渐进稳定，给出保证系统稳定的充分条件，并求解出相应的控制增益矩阵 $\boldsymbol{K}_{\mathrm{D}}$。

定理 5.3：给定参数 α_{D}，若存在正定对称阵 $\widetilde{\boldsymbol{P}}_{\mathrm{D}}\in\mathbf{R}^{p\times p}$，$\boldsymbol{R}_{\mathrm{D}}\in\mathbf{R}^{q\times q}$，$\widetilde{\boldsymbol{Q}}_{\mathrm{D}}\in\mathbf{R}^{p\times p}$，正定标量 φ_{D} 和 δ_{D}，使得下述线性矩阵不等式有可行解：

$$\boldsymbol{I}_N\otimes(\boldsymbol{A}\widetilde{\boldsymbol{P}}_{\mathrm{D}}+\widetilde{\boldsymbol{P}}_{\mathrm{D}}\boldsymbol{A}^{\mathrm{T}}+\widetilde{\boldsymbol{Q}}_{\mathrm{D}}+\boldsymbol{B}\boldsymbol{R}_{\mathrm{D}}\boldsymbol{B}^{\mathrm{T}})-(\boldsymbol{L}_1+\boldsymbol{L}_1^{\mathrm{T}})\otimes\boldsymbol{B}\boldsymbol{B}^{\mathrm{T}}\leqslant 0 \tag{5-57}$$

$$\begin{bmatrix}-\delta_{\mathrm{D}} & \varphi_{\mathrm{D}}\sqrt{\alpha_{\mathrm{D}}}\\ * & -\varphi_{\mathrm{D}}\end{bmatrix}\leqslant 0 \tag{5-58}$$

$$\begin{bmatrix}-\varphi_{\mathrm{D}}\boldsymbol{I} & \boldsymbol{I}\\ * & -\widetilde{\boldsymbol{P}}_{\mathrm{D}}\end{bmatrix}\leqslant 0 \tag{5-59}$$

式中，$\alpha_{\mathrm{D}}=\sum\limits_{i=1}^{N}\alpha_i$，则系统式(5－56)渐进稳定，并能够满足能耗约束条件式(5－49)。另外，控制增益矩阵的表达式为 $\boldsymbol{K}_{\mathrm{D}}=-\boldsymbol{B}^{\mathrm{T}}\widetilde{\boldsymbol{P}}_{\mathrm{D}}^{-1}$。

定理 5.3 的具体证明过程与定理 5.1 类似，此处不再赘述。

(2)滑模变量的收敛性。

以下定理将证明滑模变量 $\boldsymbol{v}_i(t)$将在有限时间内收敛至零。

定理 5.4：利用式(5－46)中设计的动态滑模控制器，可保证滑模变量 $\boldsymbol{v}_i(t)$在有限时间内收敛至零，其中，滑模增益 $k_{\mathrm{D}}=k_d+k_T+k_\eta$，而 k_T，k_d 和 k_η 需满足如下条件：

$$k_T\geqslant T_{\mathrm{D}}l_{\mathrm{D}},\quad k_d\geqslant\|\boldsymbol{G}\boldsymbol{B}\|\,\|\dot{\boldsymbol{w}}_i(t)\|,\quad k_\eta>0,\quad l_{\mathrm{D}}\geqslant\sqrt{q}\,\|\boldsymbol{G}\boldsymbol{B}\|\,\|\boldsymbol{w}_i(t)\| \tag{5-60}$$

证明：根据式(5－44)可将滑模变量 $\boldsymbol{v}_i(t)$化为如下形式：

$$\begin{aligned}\boldsymbol{v}_i(t)=&\boldsymbol{G}\dot{\boldsymbol{x}}_i(t)-(\boldsymbol{G}\boldsymbol{A}\boldsymbol{x}_i(t)+\boldsymbol{G}\boldsymbol{B}\boldsymbol{u}_{i\mathrm{Dnom}}(t))=\\&\boldsymbol{G}(\boldsymbol{A}\boldsymbol{x}_i(t)+\boldsymbol{B}\boldsymbol{u}_{i\mathrm{D}}(t)+\boldsymbol{B}\boldsymbol{w}_i(t))-\boldsymbol{G}\boldsymbol{A}\boldsymbol{x}_i(t)-\boldsymbol{G}\boldsymbol{B}\boldsymbol{u}_{i\mathrm{Dnom}}(t)=\\&\boldsymbol{G}\boldsymbol{B}(\boldsymbol{u}_{i\mathrm{D}}(t)-\boldsymbol{u}_{i\mathrm{Dnom}}(t)+\boldsymbol{w}_i(t))\end{aligned} \tag{5-61}$$

将式(5－46)代入式(5－61)中可得

$$\begin{aligned}\boldsymbol{v}_i(t)=&\boldsymbol{G}\boldsymbol{B}(\boldsymbol{u}_{i\mathrm{Dnom}}(t)+(\boldsymbol{G}\boldsymbol{B})^{-1}\boldsymbol{\zeta}_i(t)-\boldsymbol{u}_{i\mathrm{Dnom}}(t)+\boldsymbol{w}_i(t))=\\&\boldsymbol{G}\boldsymbol{B}((\boldsymbol{G}\boldsymbol{B})^{-1}\boldsymbol{\zeta}_i(t)+\boldsymbol{w}_i(t))=\boldsymbol{\zeta}_i(t)+\boldsymbol{G}\boldsymbol{B}\boldsymbol{w}_i(t)\end{aligned} \tag{5-62}$$

式(5－47) 实际上是一个关于变量 $\boldsymbol{\zeta}_i(t)$ 的一阶非齐次线性微分方程，该微分方程的通解为

$$\boldsymbol{\zeta}_i(t)=\boldsymbol{C}_{\mathrm{D}}\mathrm{e}^{-\int_0^t T_{\mathrm{D}}\mathrm{d}\theta}+\mathrm{e}^{-\int_0^t T_{\mathrm{D}}\mathrm{d}\theta}\int_0^t\boldsymbol{\psi}_i(\theta)\mathrm{e}^{\int_0^\theta T_{\mathrm{D}}\mathrm{d}\vartheta}\mathrm{d}\theta=\boldsymbol{C}_{\mathrm{D}}\mathrm{e}^{-tT_{\mathrm{D}}}+\mathrm{e}^{-tT_{\mathrm{D}}}\int_0^t\boldsymbol{\psi}_i(\theta)\mathrm{e}^{\theta T_{\mathrm{D}}}\mathrm{d}\theta \tag{5-63}$$

其中，常数向量 $\boldsymbol{C}_{\mathrm{D}}$ 由变量 $\boldsymbol{\zeta}_i(t)$ 的初始条件决定，而 $\boldsymbol{\zeta}_i(t)$ 的初始条件为 $\boldsymbol{\zeta}_i(0)=0$，则根据式(5－63) 可知，$\boldsymbol{C}_{\mathrm{D}}=0$。因此，式(5－63) 可写作如下形式：

$$\boldsymbol{\zeta}_i(t)=\mathrm{e}^{-tT_{\mathrm{D}}}\int_0^t\boldsymbol{\psi}_i(\theta)\mathrm{e}^{\theta T_{\mathrm{D}}}\mathrm{d}\theta \tag{5-64}$$

再根据式(5－48) 有

$$\boldsymbol{\zeta}_i(t)=-k_{\mathrm{D}}\mathrm{e}^{-tT_{\mathrm{D}}}\int_0^t\mathrm{sgn}(\boldsymbol{v}_i(\theta))\mathrm{e}^{\theta T_{\mathrm{D}}}\mathrm{d}\theta=-(k_d+k_T+k_\eta)\mathrm{e}^{-tT_{\mathrm{D}}}\int_0^t\mathrm{sgn}(\boldsymbol{v}_i(\theta))\mathrm{e}^{\theta T_{\mathrm{D}}}\mathrm{d}\theta \tag{5-65}$$

对于符号函数项 $\mathrm{sgn}(\boldsymbol{v}_i(\theta))$，可将其从积分项中提取出来，因此，式(5-65)可化作

$$\begin{aligned}\boldsymbol{\zeta}_i(t) = & -(k_d + k_T + k_\eta)\mathrm{e}^{-tT_\mathrm{D}}\int_0^t \mathrm{e}^{\theta T_\mathrm{D}}\mathrm{d}\theta\mathrm{sgn}(\boldsymbol{v}_i(t)) = \\ & -(k_d + k_T + k_\eta)\mathrm{e}^{-tT_\mathrm{D}}\frac{1}{T_\mathrm{D}}\mathrm{e}^{tT_\mathrm{D}}\mathrm{sgn}(\boldsymbol{v}_i(t)) = -\frac{1}{T_\mathrm{D}}(k_d + k_T + k_\eta)\mathrm{sgn}(\boldsymbol{v}_i(t))\end{aligned} \tag{5-66}$$

根据式(5-62)有

$$\boldsymbol{v}_i^\mathrm{T}(t)\boldsymbol{v}_i(t) = \boldsymbol{v}_i^\mathrm{T}(t)(\boldsymbol{\zeta}_i(t) + \boldsymbol{GBw}_i(t)) = \boldsymbol{v}_i^\mathrm{T}(t)\boldsymbol{\zeta}_i(t) + \boldsymbol{v}_i^\mathrm{T}(t)\boldsymbol{GBw}_i(t) \geqslant 0 \tag{5-67}$$

从而可得

$$\boldsymbol{v}_i^\mathrm{T}(t)\boldsymbol{GBw}_i(t) \geqslant -\boldsymbol{v}_i^\mathrm{T}(t)\boldsymbol{\zeta}_i(t) \tag{5-68}$$

根据式(5-66)有

$$\begin{aligned}-\boldsymbol{v}_i^\mathrm{T}(t)\boldsymbol{\zeta}_i(t) = & \frac{1}{T_\mathrm{D}}(k_d + k_T + k_\eta)\boldsymbol{v}_i^\mathrm{T}(t)\mathrm{sgn}(\boldsymbol{v}_i(t)) = \\ & \frac{1}{T_\mathrm{D}}(k_d + k_T + k_\eta)\sum_{m=1}^{q}|\boldsymbol{v}_{im}(t)| \geqslant \frac{1}{T_\mathrm{D}}(k_d + k_T + k_\eta)\|\boldsymbol{v}_i(t)\|\end{aligned} \tag{5-69}$$

式中，$\boldsymbol{v}_{im}(t)$，$m=\{1,2,\cdots,q\}$，表示 q 维变量 $\boldsymbol{v}_i(t)$ 的 q 个分量。又因为

$$\|\boldsymbol{v}_i(t)\|\,\|\boldsymbol{GB}\|\,\|\boldsymbol{w}_i(t)\| \geqslant \boldsymbol{v}_i^\mathrm{T}(t)\boldsymbol{GBw}_i(t) \tag{5-70}$$

则根据式(5-68)、式(5-69)和式(5-70)可得如下不等式：

$$\|\boldsymbol{v}_i(t)\|\,\|\boldsymbol{GB}\|\,\|\boldsymbol{w}_i(t)\| \geqslant \boldsymbol{v}_i^\mathrm{T}(t)\boldsymbol{GBw}_i(t) \geqslant -\boldsymbol{v}_i^\mathrm{T}(t)\boldsymbol{\zeta}_i(t) \geqslant \frac{1}{T_\mathrm{D}}(k_d + k_T + k_\eta)\|\boldsymbol{v}_i(t)\| \tag{5-71}$$

式(5-71)可化作如下形式：

$$\|\boldsymbol{GB}\|\,\|\boldsymbol{w}_i(t)\| \geqslant \frac{1}{T_\mathrm{D}}(k_d + k_T + k_\eta) \tag{5-72}$$

根据式(5-66)易知

$$\begin{aligned}\|\boldsymbol{\zeta}_i(t)\| = & \left\|\frac{1}{T_\mathrm{D}}(k_d + k_T + k_\eta)\mathrm{sgn}(\boldsymbol{v}_i(t))\right\| = \frac{1}{T_\mathrm{D}}(k_d + k_T + k_\eta)\|\mathrm{sgn}(\boldsymbol{v}_i(t))\| = \\ & \frac{1}{T_\mathrm{D}}(k_d + k_T + k_\eta)\sqrt{\sum_{m=1}^{q}|\mathrm{sgn}(\boldsymbol{v}_{im}(t))|^2} = \frac{\sqrt{q}}{T_\mathrm{D}}(k_d + k_T + k_\eta)\end{aligned} \tag{5-73}$$

因此有

$$\sqrt{q}\,\|\boldsymbol{GB}\|\,\|\boldsymbol{w}_i(t)\| \geqslant \|\boldsymbol{\zeta}_i(t)\| \tag{5-74}$$

根据式(5-60)中的条件 $k_T \geqslant T_\mathrm{D}l_\mathrm{D}$ 和 $l_\mathrm{D} \geqslant \sqrt{q}\,\|\boldsymbol{GB}\|\,\|\boldsymbol{w}_i(t)\|$，有如下不等式：

$$k_T \geqslant T_\mathrm{D}\|\boldsymbol{\zeta}_i(t)\| \tag{5-75}$$

选取如下 Lyapunov 函数

$$\hat{V}_\mathrm{D}(t) = \sum_{i=1}^{N}\hat{V}_{i\mathrm{D}}(t) = \frac{1}{2}\sum_{i=1}^{N}\boldsymbol{v}_i^\mathrm{T}(t)\boldsymbol{v}_i(t) \tag{5-76}$$

对式(5-76)求导可得

$$\begin{aligned}\dot{\hat{V}}_\mathrm{D}(t) = & \sum_{i=1}^{N}\boldsymbol{v}_i^\mathrm{T}(t)\dot{\boldsymbol{v}}_i(t) = \sum_{i=1}^{N}\boldsymbol{v}_i^\mathrm{T}(t)(\boldsymbol{GB}\dot{\boldsymbol{w}}_i(t) + \dot{\boldsymbol{\zeta}}_i(t)) = \\ & \sum_{i=1}^{N}\boldsymbol{v}_i^\mathrm{T}(t)(\boldsymbol{GB}\dot{\boldsymbol{w}}_i(t) + \boldsymbol{\psi}_i(t) - T_\mathrm{D}\boldsymbol{\zeta}_i(t)) =\end{aligned}$$

$$\sum_{i=1}^{N}\boldsymbol{v}_i^{\mathrm{T}}(t)(\boldsymbol{GB}\dot{\boldsymbol{w}}_i(t)-(k_d+k_T+k_\eta)\mathrm{sgn}(\boldsymbol{v}_i(t))-T_{\mathrm{D}}\boldsymbol{\zeta}_i(t))\leqslant$$
$$\sum_{i=1}^{N}(\|\boldsymbol{v}_i(t)\|\ \|\boldsymbol{GB}\|\ \|\dot{\boldsymbol{w}}_i(t)\|-(k_d+k_T+k_\eta)\|\boldsymbol{v}_i(t)\|-T_{\mathrm{D}}\boldsymbol{v}_i^{\mathrm{T}}(t)\boldsymbol{\zeta}_i(t))\tag{5-77}$$

根据式(5-69)可知，$-T_{\mathrm{D}}\boldsymbol{v}_i^{\mathrm{T}}(t)\boldsymbol{\zeta}_i(t)\geqslant 0$，因此式(5-77)可进一步化作

$$\dot{\hat{V}}_{\mathrm{D}}(t)\leqslant\sum_{i=1}^{N}(\|\boldsymbol{v}_i(t)\|\ \|\boldsymbol{GB}\|\ \|\dot{\boldsymbol{w}}_i(t)\|-(k_d+k_T+k_\eta)\|\boldsymbol{v}_i(t)\|+T_{\mathrm{D}}\|\boldsymbol{v}_i(t)\|\ \|\boldsymbol{\zeta}_i(t)\|)=$$
$$\sum_{i=1}^{N}\|\boldsymbol{v}_i(t)\|(\|\boldsymbol{GB}\|\ \|\dot{\boldsymbol{w}}_i(t)\|-(k_d+k_T+k_\eta)+T_{\mathrm{D}}\|\boldsymbol{\zeta}_i(t)\|)=$$
$$\sum_{i=1}^{N}(-\|\boldsymbol{v}_i(t)\|(k_d-\|\boldsymbol{GB}\|\ \|\dot{\boldsymbol{w}}_i(t)\|)-\|\boldsymbol{v}_i(t)\|(k_T-T_{\mathrm{D}}\|\boldsymbol{\zeta}_i(t)\|)-k_\eta\|\boldsymbol{v}_i(t)\|)\tag{5-78}$$

再根据式(5-60)和式(5-75)有

$$k_d-\|\boldsymbol{GB}\|\ \|\dot{\boldsymbol{w}}_i(t)\|\geqslant 0,\quad k_T-T_{\mathrm{D}}\|\boldsymbol{\zeta}_i(t)\|\geqslant 0.$$

因此，式(5-78)可化作如下形式：

$$\dot{\hat{V}}_{\mathrm{D}}(t)\leqslant -k_\eta\sum_{i=1}^{N}\|\boldsymbol{v}_i(t)\|=-\sqrt{2}k_\eta\sum_{i=1}^{N}\hat{V}_{i\mathrm{D}}^{\frac{1}{2}}(t)\leqslant-\sqrt{2}k_\eta\hat{V}_{\mathrm{D}}^{\frac{1}{2}}(t)\tag{5-79}$$

根据引理2.6可知，当不等式(5-79)成立时，$\hat{V}_{\mathrm{D}}(t)$将在有限时间内收敛至零，即意味着滑模变量$\boldsymbol{v}_i(t)$将在有限时间内收敛至零。

证毕。

注5.2：从式(5-46)、式(5-47)和式(5-48)中可以看出，滑模变量的符号函数项$\mathrm{sgn}(\boldsymbol{v}_i(t))$不直接存在于本节设计的动态滑模控制器中，而是相当于在符号函数项上施加了一个低通滤波器，其中，$\boldsymbol{\psi}_i(t)$相当于滤波器的输入；$\boldsymbol{\zeta}_i(t)$则相当于滤波器的输出。将式(5-47)写作如下分量的形式：

$$\dot{\zeta}_{im}(t)+T_{\mathrm{D}}\zeta_{im}(t)=\psi_{im}(t),\quad m=1,2,\cdots,q$$

对上式取拉氏变换可得

$$\frac{\zeta_{im}(s)}{\psi_{im}(s)}=\frac{1}{s+T_{\mathrm{D}}},\quad m=1,2,\cdots,q\tag{5-80}$$

其中，s表示复参变量；T_{D}为低通滤波器的带宽。需要注意的是，引入低通滤波器将在很大程度上减小由符号函数项引起的抖振。下面通过举例来展示低通滤波器的具体减振效果。图5-18给出了形如式(5-80)的低通滤波器的传递函数框图，并取$T_{\mathrm{D}}=50$。图5-19则分别给出了低通滤波器的输入$\psi_{im}(t)$和输出$\zeta_{im}(t)$随时间变化的曲线。从图5-19中可以看出，通过引入低通滤波器，可以在很大程度上降低由符号函数项引起的抖振。

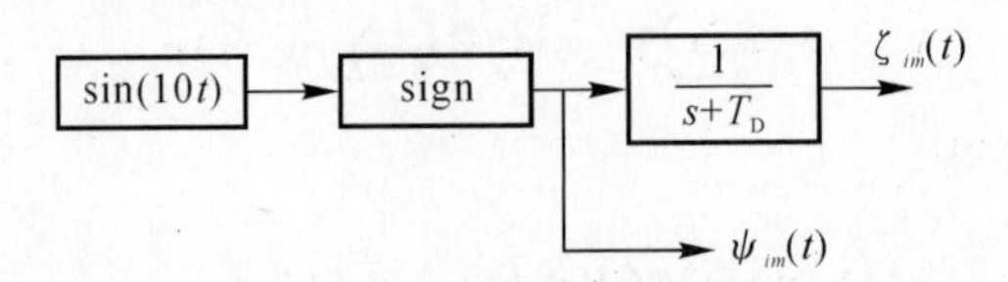

图5-18 低通滤波器传递函数框图

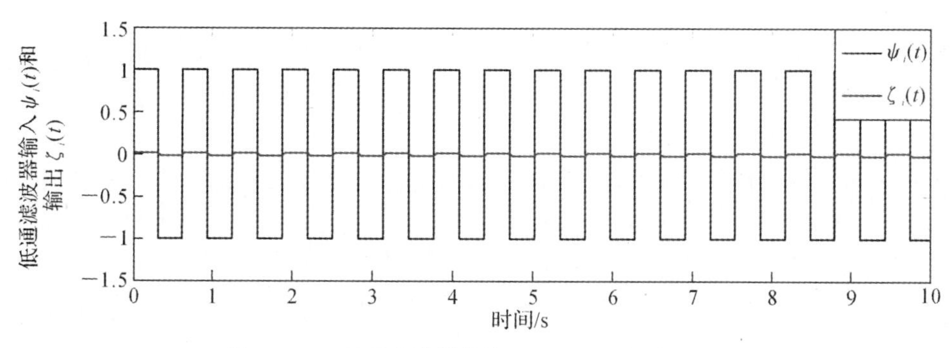

图5-19 低通滤波器的输入$\psi_{im}(t)$和输出$\zeta_{im}(t)$

5.4.2 仿真算例

本节以多艘无人船的协同跟踪定位控制问题为背景来验证5.4.1节提出的控制算法的有效性。考虑系统中有4艘无人船，包括3个跟随者和1个领航者，4艘无人船之间的通信拓扑结构如图5-1所示。

根据5.3.2节可知，无人船在线性化之后的动力学及运动学模型对应的状态空间方程如下所示：

$$\dot{\boldsymbol{x}}_i(t)=\boldsymbol{A}_c\boldsymbol{x}_i(t)+\boldsymbol{B}\boldsymbol{u}_i(t)+\boldsymbol{B}\boldsymbol{w}_i(t),\quad i=0,1,2,3 \tag{5-81}$$

式中

$$\boldsymbol{A}_c=\begin{bmatrix}\boldsymbol{0}_{3\times3} & \boldsymbol{\Omega}(\psi_c)\\ \boldsymbol{0}_{3\times3} & -\boldsymbol{M}^{-1}\boldsymbol{D}\end{bmatrix},\quad \boldsymbol{\Omega}(\psi_c)=\begin{bmatrix}\cos(\psi_c) & -\sin(\psi_c) & 0\\ \sin(\psi_c) & \cos(\psi_c) & 0\\ 0 & 0 & 1\end{bmatrix}$$

且ψ_c为常值。此外，假设领航者的模型中不存在控制输入及干扰输入，即$\boldsymbol{u}_0(t)=\boldsymbol{w}_0(t)=\boldsymbol{0}$。由于系统式(5-81)和式(5-1)具有相同的形式，因此5.4.1节中提出的针对系统式(5-1)的理论方法能够应用于系统式(5-81)中。

取领航者和3个跟随者的状态初值与5.3.2节中相同，具体如下：

$$\boldsymbol{x}_0(0)=\begin{bmatrix}0.1\\0.2\\\pi/6\\0.1\\0.1\\0\end{bmatrix},\quad \boldsymbol{x}_1(0)=\begin{bmatrix}0.5\\1\\\pi/6\\0.1\\0.15\\0\end{bmatrix},\quad \boldsymbol{x}_2(0)=\begin{bmatrix}1\\1.5\\\pi/6\\0.2\\0.25\\0\end{bmatrix},\quad \boldsymbol{x}_3(0)=\begin{bmatrix}2\\2.5\\\pi/6\\0.3\\0.35\\0\end{bmatrix}$$

取无人船的惯性矩阵$\boldsymbol{M}$，阻尼矩阵$\boldsymbol{D}$以及参数ψ_c与5.3.2节中相同，具体如下：

$$\boldsymbol{M}=\begin{bmatrix}4 & 0 & 0\\ 0 & 3.5 & 0.5\\ 0 & 0.5 & 3\end{bmatrix},\quad \boldsymbol{D}=\begin{bmatrix}0.5 & 0 & 0\\ 0 & 0.4 & 0\\ 0 & 0 & 0.45\end{bmatrix},\quad \psi_c=\frac{\pi}{6}$$

利用定理5.3，并取$\alpha_D=10$和$\boldsymbol{R}_D=0.01I_3$（与5.3.2节中相同），通过求解线性矩阵不等式(5-57)、式(5-58)和式(5-59)，可以得到矩阵$\widetilde{\boldsymbol{P}}_D$为

$$\widetilde{\boldsymbol{P}}_{\mathrm{D}}=\begin{bmatrix}1\,249.06 & 3.74 & -17.59 & -101.55 & 56.21 & -6.33\\ 3.74 & 1\,244.74 & 30.47 & -58.63 & -97.36 & 10.97\\ -17.59 & 30.47 & 1\,193.5 & 0 & 14.28 & -135.55\\ -101.55 & -58.63 & 0 & 15.78 & 0 & 0\\ 56.21 & -97.36 & 14.28 & 0 & 15.03 & -4.61\\ -6.33 & 10.96 & -135.55 & 0 & -4.61 & 22.66\end{bmatrix}$$

进而可以计算出控制增益矩阵为

$$\boldsymbol{K}_{\mathrm{D}}=-\boldsymbol{B}^{\mathrm{T}}\widetilde{\boldsymbol{P}}_{\mathrm{D}}^{-1}=\begin{bmatrix}-0.004\,2 & -0.002\,4 & 0 & -0.052\,2 & 0 & 0\\ 0.002\,9 & -0.005\,1 & 0.000\,2 & 0 & -0.065\,8 & -0.006\,8\\ -0.000\,1 & 0.000\,2 & -0.005\,6 & 0 & -0.005\,2 & -0.049\,6\end{bmatrix}$$

令作用于 3 个跟随者的干扰输入与 5.3.2 节中相同，具体为 $\boldsymbol{w}_1(t)=\boldsymbol{w}_2(t)=\boldsymbol{w}_3(t)=1\times10^{-4}\,[\sin(0.01t)\quad\cos(0.01t)\quad-\sin(0.01t)]^{\mathrm{T}}$，并取动态滑模控制律式(5-46)中的滑模切换函数增益为 $k_{\mathrm{D}}=1.1\times10^{-6}$，低通滤波器的带宽为 $T_{\mathrm{D}}=1\times10^{-4}$。

无人船的航向位置、横向位置、偏航角、航向速度、横向速度和偏航角速度如图 5-20 ～ 图 5-25 所示。

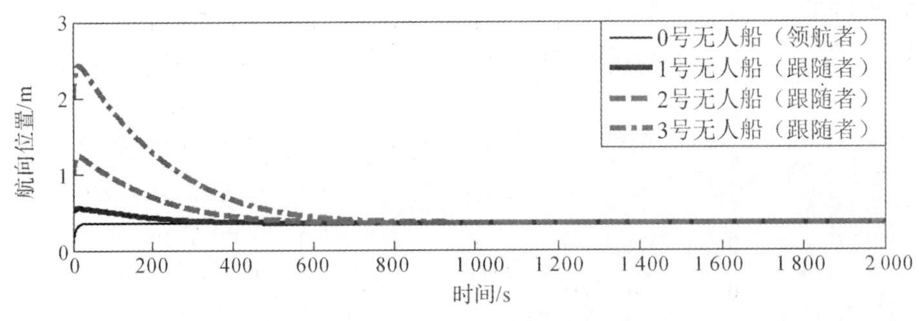

图 5-20　无人船的航向位置 $x_i(t)$ 曲线

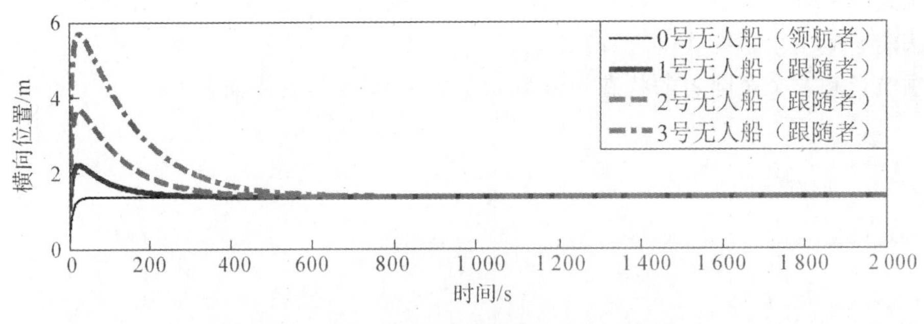

图 5-21　无人船的横向位置 $y_i(t)$ 曲线

从图 5-20～图 5-25 中可以看出，5.4.1 节中设计的控制算法式(5-46)能够保证 3 艘无人船的位置、速度、偏航角及偏航角速度在约 1 000 s 内跟踪上领航者。作用于 3 艘跟随者无人船的航向和横向控制力以及偏航方向控制力矩如图 5-26～图 5-28 所示。

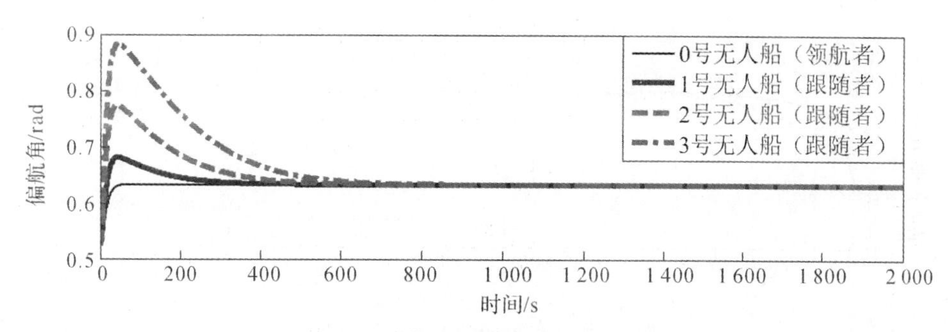

图 5-22　无人船的偏航角 $\varphi_i(t)$ 曲线

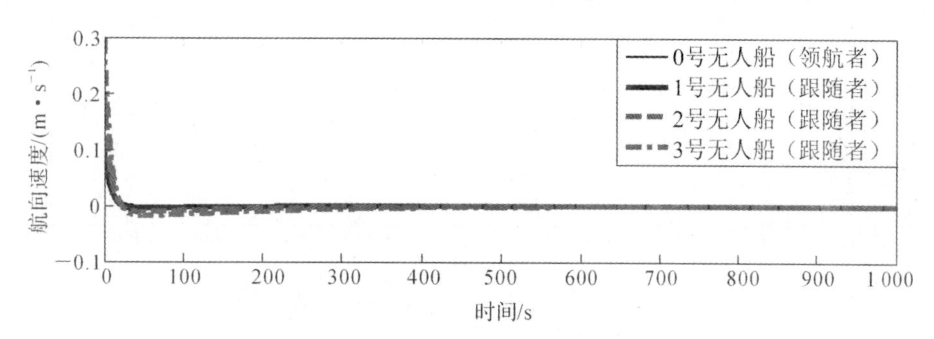

图 5-23　无人船的航向速度 $\nu_{xi}(t)$ 曲线

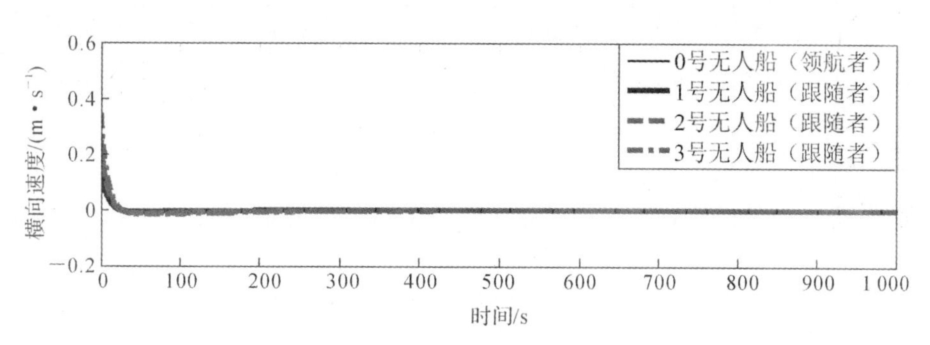

图 5-24　无人船的横向速度 $\nu_{yi}(t)$ 曲线

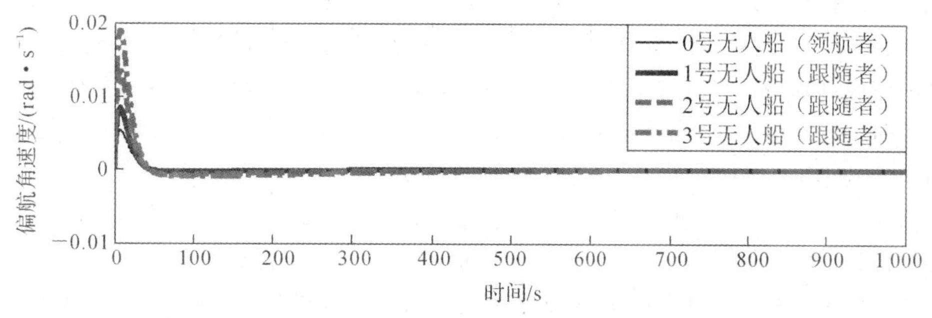

图 5-25　无人船的偏航角速度 $\omega_i(t)$ 曲线

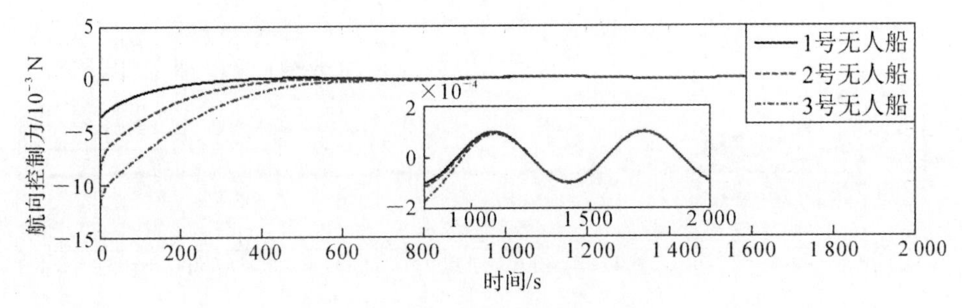

图 5-26　无人船的航向控制力曲线

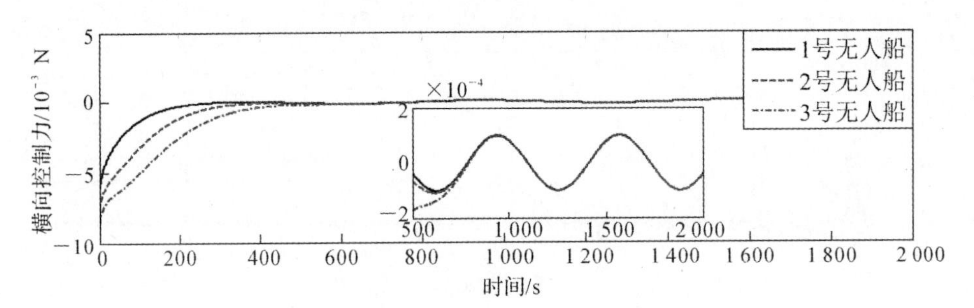

图 5-27　无人船的横向控制力曲线

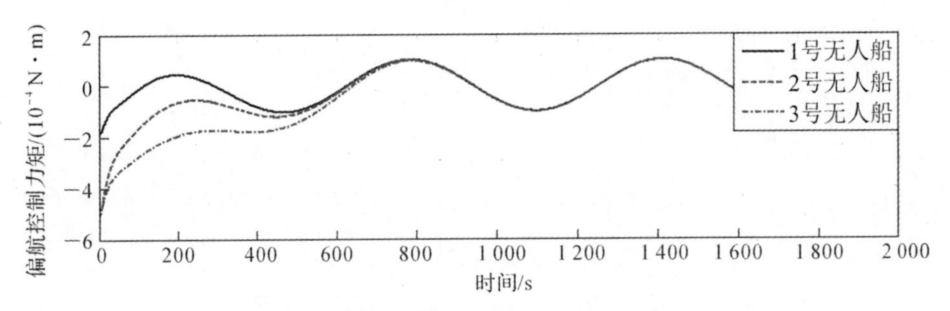

图 5-28　无人船的偏航控制力矩曲线

从图 5-26～图 5-28 中可以看出，作用于 3 艘无人船的航向和横向最大控制力（绝对值）约为 0.01 N，而最大偏航控制力矩约为 5×10^{-4} N · m。此外，与图 5-8～图 5-10 不同的是，图 5-26～图 5-28 中所展示的控制输入中不存在抖振，即意味着相比于 5.3.1 节设计的积分型滑模控制算法，5.4.1 节设计的动态滑模控制算法可实现消除抖振的目的。无人船的航向和横向位置跟踪误差、偏航角跟踪误差、航向和横向速度跟踪误差以及偏航角速度跟踪误差如图 5-29～图 5-34 所示。

从图 5-29～图 5-34 中可以看出，3 个跟随者（1，2，3 号无人船）与领航者之间的位置跟踪误差的稳态值（绝对值）在 4×10^{-6} m 内；偏航角跟踪误差的稳态值在 1×10^{-6} rad 内；速度跟踪误差的稳态值在 4×10^{-8} m/s 内；偏航角速度跟踪误差的稳态值在 2×10^{-8} rad/s 内。通过对比可知，图 5-29～图 5-31 中展示的位置和偏航角跟踪误差与图 5-11～图 5-13 基本相同；而图 5-32～图 5-34 中展示的速度和偏航角速度跟踪误差要明显小于图 5-14～图5-16。

综上所述可知，相比于 5.3.1 节中设计的积分型滑模控制算法，5.4.1 节中设计的动态滑模控制算法能够实现更高的控制精度，同时还可以有效地消除抖振。

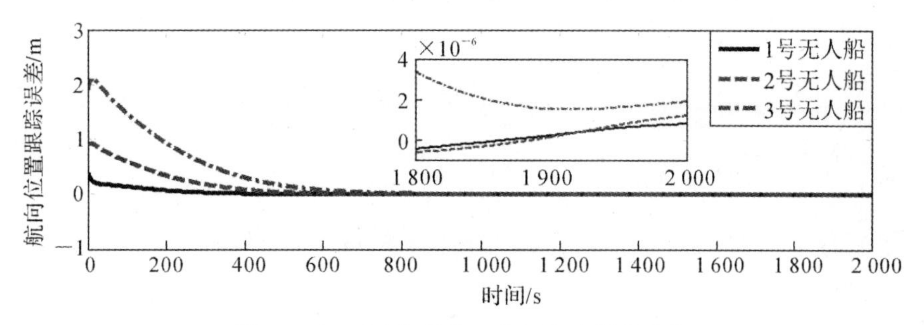

图 5－29 无人船的航向位置跟踪误差曲线

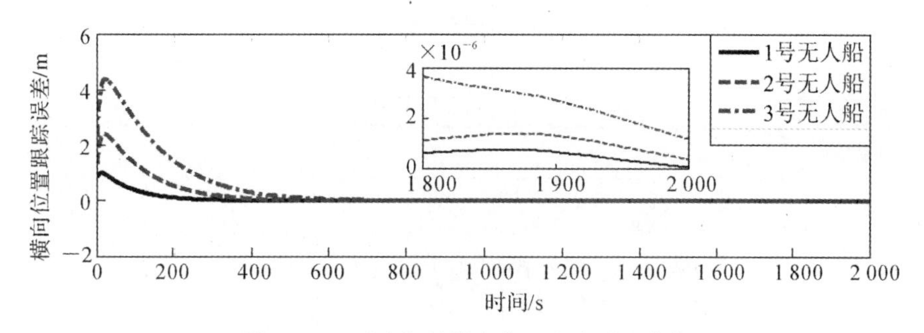

图 5－30 无人船的横向位置跟踪误差曲线

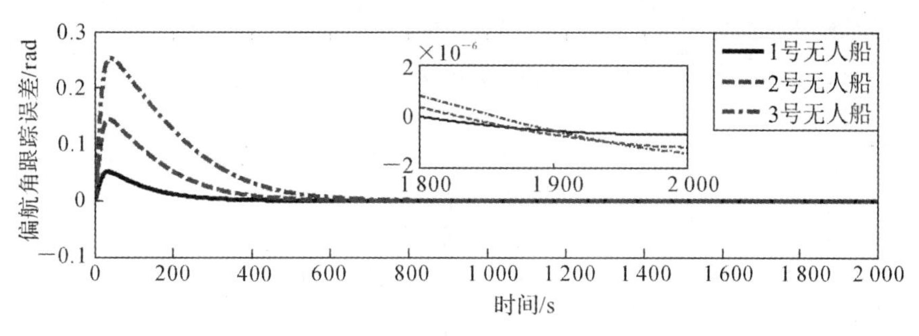

图 5－31 无人船的偏航角跟踪误差曲线

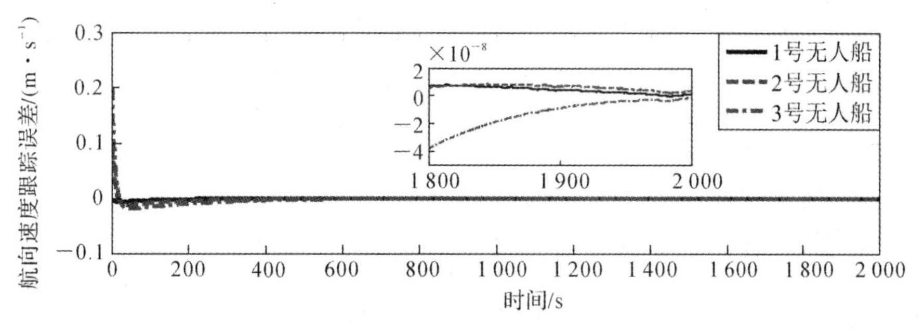

图 5－32 无人船的航向速度跟踪误差曲线

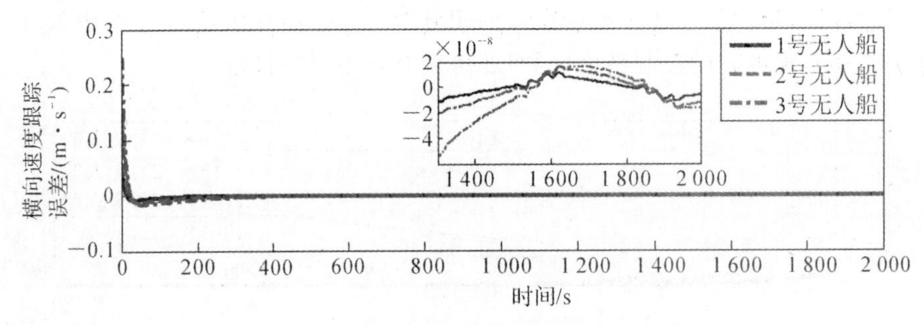

图 5-33　无人船的横向速度跟踪误差曲线

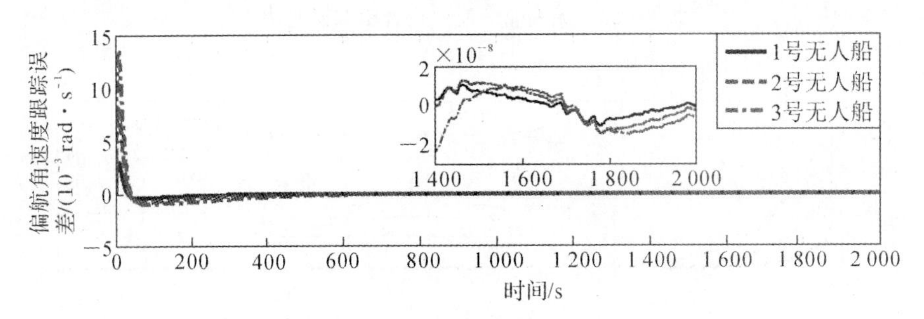

图 5-34　无人船的偏航角速度跟踪误差曲线

仿真程序：

本部分的求解控制增益程序、被控对象程序以及作图程序与 5.3.2 节相同，此处略去，只给出 Simulink 主程序模块图。

(1)Simulink 主程序模块图如图 5-35 所示。

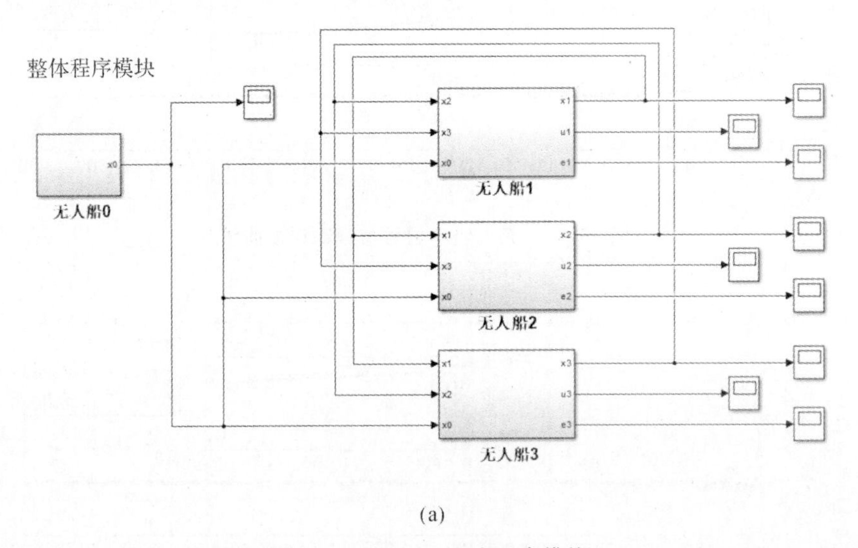

(a)

图 5-35　Simulink 主程序模块

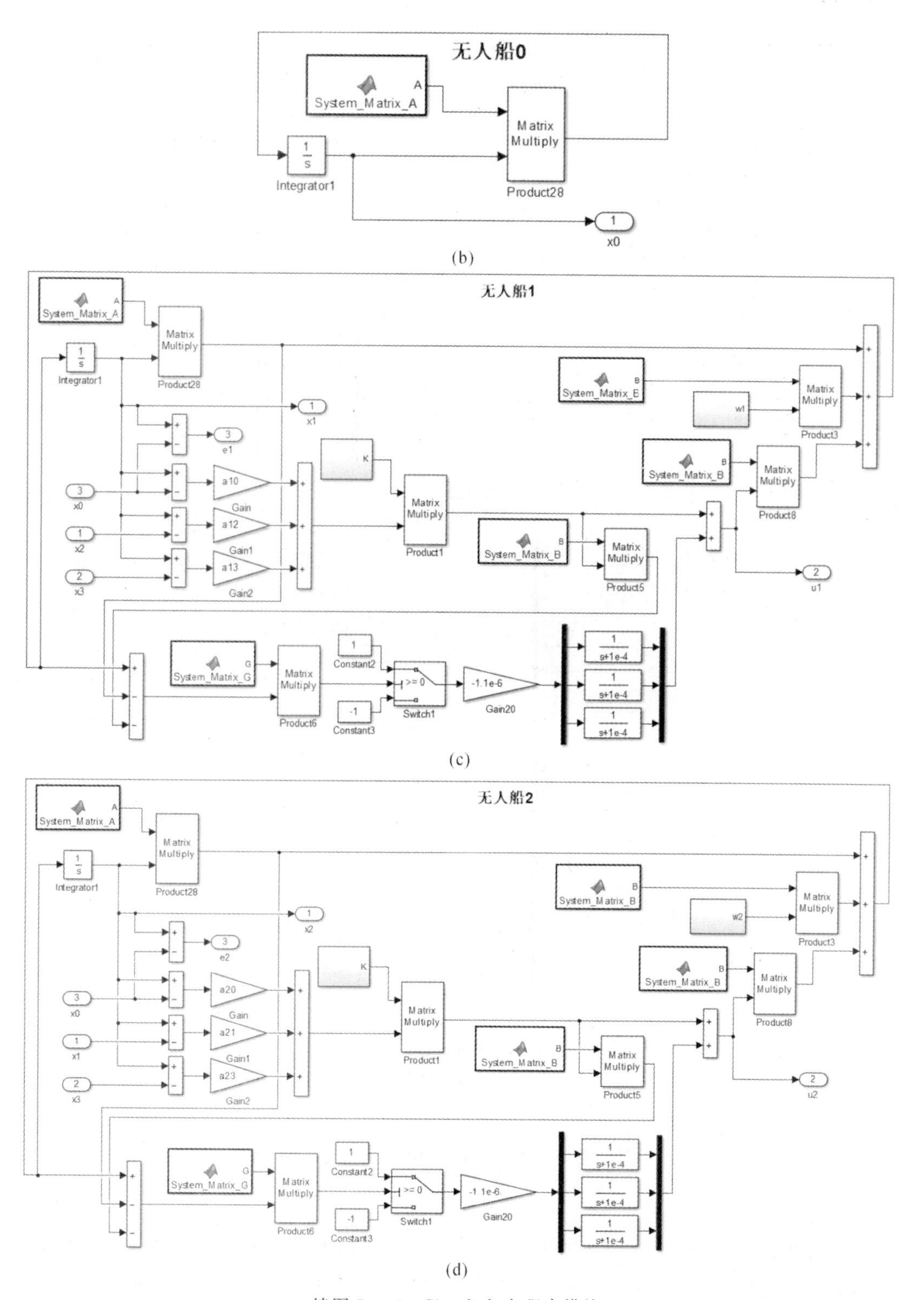

续图 5-35　Simulink 主程序模块

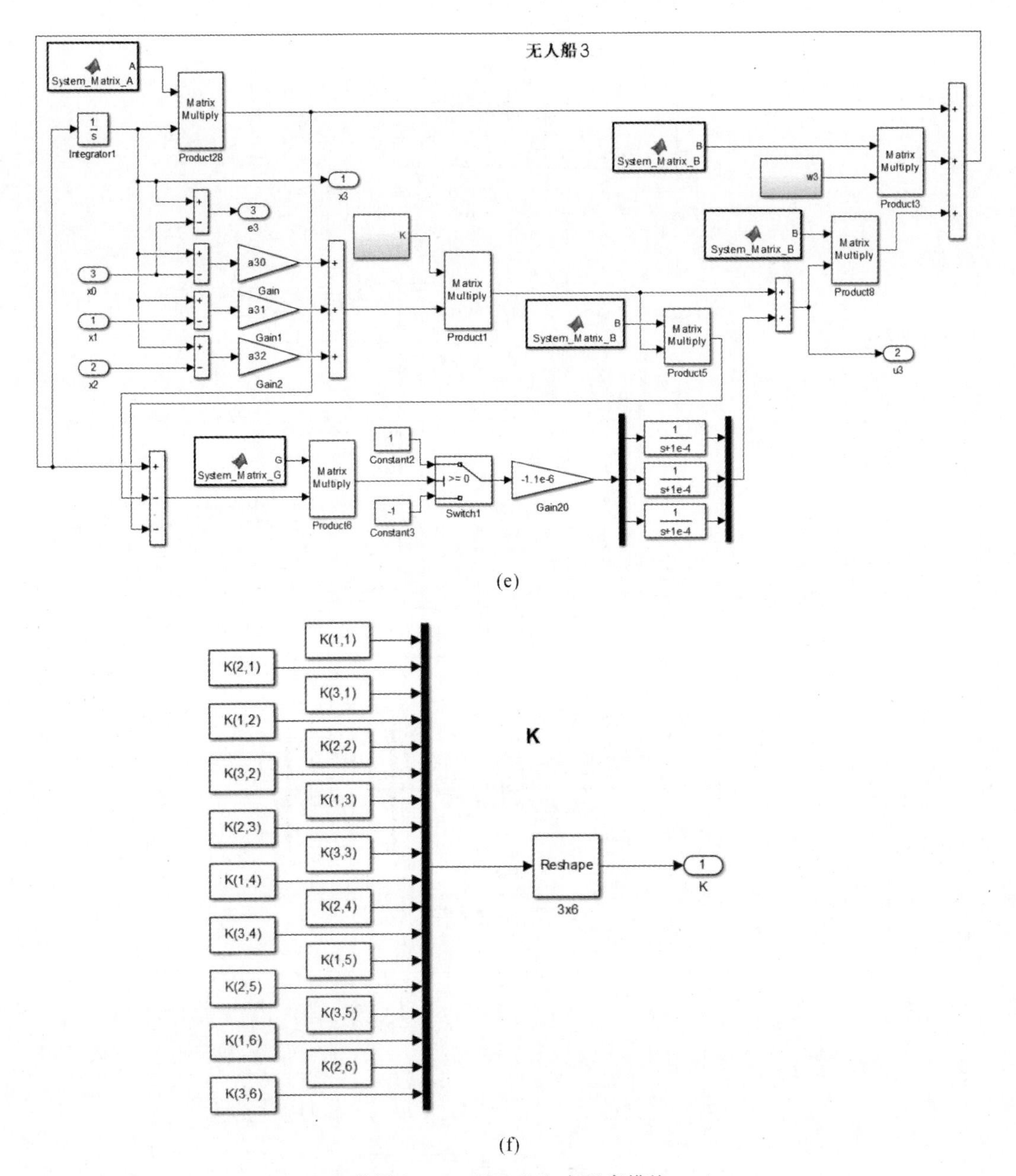

(e)

(f)

续图 5－35　Simulink 主程序模块

5.5　H_∞控制器设计

除 5.3 节和5.4 节所采用的滑模控制方法之外，基于 H_∞ 性能的控制方法（简称 H_∞ 控制）也是一种较为主流的鲁棒控制方法。本节旨在针对跟踪误差系统式（5－5）设计一种 H_∞ 控制器。

5.5.1　主要结果

本节设计 H_∞ 控制器，使系统式(5-5)能够满足 H_∞ 性能的渐进稳定系统。设计控制器如下：

$$\boldsymbol{u}_{i\mathrm{H}}(t)=\boldsymbol{K}_{\mathrm{H}}\boldsymbol{\xi}_i(t) \tag{5-82}$$

其中，$\boldsymbol{K}_{\mathrm{H}}$ 表示待求的增益矩阵。

根据式(5-82)可知

$$\boldsymbol{U}_{\mathrm{H}}(t)=(\boldsymbol{I}_N\otimes\boldsymbol{K}_{\mathrm{H}})\boldsymbol{\xi}(t) \tag{5-83}$$

式中，$\boldsymbol{U}_{\mathrm{H}}(t)=[\boldsymbol{u}_{1\mathrm{H}}^{\mathrm{T}}(t)\quad\cdots\quad\boldsymbol{u}_{N\mathrm{H}}^{\mathrm{T}}(t)]^{\mathrm{T}}$。将式(5-83)代入式(5-5)的控制输入中，即利用$(\boldsymbol{I}_N\otimes\boldsymbol{K}_{\mathrm{H}})\boldsymbol{\xi}(t)$ 来替换式(5-5)中的 $\boldsymbol{U}(t)$，可得如下等式：

$$\dot{\boldsymbol{\xi}}(t)=(\boldsymbol{I}_N\otimes\boldsymbol{A}+\boldsymbol{L}_1\otimes\boldsymbol{B}\boldsymbol{K}_{\mathrm{H}})\boldsymbol{\xi}(t)+(\boldsymbol{L}_1\otimes\boldsymbol{B})\boldsymbol{w}(t) \tag{5-84}$$

需要注意的是，在定义 2.1 中，状态变量和外界干扰变量应具有相同的维数。然而在系统式(5-84)中，状态变量 $\boldsymbol{\xi}(t)$ 是 Np 维的，干扰变量 $\boldsymbol{w}(t)$ 是 Nq 维的，且一般来说状态变量维数大于干扰变量维数，即 $p>q$。因此，系统式(5-84)中状态变量和干扰变量不具有相同的维数，不符合定义 2.1 的要求。为解决上述问题，令 $\bar{\boldsymbol{w}}(t)=[\boldsymbol{0}_{(Np-Nq)\times1}\quad\boldsymbol{w}(t)]^{\mathrm{T}}$ 和 $\bar{\boldsymbol{B}}=[\boldsymbol{0}_{p\times(p-q)}\quad\boldsymbol{B}]$，则式(5-84)可表示为如下形式：

$$\dot{\boldsymbol{\xi}}(t)=(\boldsymbol{I}_N\otimes\boldsymbol{A}+\boldsymbol{L}_1\otimes\boldsymbol{B}\boldsymbol{K}_{\mathrm{H}})\boldsymbol{\xi}(t)+(\boldsymbol{L}_1\otimes\bar{\boldsymbol{B}})\bar{\boldsymbol{w}}(t) \tag{5-85}$$

在式(5-85)中，状态变量 $\boldsymbol{\xi}(t)$ 和干扰变量 $\bar{\boldsymbol{w}}(t)$ 均是 Np 的，符合定义 2.1 的要求。

此外，假设外界干扰满足如下条件：

$$\int_0^\infty\bar{\boldsymbol{w}}^{\mathrm{T}}(t)(\boldsymbol{I}_N\otimes\boldsymbol{M})\bar{\boldsymbol{w}}(t)\mathrm{d}t\leqslant W \tag{5-86}$$

引理 5.1：对于含有外干扰的跟踪误差系统式(5-85)，选取 Lyapunov 函数 $V(t)$，若如下不等式成立：

$$\dot{V}(t)-\gamma^2\bar{\boldsymbol{w}}^{\mathrm{T}}(t)(\boldsymbol{I}_N\otimes\boldsymbol{M})\bar{\boldsymbol{w}}(t)+\boldsymbol{\xi}^{\mathrm{T}}(t)(\boldsymbol{I}_N\otimes\boldsymbol{M})\boldsymbol{\xi}(t)\leqslant0 \tag{5-87}$$

其中，$\boldsymbol{M}$ 为正定对称矩阵，则系统式(5-85)是满足 H_∞ 性能指标 γ 的渐进稳定系统。

证明：若要证明该引理，则需要保证系统满足定义 2.1 中描述的两组条件，即在零干扰条件下是渐进稳定的，而在零初值条件下具有 H_∞ 性能。具体证明步骤如下：

(1) 系统的渐近稳定性。

当外干扰为零，即 $\bar{\boldsymbol{w}}(t)=\boldsymbol{0}$ 时，根据式(5-87)有

$$\dot{V}(t)\leqslant-\boldsymbol{\xi}^{\mathrm{T}}(t)(\boldsymbol{I}_N\otimes\boldsymbol{M})\boldsymbol{\xi}(t)\leqslant-\lambda_{\min}(\boldsymbol{M})\;\|\boldsymbol{\xi}(t)\|^2 \tag{5-88}$$

其中，$\lambda_{\min}(\boldsymbol{M})$ 表示矩阵 $\boldsymbol{M}$ 的最小特征值，由于 $\boldsymbol{M}$ 为正定对称矩阵，因此 $\lambda_{\min}(\boldsymbol{M})>0$。对式(5-88)进行积分可得如下不等式：

$$\lim_{t\to\infty}V(t)-V(0)\leqslant-\lambda_{\min}(\boldsymbol{M})\int_0^\infty\|\boldsymbol{\xi}(t)\|^2\mathrm{d}t \tag{5-89}$$

由于 Lyapunov 函数 $V(t)$ 始终为非负，因此有$\lim\limits_{t\to\infty}V(t)\geqslant0$，进而可将式(5-89)化作如下形式：

$$\lambda_{\min}(\boldsymbol{M})\int_0^\infty\|\boldsymbol{\xi}(t)\|^2\mathrm{d}t\leqslant V(0) \tag{5-90}$$

式(5-90)意味着 $\|\boldsymbol{\xi}(t)\|^2$ 在$[0,\infty)$的区间内对时间的积分小于某一个正数，即积分有界，从而可知当 $t\to\infty$ 时，一定有 $\boldsymbol{\xi}(t)\to0$。因此，系统式(5-85)是渐近稳定的。

(2) 系统的 H_∞ 性能。

当外干扰不为零，即 $\bar{\boldsymbol{w}}(t)\neq \boldsymbol{0}$ 时，根据式(5-87)有

$$\boldsymbol{\xi}^{\mathrm{T}}(t)(\boldsymbol{I}_N\otimes\boldsymbol{M})\boldsymbol{\xi}(t)\leqslant\gamma^2\bar{\boldsymbol{w}}^{\mathrm{T}}(t)(\boldsymbol{I}_N\otimes\boldsymbol{M})\bar{\boldsymbol{w}}(t)-\dot{V}(t) \tag{5-91}$$

对式(5-91)求积分可得

$$\int_0^\infty\boldsymbol{\xi}^{\mathrm{T}}(t)(\boldsymbol{I}_N\otimes\boldsymbol{M})\boldsymbol{\xi}(t)\mathrm{d}t\leqslant\gamma^2\int_0^\infty\bar{\boldsymbol{w}}^{\mathrm{T}}(t)(\boldsymbol{I}_N\otimes\boldsymbol{M})\bar{\boldsymbol{w}}(t)\mathrm{d}t+V(0)-\lim_{t\to\infty}V(t) \tag{5-92}$$

在零初值条件下，式(5-92)可化作如下形式：

$$\int_0^\infty\boldsymbol{\xi}^{\mathrm{T}}(t)(\boldsymbol{I}_N\otimes\boldsymbol{M})\boldsymbol{\xi}(t)\mathrm{d}t\leqslant\gamma^2\int_0^\infty\bar{\boldsymbol{w}}^{\mathrm{T}}(t)(\boldsymbol{I}_N\otimes\boldsymbol{M})\bar{\boldsymbol{w}}(t)\mathrm{d}t-\lim_{t\to\infty}V(t) \tag{5-93}$$

由于$\lim\limits_{t\to\infty}V(t)\geqslant 0$，因此有

$$\int_0^\infty\boldsymbol{\xi}^{\mathrm{T}}(t)(\boldsymbol{I}_N\otimes\boldsymbol{M})\boldsymbol{\xi}(t)\mathrm{d}t\leqslant\gamma^2\int_0^\infty\bar{\boldsymbol{w}}^{\mathrm{T}}(t)(\boldsymbol{I}_N\otimes\boldsymbol{M})\bar{\boldsymbol{w}}(t)\mathrm{d}t \tag{5-94}$$

综上所述可知，定义2.1中描述的两组条件均成立，因此系统式(5-85)是满足 H_∞ 性能指标 γ 的渐进稳定系统。

证毕。

此外，本节设计的 H_∞ 控制器仍须考虑控制过程中的能耗约束问题，给出如下能耗函数：

$$J_{\mathrm{H}}=\sum_{i=1}^N\int_0^\infty(\boldsymbol{u}_{i\mathrm{H}}^{\mathrm{T}}(t)\boldsymbol{R}_{\mathrm{H}}\boldsymbol{u}_{i\mathrm{H}}(t)+\boldsymbol{\xi}_i^{\mathrm{T}}(t)\boldsymbol{Q}_{\mathrm{H}}\boldsymbol{\xi}_i(t))\,\mathrm{d}t\leqslant\delta_{\mathrm{H}} \tag{5-95}$$

式中，$\boldsymbol{R}_{\mathrm{H}}$ 和 $\boldsymbol{Q}_{\mathrm{H}}$ 均为正定对称的加权矩阵；δ_{H} 为正定标量。再给出如下初值条件：$\boldsymbol{\xi}_i^{\mathrm{T}}(0)\boldsymbol{\xi}_i(0)\leqslant\alpha_{i\mathrm{H}}$，其中，$\alpha_{i\mathrm{H}}>0$。

定理5.5：给定参数 α_{H}，若存在正定对称阵 $\widetilde{\boldsymbol{P}}_{\mathrm{H}}\in\mathbf{R}^{p\times p}$，$\boldsymbol{R}_{\mathrm{H}}\in\mathbf{R}^{q\times q}$，$\widetilde{\boldsymbol{Q}}_{\mathrm{H}}\in\mathbf{R}^{p\times p}$，$\widetilde{\boldsymbol{M}}_{\mathrm{H}}\in\mathbf{R}^{p\times p}$，正定标量 γ，φ_{H} 和 δ_{H}，使得下述线性矩阵不等式有可行解：

$$\begin{bmatrix}\boldsymbol{I}_N\otimes(\boldsymbol{A}\widetilde{\boldsymbol{P}}_{\mathrm{H}}+\widetilde{\boldsymbol{P}}_{\mathrm{H}}\boldsymbol{A}^{\mathrm{T}}+\widetilde{\boldsymbol{Q}}_{\mathrm{H}}+\boldsymbol{B}\boldsymbol{R}_{\mathrm{H}}\boldsymbol{B}^{\mathrm{T}}+\widetilde{\boldsymbol{M}})-(\boldsymbol{L}_1+\boldsymbol{L}_1^{\mathrm{T}})\otimes\boldsymbol{B}\boldsymbol{B}^{\mathrm{T}} & \boldsymbol{L}_1\otimes\bar{\boldsymbol{B}}\widetilde{\boldsymbol{P}}_{\mathrm{H}}\\ * & -\boldsymbol{I}_N\otimes\gamma^2\widetilde{\boldsymbol{M}}\end{bmatrix}\leqslant 0 \tag{5-96}$$

$$\begin{bmatrix}-\delta_{\mathrm{H}}+\gamma^2W & \varphi_{\mathrm{H}}\sqrt{\alpha_{\mathrm{H}}}\\ * & -\varphi_{\mathrm{H}}\end{bmatrix}\leqslant 0 \tag{5-97}$$

$$\begin{bmatrix}-\varphi_{\mathrm{H}}\boldsymbol{I} & \boldsymbol{I}\\ * & -\widetilde{\boldsymbol{P}}_{\mathrm{H}}\end{bmatrix}\leqslant 0 \tag{5-98}$$

式中，$\alpha_{\mathrm{H}}=\sum\limits_{i=1}^N\alpha_{i\mathrm{H}}$，则系统式(5-85)是满足 H_∞ 性能指标 γ 的渐进稳定系统。另外，控制增益矩阵的表达式为 $\boldsymbol{K}_{\mathrm{H}}=-\boldsymbol{B}^{\mathrm{T}}\widetilde{\boldsymbol{P}}_{\mathrm{H}}^{-1}$。

证明：首先针对系统式(5-87)选取如下 Lyapunov 函数：

$$V_{\mathrm{H}}(t)=\sum_{i=1}^N\boldsymbol{\xi}_i^{\mathrm{T}}(t)\boldsymbol{P}_{\mathrm{H}}\boldsymbol{\xi}_i(t) \tag{5-99}$$

其中，$\boldsymbol{P}_{\mathrm{H}}$ 为正定对称的加权矩阵。对 $V_{\mathrm{H}}(t)$ 求导有

$$\begin{aligned}\dot{V}_{\mathrm{H}}(t)=&2\boldsymbol{\xi}^{\mathrm{T}}(t)(\boldsymbol{I}_N\otimes\boldsymbol{P}_{\mathrm{H}})\dot{\boldsymbol{\xi}}(t)=\\&\boldsymbol{\xi}^{\mathrm{T}}(t)(\boldsymbol{I}_N\otimes(\boldsymbol{P}_{\mathrm{H}}\boldsymbol{A}+\boldsymbol{A}^{\mathrm{T}}\boldsymbol{P}_{\mathrm{H}})+\boldsymbol{L}_1\otimes\boldsymbol{P}_{\mathrm{H}}\boldsymbol{B}\boldsymbol{K}_{\mathrm{H}}+\boldsymbol{L}_1^{\mathrm{T}}\otimes\boldsymbol{K}_{\mathrm{H}}^{\mathrm{T}}\boldsymbol{B}^{\mathrm{T}}\boldsymbol{P}_{\mathrm{H}})\,\boldsymbol{\xi}(t)+\\&2\boldsymbol{\xi}^{\mathrm{T}}(t)(\boldsymbol{L}_1\otimes\boldsymbol{P}_{\mathrm{H}}\bar{\boldsymbol{B}})\bar{\boldsymbol{w}}(t)\end{aligned} \tag{5-100}$$

令 $\boldsymbol{P}_{\mathrm{H}}=\widetilde{\boldsymbol{P}}_{\mathrm{H}}^{-1}$，对不等式(5－96)两端同时左乘右乘矩阵 $\begin{bmatrix}\boldsymbol{I}_N\otimes\boldsymbol{P}_{\mathrm{H}} & \mathbf{0}\\ \mathbf{0} & \boldsymbol{I}_N\otimes\boldsymbol{P}_{\mathrm{H}}\end{bmatrix}$ 有

$$\begin{bmatrix}\boldsymbol{\Omega}_{\mathrm{H}} & \boldsymbol{L}_1\otimes\boldsymbol{P}_{\mathrm{H}}\overline{\boldsymbol{B}}\\ * & -\boldsymbol{I}_N\otimes\gamma^2\boldsymbol{M}\end{bmatrix}\leqslant 0 \tag{5-101}$$

式中

$$\boldsymbol{\Omega}_{\mathrm{H}}=\boldsymbol{I}_N\otimes(\boldsymbol{P}_{\mathrm{H}}\boldsymbol{A}+\boldsymbol{A}^{\mathrm{T}}\boldsymbol{P}_{\mathrm{H}}+\boldsymbol{Q}_{\mathrm{H}}+\boldsymbol{P}_{\mathrm{H}}\boldsymbol{B}\boldsymbol{R}_{\mathrm{H}}\boldsymbol{B}^{\mathrm{T}}\boldsymbol{P}_{\mathrm{H}}+\boldsymbol{M})-(\boldsymbol{L}_1+\boldsymbol{L}_1^{\mathrm{T}})\otimes\boldsymbol{P}_{\mathrm{H}}\boldsymbol{B}\boldsymbol{B}^{\mathrm{T}}\boldsymbol{P}_{\mathrm{H}}$$

$$\boldsymbol{Q}_{\mathrm{H}}=\boldsymbol{P}_{\mathrm{H}}\widetilde{\boldsymbol{Q}}_{\mathrm{H}}\boldsymbol{P}_{\mathrm{H}},\boldsymbol{M}=\boldsymbol{P}_{\mathrm{H}}\widetilde{\boldsymbol{M}}\boldsymbol{P}_{\mathrm{H}}$$

再利用 $\boldsymbol{K}_{\mathrm{H}}=-\boldsymbol{B}^{\mathrm{T}}\widetilde{\boldsymbol{P}}_{\mathrm{H}}^{-1}=-\boldsymbol{B}^{\mathrm{T}}\boldsymbol{P}_{\mathrm{H}}$，可将式(5－101)化作如下形式：

$$\begin{bmatrix}\overline{\boldsymbol{\Omega}}_{\mathrm{H}} & \boldsymbol{L}_1\otimes\boldsymbol{P}_{\mathrm{H}}\overline{\boldsymbol{B}}\\ * & -\boldsymbol{I}_N\otimes\gamma^2\boldsymbol{M}\end{bmatrix}\leqslant 0 \tag{5-102}$$

式中

$$\overline{\boldsymbol{\Omega}}_{\mathrm{H}}=\boldsymbol{I}_N\otimes(\boldsymbol{P}_{\mathrm{H}}\boldsymbol{A}+\boldsymbol{A}^{\mathrm{T}}\boldsymbol{P}_{\mathrm{H}}+\boldsymbol{Q}_{\mathrm{H}}+\boldsymbol{P}_{\mathrm{H}}\boldsymbol{B}\boldsymbol{R}_{\mathrm{H}}\boldsymbol{B}^{\mathrm{T}}\boldsymbol{P}_{\mathrm{H}}+\boldsymbol{M})+\boldsymbol{L}_1\otimes\boldsymbol{P}_{\mathrm{H}}\boldsymbol{B}\boldsymbol{K}_{\mathrm{H}}+\boldsymbol{L}_1^{\mathrm{T}}\otimes\boldsymbol{K}_{\mathrm{H}}^{\mathrm{T}}\boldsymbol{B}^{\mathrm{T}}\boldsymbol{P}_{\mathrm{H}}$$

根据不等式(5－100)可知，当矩阵不等式(5－102)成立时，有

$$\begin{aligned}&\dot{V}_{\mathrm{H}}(t)+\boldsymbol{\xi}^{\mathrm{T}}(t)(\boldsymbol{I}_N\otimes\boldsymbol{M})\boldsymbol{\xi}(t)-\gamma^2\overline{\boldsymbol{w}}^{\mathrm{T}}(t)(\boldsymbol{I}_N\otimes\boldsymbol{M})\overline{\boldsymbol{w}}(t)+\\&\boldsymbol{\xi}^{\mathrm{T}}(t)(\boldsymbol{I}_N\otimes(\boldsymbol{Q}_{\mathrm{H}}+\boldsymbol{K}_{\mathrm{H}}^{\mathrm{T}}\boldsymbol{R}_{\mathrm{H}}\boldsymbol{K}_{\mathrm{H}}))\boldsymbol{\xi}(t)\leqslant 0\end{aligned} \tag{5-103}$$

由于 $\boldsymbol{Q}_{\mathrm{H}}$ 和 $\boldsymbol{R}_{\mathrm{H}}$ 均为正定对称矩阵，因此式(5－103)可化作如下形式：

$$\dot{V}_{\mathrm{H}}(t)+\boldsymbol{\xi}^{\mathrm{T}}(t)(\boldsymbol{I}_N\otimes\boldsymbol{M})\boldsymbol{\xi}(t)-\gamma^2\overline{\boldsymbol{w}}^{\mathrm{T}}(t)(\boldsymbol{I}_N\otimes\boldsymbol{M})\overline{\boldsymbol{w}}(t)\leqslant 0 \tag{5-104}$$

因此，根据引理 5.1 可知，系统式(5－85)是满足 H_∞ 性能指标 γ 的渐进稳定系统。

接下来证明该控制系统能够满足能耗约束条件式(5－95)。根据式(5－103)可得

$$\begin{aligned}\boldsymbol{\xi}^{\mathrm{T}}(t)(\boldsymbol{I}_N\otimes(\boldsymbol{Q}_{\mathrm{H}}+\boldsymbol{K}_{\mathrm{H}}^{\mathrm{T}}\boldsymbol{R}_{\mathrm{H}}\boldsymbol{K}_{\mathrm{H}}))\boldsymbol{\xi}(t)\leqslant&-\dot{V}_{\mathrm{H}}(t)-\boldsymbol{\xi}^{\mathrm{T}}(t)(\boldsymbol{I}_N\otimes\boldsymbol{M})\boldsymbol{\xi}(t)+\\&\gamma^2\overline{\boldsymbol{w}}^{\mathrm{T}}(t)(\boldsymbol{I}_N\otimes\boldsymbol{M})\overline{\boldsymbol{w}}(t)\end{aligned} \tag{5-105}$$

由于 $\boldsymbol{M}$ 为正定对称矩阵，有 $\boldsymbol{\xi}^{\mathrm{T}}(t)(\boldsymbol{I}_N\otimes\boldsymbol{M})\boldsymbol{\xi}(t)\geqslant 0$，因此式(5－105)可化为如下形式：

$$\boldsymbol{\xi}^{\mathrm{T}}(t)(\boldsymbol{I}_N\otimes(\boldsymbol{Q}_{\mathrm{H}}+\boldsymbol{K}_{\mathrm{H}}^{\mathrm{T}}\boldsymbol{R}_{\mathrm{H}}\boldsymbol{K}_{\mathrm{H}}))\boldsymbol{\xi}(t)\leqslant-\dot{V}_{\mathrm{H}}(t)+\gamma^2\overline{\boldsymbol{w}}^{\mathrm{T}}(t)(\boldsymbol{I}_N\otimes\boldsymbol{M})\overline{\boldsymbol{w}}(t) \tag{5-106}$$

根据式(5－83)可知，$\boldsymbol{U}_{\mathrm{H}}(t)=(\boldsymbol{I}_N\otimes\boldsymbol{K}_{\mathrm{H}})\boldsymbol{\xi}(t)$，因此不等式(5－106)可化作

$$\boldsymbol{\xi}^{\mathrm{T}}(t)(\boldsymbol{I}_N\otimes\boldsymbol{Q}_{\mathrm{H}})\boldsymbol{\xi}(t)+\boldsymbol{U}_{\mathrm{H}}^{\mathrm{T}}(t)(\boldsymbol{I}_N\otimes\boldsymbol{R}_{\mathrm{H}})\boldsymbol{U}_{\mathrm{H}}(t)\leqslant-\dot{V}_{\mathrm{H}}(t)+\gamma^2\overline{\boldsymbol{w}}^{\mathrm{T}}(t)(\boldsymbol{I}_N\otimes\boldsymbol{M})\overline{\boldsymbol{w}}(t) \tag{5-107}$$

进而可得

$$\begin{aligned}J_{\mathrm{H}}=&\int_0^\infty[\boldsymbol{U}_{\mathrm{H}}^{\mathrm{T}}(t)(\boldsymbol{I}_N\otimes\boldsymbol{R}_{\mathrm{H}})\boldsymbol{U}_{\mathrm{H}}(t)+\boldsymbol{\xi}^{\mathrm{T}}(t)(\boldsymbol{I}_N\otimes\boldsymbol{Q}_{\mathrm{H}})\boldsymbol{\xi}(t)]\mathrm{d}t\leqslant\\&-\int_0^\infty\dot{V}_{\mathrm{H}}(t)\mathrm{d}t+\gamma^2\int_0^\infty\overline{\boldsymbol{w}}^{\mathrm{T}}(t)(\boldsymbol{I}_N\otimes\boldsymbol{M})\overline{\boldsymbol{w}}(t)\mathrm{d}t=\\&V_{\mathrm{H}}(0)-\lim_{t\to\infty}V_{\mathrm{H}}(t)+\gamma^2\int_0^\infty\overline{\boldsymbol{w}}^{\mathrm{T}}(t)(\boldsymbol{I}_N\otimes\boldsymbol{M})\overline{\boldsymbol{w}}(t)\mathrm{d}t\end{aligned} \tag{5-108}$$

根据式(5－86)可得

$$J_{\mathrm{H}}\leqslant V_{\mathrm{H}}(0)-\lim_{t\to\infty}V_{\mathrm{H}}(t)+\gamma^2W \tag{5-109}$$

由于 $V_{\mathrm{H}}(t)$ 在任意时刻均为非负数，即 $V_{\mathrm{H}}(t)\geqslant 0,\forall t\in[0,\infty)$，则易知 $\lim\limits_{t\to\infty}V_{\mathrm{H}}(t)\geqslant 0$。因此，式(5－109)可化作如下形式：

$$J_{\mathrm{H}}\leqslant V_{\mathrm{H}}(0)+\gamma^2W \tag{5-110}$$

利用初值条件 $\boldsymbol{\xi}_i^{\mathrm{T}}(0)\boldsymbol{\xi}_i(0)\leqslant\alpha_{i\mathrm{H}},i=1,\cdots,N$，有

$$V_{\mathrm{H}}(0)=\sum_{i=1}^{N}\boldsymbol{\xi}_i^{\mathrm{T}}(0)\boldsymbol{P}_{\mathrm{H}}\boldsymbol{\xi}_i(0)\leqslant\lambda_{\max}(\boldsymbol{P}_{\mathrm{H}})\sum_{i=1}^{N}\boldsymbol{\xi}_i^{\mathrm{T}}(0)\boldsymbol{\xi}_i(0)\leqslant\lambda_{\max}(\boldsymbol{P}_{\mathrm{H}})\sum_{i=1}^{N}\alpha_{i\mathrm{H}} \tag{5-111}$$

其中，$\lambda_{\max}(\boldsymbol{P}_{\mathrm{H}})$ 表示矩阵 $\boldsymbol{P}_{\mathrm{H}}$ 的最大特征值。另外，再根据 $\alpha_{\mathrm{H}}=\sum_{i=1}^{N}\alpha_{i\mathrm{H}}$ 可得

$$V_{\mathrm{H}}(0)\leqslant\lambda_{\max}(\boldsymbol{P}_{\mathrm{H}})\alpha_{\mathrm{H}} \tag{5-112}$$

根据引理 2.1 可知，不等式(5-98) 等价于 $\boldsymbol{P}_{\mathrm{H}}\leqslant\varphi_{\mathrm{H}}\boldsymbol{I}$，即 $\lambda_{\max}(\boldsymbol{P}_{\mathrm{H}})\leqslant\varphi_{\mathrm{H}}$。则再根据不等式(5-110) 和式(5-112) 有

$$J_{\mathrm{H}}\leqslant\alpha_{\mathrm{H}}\varphi_{\mathrm{H}}+\gamma^2W \tag{5-113}$$

再次利用引理 2.1，不等式(5-97) 等价于 $\alpha_{\mathrm{H}}\varphi_{\mathrm{H}}+\gamma^2W\leqslant\delta_{\mathrm{H}}$，因此可知 $J_{\mathrm{H}}\leqslant\delta_{\mathrm{H}}$，即能耗约束条件式(5-95) 成立。

证毕。

5.5.2 仿真算例

本节以多艘无人船的协同跟踪定位控制问题为背景来验证 5.5.1 节提出的控制算法的有效性。考虑系统中有 4 艘无人船，包括 3 个跟随者和 1 个领航者，4 艘无人船之间的通信拓扑结构如图 5-1 所示。

根据 5.3.2 节可知，无人船在线性化之后的动力学及运动学模型对应的状态空间方程如下所示：

$$\dot{\boldsymbol{x}}_i(t)=\boldsymbol{A}_c\boldsymbol{x}_i(t)+\boldsymbol{B}\boldsymbol{u}_i(t)+\boldsymbol{B}\boldsymbol{w}_i(t),\quad i=0,1,2,3 \tag{5-114}$$

式中

$$\boldsymbol{A}_c=\begin{bmatrix}\boldsymbol{0}_{3\times3} & \boldsymbol{\Omega}(\psi_c)\\ \boldsymbol{0}_{3\times3} & -\boldsymbol{M}^{-1}\boldsymbol{D}\end{bmatrix},\quad \boldsymbol{\Omega}(\psi_c)=\begin{bmatrix}\cos(\psi_c) & -\sin(\psi_c) & 0\\ \sin(\psi_c) & \cos(\psi_c) & 0\\ 0 & 0 & 1\end{bmatrix}$$

且 ψ_c 为常值。此外，假设领航者的模型中不存在控制输入及干扰输入，即 $\boldsymbol{u}_0(t)=\boldsymbol{w}_0(t)=\boldsymbol{0}$。由于系统式(5-114) 和式(5-1) 具有相同的形式，因此 5.4.1 节提出的针对系统式(5-1) 的理论方法能够应用于系统式(5-114) 中。

取领航者和 3 个跟随者的状态初值与 5.3.2 节和 5.4.2 节中相同，具体如下：

$$\boldsymbol{x}_0(0)=\begin{bmatrix}0.1\\0.2\\\pi/6\\0.1\\0.1\\0\end{bmatrix},\quad \boldsymbol{x}_1(0)=\begin{bmatrix}0.5\\1\\\pi/6\\0.1\\0.15\\0\end{bmatrix},\quad \boldsymbol{x}_2(0)=\begin{bmatrix}1\\1.5\\\pi/6\\0.2\\0.25\\0\end{bmatrix},\quad \boldsymbol{x}_3(0)=\begin{bmatrix}2\\2.5\\\pi/6\\0.3\\0.35\\0\end{bmatrix}$$

取无人船的惯性矩阵 $\boldsymbol{M}$、阻尼矩阵 $\boldsymbol{D}$ 以及参数 ψ_c 与 5.3.2 节和 5.4.2 节相同，具体如下：

$$\boldsymbol{M}=\begin{bmatrix}4 & 0 & 0\\0 & 3.5 & 0.5\\0 & 0.5 & 3\end{bmatrix},\quad \boldsymbol{D}=\begin{bmatrix}0.5 & 0 & 0\\0 & 0.4 & 0\\0 & 0 & 0.45\end{bmatrix},\quad \psi_c=\frac{\pi}{6}$$

利用定理5.5，取$\alpha_{\mathrm{H}}=5$，$W=0.05$，$\gamma=8$和$\delta_{\mathrm{H}}=30$，通过求解线性矩阵不等式(5-96)、式(5-97)和式(5-98)，可以得到矩阵$\widetilde{\boldsymbol{P}}_{\mathrm{H}}$为

$$\widetilde{\boldsymbol{P}}_{\mathrm{H}}=\begin{bmatrix} 179.72 & -0.56 & -5.54 & -7.59 & 4.21 & 0.11 \\ -0.56 & 180.36 & 9.59 & -4.38 & -7.29 & -0.19 \\ -5.54 & 9.59 & 163.76 & 0 & -0.11 & -8.33 \\ -7.59 & -4.38 & 0 & 1.19 & 0 & 0 \\ 4.21 & -7.29 & -0.11 & 0 & 1.11 & -0.15 \\ 0.11 & -0.19 & -8.33 & 0 & -0.15 & 1.38 \end{bmatrix}$$

进而可以计算出控制增益矩阵为

$$\boldsymbol{K}_{\mathrm{H}}=-\boldsymbol{B}^{\mathrm{T}}\widetilde{\boldsymbol{P}}_{\mathrm{H}}^{-1}=\begin{bmatrix} -0.0139 & -0.0081 & 0 & -0.3297 & 0 & 0 \\ 0.0095 & -0.0165 & 0.0005 & 0 & -0.4083 & -0.01 \\ -0.0003 & 0.0005 & -0.0182 & 0 & -0.003 & -0.3564 \end{bmatrix}$$

令作用于3个跟随者的干扰输入与5.3.2节和5.4.2节相同，具体为$\boldsymbol{w}_1(t)=\boldsymbol{w}_2(t)=\boldsymbol{w}_3(t)=1\times10^{-4}\begin{bmatrix}\sin(0.01t) & \cos(0.01t) & -\sin(0.01t)\end{bmatrix}^{\mathrm{T}}$。

无人船的航向位置、横向位置、偏航角、航向速度、横向速度和偏航角速度如图5-36～图5-41所示。

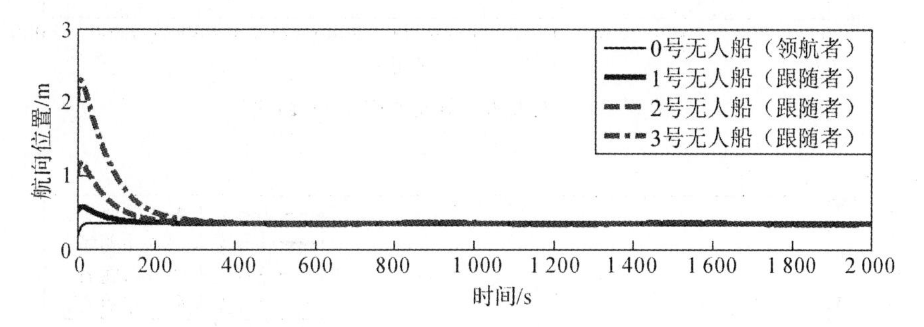

图5-36　无人船的航向位置$x_i(t)$曲线

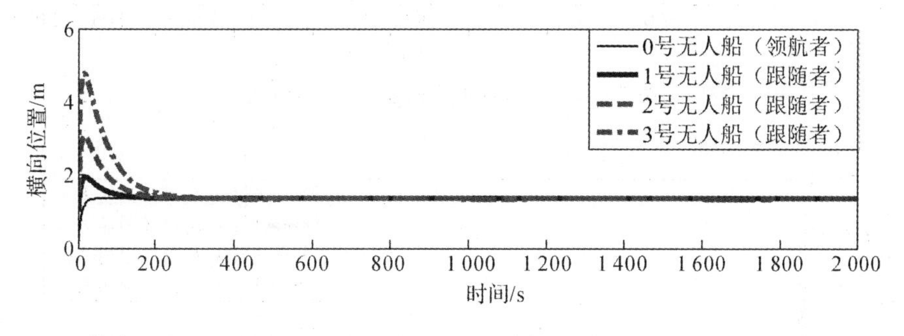

图5-37　无人船的横向位置$y_i(t)$曲线

从图5-36～图5-41中可以看出，5.5.1节中设计出的控制算法式(5-82)能够保证3艘无人船的位置、速度、偏航角及偏航角速度在约400 s内跟踪上领航者。作用于3艘跟随者无人船的航向和横向控制力以及偏航方向控制力矩如图5-42～图5-44所示。

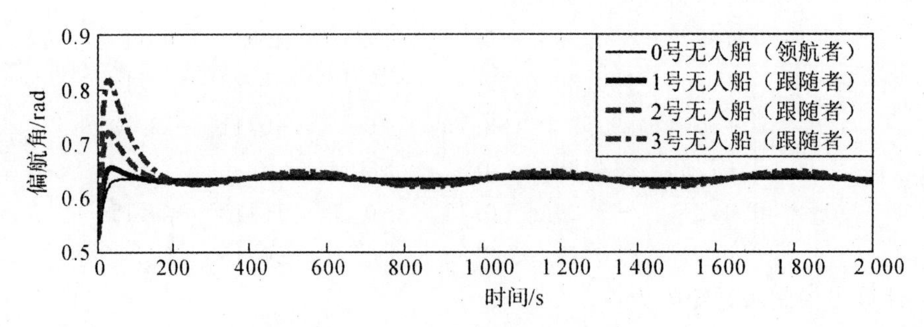

图 5-38　无人船的偏航角 $\psi_i(t)$曲线

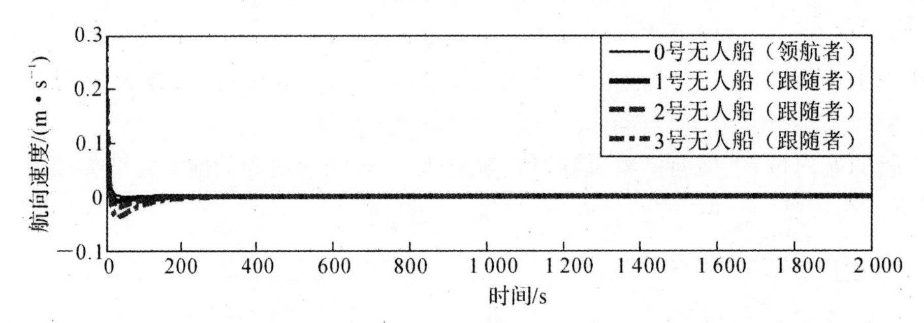

图 5-39　无人船的航向速度 $\nu_{xi}(t)$曲线

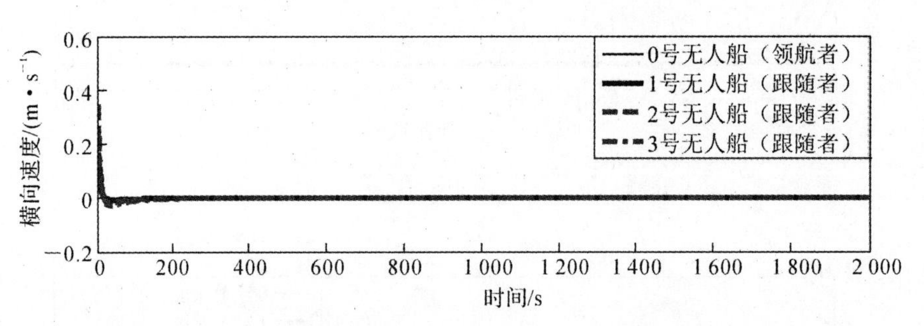

图 5-40　无人船的横向速度 $\nu_{yi}(t)$曲线

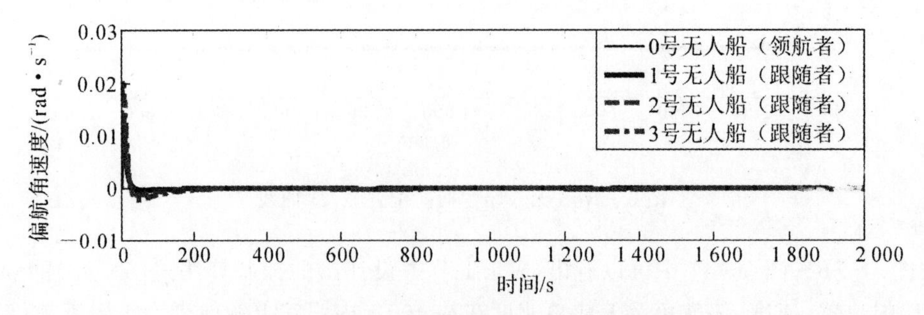

图 5-41　无人船的偏航角速度 $\omega_i(t)$曲线

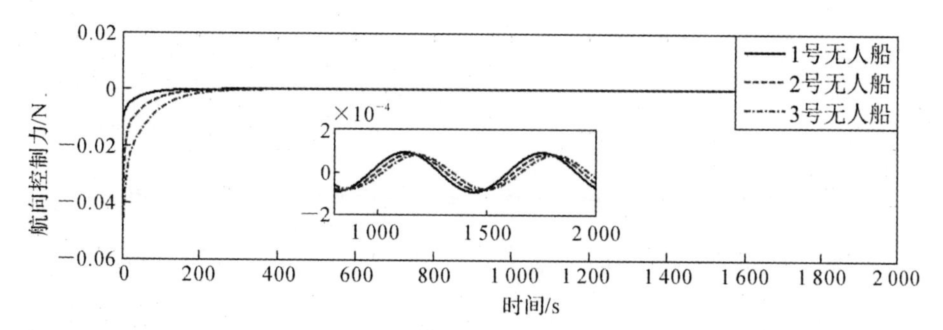

图 5 - 42　无人船的航向控制力曲线

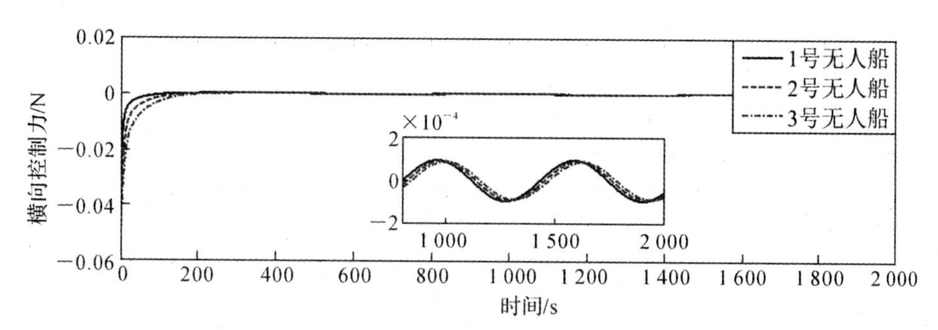

图 5 - 43　无人船的横向控制力曲线

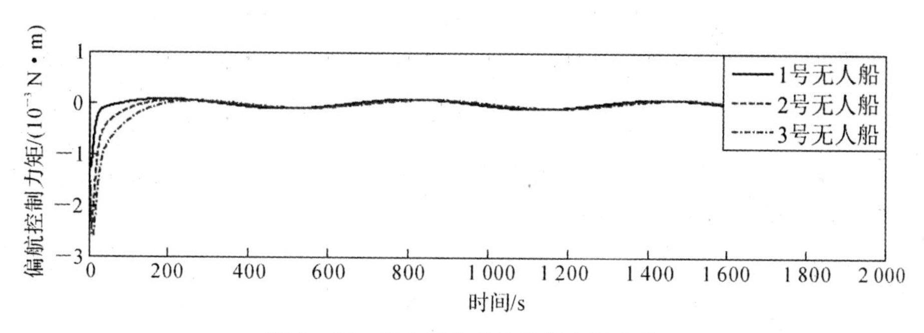

图 5 - 44　无人船的偏航控制力矩曲线

从图 5 - 42～图 5 - 44 中可以看出，作用于 3 艘无人船的航向和横向最大控制力(绝对值)约为 0.05 N，而最大偏航控制力矩约为 2.5×10^{-3} N · m。与图 5 - 8～图 5 - 10 相比，图 5 - 42～图 5 - 44 中所展示的控制输入中不存在抖振，但最大控制力和力矩更大。无人船的航向和横向位置跟踪误差、偏航角跟踪误差、航向和横向速度跟踪误差以及偏航角速度跟踪误差如图 5 - 45～图 5 - 50 所示。

从图 5 - 45～图 5 - 50 中可以看出，3 个跟随者(1，2，3 号无人船)与领航者之间的位置跟踪误差稳态值(绝对值)在 0.02 m 内，偏航角跟踪误差稳态值在 0.02 rad 内，速度跟踪误差稳态值在 2×10^{-4} m/s 内，偏航角速度跟踪误差稳态值在 2×10^{-4} rad/s 内。通过与图 5 - 11～图 5 - 16 以及图 5 - 29～图 5 - 34 的对比可知，图 5 - 45～图 5 - 50 中展示的位置、速度、偏航角和偏航角速度跟踪误差明显更大，即控制精度更低。

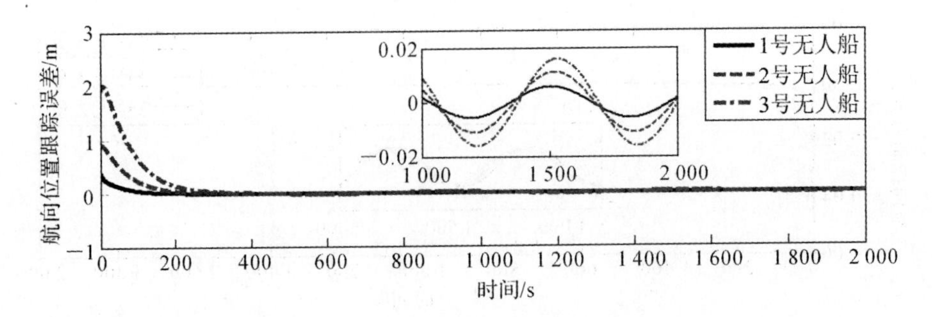

图 5-45　无人船的航向位置跟踪误差曲线

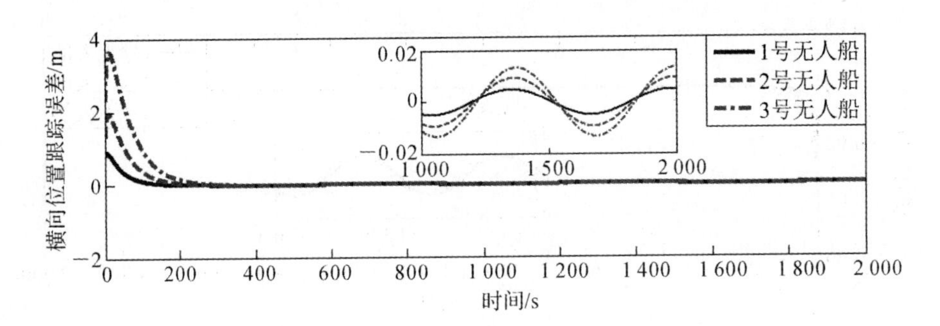

图 5-46　无人船的横向位置跟踪误差曲线

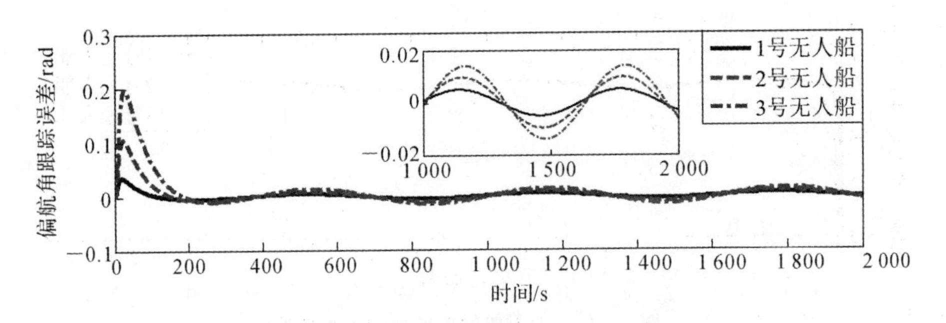

图 5-47　无人船的偏航角跟踪误差曲线

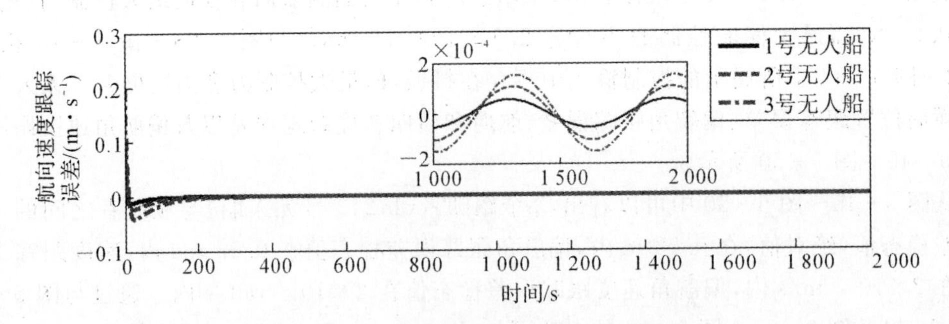

图 5-48　无人船的航向速度跟踪误差曲线

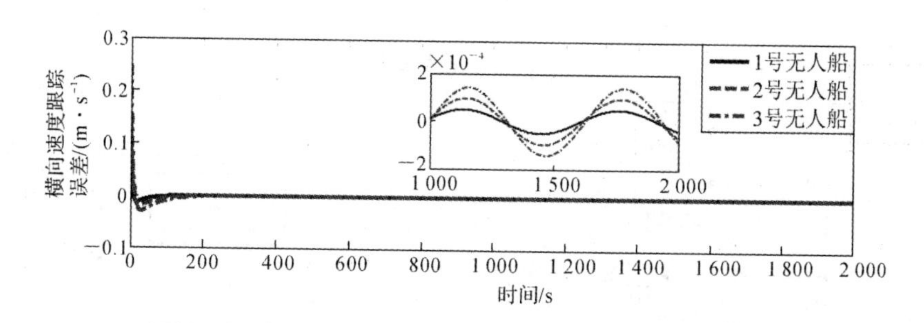

图5-49　无人船的横向速度跟踪误差曲线

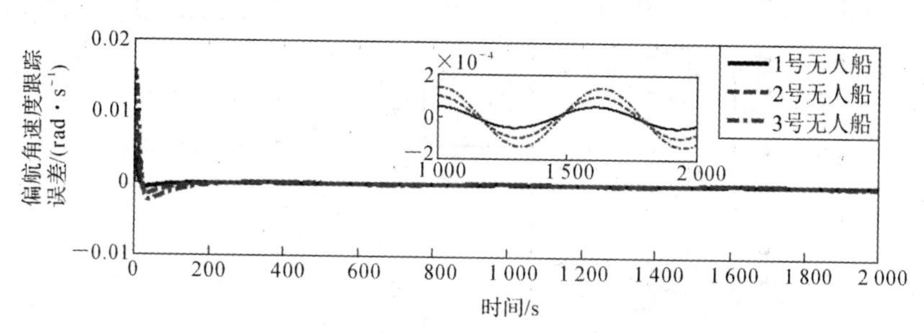

图5-50　无人船的偏航角速度跟踪误差曲线

仿真程序：

(1)Simulink主程序模块图如图5-51所示。

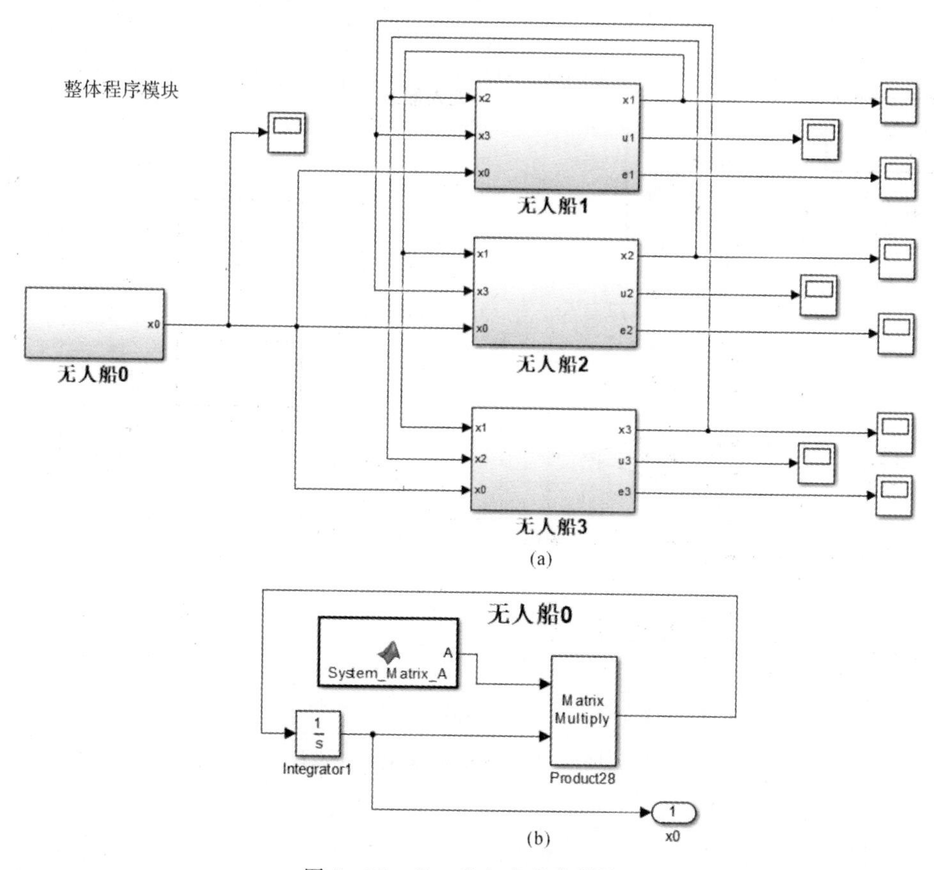

图5-51　Simulink主程序模块

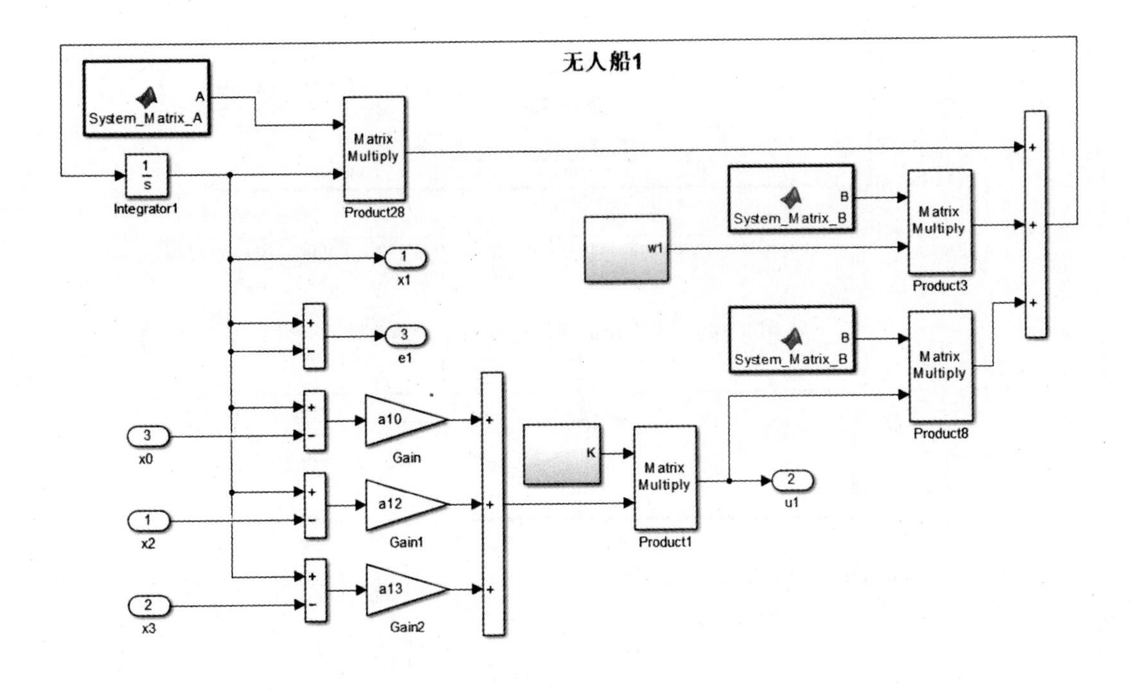

(c)

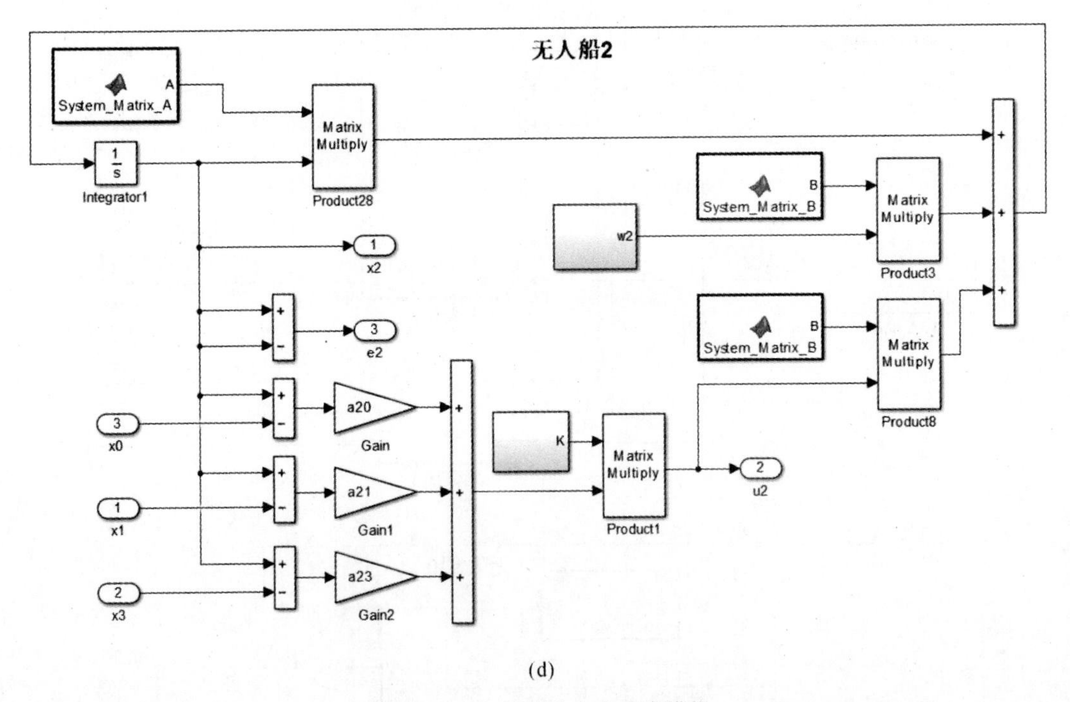

(d)

续图 5-51　Simulink 主程序模块

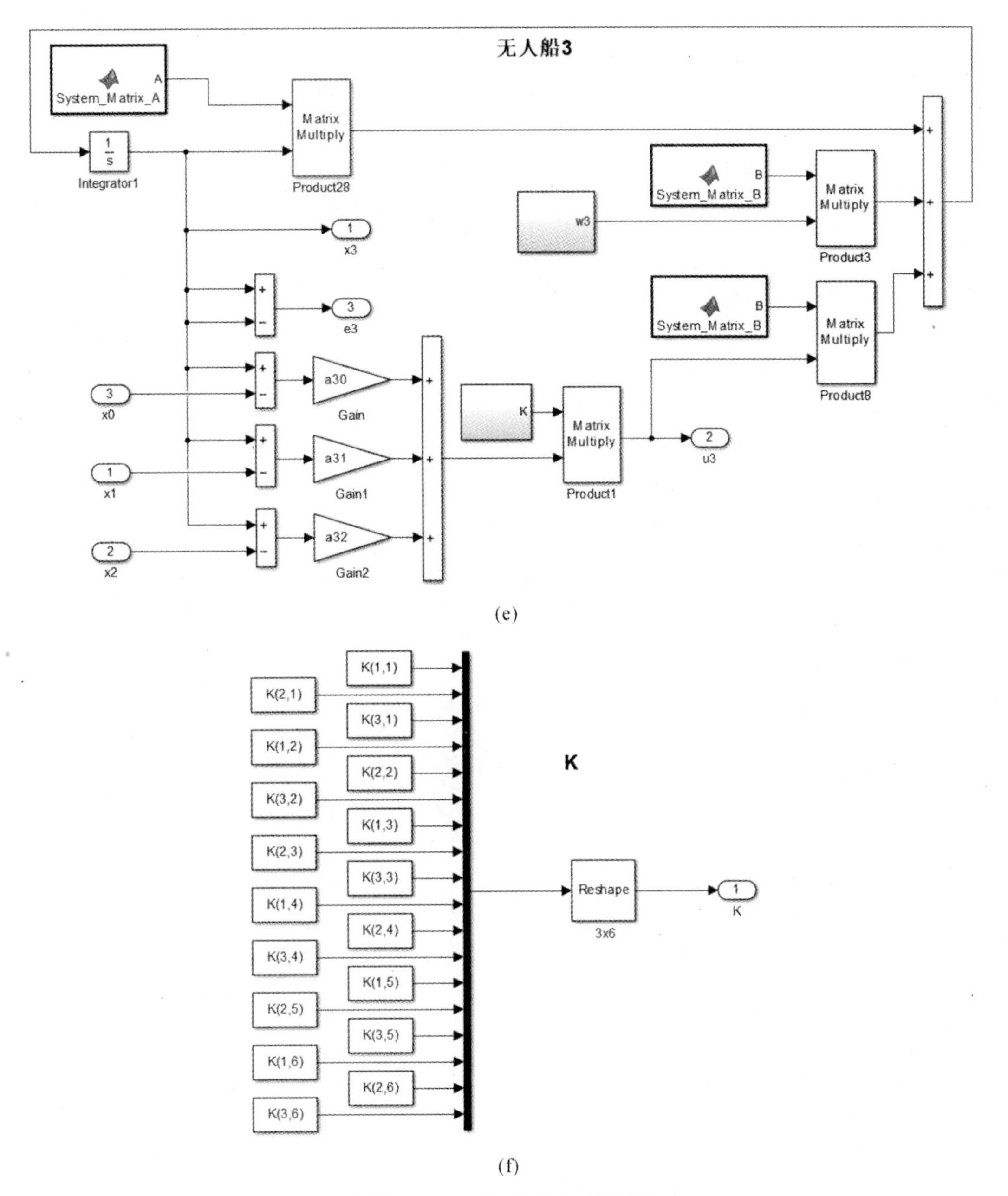

(e)

(f)

续图 5 - 51　Simulink 主程序模块

本部分的被控对象程序以及作图程序与 5.3.2 节相同，此处略去，只给出 Simulink 主程序模块图和求解控制增益的程序。

(2)求解控制增益 $\boldsymbol{K}$ 的程序。

```
a10=1; a11=0; a12=0; a13=0;
a20=0; a21=1; a22=0; a23=0;
a30=0; a31=0; a32=1; a33=0;
l11=a10+a11+a12+a13; l12=-a12; l13=-a13;
```

```
l21=-a21; l22=a20+a21+a22+a23; l23=-a23;
l31=-a31; l32=-a32; l33=a30+a31+a32+a33;
M=[4      0      0;
   0      3.5    0.5;
   0      0.5    3];
D=[0.5    0      0;
   0      0.4    0;
   0      0      0.45];
psai=pi/6;
Omega=[cos(psai)    -sin(psai)    0;
       sin(psai)    cos(psai)     0;
       0            0             1];
A=[0*eye(3)    Omega;
   0*eye(3)    -inv(M)*D];
B=[0*eye(3);inv(M)];
Bbar=[zeros(6,3) B];
alpha=5;
W=0.05;
gamma=8;
delta=3e1;
setlmis([])
P=lmivar(1,[6 1]);
Q=lmivar(1,[6 1]);
M=lmivar(1,[6 1]);
R=lmivar(1,[3 1]);
phi=lmivar(1,[1 1]);
Fir=newlmi;
lmiterm([Fir 1 1 P],A,1);
lmiterm([Fir 1 1 P],1,A');
lmiterm([Fir 1 1 Q],1,1);
lmiterm([Fir 1 1 R],B,B');
lmiterm([Fir 1 1 M],1,1);
lmiterm([Fir 1 1 0],-(l11+l11)*B*B');
lmiterm([Fir 1 2 0],-(l12+l21)*B*B');
lmiterm([Fir 1 3 0],-(l13+l31)*B*B');
lmiterm([Fir 2 2 P],A,1);
lmiterm([Fir 2 2 P],1,A');
lmiterm([Fir 2 2 Q],1,1);
lmiterm([Fir 2 2 R],B,B');
lmiterm([Fir 2 2 M],1,1);
lmiterm([Fir 2 2 0],-(l22+l22)*B*B');
lmiterm([Fir 2 3 0],-(l23+l32)*B*B');
lmiterm([Fir 3 3 P],A,1);
```

```
lmiterm([Fir 3 3 P],1,A');
lmiterm([Fir 3 3 Q],1,1);
lmiterm([Fir 3 3 R],B,B');
lmiterm([Fir 3 3 M],1,1);
lmiterm([Fir 3 3 0],-(l33+l33)*B*B');
lmiterm([Fir 1 4 P],l11*Bbar,1);
lmiterm([Fir 1 5 P],l12*Bbar,1);
lmiterm([Fir 1 6 P],l13*Bbar,1);
lmiterm([Fir 2 4 P],l21*Bbar,1);
lmiterm([Fir 2 5 P],l22*Bbar,1);
lmiterm([Fir 2 6 P],l23*Bbar,1);
lmiterm([Fir 3 4 P],l31*Bbar,1);
lmiterm([Fir 3 5 P],l32*Bbar,1);
lmiterm([Fir 3 6 P],l33*Bbar,1);
lmiterm([Fir 4 4 M],-1,gamma^2);
lmiterm([Fir 5 5 M],-1,gamma^2);
lmiterm([Fir 6 6 M],-1,gamma^2);
Sec=newlmi;
lmiterm([Sec 1 1 0],-delta+gamma^2*W);
lmiterm([Sec 1 2 phi],1,sqrt(alpha));
lmiterm([Sec 2 2 phi],-1,1);
Tri=newlmi;
lmiterm([Tri 1 1 phi],-1,1);
lmiterm([Tri 1 2 0],1);
lmiterm([Tri 2 2 P],-1,1);
Four=newlmi;
lmiterm([Four 1 1 P],-1,1);
Fif=newlmi;
lmiterm([Fif 1 1 Q],-1,1);
Six=newlmi;
lmiterm([Six 1 1 phi],-1,1);
Eig=newlmi;
lmiterm([Eig 1 1 M],-1,1);
Ten=newlmi;
lmiterm([Ten 1 1 R],-1,1);
lmis=getlmis;
[tmin,xfeas]=feasp(lmis);
P_H_tilde=(dec2mat(lmis,xfeas,P));
K_H=-B'*inv(P_H_tilde);
```

为了进行更直观的对比，表 5-1 给出了 5.3.1 节、5.4.1 节和 5.5.1 节设计出的三种控制算法的性能对比图。

表 5-1 控制算法性能对比图

	积分滑模控制	动态滑模控制	H_∞ 控制
收敛时间/s	1 000	1 000	400
位置稳态误差/m	4×10^{-6}	4×10^{-6}	0.02
速度稳态误差/(m·s^{-1})	5×10^{-7}	4×10^{-8}	2×10^{-4}
航向横向最大控制力/N	0.01	0.01	0.05
是否有抖振	是	否	否

5.6 本 章 小 结

本章研究了线性多智能体系统中存在外干扰时的鲁棒协同控制问题。首先构建出了含有外干扰的多智能体系统的跟踪误差模型,并针对误差模型分别设计出积分型滑模控制算法、基于低通滤波器的动态滑模控制算法以及 H_∞ 控制算法。在仿真应用部分,将本章提出的理论方法应用于多艘无人船的协同跟踪定位控制问题中。仿真结果表明,本章提出的鲁棒协同控制算法有效地保证了多个跟随者无人船能够跟踪上领航者,各类控制算法的特点如下:①积分滑模控制算法的收敛时间较长、稳态误差较小、最大控制输入较小、存在抖振;②动态滑模控制算法的收敛时间较长、稳态误差较小、最大控制输入较小、不存在抖振;③动态滑模控制算法的收敛时间较短、稳态误差较大、最大控制输入较大、不存在抖振。

第 6 章　非线性多智能体系统协同控制

6.1 研究背景

前几章主要针对线性多智能体系统协同控制问题进行研究，然而在实际应用中，绝大多数的物理系统在本质上都是非线性系统，例如：无人机编队控制系统、卫星姿态同步控制系统以及第 5 章仿真算例部分所采用的无人船协同定位控制系统等。因此，对非线性多智能体系统协同控制问题的研究具有重要意义。本章研究非线性多智能体系统的协同控制问题，分别提出基于非线性补偿的全分布式反步协同控制算法和基于模糊理论的协同控制算法。

6.2 高阶单输入非线性多智能体系统协同控制

6.2.1 问题构建

考虑如下高阶单输入非线性系统：

$$\left.\begin{array}{l} \dot{x}_{i1}(t)=x_{i2}(t) \\ \dot{x}_{i2}(t)=x_{i3}(t) \\ \cdots\cdots \\ \dot{x}_{i,n-1}(t)=x_{in}(t) \\ \dot{x}_{in}(t)=f(\boldsymbol{x}_i(t))+\varphi(\boldsymbol{x}_i(t))u_i(t) \end{array}\quad ,\quad i=1,2,\cdots,N \right\} \tag{6-1}$$

其中，下角标 i 表示第 i 个智能体；$\boldsymbol{x}_i(t)=[x_{i1}(t) \quad x_{i2}(t) \quad \cdots \quad x_{i,n-1}(t) \quad x_{in}(t)]^{\mathrm{T}}$ 表示系统的状态变量；$u_i(t)\in\mathbf{R}^1$ 表示系统的控制输入；$f(\boldsymbol{x}_i(t))$ 和 $\varphi(\boldsymbol{x}_i(t))$ 为系统的非线性项，且满足 $\varphi(\boldsymbol{x}_i(t))\neq 0$。

本节设计控制器 $u_i(t)$，使得式(6-1)中描述的高阶多智能体系统实现一致性，即保证如下等式成立：

$$\lim_{t\to\infty}\boldsymbol{x}_1(t)=\lim_{t\to\infty}\boldsymbol{x}_2(t)=\cdots=\lim_{t\to\infty}\boldsymbol{x}_N(t) \tag{6-2}$$

6.2.2 主要结果

设计如下辅助变量 $s_i(t)$：

$$s_i(t)=k_1x_{i1}(t)+k_2\dot{x}_{i1}(t)+\cdots+k_nx_{i1}^{(n-1)}(t)+x_{i1}^{(n)}(t) \tag{6-3}$$

其中，$k_1,k_2,\cdots,k_n$ 为待设计的增益参数。根据式(6－1)的表达式，可将式(6－3)化作如下形式：

$$\begin{aligned}s_i(t)=&k_1x_{i1}(t)+k_2x_{i2}(t)+\cdots+k_nx_{in}(t)+\dot{x}_{in}(t)=\\&k_1x_{i1}(t)+k_2x_{i2}(t)+\cdots+k_nx_{in}(t)+f(\boldsymbol{x}_i(t))+\varphi(\boldsymbol{x}_i(t))u_i(t)\end{aligned} \tag{6-4}$$

接下来分别讨论多智能体网络拓扑图为无向图和有向平衡图时，辅助变量 $s_i(t)$ 的一致性。

当多智能体网络拓扑图为无向连通图时，设计如下控制器：

$$\left.\begin{aligned}&u_i(t)=-\varphi^{-1}(\boldsymbol{x}_i(t))(f(\boldsymbol{x}_i(t))+k_1x_{i1}(t)+k_2x_{i2}(t)+\cdots+k_nx_{in}(t))+\tau_i(t)\\&\dot{\tau}_i(t)=-k\sum_{j=1}^{N}a_{ij}(s_i(t)-s_j(t))\end{aligned}\right\} \tag{6-5}$$

其中，k 为控制增益。

引理 6.1：当多智能体网络拓扑图为无向连通图时，若控制增益 $k>0$，则式(6－5)中设计的控制器可保证辅助变量 $s_i(t)$ 的一致性，即 $\lim\limits_{t\to\infty}s_1(t)=\lim\limits_{t\to\infty}s_2(t)=\cdots=\lim\limits_{t\to\infty}s_N(t)$。

证明：令变量 $\boldsymbol{\xi}_i(t)=\sum\limits_{j=1}^{N}a_{ij}(s_i(t)-s_j(t))$，则对应的增广变量如下：

$$\boldsymbol{\xi}(t)=\boldsymbol{L}\boldsymbol{s}(t) \tag{6-6}$$

其中，$\boldsymbol{\xi}(t)=[\xi_1(t)\quad\xi_2(t)\quad\cdots\quad\xi_N(t)]^{\mathrm{T}}$，$\boldsymbol{s}(t)=[s_1(t)\quad s_2(t)\quad\cdots\quad s_N(t)]^{\mathrm{T}}$。将式(6－5)中设计控制器代入式(6－4)中可得

$$s_i(t)=\tau_i(t) \tag{6-7}$$

对式(6－7)求导有

$$\dot{s}_i(t)=\dot{\tau}_i(t)=-k\sum_{j=1}^{N}a_{ij}(s_i(t)-s_j(t))=-k\xi_i(t) \tag{6-8}$$

根据式(6－6)和式(6－8)有

$$\dot{\boldsymbol{s}}(t)=-k\boldsymbol{\xi}(t)=-k\boldsymbol{L}\boldsymbol{s}(t) \tag{6-9}$$

再对式(6－6)求导可得

$$\dot{\boldsymbol{\xi}}(t)=\boldsymbol{L}\dot{\boldsymbol{s}}(t)=-k\boldsymbol{L}\boldsymbol{L}\boldsymbol{s}(t)=-k\boldsymbol{L}\boldsymbol{\xi}(t) \tag{6-10}$$

由于多智能体网络拓扑图为无向连通图，根据引理 2.7 可知，存在一个酉矩阵 $\boldsymbol{Y}$，使得 $\boldsymbol{Y}^{\mathrm{T}}\boldsymbol{L}\boldsymbol{Y}=\mathrm{diag}\{\lambda_1,\lambda_2,\cdots,\lambda_N\}$，其中，$\lambda_1=0,\lambda_i>0,i\in\{2,3,\cdots,N\}$。此外，引理 2.7 中还给出如下结论：Laplacian 矩阵 $\boldsymbol{L}$ 的零特征值 λ_1 对应的左右特征向量分别为 $c\boldsymbol{1}_N^{\mathrm{T}}$ 和 $c\boldsymbol{1}_N$，其中，c 为任意非零常数。因此，可选取酉矩阵 $\boldsymbol{Y}$ 和 $\boldsymbol{Y}^{\mathrm{T}}$ 如下：

$$\boldsymbol{Y}=\begin{bmatrix}\dfrac{\boldsymbol{1}_N}{\sqrt{N}} & M_1\end{bmatrix},\quad \boldsymbol{Y}^{\mathrm{T}}=\begin{bmatrix}\dfrac{\boldsymbol{1}_N^{\mathrm{T}}}{\sqrt{N}}\\ \boldsymbol{M}_2\end{bmatrix} \tag{6-11}$$

式中，$\boldsymbol{M}_1\in\mathbf{R}^{N\times(N-1)}$ 和 $\boldsymbol{M}_2\in\mathbf{R}^{(N-1)\times N}$ 为实矩阵。令 $\boldsymbol{\varepsilon}(t)=\boldsymbol{Y}^{\mathrm{T}}\boldsymbol{\xi}(t)$，则有 $\boldsymbol{\xi}(t)=\boldsymbol{Y}\boldsymbol{\varepsilon}(t)$。对 $\boldsymbol{\varepsilon}(t)$ 进行求导，并利用式(6－10)，可得到如下方程：

$$\dot{\boldsymbol{\varepsilon}}(t)=\boldsymbol{Y}^{\mathrm{T}}\dot{\boldsymbol{\xi}}(t)=-k\boldsymbol{Y}^{\mathrm{T}}\boldsymbol{L}\boldsymbol{\xi}(t)=-k\boldsymbol{Y}^{\mathrm{T}}\boldsymbol{L}\boldsymbol{Y}\boldsymbol{\varepsilon}(t)=-k\boldsymbol{\Lambda}_N\boldsymbol{\varepsilon}(t) \tag{6-12}$$

式中，$\boldsymbol{\Lambda}_N = \mathrm{diag}\{\lambda_1, \lambda_2, \cdots, \lambda_N\}$。

令 $\boldsymbol{\varepsilon}(t) = [\varepsilon_1(t) \quad \varepsilon_2(t) \quad \cdots \quad \varepsilon_N(t)]^{\mathrm{T}}$，则根据 $\boldsymbol{\varepsilon}(t)$ 的表达式以及式(6-6) 和式(6-11)，可将 $\varepsilon_1(t)$ 化作如下形式：

$$\varepsilon_1(t) = \frac{\mathbf{1}_N^{\mathrm{T}}}{\sqrt{N}}\xi(t) = \frac{\mathbf{1}_N^{\mathrm{T}}}{\sqrt{N}}\boldsymbol{L}\boldsymbol{s}(t) = \frac{1}{\sqrt{N}}\mathbf{1}_N^{\mathrm{T}}\boldsymbol{L}\boldsymbol{s}(t) \tag{6-13}$$

根据引理 2.8 可知，对于无向图，有 $\mathbf{1}_N^{\mathrm{T}}\boldsymbol{L} = 0$，因此式(6-13) 可化为如下形式：

$$\varepsilon_1(t) = 0 \tag{6-14}$$

因此，$\lim\limits_{t\to\infty}\boldsymbol{\varepsilon}(t) = 0$ 等价于$\lim\limits_{t\to\infty}\tilde{\boldsymbol{\varepsilon}}(t) = 0$，其中，$\tilde{\boldsymbol{\varepsilon}}(t) = [\varepsilon_2(t) \quad \varepsilon_3(t) \quad \cdots \quad \varepsilon_N(t)]^{\mathrm{T}}$。此外，由于 $\boldsymbol{Y}$ 为酉矩阵，即意味着 $\boldsymbol{Y}$ 和 $\boldsymbol{Y}^{\mathrm{T}}$ 均为可逆矩阵，因而有$\lim\limits_{t\to\infty}\xi(t) = 0$ 等价于$\lim\limits_{t\to\infty}\boldsymbol{\varepsilon}(t) = 0$，进而有$\lim\limits_{t\to\infty}\boldsymbol{\xi}(t) = 0$ 等价于$\lim\limits_{t\to\infty}\tilde{\boldsymbol{\varepsilon}}(t) = 0$。因此，若要保证$\lim\limits_{t\to\infty}\xi(t) = 0$，则只需保证如下系统渐进稳定即可：

$$\dot{\tilde{\boldsymbol{\varepsilon}}}(t) = -k\boldsymbol{\Lambda}_{N-1}\tilde{\boldsymbol{\varepsilon}}(t) \tag{6-15}$$

式中，$\boldsymbol{\Lambda}_{N-1} = \mathrm{diag}\{\lambda_2, \lambda_3, \cdots, \lambda_N\}$。由于控制增益 $k > 0$，且 $\lambda_i > 0, i \in \{2, 3, \cdots, N\}$，而矩阵 $-k\boldsymbol{\Lambda}_{N-1}$ 的特征值为 $-k\lambda_i, i \in \{2, 3, \cdots, N\}$，因此，矩阵 $-k\boldsymbol{\Lambda}_{N-1}$ 的所有特征值均为负实数。根据引理 2.9 可知，对于任意给定的正定矩阵 $\boldsymbol{Q}_1 > 0$，如下 Lyapunov 方程均成立：

$$\boldsymbol{P}_1(-k\boldsymbol{\Lambda}_{N-1}) + (-k\boldsymbol{\Lambda}_{N-1})\boldsymbol{P}_1 = -\boldsymbol{Q}_1 \tag{6-16}$$

式中，$\boldsymbol{P}_1 > 0$ 为正定矩阵。

针对系统式(6-15)，取相应的 Lyapunov 函数为 $V_1(t) = 0.5\tilde{\boldsymbol{\varepsilon}}^{\mathrm{T}}(t)\boldsymbol{P}_1\tilde{\boldsymbol{\varepsilon}}(t)$，对其求导有

$$\begin{aligned}\dot{V}_1(t) = {} & \tilde{\boldsymbol{\varepsilon}}^{\mathrm{T}}(t)\boldsymbol{P}_1\dot{\tilde{\boldsymbol{\varepsilon}}}(t) = \tilde{\boldsymbol{\varepsilon}}^{\mathrm{T}}(t)\boldsymbol{P}_1(-k\boldsymbol{\Lambda}_{N-1})\tilde{\boldsymbol{\varepsilon}}(t) = \\ & \frac{1}{2}\tilde{\boldsymbol{\varepsilon}}^{\mathrm{T}}(t)(\boldsymbol{P}_1(-k\boldsymbol{\Lambda}_{N-1}) + (-k\boldsymbol{\Lambda}_{N-1})\boldsymbol{P}_1)\tilde{\boldsymbol{\varepsilon}}(t)\end{aligned} \tag{6-17}$$

根据式(6-16) 可得

$$\dot{V}_1(t) = -\frac{1}{2}\tilde{\boldsymbol{\varepsilon}}^{\mathrm{T}}(t)\boldsymbol{Q}_1\tilde{\boldsymbol{\varepsilon}}(t) \tag{6-18}$$

进而有

$$\dot{V}_1(t) \leqslant -\frac{1}{2}\lambda_{\min}(\boldsymbol{Q}_1)\ \|\tilde{\boldsymbol{\varepsilon}}(t)\|^2 \tag{6-19}$$

其中，$\lambda_{\min}(\boldsymbol{Q}_1)$ 为矩阵 $\boldsymbol{Q}_1$ 的最小特征值。对上式进行积分可得

$$\lim_{t\to\infty}V_1(t) - V_1(0) \leqslant -\frac{1}{2}\lambda_{\min}(\boldsymbol{Q}_1)\int_0^{\infty}\|\tilde{\boldsymbol{\varepsilon}}(t)\|^2\mathrm{d}t \tag{6-20}$$

即

$$\lambda_{\min}(\boldsymbol{Q}_1)\int_0^{\infty}\|\tilde{\boldsymbol{\varepsilon}}(t)\|^2\mathrm{d}t \leqslant 2V_1(0) - 2\lim_{t\to\infty}V_1(t) \tag{6-21}$$

根据 Lyapunov 函数 $V_1(t)$ 的表达式易知，$V_1(t)$ 在任意时刻均为非负数，即意味着$\lim\limits_{t\to\infty}V_1(t) \geqslant 0$，进而可将不等式(6-21) 化作如下形式：

$$\lambda_{\min}(\boldsymbol{Q}_1)\int_0^{\infty}\|\tilde{\boldsymbol{\varepsilon}}(t)\|^2\mathrm{d}t \leqslant 2V_1(0) \tag{6-22}$$

从不等式(6-22) 中可以看出，$\|\tilde{\boldsymbol{\varepsilon}}(t)\|^2$ 在$[0, \infty)$ 区间内的积分是有界的，因此，t 在无穷大的时刻，即当 $t \to \infty$ 时，一定有 $\tilde{\boldsymbol{\varepsilon}}(t) \to \mathbf{0}$，也就意味着系统式(6-15) 是渐近稳定的。此外，

前面已经证明了$\lim\limits_{t\to\infty}\boldsymbol{\xi}(t)=0$成立的充分必要条件是系统式(6-15)渐近稳定，因此，当$k>0$且拓扑图为无向连通图时，$\lim\limits_{t\to\infty}\boldsymbol{\xi}(t)=0$成立。

接下来证明$\lim\limits_{t\to\infty}s_1(t)=\lim\limits_{t\to\infty}s_2(t)=\cdots=\lim\limits_{t\to\infty}s_N(t)$成立的充分必要条件是$\lim\limits_{t\to\infty}\boldsymbol{\xi}(t)=0$。

(1) 必要性证明。当$\lim\limits_{t\to\infty}s_1(t)=\lim\limits_{t\to\infty}s_2(t)=\cdots=\lim\limits_{t\to\infty}s_N(t)$时，根据式(6-6)易知，$\lim\limits_{t\to\infty}\boldsymbol{\xi}(t)=0$。必要性得证。

(2) 充分性证明。当$\lim\limits_{t\to\infty}\boldsymbol{\xi}(t)=0$时，根据式(6-6)有

$$\boldsymbol{L}\lim_{t\to\infty}\boldsymbol{s}(t)=0 \tag{6-23}$$

由于$\lambda_1=0$，因此有

$$(\boldsymbol{L}-\lambda_1\boldsymbol{I}_N)\lim_{t\to\infty}\boldsymbol{s}(t)=0 \tag{6-24}$$

根据引理2.7可知，当拓扑图为无向连通图时，Laplacian矩阵$\boldsymbol{L}$有且仅有一个零特征值λ_1，且该特征值对应的右特征向量为$c\boldsymbol{1}_N$。而从式(6-24)中可看出，λ_1对应的右特征向量为$\lim\limits_{t\to\infty}\boldsymbol{s}(t)$，因此有

$$\lim_{t\to\infty}\boldsymbol{s}(t)=c\boldsymbol{1}_N \tag{6-25}$$

即

$$\lim_{t\to\infty}s_1(t)=\lim_{t\to\infty}s_2(t)=\cdots=\lim_{t\to\infty}s_N(t)=c \tag{6-26}$$

充分性得证。

综上所述可知，当$k>0$且拓扑图为无向连通图时，辅助变量$s_i(t)$可实现一致性，即$\lim\limits_{t\to\infty}s_1(t)=\lim\limits_{t\to\infty}s_2(t)=\cdots=\lim\limits_{t\to\infty}s_N(t)=c$。

证毕。

当多智能体网络拓扑图为有向平衡图时，设计如下控制器：

$$\left.\begin{aligned}&u_i(t)=-\varphi^{-1}(\boldsymbol{x}_i(t))(f(\boldsymbol{x}_i(t))+k_1x_{i1}(t)+k_2x_{i2}(t)+\cdots+k_nx_{in}(t))+\bar{\tau}_i(t)\\&\dot{\bar{\tau}}_i(t)=-k\Big(0.5\sum_{j=1}^{N}a_{ij}(s_i(t)-s_j(t))+0.5\sum_{j=1}^{N}(a_{ij}s_i(t)-a_{ji}s_j(t))\Big)\end{aligned}\right\} \tag{6-27}$$

其中，k为控制增益。

引理6.2：当多智能体网络拓扑图为有向平衡图，且图中包含一个有向生成树时，若控制增益$k>0$，则式(6-27)设计的控制器可保证辅助变量$s_i(t)$的一致性，即$\lim\limits_{t\to\infty}s_1(t)=\lim\limits_{t\to\infty}s_2(t)=\cdots=\lim\limits_{t\to\infty}s_N(t)$。

证明：令变量$\bar{\xi}_i(t)=0.5\sum\limits_{j=1}^{N}a_{ij}(s_i(t)-s_j(t))+0.5\sum\limits_{j=1}^{N}(a_{ij}s_i(t)-a_{ji}s_j(t))$，其对应的增广变量如下：

$$\bar{\boldsymbol{\xi}}(t)=\boldsymbol{L}_M\boldsymbol{s}(t) \tag{6-28}$$

其中，$\bar{\boldsymbol{\xi}}(t)=[\bar{\xi}_1(t)\quad\bar{\xi}_2(t)\quad\cdots\quad\bar{\xi}_N(t)]^{\mathrm{T}}$；$\boldsymbol{s}(t)=[s_1(t)\quad s_2(t)\quad\cdots\quad s_N(t)]^{\mathrm{T}}$；$\boldsymbol{L}_M=0.5(\boldsymbol{L}+\boldsymbol{L}^{\mathrm{T}})$。将式(6-27)中设计控制器代入式(6-4)中可得

$$s_i(t)=\bar{\tau}_i(t) \tag{6-29}$$

对式(6-29)求导有

$$\dot{s}_i(t)=\dot{\bar{\tau}}_i(t)=-k\bar{\xi}_i(t) \tag{6-30}$$

根据式(6-28)和式(6-30)有

$$\dot{\boldsymbol{s}}(t)=-k\bar{\boldsymbol{\xi}}(t)=-k\boldsymbol{L}_M\boldsymbol{s}(t) \tag{6-31}$$

再对式(6-28)求导可得

$$\dot{\bar{\boldsymbol{\xi}}}(t)=\boldsymbol{L}_M\dot{\boldsymbol{s}}(t)=-k\boldsymbol{L}_M\boldsymbol{L}_M\boldsymbol{s}(t)=-k\boldsymbol{L}_M\bar{\boldsymbol{\xi}}(t) \tag{6-32}$$

由于多智能体网络拓扑图为有向平衡图，根据引理 2.4 可知，$\boldsymbol{L}_M$ 为对称矩阵，且 $\boldsymbol{L}_M$ 仅有一个零特征值，其余特征值均大于零。因此，必定存在一个酉矩阵 $\bar{\boldsymbol{Y}}$，使得 $\bar{\boldsymbol{Y}}^{\mathrm{T}}\boldsymbol{L}_M\bar{\boldsymbol{Y}}=\mathrm{diag}\{\bar{\lambda}_1,\bar{\lambda}_2,\cdots,\bar{\lambda}_N\}$，其中，$\bar{\lambda}_1=0,\bar{\lambda}_i>0,i\in\{2,3,\cdots,N\}$。选取酉矩阵 $\bar{\boldsymbol{Y}}$ 和 $\bar{\boldsymbol{Y}}^{\mathrm{T}}$ 如下：

$$\bar{\boldsymbol{Y}}=\begin{bmatrix}\dfrac{\boldsymbol{1}_N}{\sqrt{N}} & \bar{\boldsymbol{M}}_1\end{bmatrix},\quad \bar{\boldsymbol{Y}}^{\mathrm{T}}=\begin{bmatrix}\dfrac{\boldsymbol{1}_N^{\mathrm{T}}}{\sqrt{N}}\\ \bar{\boldsymbol{M}}_2\end{bmatrix} \tag{6-33}$$

式中，$\bar{\boldsymbol{M}}_1\in\mathbf{R}^{N\times(N-1)}$ 和 $\bar{\boldsymbol{M}}_2\in\mathbf{R}^{(N-1)\times N}$ 为实矩阵。令 $\bar{\boldsymbol{\varepsilon}}(t)=\bar{\boldsymbol{Y}}^{\mathrm{T}}\bar{\boldsymbol{\xi}}(t)$，则有 $\bar{\boldsymbol{\xi}}(t)=\bar{\boldsymbol{Y}}\bar{\boldsymbol{\varepsilon}}(t)$。对 $\bar{\boldsymbol{\varepsilon}}(t)$ 进行求导，并利用式(6-32)，可得到如下方程：

$$\dot{\bar{\boldsymbol{\varepsilon}}}(t)=\bar{\boldsymbol{Y}}^{\mathrm{T}}\dot{\bar{\boldsymbol{\xi}}}(t)=-k\bar{\boldsymbol{Y}}^{\mathrm{T}}\boldsymbol{L}_M\bar{\boldsymbol{\xi}}(t)=-k\bar{\boldsymbol{Y}}^{\mathrm{T}}\boldsymbol{L}_M\bar{\boldsymbol{Y}}\bar{\boldsymbol{\varepsilon}}(t)=-k\bar{\boldsymbol{\Lambda}}_N\bar{\boldsymbol{\varepsilon}}(t) \tag{6-34}$$

式中，$\bar{\boldsymbol{\Lambda}}_N=\mathrm{diag}\{\bar{\lambda}_1,\bar{\lambda}_2,\cdots,\bar{\lambda}_N\}$。

令 $\bar{\boldsymbol{\varepsilon}}(t)=[\bar{\varepsilon}_1(t)\quad\bar{\varepsilon}_2(t)\quad\cdots\quad\bar{\varepsilon}_N(t)]^{\mathrm{T}}$，则可将 $\bar{\varepsilon}_1(t)$ 化为

$$\bar{\varepsilon}_1(t)=\frac{\boldsymbol{1}_N^{\mathrm{T}}}{\sqrt{N}}\bar{\boldsymbol{\xi}}(t)=\frac{\boldsymbol{1}_N^{\mathrm{T}}}{\sqrt{N}}\boldsymbol{L}_M\boldsymbol{s}(t)=\frac{1}{2\sqrt{N}}\boldsymbol{1}_N^{\mathrm{T}}(\boldsymbol{L}+\boldsymbol{L}^{\mathrm{T}})\boldsymbol{s}(t) \tag{6-35}$$

根据引理 2.8 可知，对于任意拓扑图均有 $\boldsymbol{L}\boldsymbol{1}_N=0$，即 $\boldsymbol{1}_N^{\mathrm{T}}\boldsymbol{L}^{\mathrm{T}}=0$，而对于有向平衡图另有 $\boldsymbol{1}_N^{\mathrm{T}}\boldsymbol{L}=0$。因此有 $\bar{\varepsilon}_1(t)=0$，进而意味着 $\lim\limits_{t\to\infty}\bar{\boldsymbol{\varepsilon}}(t)=0$ 等价于 $\lim\limits_{t\to\infty}\hat{\boldsymbol{\varepsilon}}(t)=0$，其中，$\hat{\boldsymbol{\varepsilon}}(t)=[\bar{\varepsilon}_2(t)\quad\bar{\varepsilon}_3(t)\quad\cdots\quad\bar{\varepsilon}_N(t)]^{\mathrm{T}}$。由于矩阵 $\bar{\boldsymbol{Y}}$ 可逆，则 $\lim\limits_{t\to\infty}\bar{\boldsymbol{\xi}}(t)=0$ 等价于 $\lim\limits_{t\to\infty}\bar{\boldsymbol{\varepsilon}}(t)=0$。因此，$\lim\limits_{t\to\infty}\bar{\boldsymbol{\xi}}(t)=0$ 等价于如下系统的渐进稳定性：

$$\dot{\hat{\boldsymbol{\varepsilon}}}(t)=-k\bar{\boldsymbol{\Lambda}}_{N-1}\hat{\boldsymbol{\varepsilon}}(t) \tag{6-36}$$

式中，$\bar{\boldsymbol{\Lambda}}_{N-1}=\mathrm{diag}\{\bar{\lambda}_2,\bar{\lambda}_3,\cdots,\bar{\lambda}_N\}>0$。由于 $k>0$，则根据引理 2.9 可知，对于任意正定矩阵 $\bar{\boldsymbol{Q}}_1>0$，如下 Lyapunov 方程均存在正定解 $\bar{\boldsymbol{P}}$：

$$\bar{\boldsymbol{P}}_1(-k\bar{\boldsymbol{\Lambda}}_{N-1})+(-k\bar{\boldsymbol{\Lambda}}_{N-1})\bar{\boldsymbol{P}}_1=-\bar{\boldsymbol{Q}}_1 \tag{6-37}$$

因此，可证明 $\lim\limits_{t\to\infty}\bar{\boldsymbol{\xi}}(t)=0$ 成立，具体步骤与式(6-17)～式(6-22)的步骤类似，此处不再赘述。

接下来证明 $\lim\limits_{t\to\infty}s_1(t)=\lim\limits_{t\to\infty}s_2(t)=\cdots=\lim\limits_{t\to\infty}s_N(t)$ 成立的充分必要条件是 $\lim\limits_{t\to\infty}\bar{\boldsymbol{\xi}}(t)=0$。

(1) 必要性证明。当 $\lim\limits_{t\to\infty}s_1(t)=\lim\limits_{t\to\infty}s_2(t)=\cdots=\lim\limits_{t\to\infty}s_N(t)$ 时，根据式(6-28)易知，$\lim\limits_{t\to\infty}\bar{\boldsymbol{\xi}}(t)=0$。必要性得证。

(2) 充分性证明。当 $\lim\limits_{t\to\infty}\bar{\boldsymbol{\xi}}(t)=0$ 时，根据式(6-28)可得

$$\boldsymbol{L}_M\lim_{t\to\infty}\boldsymbol{s}(t)=0 \tag{6-38}$$

由于 $\lambda_1=0$，则有

$$(\boldsymbol{L}_M-\lambda_1\boldsymbol{I}_N)\lim_{t\to\infty}\boldsymbol{s}(t)=0 \tag{6-39}$$

根据引理 2.8 可知，对于任意拓扑图均有 $\boldsymbol{L}\boldsymbol{1}_N=0$，而对于有向平衡图另有 $\boldsymbol{1}_N^{\mathrm{T}}\boldsymbol{L}=\boldsymbol{L}^{\mathrm{T}}\boldsymbol{1}_N=$

0。因此有 $\boldsymbol{L}_M\boldsymbol{1}_N=0.5(\boldsymbol{L}+\boldsymbol{L}^{\mathrm{T}})\boldsymbol{1}_N=0$，进而可得到如下等式：

$$(\boldsymbol{L}_M-\lambda_1\boldsymbol{I}_N)(c\boldsymbol{1}_N)=0 \tag{6-40}$$

其中，c 为任意非零常数。因此，根据式(6-39)和式(6-40)可知 $\lim_{t\to\infty}\boldsymbol{s}(t)=c\boldsymbol{1}_N$，即 $\lim_{t\to\infty}s_1(t)=\lim_{t\to\infty}s_2(t)=\cdots=\lim_{t\to\infty}s_N(t)=c$。充分性得证。

综上所述可知，当 $k>0$，且拓扑图为包含一个有向生成树的平衡图时，式(6-27)设计的控制器可保证 $s_i(t)$ 的一致性。

证毕。

接下来讨论当辅助变量 $s_i(t)$ 一致，即 $s_1(t)=s_2(t)=\cdots=s_N(t)=c$ 时，式(6-1)中所描述的高阶多智能体系统的一致性。

定理 6.1：当 $s_1(t)=s_2(t)=\cdots=s_N(t)=c$ 时，若能够选取适当的增益参数 $k_1,k_2,\cdots,k_n$，保证如下方程的根均具有负实部：

$$r^n+k_nr^{n-1}+\cdots+k_2r+k_1=0 \tag{6-41}$$

则式(6-1)描述的多智能体系统可实现一致性，即等式(6-2)成立。此外，参数 k_1 需满足$k_1\neq 0$。

证明：若 $s_i(t)=c,i=1,2,\cdots,N$，则根据式(6-3)有

$$x_{i1}^{(n)}(t)+k_nx_{i1}^{(n-1)}(t)+k_2\dot{x}_{i1}(t)+k_1x_{i1}(t)=c \tag{6-42}$$

式(6-42)实际上是一个高阶非齐次线性微分方程，其解为 $x_{i1}(t)=\underline{x}_{i1}(t)+\underline{x}_{i1}^*(t)$，其中，$\underline{x}_{i1}(t)$ 为如下齐次方程的通解：

$$x_{i1}^{(n)}(t)+k_nx_{i1}^{(n-1)}(t)+k_2\dot{x}_{i1}(t)+k_1x_{i1}(t)=0 \tag{6-43}$$

而 $\underline{x}_{i1}^*(t)$ 为非齐次方程式(6-42)的特解。

对于齐次微分方程式(6-43)，其对应的特征方程如式(6-41)所示。因此微分方程式(6-43)的通解如下：

$$\begin{aligned}\underline{x}_{i1}(t)=&(D_0+D_1t+\cdots+D_{p-1}t^{p-1})\mathrm{e}^{r_0t}+(G_1\mathrm{e}^{r_1t}+G_2\mathrm{e}^{r_2t}+\cdots+G_m\mathrm{e}^{r_mt})+\\&((E_0+E_1t+\cdots+E_{q-1}t^{q-1})\cos(\beta t)+(F_0+F_1t+\cdots+F_{q-1}t^{q-1})\sin(\beta t))\mathrm{e}^{\alpha t}\end{aligned} \tag{6-44}$$

式中，r_0 为特征方程式(6-41)的 p 重实根；$\alpha+\mathrm{j}\beta$ 为特征方程式(6-41)的 q 重共轭复根；$r_1,r_2,\cdots,r_m$ 为特征方程式(6-41)的 m 个单根。若特征方程式(6-41)的所有特征根均具有负实部，即 $r_0<0,\alpha<0,r_1<0,r_2<0,\cdots,r_m<0$，那么，根据式(6-44)易知

$$\lim_{t\to\infty}\underline{x}_{i1}(t)=0 \tag{6-45}$$

进而可得

$$\lim_{t\to\infty}x_{i1}(t)=\lim_{t\to\infty}\underline{x}_{i1}(t)+\lim_{t\to\infty}\underline{x}_{i1}^*(t)=\lim_{t\to\infty}\underline{x}_{i1}^*(t) \tag{6-46}$$

对于非齐次微分方程式(6-42)的特解 $\underline{x}_{i1}^*(t)$，则可以用待定系数法求解。而对于任意 $i\in\{1,2,\cdots,N\}$，微分方程式(6-42)中的各项系数 $k_1,k_2,\cdots,k_{n-1}$ 和 c 均相同，则意味着利用待定系数法求出的微分方程也必定相同，即 $\underline{x}_{11}^*(t)=\underline{x}_{21}^*(t)=\cdots=\underline{x}_{N1}^*(t)$。此外，由于微分方程式(6-42)中的非齐次项 c 为常数，则特解 $\underline{x}_{i1}^*(t)$ 也必定为一常数，具体证明如下。

首先，假设微分方程式(6-42)的特解具有如下形式：

$$\underline{x}_{i1}^*(t)=a_0+a_1t+a_2t^2+\cdots+a_{n-1}t^{n-1} \tag{6-47}$$

将式(6－47)所给出的特解代入非齐次微分方程式(6－42)中有

$$a_{n-1}+k_{n-1}(a_{n-2}+a_{n-1}t)+\cdots+k_2(a_1+a_2t+\cdots+a_{n-1}t^{n-2})+ \\ k_1(a_0+a_1t+\cdots+a_{n-1}t^{n-1})=c \tag{6-48}$$

即

$$(k_1a_0+k_2a_1+\cdots+k_{n-1}a_{n-2}+a_{n-1})+(k_1a_1+k_2a_2+\cdots+k_{n-1}a_{n-1})t+\cdots+ \\ (k_1a_{n-2}+k_2a_{n-1})t^{n-2}+k_1a_{n-1}t^{n-1}=c \tag{6-49}$$

利用待定系数法，根据式(6－49)可知

$$\left.\begin{array}{l} k_1a_{n-1}=0 \\ k_1a_{n-2}+k_2a_{n-1}=0 \\ \cdots\cdots \\ k_1a_1+k_2a_2+\cdots+k_{n-1}a_{n-1}=0 \\ k_1a_0+k_2a_1+\cdots+k_{n-1}a_{n-2}+a_{n-1}=c \end{array}\right\} \tag{6-50}$$

由于 $k_1\neq 0$，则易知 $a_{n-1}=a_{n-2}=\cdots=a_2=a_1=0$，且有 $a_0=c/k_1$。因此，根据式(6－47)可知

$$\underline{x}_{i1}^*(t)=a_0=\frac{c}{k_1} \tag{6-51}$$

即非齐次微分方程式(6－42)的特解 $\underline{x}_{i1}^*(t)$ 为常数。

根据式(6－46)有

$$\lim_{t\to\infty}x_{i1}(t)=\lim_{t\to\infty}\underline{x}_{i1}^*(t)=\frac{c}{k_1} \tag{6-52}$$

而对于变量 $x_{i2}(t)$，根据式(6－1)和式(6－52)易知

$$\lim_{t\to\infty}x_{i2}(t)=\lim_{t\to\infty}\dot{x}_{i1}(t)=0 \tag{6-53}$$

对于变量 $x_{i3}(t)$，根据式(6－1)和式(6－53)易知

$$\lim_{t\to\infty}x_{i3}(t)=\lim_{t\to\infty}\dot{x}_{i2}(t)=0 \tag{6-54}$$

以此类推，有

$$\lim_{t\to\infty}x_{i4}(t)=\lim_{t\to\infty}x_{i5}(t)=\cdots=\lim_{t\to\infty}x_{in}(t)=0 \tag{6-55}$$

根据式(6－52)、式(6－53)和式(6－55)，有如下等式：

$$\lim_{t\to\infty}\boldsymbol{x}_i(t)=\begin{bmatrix}\lim\limits_{t\to\infty}x_{i1}(t)\\ \lim\limits_{t\to\infty}x_{i2}(t)\\ \vdots \\ \lim\limits_{t\to\infty}x_{in}(t)\end{bmatrix}=\begin{bmatrix}\frac{c}{k_1}\\ 0\\ \vdots\\ 0\end{bmatrix} \tag{6-56}$$

即

$$\lim_{t\to\infty}\boldsymbol{x}_1(t)=\lim_{t\to\infty}\boldsymbol{x}_2(t)=\cdots=\lim_{t\to\infty}\boldsymbol{x}_N(t) \tag{6-57}$$

因此，式(6－1)所描述的多智能体系统实现一致性。

证毕。

综上所述可知，当多智能体网络拓扑图为无向连通图时，若控制增益 $k>0$，参数 k_1，k_2，…，k_n 可保证特征方程式(6－41)的根均具有负实部，且 $k_1\neq 0$，则式(6－5)中设计的控制器可保证式(6－1)所描述的多智能体系统实现一致性；当多智能体网络拓扑图为有向平衡图，

且图中包含一个有向生成树时，若控制增益 $k>0$，参数 $k_1,k_2,\cdots,k_n$ 可保证特征方程式(6-41)的根均具有负实部，且 $k_1\neq 0$，则式(6-27)中设计的控制器可保证式(6-1)所描述的多智能体系统实现一致性。

注 6.1：在现有的大部分研究中，所设计的群集协同控制算法中的增益参数与拓扑图的全局信息相关联，即意味着所设计的算法并非全分布式的[144-153]。而在本节所设计的控制器式(6-5)和式(6-27)中，$k_1,k_2,\cdots,k_n$ 以及 k 是待设计的控制增益参数，参数 $k_1,k_2,\cdots,k_n$ 的设计准则是确保特征方程式(6-41)的根均具有负实部，且 $k_1\neq 0$，而参数 k 只需满足 $k>0$ 即可。因此，增益参数 $k_1,k_2,\cdots,k_n$ 以及 k 的设计均与多智能体系统的全局拓扑结构无关，即意味着控制器式(6-5)和式(6-27)是全分布式的。

6.2.3 仿真算例

本节通过几组仿真算例验证6.2.2节设计的控制器式(6-5)和式(6-27)的有效性。首先考虑多智能体网络拓扑结构为无向连通图的情况。假设多智能体网络中有3个智能体节点，节点之间的拓扑结构如图6-1所示。

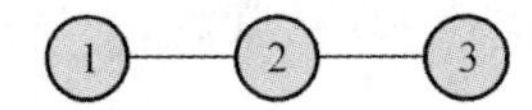

图6-1 多智能体网络拓扑结构图

考虑如下3阶非线性单输入系统模型：

$$\left.\begin{aligned}\dot{x}_{i1}(t)&=x_{i2}(t)\\ \dot{x}_{i2}(t)&=x_{i3}(t)\\ \dot{x}_{i3}(t)&=x_{i2}^2(t)+0.1\sin(2t)+u_i(t)\end{aligned}\right\},\quad i=1,2,3 \tag{6-58}$$

根据式(6-5)可知，式(6-58)中的系统对应的控制器如下：

$$\left.\begin{aligned}u_i(t)&=-(x_{i2}^2(t)+0.1\sin(2t)+k_1x_{i1}(t)+k_2x_{i2}(t)+k_3x_{i3}(t))+\tau_i(t)\\ \dot{\tau}_i(t)&=-k\sum_{j=1}^{3}a_{ij}(s_i(t)-s_j(t))\end{aligned}\right\},\quad i=1,2,3 \tag{6-59}$$

根据引理6.1可知，控制增益 k 只需满足 $k>0$ 即可，因此可选取 $k=2$。根据定理6.1可知，增益参数 k_1,k_2 和 k_3 要保证特征方程式(6-41)的所有根均具有负实部，为满足这一条件，可选取特征多项式为 $(r+2)(r+3)(r+4)=r^3+9r^2+26r+24$，因此有 $k_1=24,k_2=26,k_3=9$。

此外，选取3个智能体节点的状态初值如下：

$$\boldsymbol{x}_1(0)=\begin{bmatrix}5\\2.5\\0.5\end{bmatrix},\quad \boldsymbol{x}_2(0)=\begin{bmatrix}4\\2\\0.4\end{bmatrix},\quad \boldsymbol{x}_3(0)=\begin{bmatrix}3\\1.5\\0.3\end{bmatrix}$$

3个智能体节点的各阶状态 $x_{i1}(t),x_{i2}(t)$ 和 $x_{i3}(t)$ 的曲线，以及辅助变量 $s_i(t)$ 的曲线如图6-2～图6-5所示。

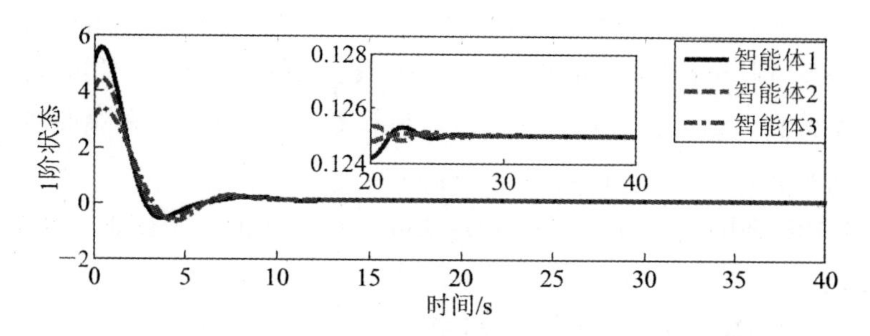

图 6-2　智能体的 1 阶状态 $x_{i1}(t)$ 曲线

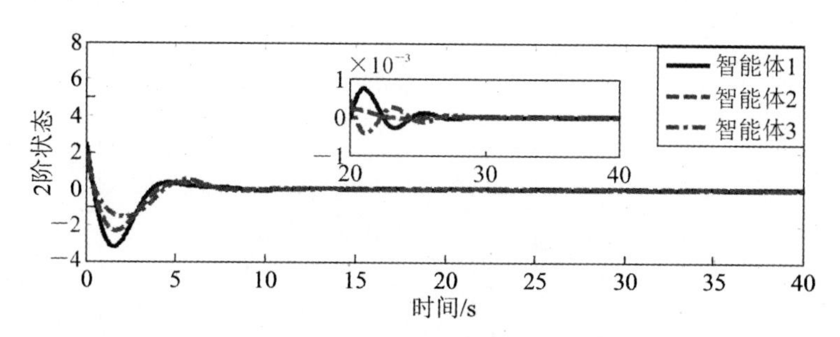

图 6-3　智能体的 2 阶状态 $x_{i2}(t)$ 曲线

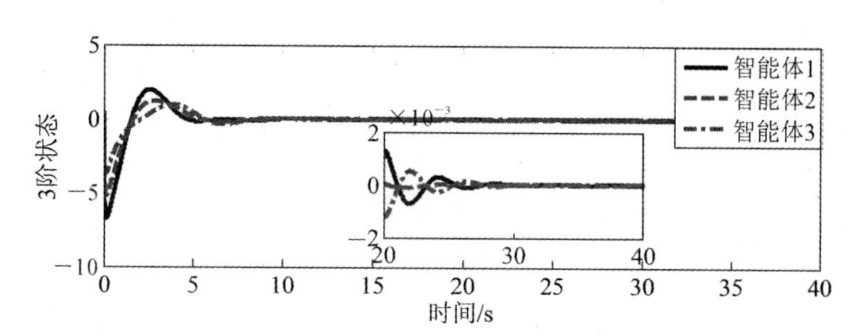

图 6-4　智能体的 3 阶状态 $x_{i3}(t)$ 曲线

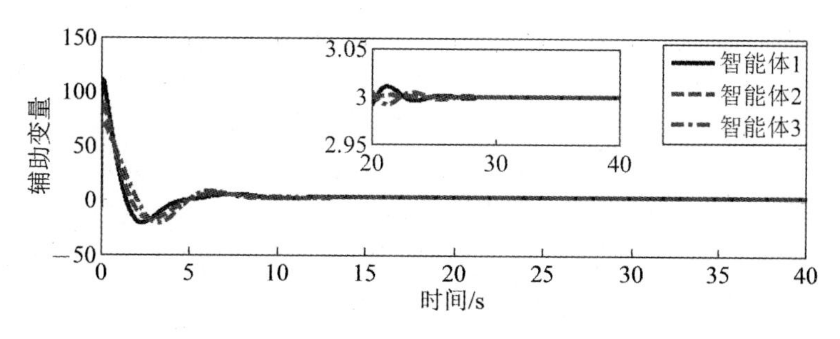

图 6-5　辅助变量 $s_i(t)$ 曲线

从图 6-2 ～ 图 6-4 中可以看出，利用式(6-5) 中设计的控制器，能够保证 3 个智能体的各阶状态达到一致，即$\lim\limits_{t\to\infty}\boldsymbol{x}_1(t)=\lim\limits_{t\to\infty}\boldsymbol{x}_2(t)=\lim\limits_{t\to\infty}\boldsymbol{x}_3(t)$。根据引理 6.1 可知，辅助变量 $s_i(t)$ 最终将均趋于一个常数 c，即$\lim\limits_{t\to\infty}s_1(t)=\lim\limits_{t\to\infty}s_2(t)=\lim\limits_{t\to\infty}s_3(t)=c$，而图 6-5 则验证了该结论，且可以看出该常数值为 $c=3$。此外，根据定理 6.1 可知，1 阶状态变量 $x_{i1}(t)$ 最终将均趋于常数 $c/k_1=3/24=0.125$，即$\lim\limits_{t\to\infty}x_{11}(t)=\lim\limits_{t\to\infty}x_{21}(t)=\lim\limits_{t\to\infty}x_{31}(t)=0.125$，而图 6-2 则验证了该结果。

仿真程序：

(1)Simulink 主程序模块图如图 6-6 所示。

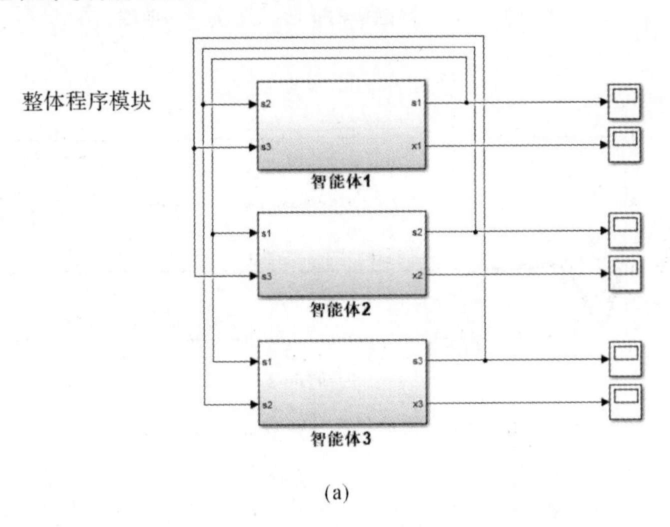

(a)

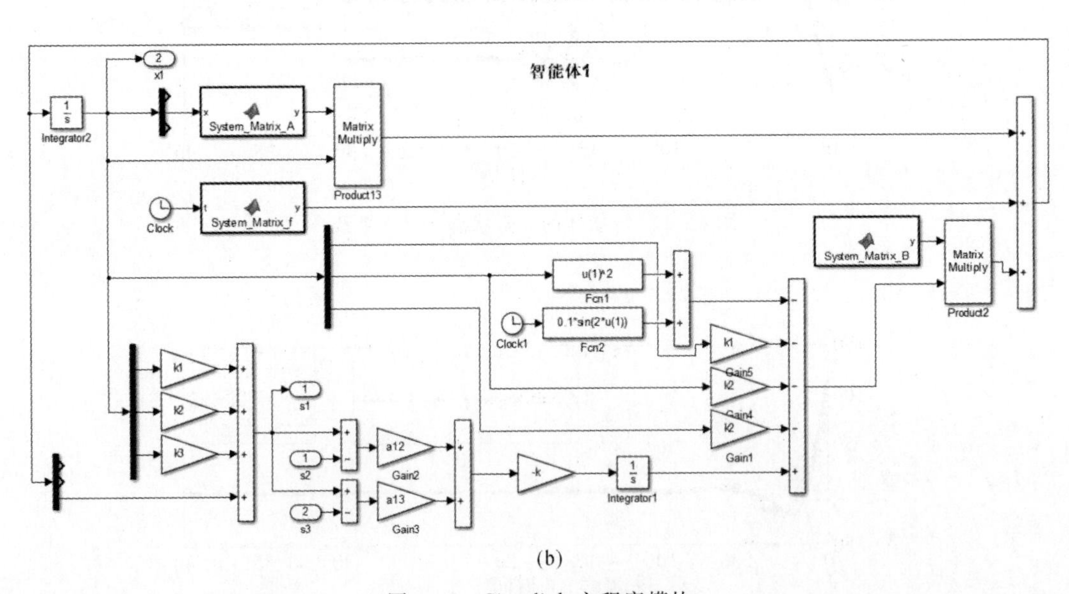

(b)

图 6-6　Simulink 主程序模块

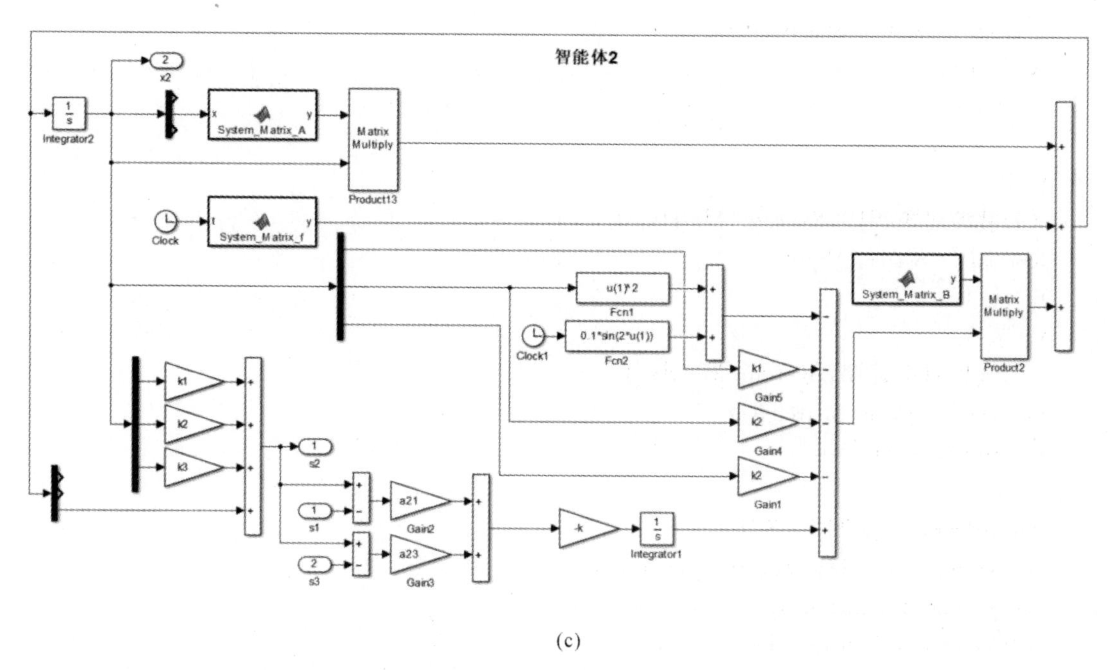

(c)

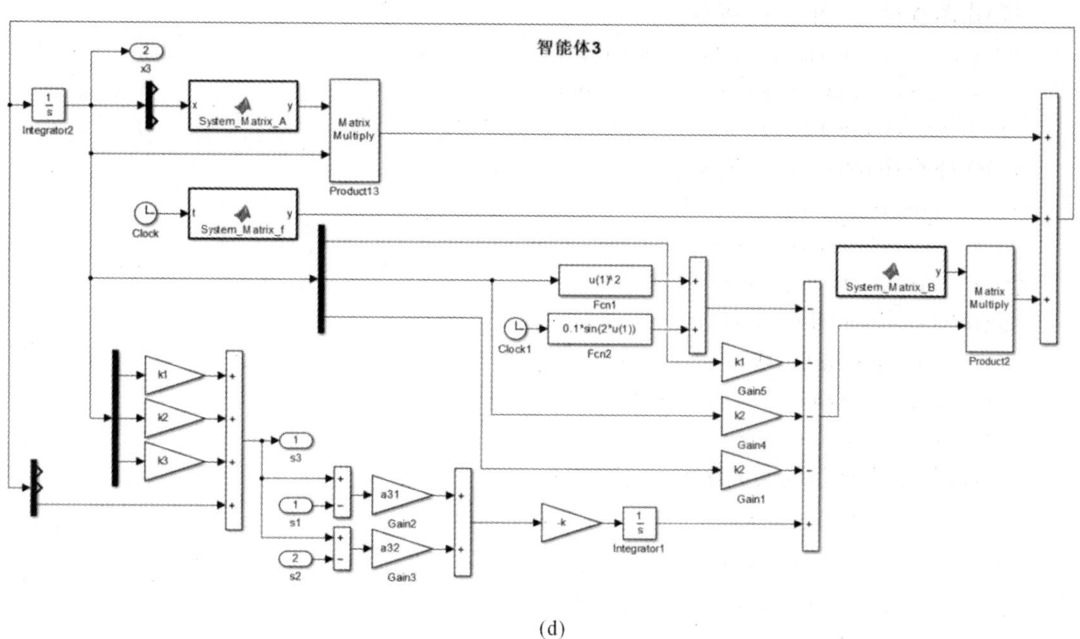

(d)

续图 6-6　Simulink 主程序模块

(2)控制增益参数程序。

```
a11=0; a12=1; a13=0;
a21=1; a22=0; a23=1;
a31=0; a32=1; a33=0;
k=2; k1=24; k2=26; k3=9;
```

(3)被控对象程序:System_Matrix_A。

```
function y=System_Matrix_A(x)
A=[0 1 0;
   0 0 1;
   0 x 0];
y=A;
```

(4)被控对象程序:System_Matrix_B。

```
function y=System_Matrix_B
B=[0;0;1];
y=B;
```

(5)被控对象程序:System_Matrix_f。

```
function y=System_Matrix_f(t)
f=[0;0;0.1*sin(2*t)];
y=f;
```

(6)作图程序:如图 6-2 所示。

```
plot(x1.time,x1.signals.values(:,1));hold on;
plot(x2.time,x2.signals.values(:,1));hold on;
plot(x3.time,x3.signals.values(:,1));
```

(7)作图程序:如图 6-3 所示。

```
plot(x1.time,x1.signals.values(:,2));hold on;
plot(x2.time,x2.signals.values(:,2));hold on;
plot(x3.time,x3.signals.values(:,2));
```

(8)作图程序:如图 6-4 所示。

```
plot(x1.time,x1.signals.values(:,3));hold on;
plot(x2.time,x2.signals.values(:,3));hold on;
plot(x3.time,x3.signals.values(:,3));
```

(9)作图程序:如图 6-5 所示。

```
plot(s1.time,s1.signals.values);hold on;
plot(s2.time,s2.signals.values);hold on;
plot(s3.time,s3.signals.values);
```

再考虑如下 4 阶非线性单输入系统模型:

$$\left.\begin{aligned}\dot{x}_{i1}(t)&=x_{i2}(t)\\ \dot{x}_{i2}(t)&=x_{i3}(t)\\ \dot{x}_{i3}(t)&=x_{i4}(t)\\ \dot{x}_{i4}(t)&=x_{i1}(t)x_{i2}(t)+x_{i3}^3(t)+x_{i4}^4(t)+u_i(t)\end{aligned}\quad,\quad i=1,2,3\right\}\tag{6-60}$$

根据式(6-5)可知,式(6-60)中的系统对应的控制器如下:

$$\left.\begin{aligned}u_i(t)=&-(x_{i1}(t)x_{i2}(t)+x_{i3}^3(t)+x_{i4}^4(t)+k_1x_{i1}(t)+\\ &k_2x_{i2}(t)+k_3x_{i3}(t)+k_4x_{i4}(t))+\tau_i(t)\\ \dot{\tau}_i(t)=&-k\sum_{j=1}^{3}a_{ij}(s_i(t)-s_j(t))\end{aligned}\quad,\quad i=1,2,3\right\}\tag{6-61}$$

根据引理 6.1 可知,控制增益 k 只需满足 $k>0$ 即可,因此可选取 $k=5$。根据定理 6.1 可知,增益参数 k_1,k_2,k_3 和 k_4 要保证特征方程式(6-41)的所有根均具有负实部,为满足这一条件，可选取特征多项式为$(r+1)(r+2)(r+3)(r+4)=r^4+10r^3+35r^2+50r+24$，因此有$k_1=24, k_2=50, k_3=35, k_4=10$。

此外，选取 3 个智能体节点的状态初值如下：

$$\boldsymbol{x}_1(0)=\begin{bmatrix}8\\4\\2\\1\end{bmatrix},\quad \boldsymbol{x}_2(0)=\begin{bmatrix}6\\3\\1.5\\0.75\end{bmatrix},\quad \boldsymbol{x}_3(0)=\begin{bmatrix}4\\2\\1\\0.5\end{bmatrix}$$

3 个智能体节点的各阶状态 $x_{i1}(t)$，$x_{i2}(t)$，$x_{i3}(t)$ 和 $x_{i4}(t)$ 的曲线，以及辅助变量 $s_i(t)$ 的曲线如图 6-7 ～ 图 6-11 所示。

从图 6-7 ～ 图 6-11 中可以看出，利用式(6-5)中设计的控制器，能够保证 3 个智能体的各阶状态达到一致。根据引理 6.1 可知，辅助变量 $s_i(t)$ 最终将均趋于一个常数 c，而从图 6-11 中可以看出，该常数值为 $c=7.666\,7$。根据定理 6.1 可知，1 阶状态变量 $x_{i1}(t)$ 最终将均趋于常数 $c/k_1=7.666\,7/24=0.319\,4$，而图 6-7 则验证了该结果。

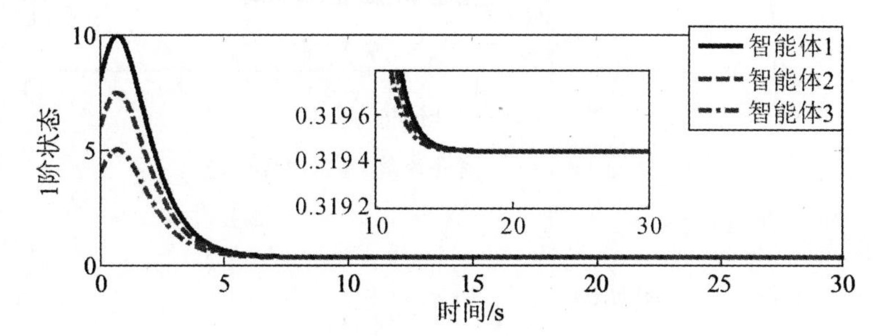

图 6-7　智能体的 1 阶状态 $x_{i1}(t)$ 曲线

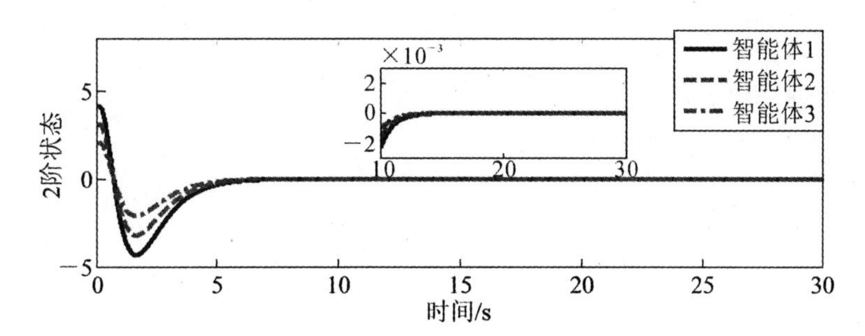

图 6-8　智能体的 2 阶状态 $x_{i2}(t)$ 曲线

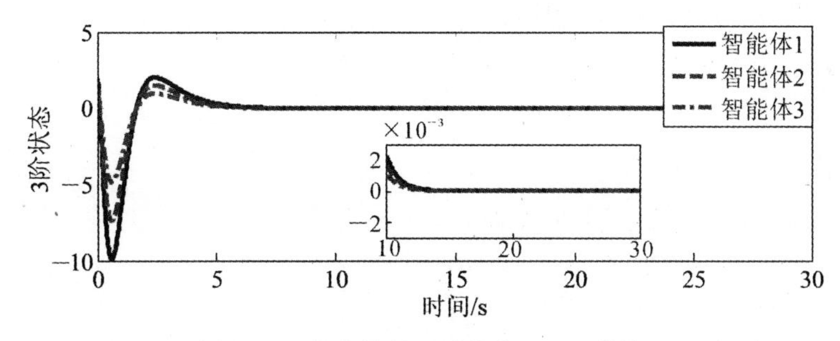

图 6-9　智能体的 3 阶状态 $x_{i3}(t)$ 曲线

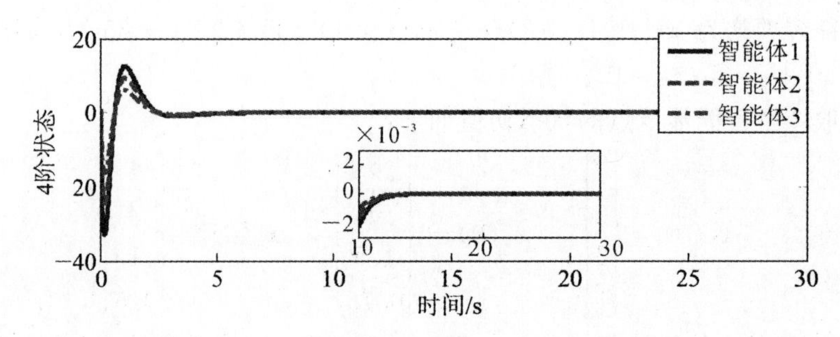

图 6-10　智能体的 4 阶状态 $x_{i4}(t)$ 曲线

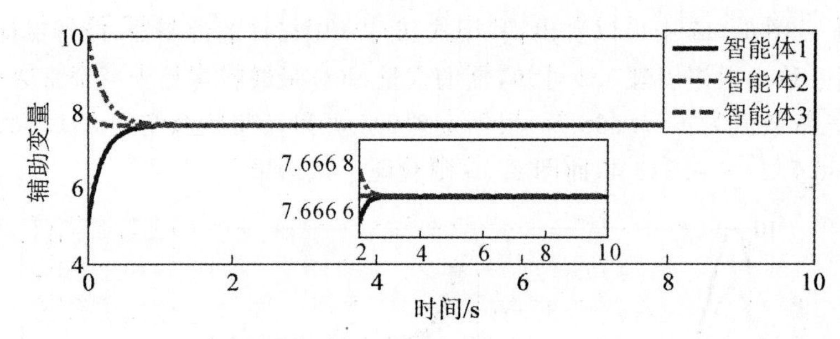

图 6-11　辅助变量 $s_i(t)$ 曲线

仿真程序：

(1)Simulink 主程序模块图如图 6-12 所示。

(2)控制增益参数程序。

```
a11=0; a12=1; a13=0;
a21=1; a22=0; a23=1;
a31=0; a32=1; a33=0;
k=5; k1=24; k2=50; k3=35; k4=10;
```

(3)被控对象程序:System_Matrix_A。

```
function y=System_Matrix_A(xi1,xi3,xi4)
A=[0      1      0      0;
   0      0      1      0;
   0      0      0      1;
   0      xi1    xi3^2  xi4^3];
y=A;
```

(4)被控对象程序:System_Matrix_B。

```
function y=System_Matrix_B
B=[0;0;0;1];
y=B;
```

(5)作图程序:如图 6-7 所示。

```
plot(x1.time,x1.signals.values(:,1));hold on;
plot(x2.time,x2.signals.values(:,1));hold on;
plot(x3.time,x3.signals.values(:,1));
```

(6)作图程序:如图 6-8 所示。

```
plot(x1.time,x1.signals.values(:,2));hold on;
plot(x2.time,x2.signals.values(:,2));hold on;
plot(x3.time,x3.signals.values(:,2));
```

(7)作图程序:如图 6-9 所示。

```
plot(x1.time,x1.signals.values(:,3));hold on;
plot(x2.time,x2.signals.values(:,3));hold on;
plot(x3.time,x3.signals.values(:,3));
```

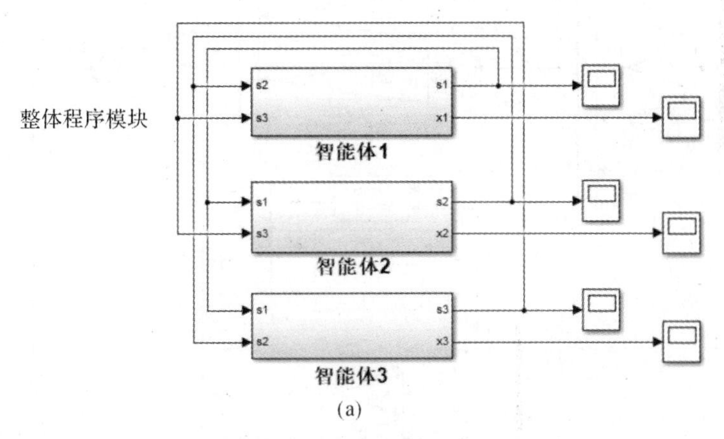

(a)

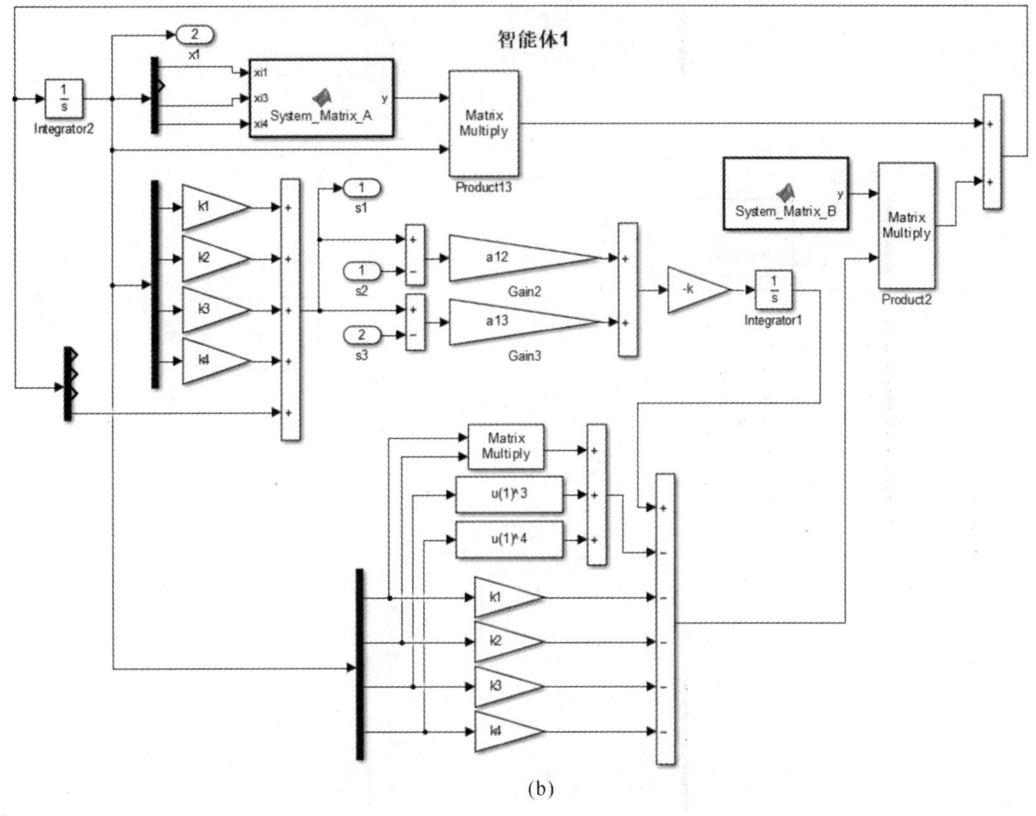

(b)

图 6-12　Simulink 主程序模块

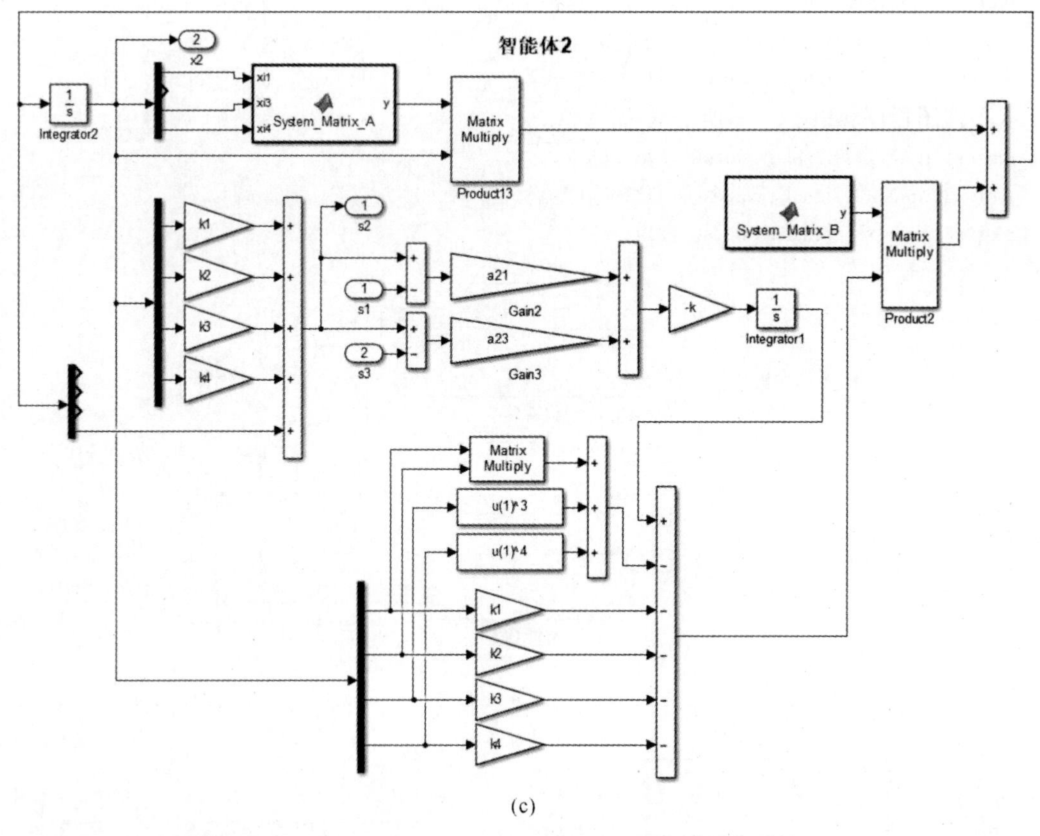

(c)

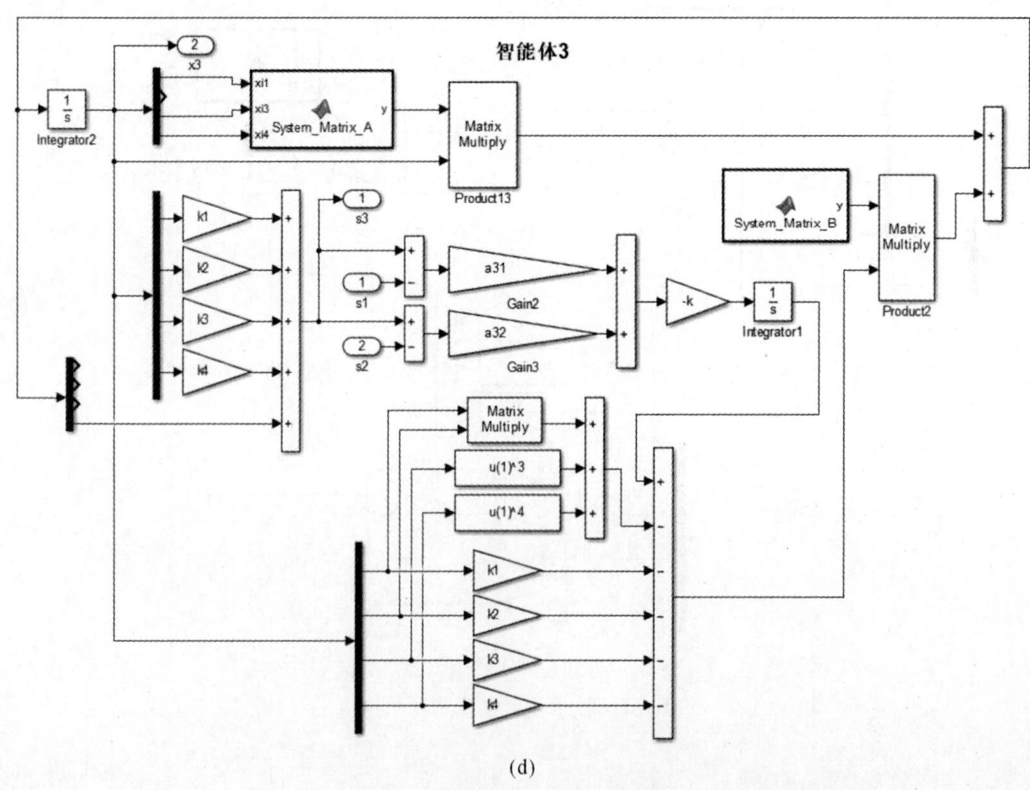

(d)

续图 6-12　Simulink 主程序模块

(8)作图程序：如图 6－10 所示。

```
plot(x1.time,x1.signals.values(:,4));hold on;
plot(x2.time,x2.signals.values(:,4));hold on;
plot(x3.time,x3.signals.values(:,4));
```

(9)作图程序：如图 6－11 所示。

```
plot(s1.time,s1.signals.values);hold on;
plot(s2.time,s2.signals.values);hold on;
plot(s3.time,s3.signals.values);
```

接下来考虑多智能体网络拓扑图为有向平衡图，且包含一个有向生成树的情况。假设多智能体网络中有 3 个智能体节点，节点之间的拓扑结构如图 6－13 所示。

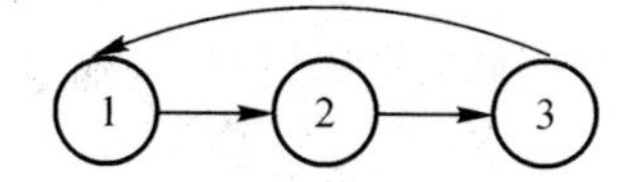

图 6－13　多智能体网络拓扑结构图

考虑如下 5 阶非线性单输入系统模型：

$$\left.\begin{aligned}\dot{x}_{i1}(t)&=x_{i2}(t)\\\dot{x}_{i2}(t)&=x_{i3}(t)\\\dot{x}_{i3}(t)&=x_{i4}(t)\\\dot{x}_{i4}(t)&=x_{i5}(t)\\\dot{x}_{i5}(t)&=x_{i1}^2(t)+x_{i2}^2(t)+x_{i3}^2(t)+x_{i4}^2(t)+x_{i5}^2(t)+u_i(t)\end{aligned}\quad,\quad i=1,2,3\right\}\tag{6-62}$$

根据式(6－27)可知，式(6－62)中的系统对应的控制器如下：

$$\left.\begin{aligned}u_i(t)=&-(x_{i1}^2(t)+x_{i2}^2(t)+x_{i3}^2(t)+x_{i4}^2(t)+x_{i5}^2(t)+\\&k_1x_{i1}(t)+k_2x_{i2}(t)+k_3x_{i3}(t)+k_4x_{i4}(t)+k_5x_{i5}(t))+\tau_i(t)\\\dot{\tau}_i(t)=&-k\Big(0.5\sum_{j=1}^{3}a_{ij}(s_i(t)-s_j(t))+0.5\sum_{j=1}^{3}(a_{ij}s_i(t)-a_{ji}s_j(t))\Big)\end{aligned}\right\}\tag{6-63}$$

根据引理 6.2 可知，控制增益 k 只需满足 $k>0$ 即可，因此可选取 $k=1$。根据定理 6.1 可知，增益参数 k_1,k_2,k_3,k_4 和 k_5 要保证特征方程式(6-41)的所有根均具有负实部，为满足此条件，可选取特征多项式为 $(r+1)^2(r+2)^2(r+3)=r^5+9r^4+31r^3+51r^2+40r+12$，因此有 $k_1=12,k_2=40,k_3=51,k_4=31,k_5=9$。

选取 3 个智能体节点的状态初值如下：

$$\boldsymbol{x}_1(0)=\begin{bmatrix}20\\10\\5\\2.5\\1\end{bmatrix},\quad\boldsymbol{x}_2(0)=\begin{bmatrix}-10\\-8\\-5\\-3\\-1\end{bmatrix},\quad\boldsymbol{x}_3(0)=\begin{bmatrix}8\\5\\3\\1\\0.5\end{bmatrix}$$

3 个智能体节点的各阶状态 $x_{i1}(t),x_{i2}(t),x_{i3}(t),x_{i4}(t)$ 和 $x_{i5}(t)$ 的曲线，以及辅助变量 $s_i(t)$ 的曲线如图 6－14 ～ 图 6－19 所示。

从图 6－14 ～ 图 6－19 中可以看出，利用式(6－27)中设计的控制器，能够保证 3 个智能体的各阶状态达到一致。根据引理 6.2 可知，辅助变量 $s_i(t)$ 最终将均趋于一个常数 c，而从图

6－19 中可以看出，该常数值约为 $c=1.1667$。根据定理 6.1 可知，1 阶状态变量 $x_{i1}(t)$ 最终将均趋于常数 $c/k_1=1.1667/12=0.0972$，而从图 6－14 中可以看出，数值仿真结果和理论结论基本符合。

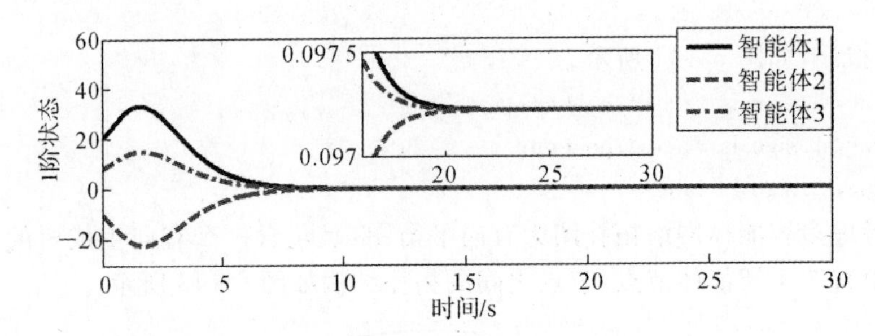

图 6－14　智能体的 1 阶状态 $x_{i1}(t)$ 曲线

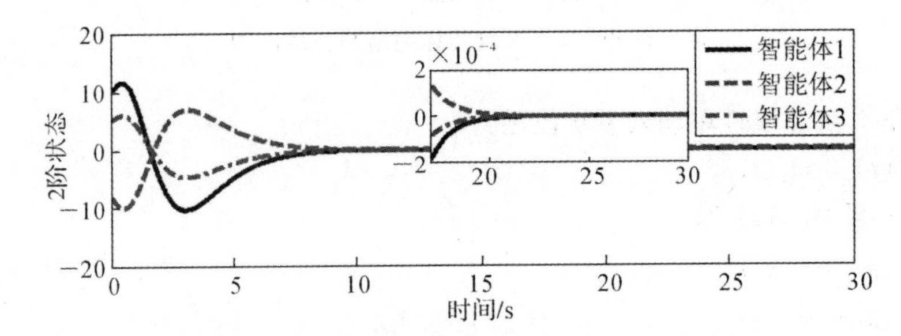

图 6－15　智能体的 2 阶状态 $x_{i2}(t)$ 曲线

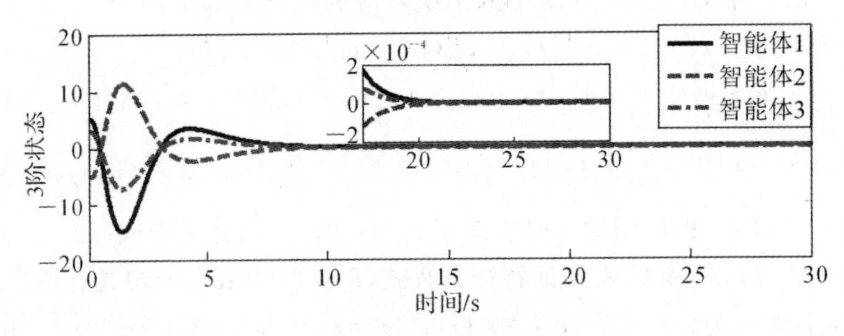

图 6－16　智能体的 3 阶状态 $x_{i3}(t)$ 曲线

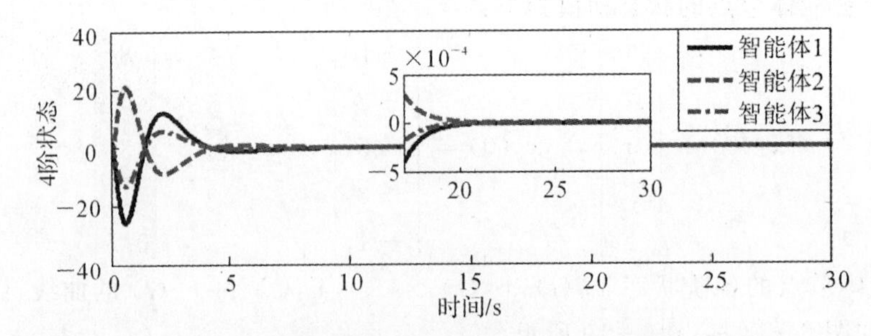

图 6－17　智能体的 4 阶状态 $x_{i4}(t)$ 曲线

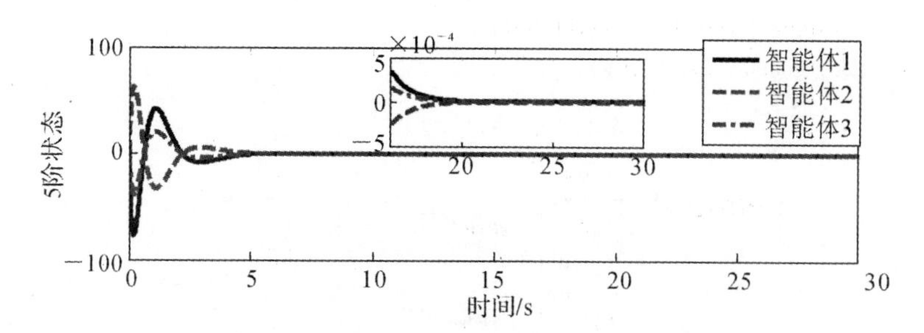

图 6-18 智能体的 5 阶状态 $x_{i5}(t)$ 曲线

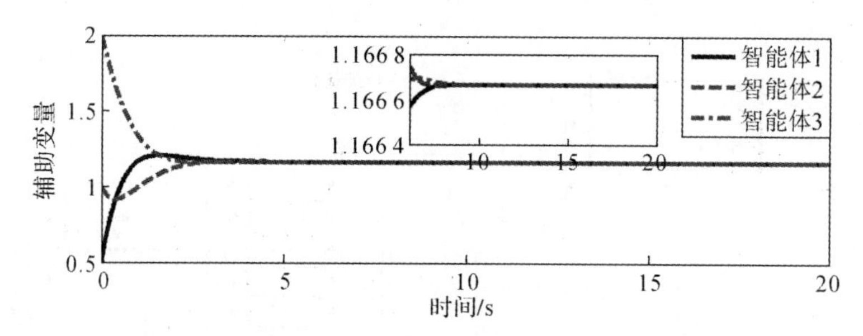

图 6-19 辅助变量 $s_i(t)$ 曲线

仿真程序：

（1）Simulink 主程序模块图如图 6-20 所示。

（2）控制增益参数程序。

```
a11=0;a12=0;a13=1;a21=1;a22=0;a23=0;a31=0;a32=1;a33=0;
k=1; k1=12; k2=40; k3=51; k4=31; k5=9;
```

（3）被控对象程序：System_Matrix_A。

```
function y=System_Matrix_A(xi1,xi2,xi3,xi4,xi5)
A=[0  1  0   0  0;
   0  0  1  0  0;
   0  0  0  1  0;
   0  0  0   0  1;
   xi1 xi2 xi3 xi4 xi5];
y=A;
```

（4）被控对象程序：System_Matrix_B。

```
function y=System_Matrix_B
B=[0;0;0;0;1];
y=B;
```

（5）作图程序：如图 6-14 所示。

```
plot(x1.time,x1.signals.values(:,1));hold on;
plot(x2.time,x2.signals.values(:,1));hold on;
plot(x3.time,x3.signals.values(:,1));
```

（6）作图程序：如图 6-15 所示。

```
plot(x1.time,x1.signals.values(:,2));hold on;
```

```
plot(x2.time,x2.signals.values(:,2));hold on;
plot(x3.time,x3.signals.values(:,2));
```

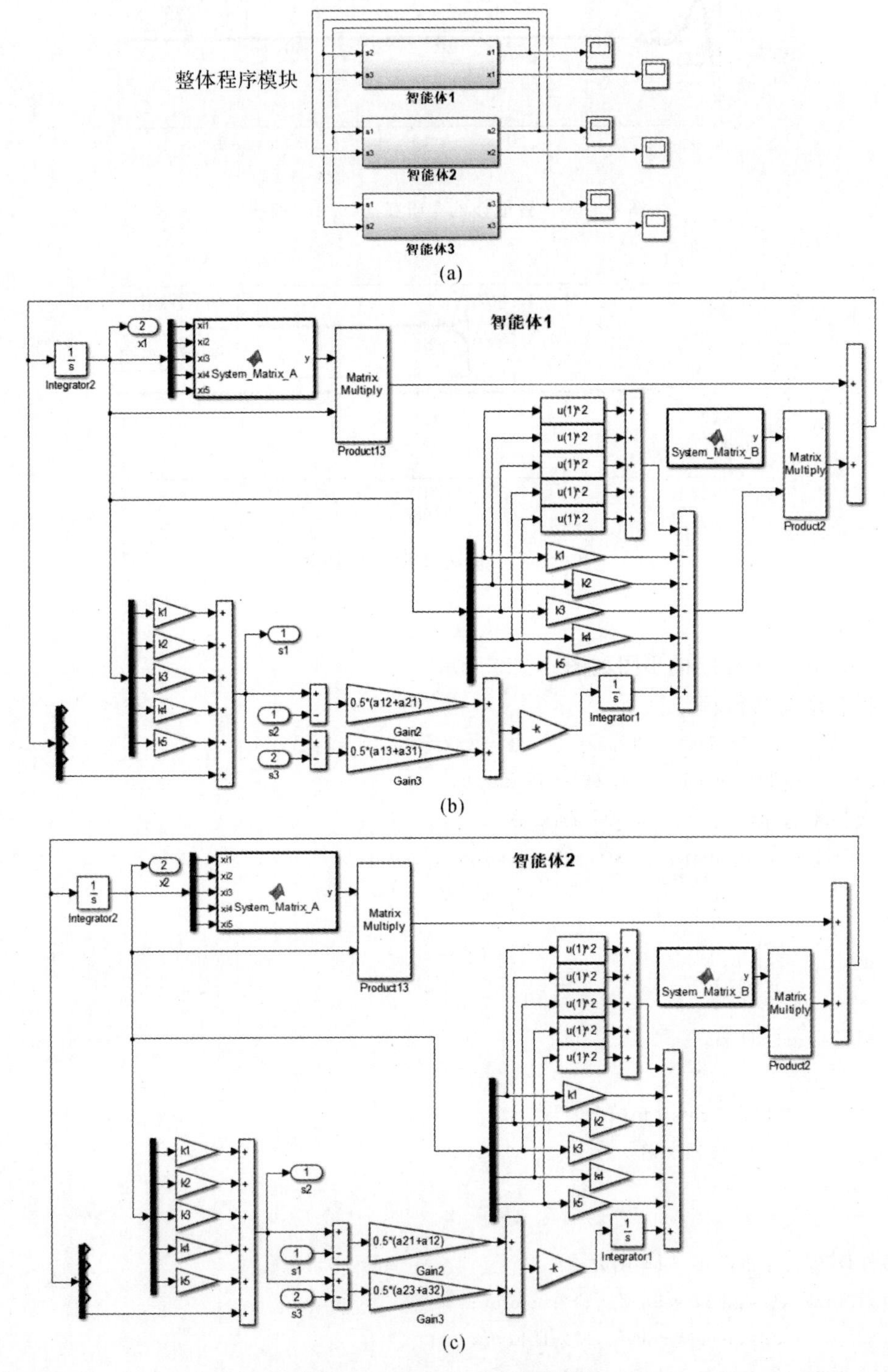

图 6-20　Simulink 主程序模块

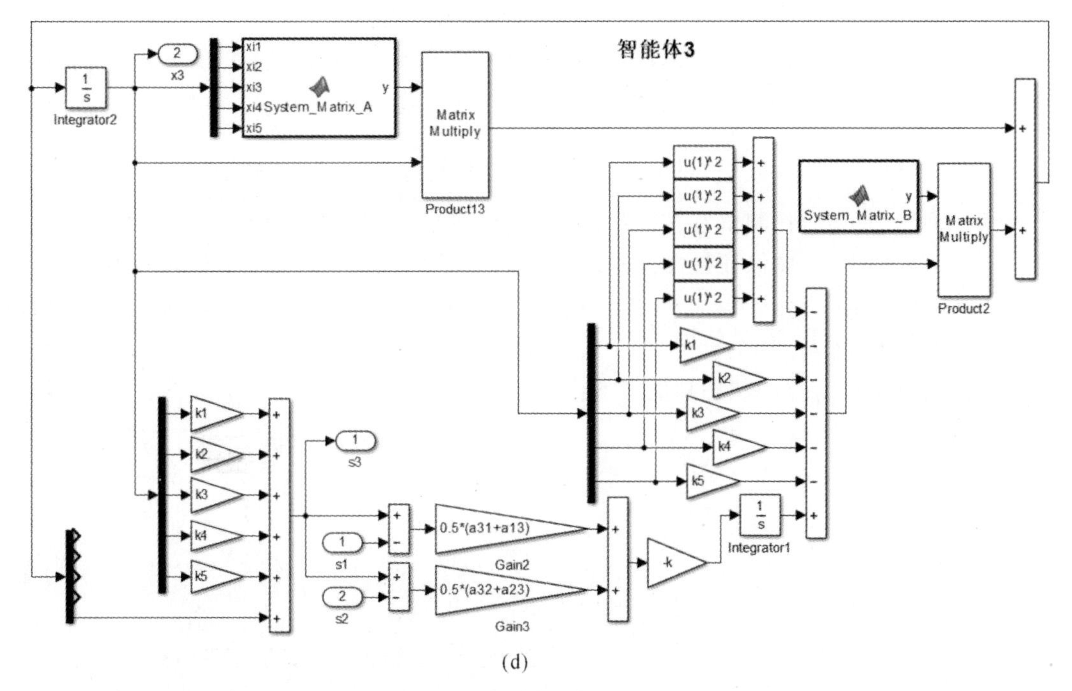

(d)

续图 6-20　Simulink 主程序模块

(7)作图程序：如图 6-16 所示。

```
plot(x1.time,x1.signals.values(:,3));hold on;
plot(x2.time,x2.signals.values(:,3));hold on;
plot(x3.time,x3.signals.values(:,3));
```

(8)作图程序：如图 6-17 所示。

```
plot(x1.time,x1.signals.values(:,4));hold on;
plot(x2.time,x2.signals.values(:,4));hold on;
plot(x3.time,x3.signals.values(:,4));
```

(9)作图程序：如图 6-18 所示。

```
plot(x1.time,x1.signals.values(:,5));hold on;
plot(x2.time,x2.signals.values(:,5));hold on;
plot(x3.time,x3.signals.values(:,5));
```

(10)作图程序：如图 6-19 所示。

```
plot(s1.time,s1.signals.values);hold on;
plot(s2.time,s2.signals.values);hold on;
plot(s3.time,s3.signals.values);
```

再考虑如下 6 阶非线性单输入系统模型：

$$\left.\begin{aligned}
&\dot{x}_{i1}(t)=x_{i2}(t)\\
&\dot{x}_{i2}(t)=x_{i3}(t)\\
&\dot{x}_{i3}(t)=x_{i4}(t)\\
&\dot{x}_{i4}(t)=x_{i5}(t)\\
&\dot{x}_{i5}(t)=x_{i6}(t)\\
&\dot{x}_{i6}(t)=\sin(x_{i1}(t))+2\cos(0.1x_{i2}(t))+u_i(t)
\end{aligned}\right\},\quad i=1,2,3 \tag{6-64}$$

根据式(6-27)可知,式(6-64)中的系统对应的控制器如下:

$$\left.\begin{aligned}u_i(t)=&-(\sin(x_{i1}(t))+2\cos(0.1x_{i2}(t))+k_1x_{i1}(t)+k_2x_{i2}(t)+\\&k_3x_{i3}(t)+k_4x_{i4}(t)+k_5x_{i5}(t)+k_6x_{i6}(t))+\bar{\tau}_i(t)\\\dot{\bar{\tau}}_i(t)=&-k\Big(0.5\sum_{j=1}^{3}a_{ij}(s_i(t)-s_j(t))+0.5\sum_{j=1}^{3}(a_{ij}s_i(t)-a_{ji}s_j(t))\Big)\end{aligned}\right\}\quad(6-65)$$

根据引理6.2可知,控制增益k只需满足$k>0$,则取$k=0.5$。根据定理6.1可知,增益参数k_1,k_2,k_3,k_4,k_5和k_6要保证特征方程式(6-41)的根均具有负实部,因此,可选取特征多项式为$(r+1)^3(r+2)^2(r+3)=r^6+10r^5+40r^4+82r^3+91r^2+52r+12$,因此有$k_1=12,k_2=52,k_3=91,k_4=82,k_5=40,k_6=10$。

选取3个智能体节点的状态初值如下:

$$\boldsymbol{x}_1(0)=[-2\quad -3\quad -4\quad -5\quad -6\quad -7]^{\mathrm{T}}$$
$$\boldsymbol{x}_2(0)=[1\quad 3\quad 5\quad 8\quad 10\quad 12]^{\mathrm{T}}$$
$$\boldsymbol{x}_3(0)=[2\quad 5\quad 7\quad 12\quad 15\quad -10]^{\mathrm{T}}$$

3个智能体节点的各阶状态$x_{i1}(t),x_{i2}(t),x_{i3}(t),x_{i4}(t),x_{i5}(t)$和$x_{i6}(t)$的曲线,以及辅助变量$s_i(t)$的曲线如图6-21~图6-27所示。

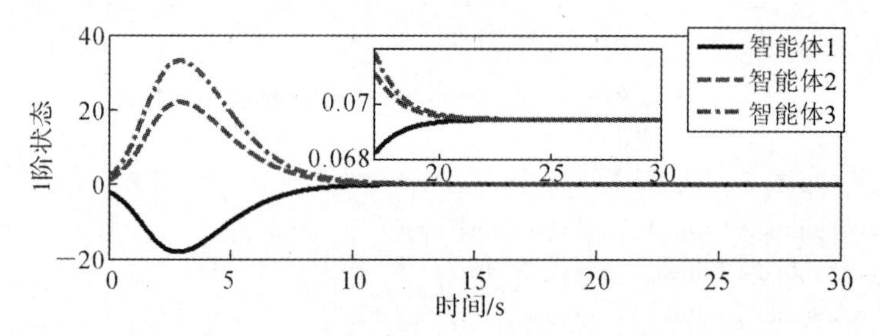

图6-21 智能体的1阶状态$x_{i1}(t)$曲线

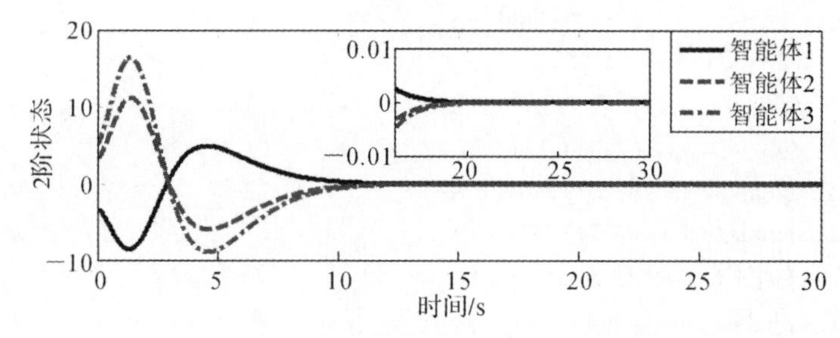

图6-22 智能体的2阶状态$x_{i2}(t)$曲线

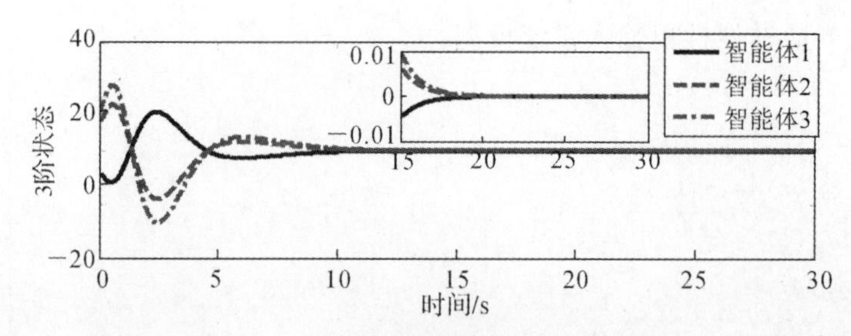

图6-23 智能体的3阶状态$x_{i3}(t)$曲线

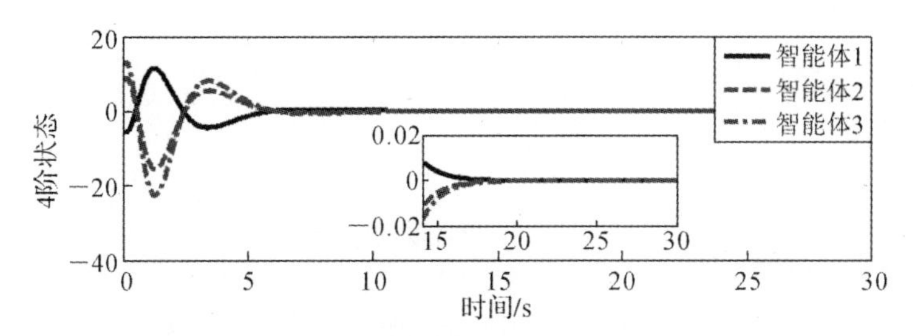

图 6－24　智能体的 4 阶状态 $x_{i4}(t)$ 曲线

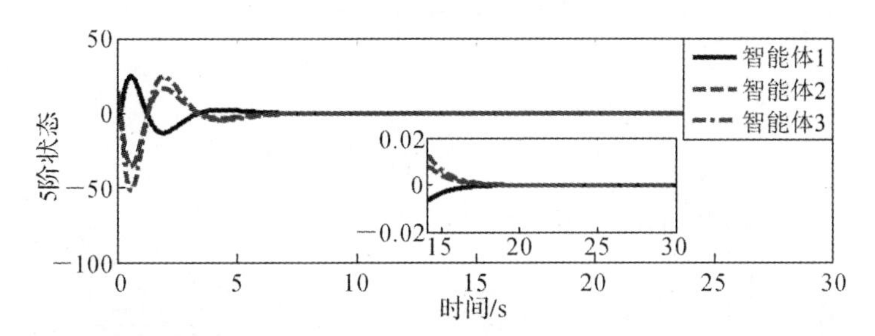

图 6－25　智能体的 5 阶状态 $x_{i5}(t)$ 曲线

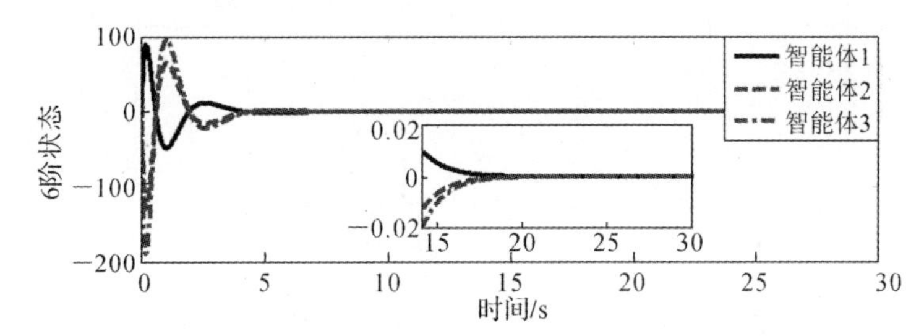

图 6－26　智能体的 6 阶状态 $x_{i6}(t)$ 曲线

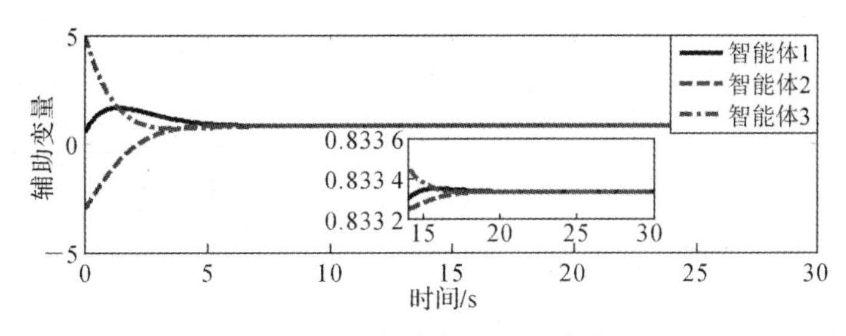

图 6－27　辅助变量 $s_i(t)$ 曲线

从图 6－21 ～ 图 6－27 中可以看出，利用式(6－27) 中设计的控制器，能够保证 3 个智能体的各阶状态达到一致。根据引理 6.2 可知，辅助变量 $s_i(t)$ 最终趋于一个常数 c，从图 6－19 中可以看出，该常数值约为 $c=0.8333$。根据定理 6.1 可知，1 阶状态变量 $x_{i1}(t)$ 最终趋于常数 $c/k_1=0.8333/12=0.0694$，图 6－21 则表明数值仿真结果和理论结论基本符合。

仿真程序：

(1)Simulink 主程序模块图如图 6－28 所示。

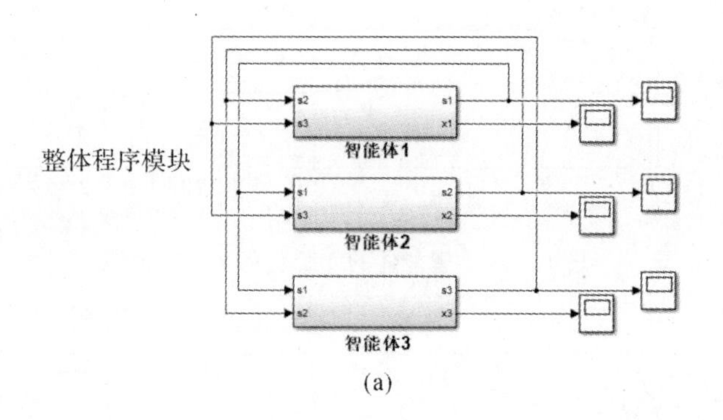

(a)

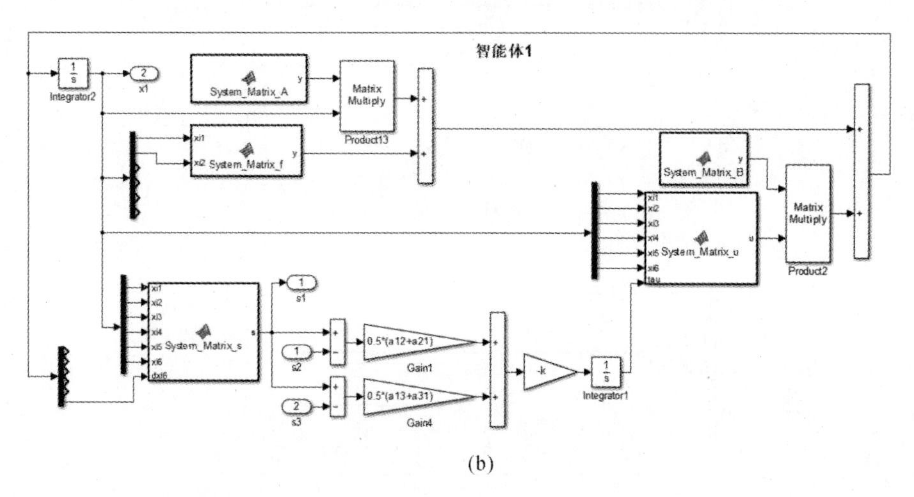

(b)

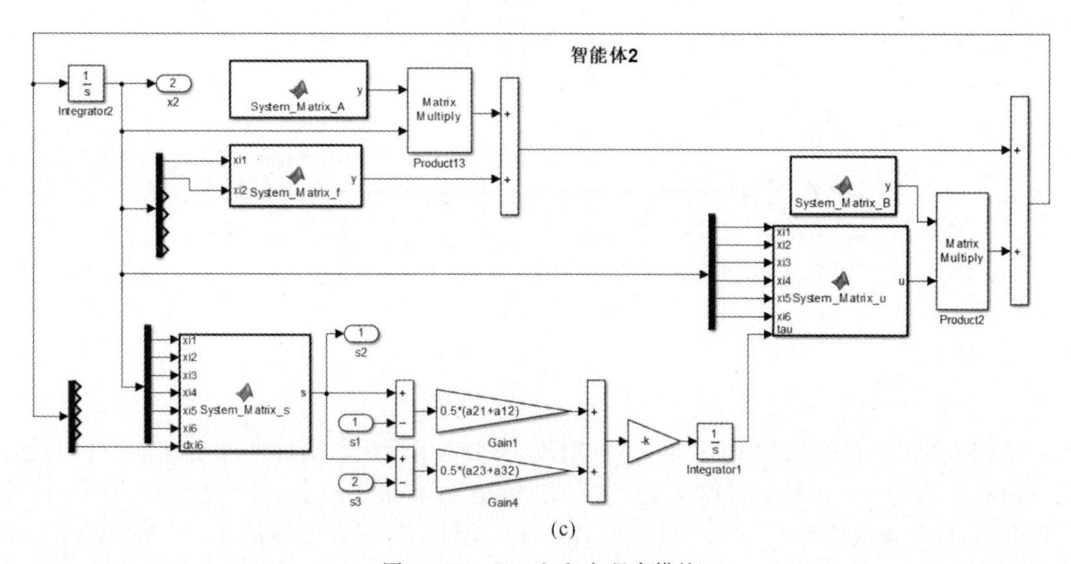

(c)

图 6-28 Simulink 主程序模块

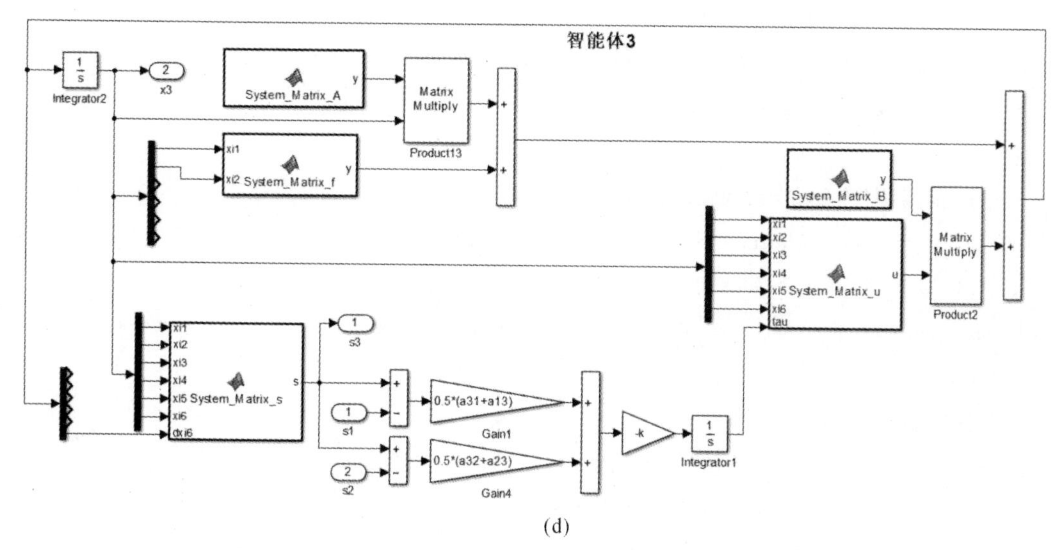

(d)

续图 6-28　Simulink 主程序模块

(2)控制增益参数程序。

```
a11=0; a12=0; a13=1;
a21=1; a22=0; a23=0;
a31=0; a32=1; a33=0;
k=0.5; k1=12; k2=52; k3=91; k4=82; k5=40; k6=10;
```

(3)被控对象程序:System_Matrix_A。

```
function y=System_Matrix_A
A=[0 1 0 0 0 0;
   0 0 1 0 0 0;
   0 0 0 1 0 0;
   0 0 0 0 1 0;
   0 0 0 0 0 1;
   0 0 0 0 0 0];
y=[A];
```

(4)被控对象程序:System_Matrix_f。

```
function y=System_Matrix_f(xi1,xi2)
f=[0;0;0;0;0;sin(xi1)+2 * cos(0.1 * xi2)];
y=[f];
```

(5)被控对象程序:System_Matrix_B。

```
function y=System_Matrix_B
B=[0;0;0;0;0;1];
y=[B];
```

(6)控制器程序:System_Matrix_s。

```
function s=System_Matrix_s(xi1,xi2,xi3,xi4,xi5,xi6,dxi6)
k1=12; k2=52; k3=91; k4=82; k5=40; k6=10;
f=k1 * xi1+k2 * xi2+k3 * xi3+k4 * xi4+k5 * xi5+k6 * xi6+dxi6;
s=[f];
```

(7)控制器程序:System_Matrix_u。

```
function u = System_Matrix_u(xi1,xi2,xi3,xi4,xi5,xi6,tau)
k1=12; k2=52; k3=91; k4=82; k5=40; k6=10;
f=tau-sin(xi1)-2 * cos(0.1 * xi2)-k1 * xi1-k2 * xi2-k3 * xi3 -k4 * xi4-k5 * xi5-k6 * xi6;
u=[f];
```

(8)作图程序:如图 6-21 所示。

```
plot(x1.time,x1.signals.values(:,1));hold on;
plot(x2.time,x2.signals.values(:,1));hold on;
plot(x3.time,x3.signals.values(:,1));
```

(9)作图程序:如图 6-22 所示。

```
plot(x1.time,x1.signals.values(:,2));hold on;
plot(x2.time,x2.signals.values(:,2));hold on;
plot(x3.time,x3.signals.values(:,2));
```

(10)作图程序:如图 6-23 所示。

```
plot(x1.time,x1.signals.values(:,3));hold on;
plot(x2.time,x2.signals.values(:,3));hold on;
plot(x3.time,x3.signals.values(:,3));
```

(11)作图程序:如图 6-24 所示。

```
plot(x1.time,x1.signals.values(:,4));hold on;
plot(x2.time,x2.signals.values(:,4));hold on;
plot(x3.time,x3.signals.values(:,4));
```

(12)作图程序:如图 6-25 所示。

```
plot(x1.time,x1.signals.values(:,5));hold on;
plot(x2.time,x2.signals.values(:,5));hold on;
plot(x3.time,x3.signals.values(:,5));
```

(13)作图程序:如图 6-26 所示。

```
plot(x1.time,x1.signals.values(:,6));hold on;
plot(x2.time,x2.signals.values(:,6));hold on;
plot(x3.time,x3.signals.values(:,6));
```

(14)作图程序:如图 6-27 所示。

```
plot(s1.time,s1.signals.values);hold on;
plot(s2.time,s2.signals.values);hold on;
plot(s3.time,s3.signals.values);
```

6.3　非线性多刚性体姿态系统协同控制

6.3.1　问题构建

考虑智能体模型为刚性体姿态动力学及运动学模型，具体如下：

$$\left.\begin{aligned} &\boldsymbol{J}_i\dot{\boldsymbol{\omega}}_i(t)=-\boldsymbol{\omega}_i^{\times}(t)\boldsymbol{J}_i\boldsymbol{\omega}_i(t)+\boldsymbol{u}_i(t)\\ &\dot{\boldsymbol{q}}_i(t)=0.5(\boldsymbol{q}_i^{\times}(t)+q_{i0}(t)\boldsymbol{I}_3)\boldsymbol{\omega}_i(t),\quad i=1,\cdots,N\\ &\dot{q}_{i0}(t)=-0.5\boldsymbol{q}_i^{\mathrm{T}}(t)\boldsymbol{\omega}_i(t)\end{aligned}\right\}\tag{6-66}$$

式中，下角标 i 表示第 i 个刚性体；$\boldsymbol{J}_i\in\mathbf{R}^{3\times3}$ 表示刚性体的惯性矩阵；$\boldsymbol{\omega}_i(t)\in\mathbf{R}^{3\times1}$ 表示刚性体的本体坐标系与惯性坐标系之间的相对角速度；$[\boldsymbol{q}_i^{\mathrm{T}}(t)\quad q_{i0}(t)]^{\mathrm{T}}\in\mathbf{R}^{4\times1}$ 表示刚性体的姿态四元数，而 $q_{i0}(t)\in\mathbf{R}^{1\times1}$ 和 $\boldsymbol{q}_i(t)\in\mathbf{R}^{3\times1}$ 则分别表示其标量和矢量部分；$\boldsymbol{u}_i(t)\in\mathbf{R}^{3\times1}$ 表示作用于刚性体的控制输入力矩。

本节设计控制器 $\boldsymbol{u}_i(t)$，使得式(6-66)中描述的多刚性体系统实现姿态一致性，即保证如下等式成立：

$$\lim_{t\to\infty}\boldsymbol{q}_1(t)=\lim_{t\to\infty}\boldsymbol{q}_2(t)=\cdots=\lim_{t\to\infty}\boldsymbol{q}_N(t)\tag{6-67}$$

6.3.2　主要结果

设计如下辅助变量 $\boldsymbol{v}_i(t)$：

$$\boldsymbol{v}_i(t)=\dot{\boldsymbol{q}}_i(t)+\gamma\boldsymbol{q}_i(t)\tag{6-68}$$

其中，γ 为待设计的增益参数。根据式(6-66)中的第二项可知，姿态角 $\boldsymbol{q}_i(t)$ 的二阶导数 $\ddot{\boldsymbol{q}}_i(t)$ 为

$$\ddot{\boldsymbol{q}}_i(t)=0.5\dot{\boldsymbol{q}}_i^{\times}(t)\boldsymbol{\omega}_i(t)+0.5\boldsymbol{q}_i^{\times}(t)\dot{\boldsymbol{\omega}}_i(t)+0.5\dot{q}_{i0}(t)\boldsymbol{\omega}_i(t)+0.5q_{i0}(t)\dot{\boldsymbol{\omega}}_i(t)\tag{6-69}$$

根据引理 2.10 有

$$\dot{\boldsymbol{q}}_i^{\times}(t)\boldsymbol{\omega}_i(t)=-\boldsymbol{\omega}_i^{\times}(t)\dot{\boldsymbol{q}}_i(t)$$

则式(6-69)可化为如下形式：

$$\begin{aligned}\ddot{\boldsymbol{q}}_i(t)=&-0.5\boldsymbol{\omega}_i^{\times}(t)\dot{\boldsymbol{q}}_i(t)+0.5\boldsymbol{q}_i^{\times}(t)\dot{\boldsymbol{\omega}}_i(t)+0.5\dot{q}_{i0}(t)\boldsymbol{\omega}_i(t)+0.5q_{i0}(t)\dot{\boldsymbol{\omega}}_i(t)=\\ &-0.5\boldsymbol{\omega}_i^{\times}(t)(0.5\boldsymbol{q}_i^{\times}(t)\boldsymbol{\omega}_i(t)+0.5q_{i0}(t)\boldsymbol{\omega}_i(t))+0.5(\boldsymbol{q}_i^{\times}(t)+q_{i0}(t)\boldsymbol{I}_3)\dot{\boldsymbol{\omega}}_i(t)-\\ &0.5(0.5\boldsymbol{q}_i^{\mathrm{T}}(t)\boldsymbol{\omega}_i(t))\boldsymbol{\omega}_i(t)=\\ &-0.25\boldsymbol{\omega}_i^{\times}(t)\boldsymbol{Q}_i(t)\boldsymbol{\omega}_i(t)-0.25(\boldsymbol{q}_i^{\mathrm{T}}(t)\boldsymbol{\omega}_i(t))\boldsymbol{\omega}_i(t)+0.5\boldsymbol{Q}_i(t)\dot{\boldsymbol{\omega}}_i(t)\end{aligned}\tag{6-70}$$

式中，$\boldsymbol{Q}_i(t)=\boldsymbol{q}_i^{\times}(t)+q_{i0}(t)\boldsymbol{I}_3$。利用式(6-66)中的第一项，有 $\dot{\boldsymbol{\omega}}_i(t)=-\boldsymbol{J}_i^{-1}\boldsymbol{\omega}_i^{\times}(t)\boldsymbol{J}_i\boldsymbol{\omega}_i(t)+\boldsymbol{J}_i^{-1}\boldsymbol{u}_i(t)$，因此式(6-70)可写作如下形式：

$$\begin{aligned}\ddot{\boldsymbol{q}}_i(t)=&-0.25\boldsymbol{\omega}_i^{\times}(t)\boldsymbol{Q}_i(t)\boldsymbol{\omega}_i(t)-0.25(\boldsymbol{q}_i^{\mathrm{T}}(t)\boldsymbol{\omega}_i(t))\boldsymbol{\omega}_i(t)+\\ &0.5\boldsymbol{Q}_i(t)(-\boldsymbol{J}_i^{-1}\boldsymbol{\omega}_i^{\times}(t)\boldsymbol{J}_i\boldsymbol{\omega}_i(t)+\boldsymbol{J}_i^{-1}\boldsymbol{u}_i(t))=\\ &-0.25\boldsymbol{\omega}_i^{\times}(t)\boldsymbol{Q}_i(t)\boldsymbol{\omega}_i(t)-0.25(\boldsymbol{q}_i^{\mathrm{T}}(t)\boldsymbol{\omega}_i(t))\boldsymbol{\omega}_i(t)-\\ &0.5\boldsymbol{Q}_i(t)\boldsymbol{J}_i^{-1}\boldsymbol{\omega}_i^{\times}(t)\boldsymbol{J}_i\boldsymbol{\omega}_i(t)+0.5\boldsymbol{Q}_i(t)\boldsymbol{J}_i^{-1}\boldsymbol{u}_i(t)\end{aligned}\tag{6-71}$$

因此，辅助变量 $\boldsymbol{v}_i(t)$ 的导数为

$$\begin{aligned}\dot{\boldsymbol{v}}_i(t)=&\ddot{\boldsymbol{q}}_i(t)+\gamma\dot{\boldsymbol{q}}_i(t)=\\&-0.25\boldsymbol{\omega}_i^{\times}(t)\boldsymbol{Q}_i(t)\boldsymbol{\omega}_i(t)-0.25(\boldsymbol{q}_i^{\mathrm{T}}(t)\boldsymbol{\omega}_i(t))\boldsymbol{\omega}_i(t)-\\&0.5\boldsymbol{Q}_i(t)\boldsymbol{J}_i^{-1}\boldsymbol{\omega}_i^{\times}(t)\boldsymbol{J}_i\boldsymbol{\omega}_i(t)+0.5\boldsymbol{Q}_i(t)\boldsymbol{J}_i^{-1}\boldsymbol{u}_i(t)+0.5\gamma\boldsymbol{Q}_i(t)\boldsymbol{\omega}_i(t)=\\&\boldsymbol{g}(\boldsymbol{\omega}_i(t),\boldsymbol{Q}_i(t),\boldsymbol{q}_i(t))+0.5\boldsymbol{Q}_i(t)\boldsymbol{J}_i^{-1}\boldsymbol{u}_i(t)\end{aligned}\tag{6-72}$$

式中

$$\begin{aligned}\boldsymbol{g}(\boldsymbol{\omega}_i(t),\boldsymbol{Q}_i(t),\boldsymbol{q}_i(t))=&-0.25\boldsymbol{\omega}_i^{\times}(t)\boldsymbol{Q}_i(t)\boldsymbol{\omega}_i(t)-0.25(\boldsymbol{q}_i^{\mathrm{T}}(t)\boldsymbol{\omega}_i(t))\boldsymbol{\omega}_i(t)-\\&0.5\boldsymbol{Q}_i(t)\boldsymbol{J}_i^{-1}\boldsymbol{\omega}_i^{\times}(t)\boldsymbol{J}_i\boldsymbol{\omega}_i(t)+0.5\gamma\boldsymbol{Q}_i(t)\boldsymbol{\omega}_i(t)\end{aligned}$$

接下来分别讨论智能体之间的网络拓扑图为无向图和有向平衡图时，辅助变量 $\boldsymbol{v}_i(t)$ 的一致性。

当智能体之间的网络拓扑图为无向连通图时，设计如下控制器：

$$\boldsymbol{u}_i(t)=-2\boldsymbol{J}_i\boldsymbol{Q}_i^{-1}(t)\boldsymbol{g}(\boldsymbol{\omega}_i(t),\boldsymbol{Q}_i(t),\boldsymbol{q}_i(t))-2\boldsymbol{J}_i\boldsymbol{Q}_i^{-1}(t)k\sum_{j=1}^{N}a_{ij}(\boldsymbol{v}_i(t)-\boldsymbol{v}_j(t))\tag{6-73}$$

其中，k 为控制增益。

引理 6.3：当智能体之间的网络拓扑图为无向连通图时，若控制增益 $k>0$，则式(6-73)中设计的控制器可保证辅助变量 $\boldsymbol{v}_i(t)$ 的一致性，即 $\lim\limits_{t\to\infty}\boldsymbol{v}_1(t)=\lim\limits_{t\to\infty}\boldsymbol{v}_2(t)=\cdots=\lim\limits_{t\to\infty}\boldsymbol{v}_N(t)$。

证明：令变量 $\boldsymbol{\zeta}_i(t)=\sum\limits_{j=1}^{N}a_{ij}(\boldsymbol{v}_i(t)-\boldsymbol{v}_j(t))$，其对应的增广变量为

$$\boldsymbol{\zeta}(t)=(\boldsymbol{L}\otimes\boldsymbol{I}_3)\boldsymbol{v}(t)\tag{6-74}$$

其中，$\boldsymbol{\zeta}(t)=[\boldsymbol{\zeta}_1^{\mathrm{T}}(t)\quad\boldsymbol{\zeta}_2^{\mathrm{T}}(t)\quad\cdots\quad\boldsymbol{\zeta}_N^{\mathrm{T}}(t)]^{\mathrm{T}}$，$\boldsymbol{v}(t)=[\boldsymbol{v}_1^{\mathrm{T}}(t)\quad\boldsymbol{v}_2^{\mathrm{T}}(t)\quad\cdots\quad\boldsymbol{v}_N^{\mathrm{T}}(t)]^{\mathrm{T}}$。将式(6-73)中设计控制器代入式(6-72)中可得

$$\dot{\boldsymbol{v}}_i(t)=-k\sum_{j=1}^{N}a_{ij}(\boldsymbol{v}_i(t)-\boldsymbol{v}_j(t))\tag{6-75}$$

进而有

$$\dot{\boldsymbol{v}}(t)=-k(\boldsymbol{L}\otimes\boldsymbol{I}_3)\boldsymbol{v}(t)\tag{6-76}$$

根据式(6-76)，对式(6-74)求导有

$$\dot{\boldsymbol{\zeta}}(t)=(\boldsymbol{L}\otimes\boldsymbol{I}_3)\dot{\boldsymbol{v}}(t)=-k(\boldsymbol{L}\otimes\boldsymbol{I}_3)(\boldsymbol{L}\otimes\boldsymbol{I}_3)\boldsymbol{v}(t)=-k(\boldsymbol{L}\otimes\boldsymbol{I}_3)\boldsymbol{\zeta}(t)\tag{6-77}$$

根据引理 2.7 可知：当拓扑图为无向连通图时，存在一个酉矩阵 $\boldsymbol{Y}$，使得 $\boldsymbol{Y}^{\mathrm{T}}\boldsymbol{L}\boldsymbol{Y}=\mathrm{diag}\{\lambda_1,\lambda_2,\cdots,\lambda_N\}$，其中，$\lambda_1=0$，$\lambda_i>0$，$i\in\{2,3,\cdots,N\}$。选取酉矩阵 $\boldsymbol{Y}$ 和 $\boldsymbol{Y}^{\mathrm{T}}$ 与 6.2.2 节中相同，具体如下：

$$\boldsymbol{Y}=\begin{bmatrix}\dfrac{\boldsymbol{1}_N}{\sqrt{N}} & \boldsymbol{M}_1\end{bmatrix},\quad \boldsymbol{Y}^{\mathrm{T}}=\begin{bmatrix}\dfrac{\boldsymbol{1}_N^{\mathrm{T}}}{\sqrt{N}}\\ \boldsymbol{M}_2\end{bmatrix}\tag{6-78}$$

其中，$\boldsymbol{M}_1\in\mathbf{R}^{N\times(N-1)}$ 和 $\boldsymbol{M}_2\in\mathbf{R}^{(N-1)\times N}$ 为实矩阵。令 $\boldsymbol{\eta}(t)=(\boldsymbol{Y}^{\mathrm{T}}\otimes\boldsymbol{I}_3)\boldsymbol{\zeta}(t)$，则对 $\boldsymbol{\eta}(t)$ 进行求导，并利用式(6-77)，可得到如下方程：

$$\begin{aligned}\dot{\boldsymbol{\eta}}(t)=&(\boldsymbol{Y}^{\mathrm{T}}\otimes\boldsymbol{I}_3)\dot{\boldsymbol{\zeta}}(t)=-k(\boldsymbol{Y}^{\mathrm{T}}\otimes\boldsymbol{I}_3)(\boldsymbol{L}\otimes\boldsymbol{I}_3)\boldsymbol{\zeta}(t)=\\&-k(\boldsymbol{Y}^{\mathrm{T}}\otimes\boldsymbol{I}_3)(\boldsymbol{L}\otimes\boldsymbol{I}_3)(\boldsymbol{Y}\otimes\boldsymbol{I}_3)\boldsymbol{\eta}(t)=-k(\boldsymbol{\Lambda}_N\otimes\boldsymbol{I}_3)\boldsymbol{\eta}(t)\end{aligned}\tag{6-79}$$

式中，$\boldsymbol{\Lambda}_N=\mathrm{diag}\{\lambda_1,\lambda_2,\cdots,\lambda_N\}$。

令 $\boldsymbol{\eta}(t)=[\boldsymbol{\eta}_1^{\mathrm{T}}(t)\quad\boldsymbol{\eta}_2^{\mathrm{T}}(t)\quad\cdots\quad\boldsymbol{\eta}_N^{\mathrm{T}}(t)]^{\mathrm{T}}$，则可将 $\boldsymbol{\eta}_1(t)$ 化作如下形式：

$$\boldsymbol{\eta}_1(t)=\left(\frac{\mathbf{1}_N^{\mathrm{T}}}{\sqrt{N}}\otimes\boldsymbol{I}_3\right)\boldsymbol{\zeta}(t)=\left(\frac{\mathbf{1}_N^{\mathrm{T}}}{\sqrt{N}}\otimes\boldsymbol{I}_3\right)(\boldsymbol{L}\otimes\boldsymbol{I}_3)\boldsymbol{v}(t)=\left(\frac{1}{\sqrt{N}}\mathbf{1}_N^{\mathrm{T}}\boldsymbol{L}\otimes\boldsymbol{I}_3\right)\boldsymbol{v}(t) \tag{6-80}$$

根据引理 2.8，当拓扑图为无向图时，$\mathbf{1}_N^{\mathrm{T}}\boldsymbol{L}=0$，则有

$$\boldsymbol{\eta}_1(t)=0 \tag{6-81}$$

因而有$\lim\limits_{t\to\infty}\boldsymbol{\eta}(t)=0\Leftrightarrow\lim\limits_{t\to\infty}\widetilde{\boldsymbol{\eta}}(t)=0$，其中，$\widetilde{\boldsymbol{\eta}}(t)=[\boldsymbol{\eta}_2^{\mathrm{T}}(t)\quad\boldsymbol{\eta}_3^{\mathrm{T}}(t)\quad\cdots\quad\boldsymbol{\eta}_N^{\mathrm{T}}(t)]^{\mathrm{T}}$。由于矩阵 $\boldsymbol{Y}$ 可逆，进而有$\lim\limits_{t\to\infty}\boldsymbol{\zeta}(t)=0\Leftrightarrow\lim\limits_{t\to\infty}\boldsymbol{\eta}(t)=0$。因此，$\lim\limits_{t\to\infty}\boldsymbol{\zeta}(t)=0$ 等价于$\lim\limits_{t\to\infty}\widetilde{\boldsymbol{\eta}}(t)=0$，即$\lim\limits_{t\to\infty}\boldsymbol{\zeta}(t)=0$ 等价于如下系统的渐进稳定性：

$$\dot{\widetilde{\boldsymbol{\eta}}}(t)=-k(\boldsymbol{\Lambda}_{N-1}\otimes\boldsymbol{I}_3)\widetilde{\boldsymbol{\eta}}(t) \tag{6-82}$$

其中，$\boldsymbol{\Lambda}_{N-1}=\mathrm{diag}\{\lambda_2,\lambda_3,\cdots,\lambda_N\}$。由于 $k>0$，$\boldsymbol{\Lambda}_{N-1}>0$，则根据引理 2.9，对于任意正定矩阵 $\boldsymbol{Q}_2>0$，如下 Lyapunov 方程均有正定解 $\boldsymbol{P}_2$：

$$\boldsymbol{P}_2(-k\boldsymbol{\Lambda}_{N-1})+(-k\boldsymbol{\Lambda}_{N-1})\boldsymbol{P}_2=-\boldsymbol{Q}_2 \tag{6-83}$$

进而可证明：$\lim\limits_{t\to\infty}\boldsymbol{\zeta}(t)=0$。具体步骤与式(6-17) ~ 式(6-22) 的步骤类似，此处不再赘述。

接下来证明$\lim\limits_{t\to\infty}\boldsymbol{v}_1(t)=\lim\limits_{t\to\infty}\boldsymbol{v}_2(t)=\cdots=\lim\limits_{t\to\infty}\boldsymbol{v}_N(t)$ 成立的充分必要条件是$\lim\limits_{t\to\infty}\boldsymbol{\zeta}(t)=0$。

(1) 必要性证明。当$\lim\limits_{t\to\infty}\boldsymbol{v}_1(t)=\lim\limits_{t\to\infty}\boldsymbol{v}_2(t)=\cdots=\lim\limits_{t\to\infty}\boldsymbol{v}_N(t)$时，根据式(6-74)易知：$\lim\limits_{t\to\infty}\boldsymbol{\zeta}(t)=0$。必要性得证。

(2) 充分性证明。当$\lim\limits_{t\to\infty}\boldsymbol{\zeta}(t)=0$ 时，根据式(6-74)有

$$(\boldsymbol{L}\otimes\boldsymbol{I}_3)\lim_{t\to\infty}\boldsymbol{v}(t)=0 \tag{6-84}$$

由于 $\lambda_1=0$，因此有

$$((\boldsymbol{L}-\lambda_1\boldsymbol{I}_N)\otimes\boldsymbol{I}_3)\lim_{t\to\infty}\boldsymbol{v}(t)=0 \tag{6-85}$$

根据引理2.7可知，当拓扑图为无向连通图时，Laplacian矩阵$\boldsymbol{L}$的零特征值λ_1对应的右特征向量为 $c\mathbf{1}_N$。因此，根据式(6-85)有

$$\lim_{t\to\infty}\boldsymbol{v}(t)=\mathbf{1}_N\otimes\boldsymbol{c} \tag{6-86}$$

式中，$\boldsymbol{c}=[c_1\quad c_2\quad c_3]^{\mathrm{T}}$，$c_1,c_2,c_3$ 为任意非零常数。进而有

$$\lim_{t\to\infty}\boldsymbol{v}_1(t)=\lim_{t\to\infty}\boldsymbol{v}_2(t)=\cdots=\lim_{t\to\infty}\boldsymbol{v}_N(t)=\boldsymbol{c} \tag{6-87}$$

充分性得证。

综上所述可知，当 $k>0$ 且拓扑图为无向连通图时，式(6-73)所设计的控制器可保证辅助变量 $\boldsymbol{v}_i(t)$ 的一致性。

证毕。

当智能体之间的网络拓扑图为有向平衡图时，设计如下控制器：

$$\begin{aligned}\boldsymbol{u}_i(t)=&-2\boldsymbol{J}_i\boldsymbol{Q}_i^{-1}(t)\boldsymbol{g}(\boldsymbol{\omega}_i(t),\boldsymbol{Q}_i(t),\boldsymbol{q}_i(t))-\\&\boldsymbol{J}_i\boldsymbol{Q}_i^{-1}(t)k\left(\sum_{j=1}^{N}a_{ij}(\boldsymbol{v}_i(t)-\boldsymbol{v}_j(t))+\sum_{j=1}^{N}(a_{ij}\boldsymbol{v}_i(t)-a_{ji}\boldsymbol{v}_j(t))\right)\end{aligned} \tag{6-88}$$

其中，k 为控制增益。

引理 6.4：当智能体之间的网络拓扑图为有向平衡图，且图中包含一个有向生成树时，若控制增益 $k>0$，则式(6-88) 中设计的控制器可保证辅助变量 $\boldsymbol{v}_i(t)$ 的一致性，即$\lim\limits_{t\to\infty}\boldsymbol{v}_1(t)=\lim\limits_{t\to\infty}\boldsymbol{v}_2(t)=\cdots=\lim\limits_{t\to\infty}\boldsymbol{v}_N(t)$。

证明：令变量$\bar{\boldsymbol{\zeta}}_i(t)=0.5\sum_{j=1}^{N}a_{ij}(\boldsymbol{v}_i(t)-\boldsymbol{v}_j(t))+0.5\sum_{j=1}^{N}(a_{ij}\boldsymbol{v}_i(t)-a_{ji}\boldsymbol{v}_j(t))$，其对应的增广变量为

$$\bar{\boldsymbol{\zeta}}(t)=(\boldsymbol{L}_M\otimes\boldsymbol{I}_3)\boldsymbol{v}(t) \tag{6-89}$$

其中，$\bar{\boldsymbol{\zeta}}(t)=[\bar{\boldsymbol{\zeta}}_1^{\mathrm{T}}(t)\quad\bar{\boldsymbol{\zeta}}_2^{\mathrm{T}}(t)\quad\cdots\quad\bar{\boldsymbol{\zeta}}_N^{\mathrm{T}}(t)]^{\mathrm{T}}$，$\boldsymbol{v}(t)=[\boldsymbol{v}_1^{\mathrm{T}}(t)\quad\boldsymbol{v}_2^{\mathrm{T}}(t)\quad\cdots\quad\boldsymbol{v}_N^{\mathrm{T}}(t)]^{\mathrm{T}}$，$\boldsymbol{L}_M=0.5(\boldsymbol{L}+\boldsymbol{L}^{\mathrm{T}})$。将式(6-88)中设计控制器代入式(6-72)中可得

$$\dot{\boldsymbol{v}}_i(t)=-k\bar{\boldsymbol{\zeta}}_i(t) \tag{6-90}$$

进而有

$$\dot{\boldsymbol{v}}(t)=-k\bar{\boldsymbol{\zeta}}(t)=-k(\boldsymbol{L}_M\otimes\boldsymbol{I}_3)\boldsymbol{v}(t) \tag{6-91}$$

因此，对式(6-89)求导有

$$\dot{\bar{\boldsymbol{\zeta}}}(t)=(\boldsymbol{L}_M\otimes\boldsymbol{I}_3)\dot{\boldsymbol{v}}(t)=-k(\boldsymbol{L}_M\otimes\boldsymbol{I}_3)\bar{\boldsymbol{\zeta}}(t) \tag{6-92}$$

根据引理2.4可知：当拓扑图为有向平衡图时，存在一个酉矩阵$\bar{\boldsymbol{Y}}$，使得$\bar{\boldsymbol{Y}}^{\mathrm{T}}\boldsymbol{L}_M\bar{\boldsymbol{Y}}=\mathrm{diag}\{\bar{\lambda}_1,\bar{\lambda}_2,\cdots,\bar{\lambda}_N\}$，其中，$\bar{\lambda}_1=0$，$\bar{\lambda}_i>0$，$i\in\{2,3,\cdots,N\}$。选取酉矩阵$\bar{\boldsymbol{Y}}$和$\bar{\boldsymbol{Y}}^{\mathrm{T}}$与6.2.2节中相同，具体如下：

$$\bar{\boldsymbol{Y}}=\begin{bmatrix}\dfrac{\boldsymbol{1}_N}{\sqrt{N}} & \bar{\boldsymbol{M}}_1\end{bmatrix},\quad \bar{\boldsymbol{Y}}^{\mathrm{T}}=\begin{bmatrix}\dfrac{\boldsymbol{1}_N^{\mathrm{T}}}{\sqrt{N}}\\ \bar{\boldsymbol{M}}_2\end{bmatrix} \tag{6-93}$$

其中，$\bar{\boldsymbol{M}}_1\in\mathbf{R}^{N\times(N-1)}$和$\bar{\boldsymbol{M}}_2\in\mathbf{R}^{(N-1)\times N}$为实矩阵。令$\bar{\boldsymbol{\eta}}(t)=(\boldsymbol{Y}^{\mathrm{T}}\otimes\boldsymbol{I}_3)\bar{\boldsymbol{\zeta}}(t)$，则对$\bar{\boldsymbol{\eta}}(t)$进行求导，并利用式(6-92)，可得到如下方程：

$$\begin{aligned}\dot{\bar{\boldsymbol{\eta}}}(t)=(\bar{\boldsymbol{Y}}^{\mathrm{T}}\otimes\boldsymbol{I}_3)\dot{\bar{\boldsymbol{\zeta}}}(t)=-k(\bar{\boldsymbol{Y}}^{\mathrm{T}}\otimes\boldsymbol{I}_3)(\boldsymbol{L}_M\otimes\boldsymbol{I}_3)\bar{\boldsymbol{\zeta}}(t)=\\ -k(\bar{\boldsymbol{Y}}^{\mathrm{T}}\otimes\boldsymbol{I}_3)(\boldsymbol{L}_M\otimes\boldsymbol{I}_3)(\bar{\boldsymbol{Y}}\otimes\boldsymbol{I}_3)\bar{\boldsymbol{\eta}}(t)=-k(\bar{\boldsymbol{\Lambda}}_N\otimes\boldsymbol{I}_3)\bar{\boldsymbol{\eta}}(t)\end{aligned} \tag{6-94}$$

式中，$\bar{\boldsymbol{\Lambda}}_N=\mathrm{diag}\{\bar{\lambda}_1,\bar{\lambda}_2,\cdots,\bar{\lambda}_N\}$。

令$\bar{\boldsymbol{\eta}}(t)=[\bar{\boldsymbol{\eta}}_1^{\mathrm{T}}(t)\quad\bar{\boldsymbol{\eta}}_2^{\mathrm{T}}(t)\quad\cdots\quad\bar{\boldsymbol{\eta}}_N^{\mathrm{T}}(t)]^{\mathrm{T}}$，则可将$\bar{\boldsymbol{\eta}}_1(t)$化作如下形式：

$$\bar{\boldsymbol{\eta}}_1(t)=\left(\frac{\boldsymbol{1}_N^{\mathrm{T}}}{\sqrt{N}}\otimes\boldsymbol{I}_3\right)\bar{\boldsymbol{\zeta}}(t)=\left(\frac{\boldsymbol{1}_N^{\mathrm{T}}}{\sqrt{N}}\otimes\boldsymbol{I}_3\right)(\boldsymbol{L}_M\otimes\boldsymbol{I}_3)\boldsymbol{v}(t)=\left(\frac{1}{2\sqrt{N}}\boldsymbol{1}_N^{\mathrm{T}}(\boldsymbol{L}+\boldsymbol{L}^{\mathrm{T}})\otimes\boldsymbol{I}_3\right)\boldsymbol{v}(t) \tag{6-95}$$

根据引理2.8可知：对于有向平衡图，有$\boldsymbol{1}_N^{\mathrm{T}}\boldsymbol{L}^{\mathrm{T}}=0$和$\boldsymbol{1}_N^{\mathrm{T}}\boldsymbol{L}=0$。因此有$\bar{\boldsymbol{\eta}}_1(t)=0$，进而有$\lim\limits_{t\to\infty}\bar{\boldsymbol{\eta}}(t)=0\Leftrightarrow\lim\limits_{t\to\infty}\hat{\boldsymbol{\eta}}(t)=0$，其中，$\hat{\boldsymbol{\eta}}(t)=[\bar{\boldsymbol{\eta}}_2^{\mathrm{T}}(t)\quad\bar{\boldsymbol{\eta}}_3^{\mathrm{T}}(t)\quad\cdots\quad\bar{\boldsymbol{\eta}}_N^{\mathrm{T}}(t)]^{\mathrm{T}}$。由于矩阵$\bar{\boldsymbol{Y}}$可逆，则$\lim\limits_{t\to\infty}\bar{\boldsymbol{\zeta}}(t)=0\Leftrightarrow\lim\limits_{t\to\infty}\bar{\boldsymbol{\eta}}(t)=0$。因此$\lim\limits_{t\to\infty}\bar{\boldsymbol{\zeta}}(t)=0$等价于$\lim\limits_{t\to\infty}\hat{\boldsymbol{\eta}}(t)=0$，即$\lim\limits_{t\to\infty}\bar{\boldsymbol{\zeta}}(t)=0$等价于如下系统的渐进稳定性：

$$\dot{\hat{\boldsymbol{\eta}}}(t)=-k(\bar{\boldsymbol{\Lambda}}_{N-1}\otimes\boldsymbol{I}_3)\hat{\boldsymbol{\eta}}(t) \tag{6-96}$$

其中，$\bar{\boldsymbol{\Lambda}}_{N-1}=\mathrm{diag}\{\bar{\lambda}_2,\bar{\lambda}_3,\cdots,\bar{\lambda}_N\}$。由于$k>0$，$\bar{\boldsymbol{\Lambda}}_{N-1}>0$，则根据引理2.9，对于任意正定矩阵$\bar{\boldsymbol{Q}}_2>0$，如下Lyapunov方程均有正定解$\bar{\boldsymbol{P}}_2$：

$$\bar{\boldsymbol{P}}_2(-k\bar{\boldsymbol{\Lambda}}_{N-1})+(-k\bar{\boldsymbol{\Lambda}}_{N-1})\bar{\boldsymbol{P}}_2=-\bar{\boldsymbol{Q}}_2 \tag{6-97}$$

进而可证明$\lim\limits_{t\to\infty}\bar{\boldsymbol{\zeta}}(t)=0$。具体步骤与式(6-17)～式(6-22)的步骤类似，此处不再赘述。

接下来证明$\lim\limits_{t\to\infty}\boldsymbol{v}_1(t)=\lim\limits_{t\to\infty}\boldsymbol{v}_2(t)=\cdots=\lim\limits_{t\to\infty}\boldsymbol{v}_N(t)$成立的充分必要条件是$\lim\limits_{t\to\infty}\bar{\boldsymbol{\zeta}}(t)=0$。

(1) 必要性证明。当$\lim\limits_{t\to\infty}\boldsymbol{v}_1(t)=\lim\limits_{t\to\infty}\boldsymbol{v}_2(t)=\cdots=\lim\limits_{t\to\infty}\boldsymbol{v}_N(t)$时，根据式(6-89)易知：$\lim\limits_{t\to\infty}\bar{\boldsymbol{\zeta}}(t)$

$=0$。必要性得证。

(2) 充分性证明。当$\lim\limits_{t\to\infty}\bar{\boldsymbol{\zeta}}(t)=0$ 时,根据式(6 - 89) 有

$$(\boldsymbol{L}_M \otimes \boldsymbol{I}_3)\lim_{t\to\infty}\boldsymbol{v}(t)=0 \tag{6-98}$$

由于 $\lambda_1=0$,因此有

$$((\boldsymbol{L}_M-\lambda_1\boldsymbol{I}_N)\otimes \boldsymbol{I}_3)\lim_{t\to\infty}\boldsymbol{v}(t)=0 \tag{6-99}$$

根据引理2.8可知,对于任意拓扑图均有 $\boldsymbol{L}\boldsymbol{1}_N=0$,而对于有向平衡图另有 $\boldsymbol{1}_N^{\mathrm{T}}\boldsymbol{L}=\boldsymbol{L}^{\mathrm{T}}\boldsymbol{1}_N=0$,因此有 $\boldsymbol{L}_M\boldsymbol{1}_N=0.5(\boldsymbol{L}+\boldsymbol{L}^{\mathrm{T}})\boldsymbol{1}_N=0$,进而可得到如下等式:

$$((\boldsymbol{L}_M-\lambda_1\boldsymbol{I}_N)\otimes \boldsymbol{I}_3)(\boldsymbol{1}_N\otimes \boldsymbol{c})=0 \tag{6-100}$$

其中,$\boldsymbol{c}=[c_1\quad c_2\quad c_3]^{\mathrm{T}}$ 为任意非零常数向量。因此,根据式(6 - 99) 和式(6 - 100) 可知 $\lim\limits_{t\to\infty}\boldsymbol{v}(t)=\boldsymbol{1}_N\otimes c$,即$\lim\limits_{t\to\infty}\boldsymbol{v}_1(t)=\lim\limits_{t\to\infty}\boldsymbol{v}_2(t)=\cdots=\lim\limits_{t\to\infty}\boldsymbol{v}_N(t)=c$。充分性得证。

综上所述可知,当 $k>0$,且拓扑图为包含一个有向生成树的平衡图时,式(6 - 88) 设计的控制器可保证 $\boldsymbol{v}_i(t)$ 的一致性。

证毕。

接下来讨论当辅助变量 $\boldsymbol{v}_i(t)$ 一致,即 $\boldsymbol{v}_1(t)=\boldsymbol{v}_2(t)=\cdots=\boldsymbol{v}_N(t)=c$ 时,式(6 - 66) 中所描述系统的姿态一致性。

定理 6.2:当 $\boldsymbol{v}_1(t)=\boldsymbol{v}_2(t)=\cdots=\boldsymbol{v}_N(t)=\boldsymbol{c}$ 时,若增益参数 $\gamma>0$,则式(6 - 66) 所描述的多刚性体系统可实现姿态一致性,即等式(6 - 67) 成立。

证明:若 $\boldsymbol{v}_i(t)=c,i=1,2,\cdots,N$,则根据式(6 - 68) 有

$$\dot{\boldsymbol{q}}_i(t)+\gamma\boldsymbol{q}_i(t)=\boldsymbol{c} \tag{6-101}$$

令 $\boldsymbol{q}_i(t)=[q_{i1}(t)\quad q_{i2}(t)\quad q_{i3}(t)]^{\mathrm{T}}$,则有

$$q_{i1}(t)+\gamma q_{i1}(t)=c_1 \tag{6-102}$$

$$q_{i2}(t)+\gamma q_{i2}(t)=c_2 \tag{6-103}$$

$$q_{i3}(t)+\gamma q_{i3}(t)=c_3 \tag{6-104}$$

式(6 - 102)、式(6 - 103) 和式(6 - 104) 均为一阶非齐次线性微分方程。下面将主要对式(6 - 102) 进行分析,而式(6 - 103) 和式(6 - 104) 的分析步骤则与之类似。微分方程式(6 - 102) 的通解为

$$q_{i1}(t)=D\mathrm{e}^{-\gamma t}+\mathrm{e}^{-\gamma t}\int c_1\mathrm{e}^{\gamma t}\,\mathrm{d}t=D\mathrm{e}^{-\gamma t}+c_1\mathrm{e}^{-\gamma t}(\mathrm{e}^{\gamma t}/\gamma)=D\mathrm{e}^{-\gamma t}+c_1/\gamma \tag{6-105}$$

由于增益参数 $\gamma>0$,易知

$$\lim_{t\to\infty}\mathrm{e}^{-\gamma t}=0 \tag{6-106}$$

因此根据式(6 - 105),有如下等式:

$$\lim_{t\to\infty}q_{i1}(t)=D\lim_{t\to\infty}\mathrm{e}^{-\gamma t}+c_1/\gamma=c_1/\gamma \tag{6-107}$$

同理有

$$\lim_{t\to\infty}q_{i2}(t)=c_2/\gamma \tag{6-108}$$

$$\lim_{t\to\infty}q_{i3}(t)=c_3/\gamma \tag{6-109}$$

根据式(6 - 107)、式(6 - 108) 和式(6 - 109),有如下等式:

$$\lim_{t\to\infty}\boldsymbol{q}_i(t)=\begin{bmatrix}\lim\limits_{t\to\infty}q_{i1}(t)\\ \lim\limits_{t\to\infty}q_{i2}(t)\\ \lim\limits_{t\to\infty}q_{i3}(t)\end{bmatrix}=\begin{bmatrix}c_1/\gamma\\ c_2/\gamma\\ c_3/\gamma\end{bmatrix}\tag{6-110}$$

即

$$\lim_{t\to\infty}\boldsymbol{q}_1(t)=\lim_{t\to\infty}\boldsymbol{q}_2(t)=\cdots=\lim_{t\to\infty}\boldsymbol{q}_N(t)=\boldsymbol{c}/\gamma\tag{6-111}$$

因此,式(6-66)所描述的多刚性体系统可实现姿态一致性。

证毕。

综上所述可知,当智能体之间的网络拓扑图为无向连通图时,若控制增益 $k>0$,参数 $\gamma>0$,则式(6-73)中设计的控制器可保证式(6-66)所描述的多刚性体系统实现姿态一致性;当智能体之间的网络拓扑图为有向平衡图,且图中包含一个有向生成树时,若控制增益 $k>0$,参数 $\gamma>0$,则式(6-88)中设计的控制器可保证式(6-66)所描述的多刚性体系统实现姿态一致性。

注 6.2:在控制器式(6-73)和式(6-88)中,k 是控制增益参数;γ 是辅助变量参数。k 和 γ 只需满足 $k>0$ 和 $\gamma>0$ 即可,因此参数 k 和 γ 的设计均与多智能体系统的全局拓扑结构(或 Laplacian 矩阵)无关,即意味着控制器式(6-73)和式(6-88)是全分布式的。

6.3.3 仿真算例

本节通过几组仿真算例来验证 6.3.2 节中设计的两种控制器式(6-73)和式(6-88)的有效性。

首先考虑智能体之间的网络拓扑图为无向连通图的情况。假设网络中有 3 个智能体节点,节点之间的拓扑结构如图 6-29 所示。

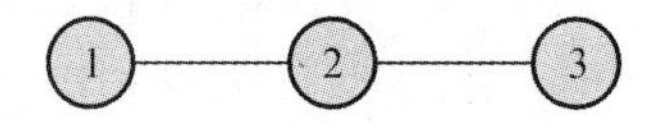

图 6-29 多智能体网络拓扑结构图

取刚性体的惯性矩阵分别为

$$\boldsymbol{J}_1=\begin{bmatrix}20&0&0\\0&20&0\\0&0&20\end{bmatrix},\quad \boldsymbol{J}_2=\begin{bmatrix}20&2&3\\2&25&1\\3&1&30\end{bmatrix},\quad \boldsymbol{J}_3=\begin{bmatrix}25&5&1\\5&30&0\\1&0&20\end{bmatrix}$$

根据引理 6.3 和定理 6.2 可知,控制增益 k 和参数 γ 只需满足 $k>0$ 和 $\gamma>0$ 即可,因此选取 $k=1$ 和 $\gamma=0.1$。

此外,选取 3 个刚性体的姿态角初值和姿态角速度初值分别如下:

$$\boldsymbol{q}_1(0)=\begin{bmatrix}0.1\\0.2\\0.3\end{bmatrix},\quad \boldsymbol{q}_2(0)=\begin{bmatrix}-0.2\\-0.3\\-0.4\end{bmatrix},\quad \boldsymbol{q}_3(0)=\begin{bmatrix}0.5\\0.4\\0.2\end{bmatrix}$$

$$\boldsymbol{\omega}_1(0)=\begin{bmatrix}0.01\\0.02\\0.03\end{bmatrix},\quad \boldsymbol{\omega}_2(0)=\begin{bmatrix}-0.02\\-0.03\\-0.04\end{bmatrix},\quad \boldsymbol{\omega}_3(0)=\begin{bmatrix}0.05\\0.04\\0.02\end{bmatrix}$$

3 个刚性体的三轴姿态角 $q_{i1}(t)$,$q_{i2}(t)$ 和 $q_{i3}(t)$ 的曲线,以及辅助变量的三轴分量 $\boldsymbol{v}_{i1}(t)$,$\boldsymbol{v}_{i2}(t)$ 和 $\boldsymbol{v}_{i3}(t)$ 的曲线分别如图 6-30 和图 6-31 所示。

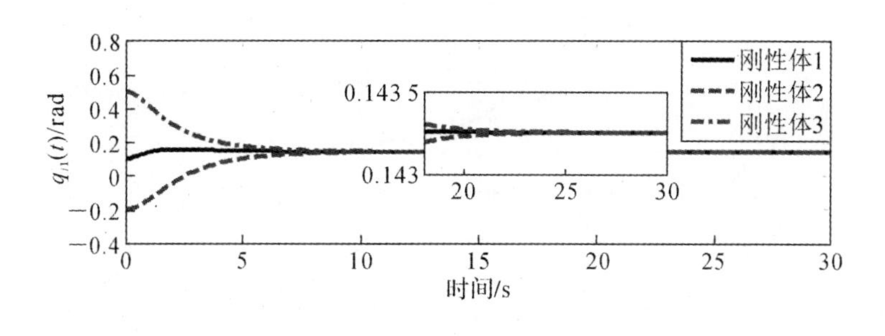

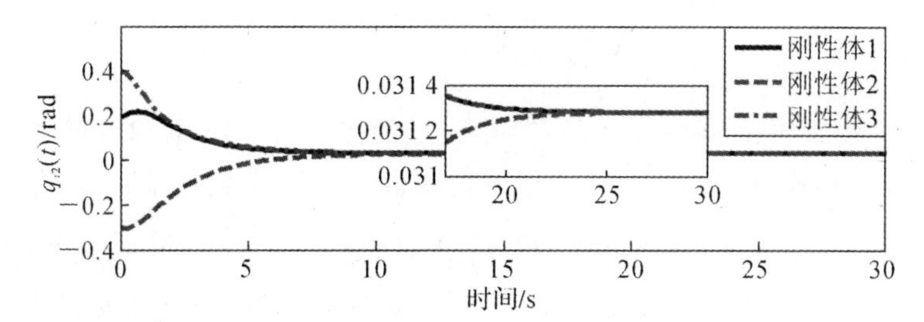

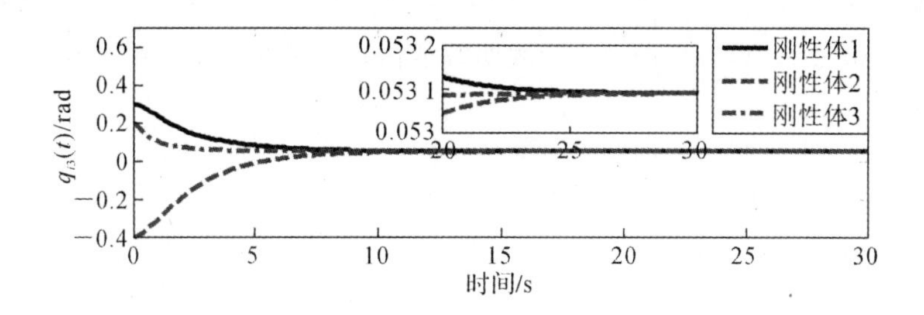

图 6-30　刚性体三轴姿态角曲线

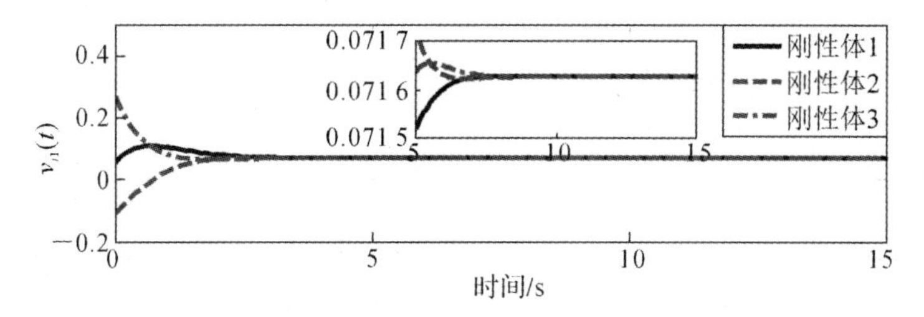

图 6-31　辅助变量三轴分量曲线

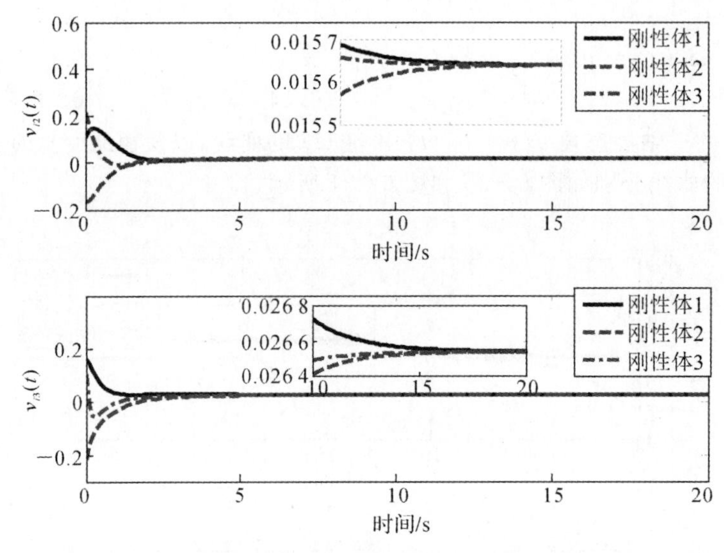

续图 6-31　辅助变量三轴分量曲线

从图 6-30 中可以看出，利用式(6-73)中设计的控制器，能够保证 3 个刚性体的姿态达到一致，即$\lim\limits_{t\to\infty}\boldsymbol{q}_1(t)=\lim\limits_{t\to\infty}\boldsymbol{q}_2(t)=\lim\limits_{t\to\infty}\boldsymbol{q}_3(t)$。根据引理 6.3 可知，辅助变量 $\boldsymbol{v}_i(t)$ 均趋于一个常数向量 $\boldsymbol{c}=[c_1\quad c_2\quad c_3]^{\mathrm{T}}$，即$\lim\limits_{t\to\infty}\boldsymbol{v}_1(t)=\lim\limits_{t\to\infty}\boldsymbol{v}_2(t)=\lim\limits_{t\to\infty}\boldsymbol{v}_3(t)=c$，图 6-31 验证了该结论，且可以看出 $c_1=0.071\ 62$，$c_2=0.015\ 65$，$c_3=0.026\ 55$。根据定理 6.2 可知，三轴姿态角 $q_{i1}(t)$，$q_{i2}(t)$ 和 $q_{i3}(t)$ 将分别趋于常数 $c_1/\gamma=0.071\ 62/0.5=0.143\ 2$，$c_2/\gamma=0.015\ 65/0.5=0.031\ 3$ 和 $c_3/\gamma=0.026\ 55/0.5=0.053\ 1$，图 6-30 表明数值仿真结果和理论结论基本符合。

仿真程序：

(1)Simulink 主程序模块图如图 6-32 所示。

(2)控制增益参数程序。

```
a11=0; a12=1; a13=0;
a21=1; a22=0; a23=1;
a31=0; a32=1; a33=0;
c1=0.5; k=1;
```

(3)被控对象程序：Matrix_wix。

```
function wix=Matrix_wix(wi1,wi2,wi3)
wix=[0      -wi3     wi2;
     wi3    0        -wi1;
     -wi2   wi1      0];
wix=[wix];
```

(4)被控对象程序：Matrix_J1。

```
function J1=Matrix_J1
J1=[20   0    0;
    0    20   0;
    0    0    20];
J1=[J1];
```

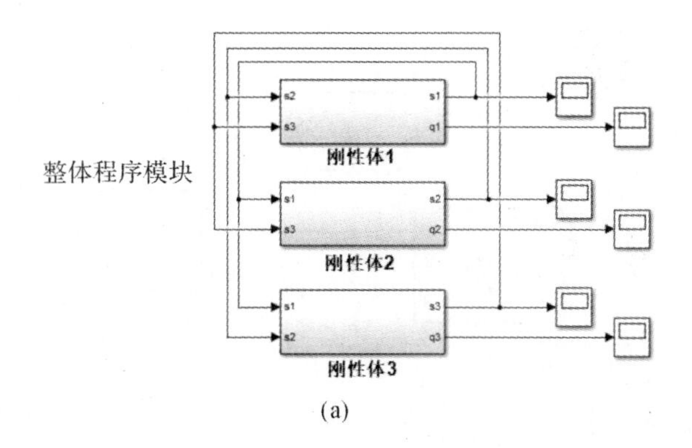

(a)

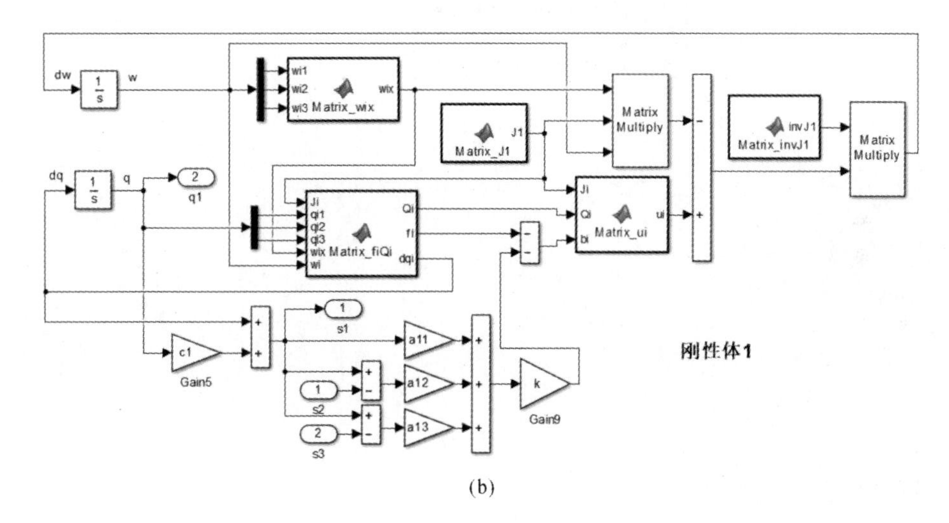

(b)

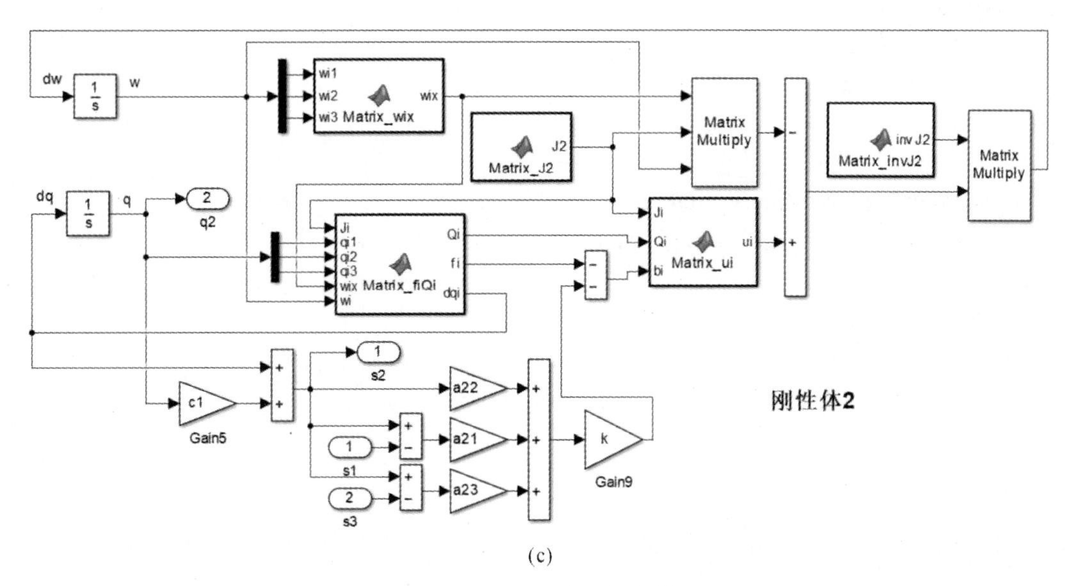

(c)

图 6－32　Simulink 主程序模块

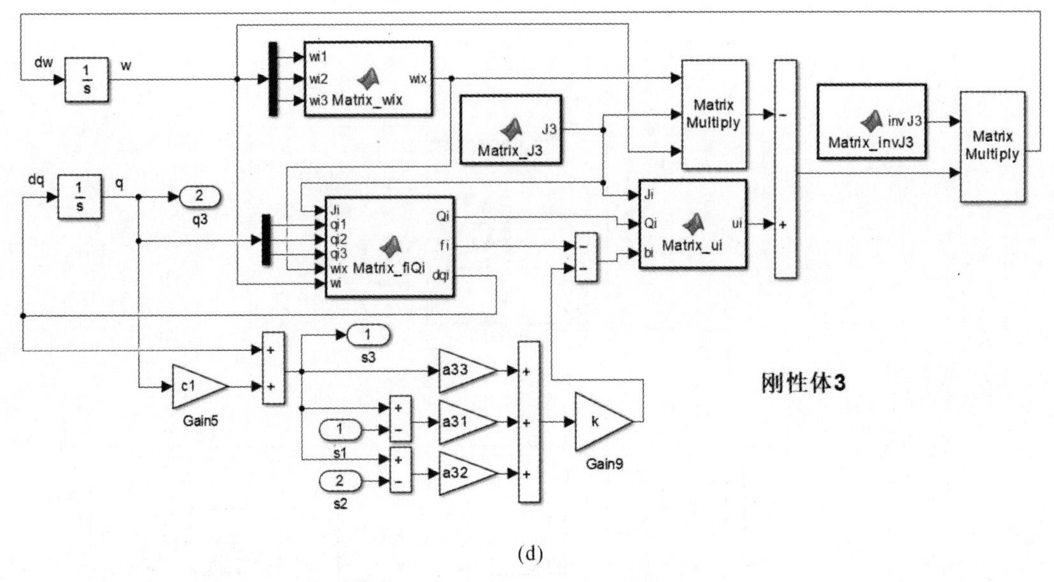

(d)

续图 6-32 Simulink 主程序模块

(5)被控对象程序:Matrix_J2。

```
function J2=Matrix_J2
J2=[20    2    3;
    2    25    1;
    3    1    30];
J2=[J2];
```

(6)被控对象程序:Matrix_J3。

```
function J3=Matrix_J3
J3=[25    5    1;
    5    30    0;
    1    0    20];
J3=[J3];
```

(7)被控对象程序:Matrix_fiQi。

```
function [Qi,fi,dqi]=Matrix_fiQi(Ji,qi1,qi2,qi3,wix,wi)
c1=0.5;
qi=[qi1;qi2;qi3];
ai=[qi'*wi    0    0;
    0    qi'*wi    0;
    0    0    qi'*wi];
qi0=sqrt(1-qi1^2-qi2^2-qi3^2);
qi0_I=[qi0    0    0;
    0    qi0    0;
    0    0    qi0];
qix=[0    -qi3    qi2;
    qi3    0    -qi1;
```

```
      -qi2    qi1          0];
Qi=[qi0_I+qix];
fi=[0.5*c1*Qi*wi-0.5*Qi*inv(Ji)*wix*Ji*wi-0.25*ai*wi -0.25*wix*Qi*wi];
dqi=[0.5*Qi*wi];
```

(8)控制器程序:Matrix_ui。

```
function ui=Matrix_ui(Ji,Qi,bi)
ui=[2*Ji*inv(Qi)*bi];
```

(9)控制器程序:Matrix_invJ1。

```
function invJ1=Matrix_invJ1
J1=[20      0      0;
    0       20     0;
    0       0      20];
invJ1=[inv(J1)];
```

(10)控制器程序:Matrix_invJ2。

```
function invJ2=Matrix_invJ2
J2=[20      2      3;
    2       25     1;
    3       1      30];
invJ2=[inv(J2)];
```

(11)控制器程序:Matrix_invJ3。

```
function invJ3=Matrix_invJ3
J3=[25      5      1;
    5       30     0;
    1       0      20];
invJ3=[inv(J3)];
```

(12)作图程序:如图 6-30 所示。

```
plot(q1.time,q1.signals.values(:,1));hold on;
plot(q2.time,q2.signals.values(:,1));hold on;
plot(q3.time,q3.signals.values(:,1));
plot(q1.time,q1.signals.values(:,2));hold on;
plot(q2.time,q2.signals.values(:,2));hold on;
plot(q3.time,q3.signals.values(:,2));
plot(q1.time,q1.signals.values(:,3));hold on;
plot(q2.time,q2.signals.values(:,3));hold on;
plot(q3.time,q3.signals.values(:,3));
```

(13)作图程序:如图 6-31 所示。

```
plot(s1.time,s1.signals.values(:,1));hold on;
plot(s2.time,s2.signals.values(:,1));hold on;
plot(s3.time,s3.signals.values(:,1));
plot(s1.time,s1.signals.values(:,2));hold on;
plot(s2.time,s2.signals.values(:,2));hold on;
plot(s3.time,s3.signals.values(:,2));
```

```
plot(s1.time,s1.signals.values(:,3));hold on;
plot(s2.time,s2.signals.values(:,3));hold on;
plot(s3.time,s3.signals.values(:,3));
```

接下来考虑智能体之间的网络拓扑图为有向平衡图的情况，且拓扑图包含一个有向生成树。假设网络中有3个智能体节点，节点之间的拓扑结构如图6－33所示。

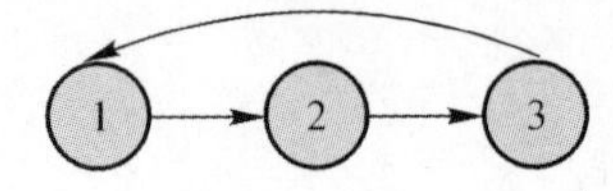

图6－33　多智能体网络拓扑结构图

取刚性体的惯性矩阵分别为

$$\boldsymbol{J}_1=\begin{bmatrix}10 & 2 & 2\\ 2 & 10 & 2\\ 2 & 2 & 10\end{bmatrix},\quad \boldsymbol{J}_2=\begin{bmatrix}10 & 1 & 2\\ 1 & 11 & 1\\ 2 & 1 & 12\end{bmatrix},\quad \boldsymbol{J}_3=\begin{bmatrix}13 & 2 & 1\\ 2 & 12 & 0\\ 1 & 0 & 11\end{bmatrix}$$

根据引理6.4和定理6.2可知，k和γ只需满足$k>0$和$\gamma>0$，因此取$k=0.1$和$\gamma=2$。

此外，选取3个刚性体的姿态角初值和姿态角速度初值分别如下：

$$\boldsymbol{q}_1(0)=\begin{bmatrix}-0.1\\ -0.2\\ -0.3\end{bmatrix},\quad \boldsymbol{q}_2(0)=\begin{bmatrix}0.2\\ 0.3\\ 0.4\end{bmatrix},\quad \boldsymbol{q}_3(0)=\begin{bmatrix}0.3\\ 0.4\\ 0.5\end{bmatrix}$$

$$\boldsymbol{\omega}_1(0)=\begin{bmatrix}0.03\\ 0.04\\ 0.05\end{bmatrix},\quad \boldsymbol{\omega}_2(0)=\begin{bmatrix}-0.05\\ -0.06\\ -0.07\end{bmatrix},\quad \boldsymbol{\omega}_3(0)=\begin{bmatrix}-0.08\\ -0.09\\ -0.1\end{bmatrix}$$

3个刚性体的三轴姿态角$q_{i1}(t)$，$q_{i2}(t)$和$q_{i3}(t)$的曲线，以及辅助变量的三轴分量$v_{i1}(t)$，$v_{i2}(t)$和$v_{i3}(t)$的曲线分别如图6－34和图6－35所示。

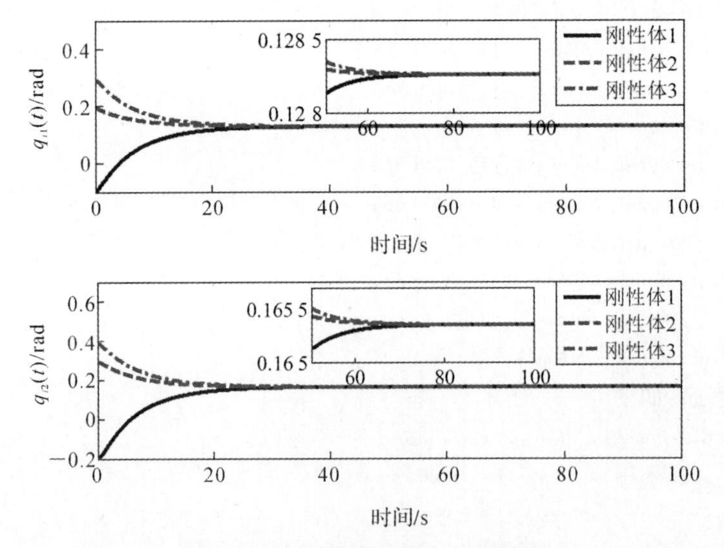

图6－34　刚性体三轴姿态角曲线

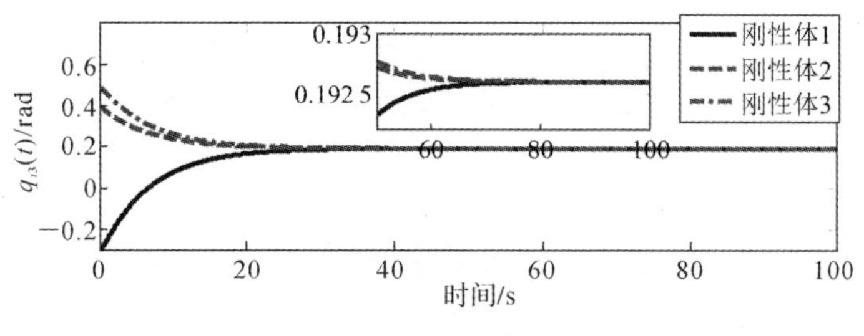

续图6-34 刚性体三轴姿态角曲线

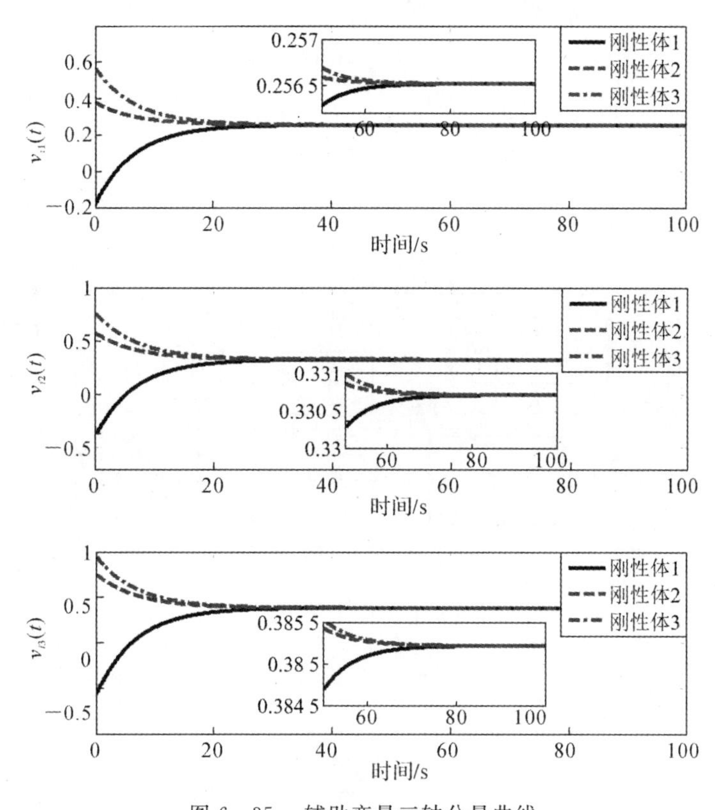

图6-35 辅助变量三轴分量曲线

从图6-34中可以看出，利用式(6-88)中设计的控制器，能够保证3个刚性体的姿态达到一致，即$\lim\limits_{t\to\infty}\boldsymbol{q}_1(t)=\lim\limits_{t\to\infty}\boldsymbol{q}_2(t)=\lim\limits_{t\to\infty}\boldsymbol{q}_3(t)$。根据引理6.4可知，辅助变量$v_i(t)$最终将均趋于一个常数向量$\boldsymbol{c}=[c_1 \quad c_2 \quad c_3]^{\mathrm{T}}$，即$\lim\limits_{t\to\infty}\boldsymbol{v}_1(t)=\lim\limits_{t\to\infty}\boldsymbol{v}_2(t)=\lim\limits_{t\to\infty}\boldsymbol{v}_3(t)=\boldsymbol{c}$，而图6-35则验证了该结论，且可以看出$c_1=0.256\ 5$，$c_2=0.330\ 7$，$c_3=0.385\ 2$。此外，根据定理6.2可知，三轴姿态角$q_{i1}(t)$，$q_{i2}(t)$和$q_{i3}(t)$将分别趋于常数$c_1/\gamma=0.256\ 5/2=0.128\ 3$，$c_2/\gamma=0.330\ 7/2=0.165\ 4$和$c_3/\gamma=0.385\ 2/2=0.192\ 6$，图6-34则表明数值仿真结果和理论结论基本符合。

仿真程序：

(1)Simulink主程序模块图如图6-36所示。

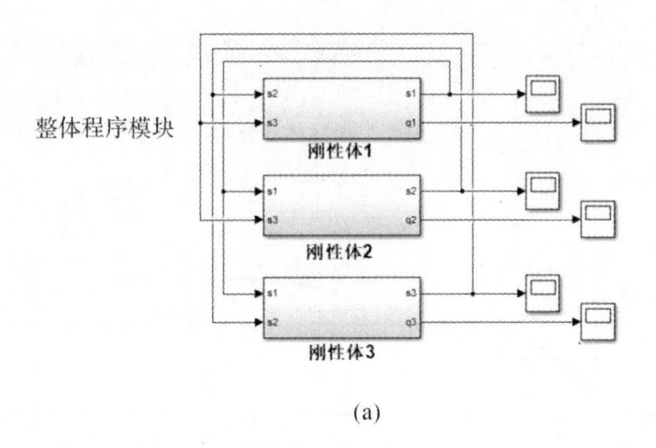

(a)

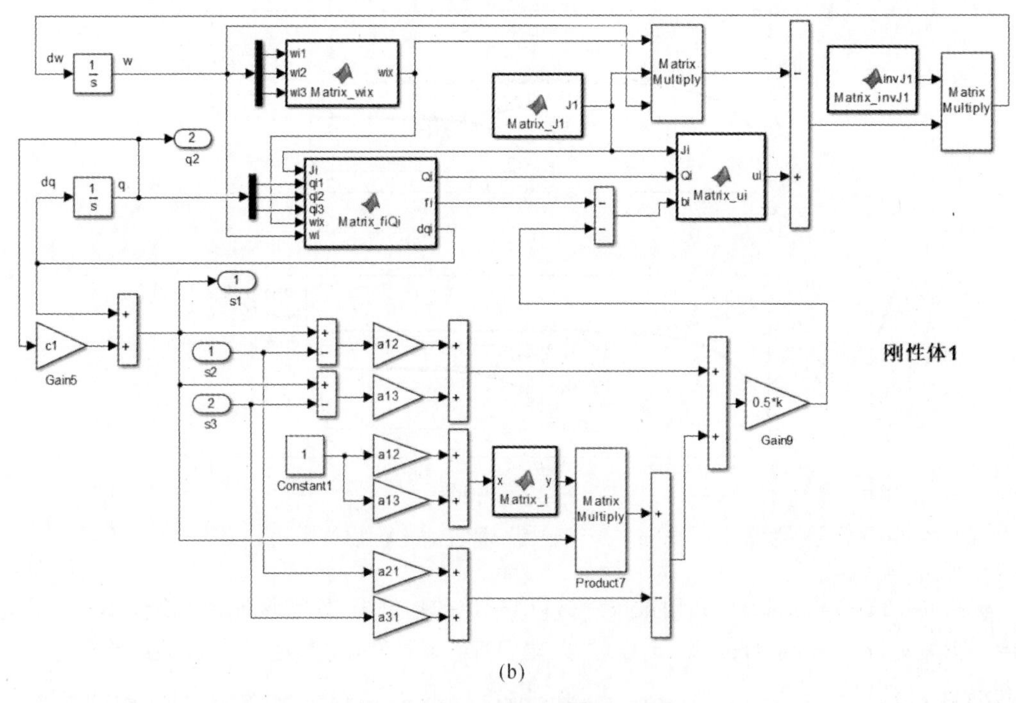

(b)

图 6 - 36　Simulink 主程序模块

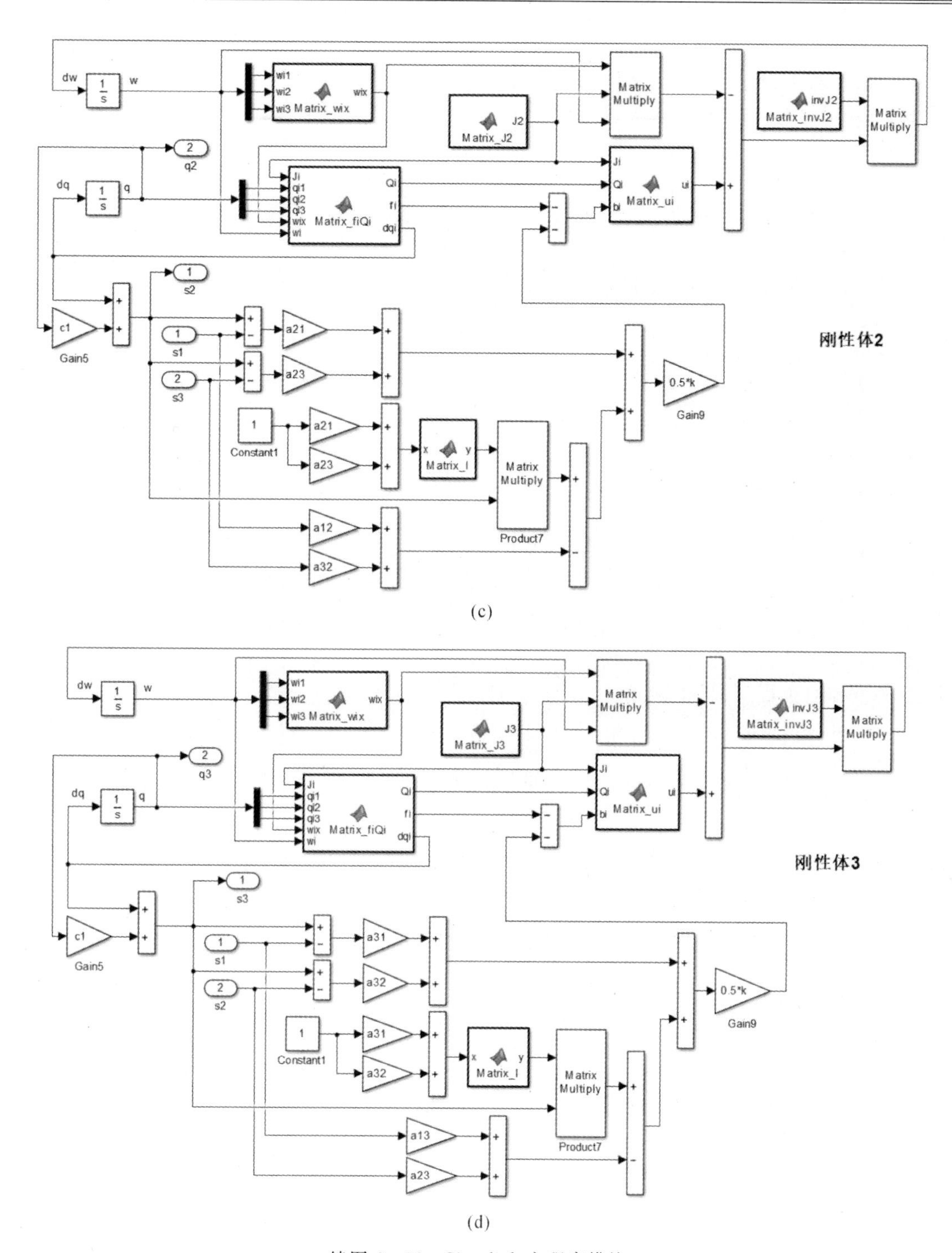

续图 6-36　Simulink 主程序模块

(2)控制增益参数程序。

```
a11=0; a12=0; a13=1;
a21=1; a22=0; a23=0;
a31=0; a32=1; a33=0;
```

```
c1=2; k=0.1;
```

(3)被控对象程序:Matrix_wix。

```
function wix=Matrix_wix(wi1,wi2,wi3)
wix=[0      -wi3    wi2;
     wi3     0      -wi1;
     -wi2    wi1    0];
wix=[wix];
```

(4)被控对象程序:Matrix_J1。

```
function J1=Matrix_J1
J1=[10   2    2;
    2    10   2;
    2    2    10];
J1=[J1];
```

(5)被控对象程序:Matrix_J2。

```
function J2=Matrix_J2
J2=[10   1    2;
    1    11   1;
    2    1    12];
J2=[J2];
```

(6)被控对象程序:Matrix_J3。

```
function J3=Matrix_J3
J3=[13   2    1;
    2    12   0;
    1    0    11];
J3=[J3];
```

(7)被控对象程序:Matrix_fiQi。

```
function [Qi,fi,dqi]=Matrix_fiQi(Ji,qi1,qi2,qi3,wix,wi)
c1=2;
qi=[qi1;qi2;qi3];
ai=[qi'*wi    0        0;
    0         qi'*wi   0;
    0         0        qi'*wi];
qi0=sqrt(1-qi1^2-qi2^2-qi3^2);
qi0_I=[qi0    0      0;
       0      qi0    0;
       0      0      qi0];
qix=[0       -qi3    qi2;
     qi3     0       -qi1;
     -qi2    qi1     0];
Qi=[qi0_I+qix];
fi=[0.5*c1*Qi*wi-0.5*Qi*inv(Ji)*wix*Ji*wi-0.25*ai*wi -0.25*wix*Qi*wi];
dqi=[0.5*Qi*wi];
```

(8)控制器程序:Matrix_ui。

```
function ui=Matrix_ui(Ji,Qi,bi)
ui=[2*Ji*inv(Qi)*bi];
```

(9)控制器程序:Matrix_invJ1。

```
function invJ1=Matrix_invJ1
J1=[10   2   2;
    2    10  2;
    2    2   10];
invJ1=[inv(J1)];
```

(10)控制器程序:Matrix_invJ2。

```
function invJ2=Matrix_invJ2
J2=[10   1   2;
    1    11  1;
    2    1   12];
invJ2=[inv(J2)];
```

(11)控制器程序:Matrix_invJ3。

```
function invJ3=Matrix_invJ3
J3=[13   2   1;
    2    12  0;
    1    0   11];
invJ3=[inv(J3)];
```

(12)控制器程序:Matrix_I。

```
function y=Matrix_I(x)
y=[x   0   0;
   0   x   0;
   0   0   x];
y=[y];
```

(13)作图程序:如图 6-34 所示。

```
plot(q1.time,q1.signals.values(:,1));hold on;
plot(q2.time,q2.signals.values(:,1));hold on;
plot(q3.time,q3.signals.values(:,1));
plot(q1.time,q1.signals.values(:,2));hold on;
plot(q2.time,q2.signals.values(:,2));hold on;
plot(q3.time,q3.signals.values(:,2));
plot(q1.time,q1.signals.values(:,3));hold on;
plot(q2.time,q2.signals.values(:,3));hold on;
plot(q3.time,q3.signals.values(:,3));
```

(14)作图程序:如图 6-35 所示。

```
plot(s1.time,s1.signals.values(:,1));hold on;
plot(s2.time,s2.signals.values(:,1));hold on;
plot(s3.time,s3.signals.values(:,1));
plot(s1.time,s1.signals.values(:,2));hold on;
```

```
plot(s2.time,s2.signals.values(:,2));hold on;
plot(s3.time,s3.signals.values(:,2));
plot(s1.time,s1.signals.values(:,3));hold on;
plot(s2.time,s2.signals.values(:,3));hold on;
plot(s3.time,s3.signals.values(:,3));
```

6.4 基于模糊理论的非线性多智能体系统协同控制

6.4.1 问题构建

考虑具有如下常规非线性模型的多输入多输出高阶多智能体系统：

$$\dot{\boldsymbol{x}}_i(t)=\boldsymbol{f}(\boldsymbol{x}_i(t))+\boldsymbol{\varphi}(\boldsymbol{x}_i(t))\boldsymbol{u}_i(t),\quad i=1,\cdots,N \tag{6-112}$$

式中，$\boldsymbol{f}(\boldsymbol{x}_i(t))$ 和 $\boldsymbol{\varphi}(\boldsymbol{x}_i(t))$ 是关于状态变量 $\boldsymbol{x}_i(t)$ 的非线性函数，且具有任意形式；$\boldsymbol{x}_i(t)=[x_{i1}(t),\cdots,x_{ip}(t)]^{\mathrm{T}}\in\mathbf{R}^{p\times1}$ 和 $\boldsymbol{u}_i(t)\in\mathbf{R}^{q\times1}$ 分别为系统的状态变量和控制输入变量。

本节利用T-S模糊理论研究系统式(6-112)的协同控制问题，并设计控制器 $\boldsymbol{u}_i(t)$，使得式(6-112)中描述的具有一般形式的非线性多智能体系统实现一致，即保证如下等式成立：

$$\lim_{t\to\infty}\boldsymbol{x}_1(t)=\lim_{t\to\infty}\boldsymbol{x}_2(t)=\cdots=\lim_{t\to\infty}\boldsymbol{x}_N(t) \tag{6-113}$$

根据T-S模糊理论，式(6-112)所描述的非线性多智能体系统可利用如下模糊规则进行处理：

系统模糊规则 m_i：如果 $x_{i1}(t)$ 是 M_{m_i1}，$x_{i2}(t)$ 是 M_{m_i2}，$\cdots$，$x_{ip}(t)$ 是 M_{m_ip}，则有

$$\dot{\boldsymbol{x}}_i(t)=\boldsymbol{A}_{m_i}\boldsymbol{x}_i(t)+\boldsymbol{B}_{m_i}\boldsymbol{u}_i(t),\quad i=1,\cdots,N,\quad m_i=1,\cdots,r \tag{6-114}$$

其中，$M_{m_i1},\cdots,M_{m_ip}$ 表示模糊集；r 是系统模糊规则总数。针对式(6-114)中的每个线性子系统，利用模糊项进行加权，进而有如下模糊系统：

$$\dot{\boldsymbol{x}}_i(t)=\boldsymbol{A}(\boldsymbol{x}_i(t))\boldsymbol{x}_i(t)+\boldsymbol{B}(\boldsymbol{x}_i(t))\boldsymbol{u}_i(t),\quad i=1,\cdots,N \tag{6-115}$$

式中

$$\boldsymbol{A}(\boldsymbol{x}_i(t))=\sum_{m_i=1}^{r}h_{m_i}(\boldsymbol{x}_i(t))\boldsymbol{A}_{m_i},\quad \boldsymbol{B}(\boldsymbol{x}_i(t))=\sum_{m_i=1}^{r}h_{m_i}(\boldsymbol{x}_i(t))\boldsymbol{B}_{m_i}$$

$$h_{m_i}(\boldsymbol{x}_i(t))=\theta_{m_i}(\boldsymbol{x}_i(t))\Big/\sum_{m_i=1}^{r}\theta_{m_i}(\boldsymbol{x}_i(t)),\quad \theta_{m_i}(\boldsymbol{x}_i(t))=\prod_{k=1}^{p}M_{m_ik}(x_{ik}(t))$$

其中，$M_{m_ik}(x_{ik}(t))$ 为模糊集 M_{m_ik} 的隶属度函数。对于任意 $m_i\in\{1,\cdots,r\}$，均假设 $h_{m_i}(\boldsymbol{x}_i(t))\geqslant0$。此外，根据 $h_{m_i}(\boldsymbol{x}_i(t))$ 的表达式易知：$\sum_{m_i=1}^{r}h_{m_i}(\boldsymbol{x}_i(t))=1,\forall i\in\{1,\cdots,N\}$。

根据式(6-115)给出的多智能体系统，可得到如下全局系统：

$$\dot{\boldsymbol{X}}(t)=\bar{\boldsymbol{A}}(\boldsymbol{X}(t))\boldsymbol{X}(t)+\bar{\boldsymbol{B}}(\boldsymbol{X}(t))\boldsymbol{U}(t) \tag{6-116}$$

式中

$$\boldsymbol{X}(t)=\begin{bmatrix}\boldsymbol{x}_1(t)\\ \vdots \\ \boldsymbol{x}_N(t)\end{bmatrix},\quad \boldsymbol{U}(t)=\begin{bmatrix}\boldsymbol{u}_1(t)\\ \vdots \\ \boldsymbol{u}_N(t)\end{bmatrix}$$

$$\bar{\boldsymbol{A}}(\boldsymbol{X}(t))=\mathrm{diag}\{\boldsymbol{A}(\boldsymbol{x}_1(t)),\cdots,\boldsymbol{A}(\boldsymbol{x}_N(t))\}$$

$$\bar{\boldsymbol{B}}(\boldsymbol{X}(t))=\mathrm{diag}\{\boldsymbol{B}(\boldsymbol{x}_1(t)),\cdots,\boldsymbol{B}(\boldsymbol{x}_N(t))\}$$

对于单体模糊系统，模糊加权函数 $h_{m_i}(\boldsymbol{x}_i(t))$ 可写作 $h(\boldsymbol{x}(t))$，并且 $h(\boldsymbol{x}(t))$ 能够直接从模糊系统中提取出来，构造出一个 $h(\boldsymbol{x}(t))$ 与线性子系统相互独立的系统。又因为 $h(\boldsymbol{x}(t))$ 在任意时刻均为非负数，所以只要设计出的控制器能够使每个线性子系统稳定，便可保证整个模糊系统的稳定性。然而在多智能体系统当中，模糊加权函数 $h_{m_i}(\boldsymbol{x}_i(t))$ 隐含在整个模糊系统的系数矩阵中，较难从系统中直接提取出来，进而导致整个系统的稳定性分析过程较为困难。

注 6.1：在模糊系统中，可通过选取“工作点”来确定隶属度函数 $M_{m_ik}(\boldsymbol{x}_{ik}(t))$，基本准则是要确保模糊加权函数 $h_{m_i}(x_i(t))$ 为非负数，即保证 $\prod_{k=1}^{p} M_{m_ik}(x_{ik}(t))$ 为非负数即可。例如，对于一个二维多智能体系统，每个智能体个体的状态变量为 $\boldsymbol{x}_i(t)=[x_{i1}(t)\quad x_{i2}(t)]^{\mathrm{T}}$，且有 $|x_{i1}(t)|\leqslant a_i$ 且 $|x_{i2}(t)|\leqslant b_i$。选取状态变量 $x_{i1}(t)$ 的两个工作点分别为 $-a$ 和 a，选取装填变量 $x_{i2}(t)$ 的两个工作点分别为 $-b$ 和 b。根据选取的工作点，选取隶属度函数如下：

$$\left.\begin{aligned} M_{11}(x_{i1}(t))&=\frac{-x_{i1}(t)+a_i}{2a_i}\\ M_{21}(x_{i1}(t))&=\frac{x_{i1}(t)+a_i}{2a_i}\\ M_{12}(x_{i2}(t))&=\frac{-x_{i2}(t)+b_i}{2b_i}\\ M_{22}(x_{i2}(t))&=\frac{x_{i2}(t)+b_i}{2b_i}\end{aligned}\right\}\tag{6-117}$$

根据式(6－117)易知，4 个隶属度函数 $M_{11}(x_{i1}(t)),M_{21}(x_{i1}(t)),M_{12}(x_{i2}(t)),M_{22}(x_{i2}(t))$ 均为非负数，且有 $M_{11}(x_{i1}(t))+M_{21}(x_{i1}(t))=M_{12}(x_{i2}(t))+M_{22}(x_{i2}(t))=1$，因此有 $\sum_{m_i=1}^{2}\prod_{k=1}^{2}M_{m_ik}(x_{ik}(t))=1$。此外，根据系统的模糊加权函数 $h_{m_i}(\boldsymbol{x}_i(t))=\prod_{k=1}^{2}M_{m_ik}(x_{ik}(t))/\sum_{m_i=1}^{2}\prod_{k=1}^{2}M_{m_ik}(x_{ik}(t))$ 易知，模糊加权函数为非负数，即 $h_{m_i}(\boldsymbol{x}_i(t))\geqslant 0$。

6.4.2　主要结果

针对式(6－115)构建出的模糊系统，利用模糊理论设计如下控制器：

控制器模糊规则 n_i：如果 $x_{i1}(t)$ 是 Z_{n_i1}，$x_{i2}(t)$ 是 Z_{n_i2}，$\cdots$，$x_{ip}(t)$ 是 Z_{n_ip}，则有

$$\boldsymbol{u}_i(t)=\boldsymbol{K}_{n_i}\Big(\sum_{j=1}^{N}a_{ij}(\boldsymbol{x}_i(t)-\boldsymbol{x}_j(t))+b_i\boldsymbol{x}_i(t)\Big),\quad i=1,\cdots,N,\quad n_i=1,\cdots,s\tag{6-118}$$

其中，$Z_{n_i1},\cdots,Z_{n_ip}$ 表示模糊集；s 是控制器模糊规则总数；$K_{n_i}\in\mathbf{R}^{q\times p}$ 为待求解的控制器增益矩阵。此外，增益参数 b_i 的定义为当第 i 个智能体节点能够获取自身的绝对状态信息时，$b_i=1$，否则为 0。针对式(6－118)中的每个线性子控制器，利用模糊项进行加权，进而有如下模糊控

制器：

$$\boldsymbol{u}_i(t)=\boldsymbol{K}(x_i(t))\Big(\sum_{j=1}^{N}a_{ij}(\boldsymbol{x}_i(t)-\boldsymbol{x}_j(t))+b_i\boldsymbol{x}_i(t)\Big),\quad i=1,\cdots,N \tag{6-119}$$

式中，$\boldsymbol{K}(\boldsymbol{x}_i(t))=\sum_{n_i=1}^{s}g_{n_i}(\boldsymbol{x}_i(t))\boldsymbol{K}_{n_i}$，且有

$$g_{n_i}(\boldsymbol{x}_i(t))=\vartheta_{n_i}(\boldsymbol{x}_i(t))/\sum_{n_i=1}^{s}\vartheta_{n_i}(\boldsymbol{x}_i(t)),\vartheta_{n_i}(\boldsymbol{x}_i(t))=\prod_{k=1}^{p}Z_{n_ik}(\boldsymbol{x}_{ik}(t))$$

其中，$Z_{n_ik}(\boldsymbol{x}_{ik}(t))$是模糊集$Z_{n_ik}$的隶属度函数。对于任意$n_i\in\{1,\cdots,s\}$，均假设$g_{n_i}(\boldsymbol{x}_i(t))\geqslant 0$。此外，根据$g_{n_i}(\boldsymbol{x}_i(t))$的表达式易知：$\sum_{n_i=1}^{s}g_{n_i}(\boldsymbol{x}_i(t))=1,\forall i\in\{1,\cdots,N\}$。

接下来将针对模糊系统式(6－116)，设计一种模糊模型等价转化方法，以实现对模糊加权函数$h_{m_i}(\boldsymbol{x}_i(t))$的提取，然后构造出一个模糊加权函数与线性子系统相互独立的系统，进而易于对系统进行稳定性分析。

考虑只包含指向节点v_i的边的子拓扑图，对应的 Laplacian 矩阵$\boldsymbol{L}_i$如下：

$$\boldsymbol{L}_1=\begin{bmatrix}\sum_{j=1}^{N}a_{1j} & -a_{12} & \cdots & -a_{1N}\\ 0 & 0 & \cdots & 0\\ \vdots & \vdots & & \vdots\\ 0 & 0 & \cdots & 0\end{bmatrix},\quad\cdots,\quad \boldsymbol{L}_N=\begin{bmatrix}0 & 0 & \cdots & 0\\ 0 & 0 & \cdots & 0\\ \vdots & \vdots & & \vdots\\ -a_{N1} & -a_{N2} & \cdots & \sum_{j=1}^{N}a_{Nj}\end{bmatrix} \tag{6-120}$$

矩阵$\mathcal{B}_i$的定义为$\mathcal{B}_i$为对角矩阵，且第 i 个对角元为 b_i，其余元素值为零，即

$$\left.\begin{aligned}\mathcal{B}_1&=\mathrm{diag}\{b_1,0,\cdots,0\}\\ \mathcal{B}_2&=\mathrm{diag}\{0,b_2,\cdots,0\}\\ &\vdots\\ \mathcal{B}_N&=\mathrm{diag}\{0,0,\cdots,b_N\}\end{aligned}\right\} \tag{6-121}$$

根据式(6－119)中给出的局部控制输入，可以得到如下全局控制输入：

$$\boldsymbol{U}(t)=\sum_{i=1}^{N}(\boldsymbol{L}_i+\mathcal{B}_i)\otimes\boldsymbol{K}(\boldsymbol{x}_i(t))\boldsymbol{X}(t) \tag{6-122}$$

将式(6－122)代入式(6－116)中有

$$\dot{\boldsymbol{X}}(t)=\Big(\sum_{i=1}^{N}\widetilde{\boldsymbol{A}}(\boldsymbol{x}_i(t))+\sum_{i=1}^{N}\widetilde{\boldsymbol{B}}(\boldsymbol{x}_i(t))\sum_{i=1}^{N}(\boldsymbol{L}_i+\mathcal{B}_i)\otimes\boldsymbol{K}(\boldsymbol{x}_i(t))\Big)\boldsymbol{X}(t) \tag{6-123}$$

式中，$\widetilde{\boldsymbol{A}}(\boldsymbol{x}_i(t))$和$\widetilde{\boldsymbol{B}}(\boldsymbol{x}_i(t))$均为分块对角矩阵，$\widetilde{\boldsymbol{A}}(\boldsymbol{x}_i(t))$的第$i$个对角矩阵为$\boldsymbol{A}(\boldsymbol{x}_i(t))$，其余元素的值为零；$\widetilde{\boldsymbol{B}}(\boldsymbol{x}_i(t))$的第$i$个对角矩阵为$\boldsymbol{B}(\boldsymbol{x}_i(t))$，其余元素的值为零。$\widetilde{\boldsymbol{A}}(\boldsymbol{x}_i(t))$和$\widetilde{\boldsymbol{B}}(\boldsymbol{x}_i(t))$的具体表达式如下：

$$\left.\begin{aligned}\widetilde{\boldsymbol{A}}(\boldsymbol{x}_1(t))&=\mathrm{diag}\{\boldsymbol{A}(\boldsymbol{x}_1(t)),\boldsymbol{0}_{p\times p},\cdots,\boldsymbol{0}_{p\times p}\}\\ \widetilde{\boldsymbol{A}}(\boldsymbol{x}_2(t))&=\mathrm{diag}\{\boldsymbol{0}_{p\times p},\boldsymbol{A}(\boldsymbol{x}_2(t)),\cdots,\boldsymbol{0}_{p\times p}\}\\ &\cdots\cdots\\ \widetilde{\boldsymbol{A}}(\boldsymbol{x}_N(t))&=\mathrm{diag}\{\boldsymbol{0}_{p\times p},\boldsymbol{0}_{p\times p},\cdots,\boldsymbol{A}(\boldsymbol{x}_N(t))\}\end{aligned}\right\} \tag{6-124}$$

$$\left.\begin{array}{l}\widetilde{\boldsymbol{B}}(\boldsymbol{x}_1(t))=\mathrm{diag}\{\boldsymbol{B}(\boldsymbol{x}_1(t)),\boldsymbol{0}_{p\times q},\cdots,\boldsymbol{0}_{p\times q}\}\\ \widetilde{\boldsymbol{B}}(\boldsymbol{x}_2(t))=\mathrm{diag}\{\boldsymbol{0}_{p\times q},\boldsymbol{B}(\boldsymbol{x}_2(t)),\cdots,\boldsymbol{0}_{p\times q}\}\\ \cdots\cdots \\ \widetilde{\boldsymbol{B}}(\boldsymbol{x}_N(t))=\mathrm{diag}\{\boldsymbol{0}_{p\times q},\boldsymbol{0}_{p\times q},\cdots,\boldsymbol{B}(\boldsymbol{x}_N(t))\}\end{array}\right\}\tag{6-125}$$

根据式(6－120)、式(6－121)和式(6－125)，有如下两组等式：

$$\sum_{i=1}^{N}\widetilde{\boldsymbol{B}}(\boldsymbol{x}_i(t))\sum_{i=1}^{N}(\boldsymbol{L}_i+\boldsymbol{\mathcal{B}}_i)\otimes\boldsymbol{K}(\boldsymbol{x}_i(t))=$$
$$\begin{bmatrix}\boldsymbol{B}(\boldsymbol{x}_1(t)) & \boldsymbol{0}_{p\times q} & \cdots & \boldsymbol{0}_{p\times q}\\ \boldsymbol{0}_{p\times q} & \boldsymbol{B}(\boldsymbol{x}_2(t)) & \cdots & \boldsymbol{0}_{p\times q}\\ \vdots & \vdots & & \vdots\\ \boldsymbol{0}_{p\times q} & \boldsymbol{0}_{p\times q} & \cdots & \boldsymbol{B}(\boldsymbol{x}_N(t))\end{bmatrix}\begin{bmatrix}\boldsymbol{\Omega}_{11} & \boldsymbol{\Omega}_{12} & \cdots & \boldsymbol{\Omega}_{1N}\\ \boldsymbol{\Omega}_{21} & \boldsymbol{\Omega}_{22} & \cdots & \boldsymbol{\Omega}_{2N}\\ \vdots & \vdots & & \vdots\\ \boldsymbol{\Omega}_{N1} & \boldsymbol{\Omega}_{N2} & \cdots & \boldsymbol{\Omega}_{NN}\end{bmatrix}=$$
$$\begin{bmatrix}\overline{\boldsymbol{\Omega}}_{11} & \overline{\boldsymbol{\Omega}}_{12} & \cdots & \overline{\boldsymbol{\Omega}}_{1N}\\ \overline{\boldsymbol{\Omega}}_{21} & \overline{\boldsymbol{\Omega}}_{22} & \cdots & \overline{\boldsymbol{\Omega}}_{2N}\\ \vdots & \vdots & & \vdots\\ \overline{\boldsymbol{\Omega}}_{N1} & \overline{\boldsymbol{\Omega}}_{N2} & \cdots & \overline{\boldsymbol{\Omega}}_{NN}\end{bmatrix}\tag{6-126}$$

$$\sum_{i=1}^{N}\widetilde{\boldsymbol{B}}(\boldsymbol{x}_i(t))((\boldsymbol{L}_i+\boldsymbol{\mathcal{B}}_i)\otimes\boldsymbol{K}(\boldsymbol{x}_i(t)))=$$
$$\begin{bmatrix}\boldsymbol{B}(\boldsymbol{x}_1(t)) & \boldsymbol{0}_{p\times q} & \cdots & \boldsymbol{0}_{p\times q}\\ \boldsymbol{0}_{p\times q} & \boldsymbol{0}_{p\times q} & \cdots & \boldsymbol{0}_{p\times q}\\ \vdots & \vdots & & \vdots\\ \boldsymbol{0}_{p\times q} & \boldsymbol{0}_{p\times q} & \cdots & \boldsymbol{0}_{p\times q}\end{bmatrix}\begin{bmatrix}\boldsymbol{\Omega}_{11} & \boldsymbol{\Omega}_{12} & \cdots & \boldsymbol{\Omega}_{1N}\\ \boldsymbol{0}_{q\times p} & \boldsymbol{0}_{q\times p} & \cdots & \boldsymbol{0}_{q\times p}\\ \vdots & \vdots & & \vdots\\ \boldsymbol{0}_{q\times p} & \boldsymbol{0}_{q\times p} & \cdots & \boldsymbol{0}_{q\times p}\end{bmatrix}+\cdots+$$
$$\begin{bmatrix}\boldsymbol{0}_{p\times q} & \boldsymbol{0}_{p\times q} & \cdots & \boldsymbol{0}_{p\times q}\\ \boldsymbol{0}_{p\times q} & \boldsymbol{0}_{p\times q} & \cdots & \boldsymbol{0}_{p\times q}\\ \vdots & \vdots & & \vdots\\ \boldsymbol{0}_{p\times q} & \boldsymbol{0}_{p\times q} & \cdots & \boldsymbol{B}(\boldsymbol{x}_N(t))\end{bmatrix}\begin{bmatrix}\boldsymbol{0}_{q\times p} & \boldsymbol{0}_{q\times p} & \cdots & \boldsymbol{0}_{q\times p}\\ \boldsymbol{0}_{q\times p} & \boldsymbol{0}_{q\times p} & \cdots & \boldsymbol{0}_{q\times p}\\ \vdots & \vdots & & \vdots\\ \boldsymbol{\Omega}_{N1} & \boldsymbol{\Omega}_{N2} & \cdots & \boldsymbol{\Omega}_{NN}\end{bmatrix}=\begin{bmatrix}\overline{\boldsymbol{\Omega}}_{11} & \overline{\boldsymbol{\Omega}}_{12} & \cdots & \overline{\boldsymbol{\Omega}}_{1N}\\ \overline{\boldsymbol{\Omega}}_{21} & \overline{\boldsymbol{\Omega}}_{22} & \cdots & \overline{\boldsymbol{\Omega}}_{2N}\\ \vdots & \vdots & & \vdots\\ \overline{\boldsymbol{\Omega}}_{N1} & \overline{\boldsymbol{\Omega}}_{N2} & \cdots & \overline{\boldsymbol{\Omega}}_{NN}\end{bmatrix}\tag{6-127}$$

式中

$$\boldsymbol{\Omega}_{ii}=\left(b_i+\sum_{j=1}^{N}a_{ij}\right)\boldsymbol{K}(\boldsymbol{x}_i(t)),\quad \overline{\boldsymbol{\Omega}}_{ii}=\left(b_i+\sum_{j=1}^{N}a_{ij}\right)\boldsymbol{B}(\boldsymbol{x}_i(t))\boldsymbol{K}(\boldsymbol{x}_i(t))$$
$$\boldsymbol{\Omega}_{ij}=-a_{ij}\boldsymbol{K}(\boldsymbol{x}_i(t)),\overline{\boldsymbol{\Omega}}_{ij}=-a_{ij}\boldsymbol{B}(\boldsymbol{x}_i(t))\boldsymbol{K}(\boldsymbol{x}_i(t)),\quad i,j=1,\cdots,N,\quad i\neq j$$

根据式(6－126)和式(6－127)，易知

$$\sum_{i=1}^{N}\widetilde{\boldsymbol{B}}(\boldsymbol{x}_i(t))\sum_{i=1}^{N}(\boldsymbol{L}_i+\boldsymbol{\mathcal{B}}_i)\otimes\boldsymbol{K}(\boldsymbol{x}_i(t))=\sum_{i=1}^{N}\widetilde{\boldsymbol{B}}(\boldsymbol{x}_i(t))((\boldsymbol{L}_i+\boldsymbol{\mathcal{B}}_i)\otimes\boldsymbol{K}(\boldsymbol{x}_i(t)))\tag{6-128}$$

将式(6－128)代入式(6－123)中有

$$\dot{\boldsymbol{X}}(t)=\left(\sum_{i=1}^{N}\widetilde{\boldsymbol{A}}(\boldsymbol{x}_i(t))+\sum_{i=1}^{N}\widetilde{\boldsymbol{B}}(\boldsymbol{x}_i(t))((\boldsymbol{L}_i+\boldsymbol{\mathcal{B}}_i)\otimes\boldsymbol{K}(\boldsymbol{x}_i(t)))\right)\boldsymbol{X}(t)=$$

$$\sum_{i=1}^{N}\Big(\sum_{m_i=1}^{r}h_{m_i}(\boldsymbol{x}_i(t))\widetilde{\boldsymbol{A}}_{m_i}+\sum_{m_i=1}^{r}h_{m_i}(\boldsymbol{x}_i(t))\widetilde{\boldsymbol{B}}_{m_i}\sum_{n_i=1}^{s}g_{n_i}(\boldsymbol{x}_i(t))(\boldsymbol{L}_i+\boldsymbol{\mathcal{B}}_i)\otimes\boldsymbol{K}_{n_i}\Big)\boldsymbol{X}(t) \tag{6-129}$$

式中，$\widetilde{\boldsymbol{A}}_{m_i}$ 和 $\widetilde{\boldsymbol{B}}_{m_i}$ 为分块对角阵，$\widetilde{\boldsymbol{A}}_{m_i}$ 的第 i 个对角阵为 $\boldsymbol{A}_{m_i}$，其余元素值为零；$\widetilde{\boldsymbol{B}}_{m_i}$ 的第 i 个对角阵为 $\boldsymbol{B}_{m_i}$，其余元素值为零。$\widetilde{\boldsymbol{A}}_{m_i}$ 和 $\widetilde{\boldsymbol{B}}_{m_i}$ 的具体表达式如下：

$$\left.\begin{aligned}&\widetilde{\boldsymbol{A}}_{m_1}=\operatorname{diag}\{\boldsymbol{A}_{m_1},\boldsymbol{0}_{p\times p},\cdots,\boldsymbol{0}_{p\times p}\}\\&\widetilde{\boldsymbol{A}}_{m_2}=\operatorname{diag}\{\boldsymbol{0}_{p\times p},\boldsymbol{A}_{m_2},\cdots,\boldsymbol{0}_{p\times p}\}\\&\cdots\cdots\\&\widetilde{\boldsymbol{A}}_{m_N}=\operatorname{diag}\{\boldsymbol{0}_{p\times p},\boldsymbol{0}_{p\times p},\cdots,\boldsymbol{A}_{m_N}\}\end{aligned}\right\} \tag{6-130}$$

$$\left.\begin{aligned}&\widetilde{\boldsymbol{B}}_{m_1}=\operatorname{diag}\{\boldsymbol{B}_{m_1},\boldsymbol{0}_{p\times q},\cdots,\boldsymbol{0}_{p\times q}\}\\&\widetilde{\boldsymbol{B}}_{m_2}=\operatorname{diag}\{\boldsymbol{0}_{p\times q},\boldsymbol{B}_{m_2},\cdots,\boldsymbol{0}_{p\times q}\}\\&\cdots\cdots\\&\widetilde{\boldsymbol{B}}_{m_N}=\operatorname{diag}\{\boldsymbol{0}_{p\times q},\boldsymbol{0}_{p\times q},\cdots,\boldsymbol{B}_{m_N}\}\end{aligned}\right\} \tag{6-131}$$

根据模糊加权函数的性质 $\sum_{m_i=1}^{r}h_{m_i}(\boldsymbol{x}_i(t))=\sum_{n_i=1}^{s}g_{n_i}(\boldsymbol{x}_i(t))=1$，式(6－129) 可化为如下形式：

$$\begin{aligned}\dot{\boldsymbol{X}}(t)=&\Big(\sum_{m_1=1}^{r}h_{m_1}(\boldsymbol{x}_1(t))\widetilde{\boldsymbol{A}}_{m_1}+\cdots+\sum_{m_N=1}^{r}h_{m_N}(\boldsymbol{x}_N(t))\widetilde{\boldsymbol{A}}_{m_N}+\\&\sum_{m_1=1}^{r}h_{m_1}(\boldsymbol{x}_1(t))\sum_{n_1=1}^{s}g_{n_1}(\boldsymbol{x}_1(t))\widetilde{\boldsymbol{B}}_{m_1}((\boldsymbol{L}_1+\boldsymbol{\mathcal{B}}_1)\otimes\boldsymbol{K}_{n_1})+\cdots+\\&\sum_{m_N=1}^{r}h_{m_N}(\boldsymbol{x}_N(t))\sum_{n_N=1}^{s}g_{n_N}(\boldsymbol{x}_N(t))\widetilde{\boldsymbol{B}}_{m_N}((\boldsymbol{L}_N+\boldsymbol{\mathcal{B}}_N)\otimes\boldsymbol{K}_{n_N})\Big)\boldsymbol{X}(t)=\\&\Big(\sum_{m_1=1}^{r}h_{m_1}(\boldsymbol{x}_1(t))\cdots\sum_{m_N=1}^{r}h_{m_N}(\boldsymbol{x}_N(t))\sum_{n_1=1}^{s}g_{n_1}(\boldsymbol{x}_1(t))\cdots\sum_{n_N=1}^{s}g_{n_N}(\boldsymbol{x}_N(t))\widetilde{\boldsymbol{A}}_{m_1}+\cdots+\\&\sum_{m_1=1}^{r}h_{m_1}(\boldsymbol{x}_1(t))\cdots\sum_{m_N=1}^{r}h_{m_N}(\boldsymbol{x}_N(t))\sum_{n_1=1}^{s}g_{n_1}(\boldsymbol{x}_1(t))\cdots\sum_{n_N=1}^{s}g_{n_N}(\boldsymbol{x}_N(t))\widetilde{\boldsymbol{A}}_{m_N}+\\&\sum_{m_1=1}^{r}h_{m_1}(\boldsymbol{x}_1(t))\cdots\sum_{m_N=1}^{r}h_{m_N}(\boldsymbol{x}_N(t))\sum_{n_1=1}^{s}g_{n_1}(\boldsymbol{x}_1(t))\cdots\sum_{n_N=1}^{s}g_{n_N}(\boldsymbol{x}_N(t))\times\\&\widetilde{\boldsymbol{B}}_{m_1}((\boldsymbol{L}_1+\boldsymbol{\mathcal{B}}_1)\otimes\boldsymbol{K}_{n_1})+\cdots+\sum_{m_1=1}^{r}h_{m_1}(\boldsymbol{x}_1(t))\cdots\sum_{m_N=1}^{r}h_{m_N}(\boldsymbol{x}_N(t))\sum_{n_1=1}^{s}g_{n_1}(\boldsymbol{x}_1(t))\cdots\times\\&\sum_{n_N=1}^{s}g_{n_N}(\boldsymbol{x}_N(t))\widetilde{\boldsymbol{B}}_{m_N}((\boldsymbol{L}_N+\boldsymbol{\mathcal{B}}_N)\otimes\boldsymbol{K}_{n_N})\Big)\boldsymbol{X}(t)=\\&\sum_{m_1=1}^{r}h_{m_1}(\boldsymbol{x}_1(t))\cdots\sum_{m_N=1}^{r}h_{m_N}(\boldsymbol{x}_N(t))\sum_{n_1=1}^{s}g_{n_1}(\boldsymbol{x}_1(t))\cdots\sum_{n_N=1}^{s}g_{n_N}(\boldsymbol{x}_N(t))\times\\&\Big(\sum_{i=1}^{N}\widetilde{\boldsymbol{A}}_{m_i}+\sum_{i=1}^{N}\widetilde{\boldsymbol{B}}_{m_i}((\boldsymbol{L}_i+\boldsymbol{\mathcal{B}}_i)\otimes\boldsymbol{K}_{n_i})\Big)\boldsymbol{X}(t)\end{aligned} \tag{6-132}$$

定义矩阵 $\widetilde{\boldsymbol{K}}_{n_i}$ 为分块对角矩阵，其第 i 个对角矩阵为 $\boldsymbol{K}_{n_i}$，其余元素值为零，即

$$\left.\begin{aligned}&\widetilde{\boldsymbol{K}}_{n_1}=\operatorname{diag}\{\boldsymbol{K}_{n_1},\boldsymbol{0}_{q\times p},\cdots,\boldsymbol{0}_{q\times p}\}\\&\widetilde{\boldsymbol{K}}_{n_2}=\operatorname{diag}\{\boldsymbol{0}_{q\times p},\boldsymbol{K}_{n_2},\cdots,\boldsymbol{0}_{q\times p}\}\\&\cdots\cdots\\&\widetilde{\boldsymbol{K}}_{n_N}=\operatorname{diag}\{\boldsymbol{0}_{q\times p},\boldsymbol{0}_{q\times p},\cdots,\boldsymbol{K}_{n_N}\}\end{aligned}\right\}\tag{6-133}$$

根据式(6-133)有

$$\begin{aligned}&\sum_{i=1}^{N}\widetilde{\boldsymbol{B}}_{m_i}((\boldsymbol{L}_i+\boldsymbol{\mathcal{B}}_i)\otimes\boldsymbol{K}_{n_i})=\sum_{i=1}^{N}\widetilde{\boldsymbol{B}}_{m_i}((\boldsymbol{L}_i+\boldsymbol{\mathcal{B}}_i)\otimes\boldsymbol{I}_p)(\boldsymbol{I}_N\otimes\boldsymbol{K}_{n_i})=\\&\qquad\sum_{i=1}^{N}\widetilde{\boldsymbol{B}}_{m_i}(\boldsymbol{I}_N\otimes\boldsymbol{K}_{n_i})((\boldsymbol{L}_i+\boldsymbol{\mathcal{B}}_i)\otimes\boldsymbol{I}_p)=\sum_{i=1}^{N}\widetilde{\boldsymbol{B}}_{m_i}\widetilde{\boldsymbol{K}}_{n_i}((\boldsymbol{L}_i+\boldsymbol{\mathcal{B}}_i)\otimes\boldsymbol{I}_p)\end{aligned}\tag{6-134}$$

此外，根据式(6-131)、式(6-133)、式(6-120)和式(6-121)，有如下等式：

$$\begin{aligned}&\widetilde{\boldsymbol{B}}_{m_i}\widetilde{\boldsymbol{K}}_{n_i}((\boldsymbol{L}_i+\boldsymbol{\mathcal{B}}_i)\otimes\boldsymbol{I}_p)=\\&\begin{bmatrix}\boldsymbol{0}_{p\times p}&\cdots&\boldsymbol{0}_{p\times p}&\cdots&\boldsymbol{0}_{p\times p}\\\vdots&&\vdots&&\vdots\\\boldsymbol{0}_{p\times p}&\cdots&\boldsymbol{B}_{m_i}\boldsymbol{K}_{n_i}&\cdots&\boldsymbol{0}_{p\times p}\\\vdots&&\vdots&&\vdots\\\boldsymbol{0}_{p\times p}&\cdots&\boldsymbol{0}_{p\times p}&\cdots&\boldsymbol{0}_{p\times p}\end{bmatrix}\begin{bmatrix}\boldsymbol{0}_{p\times p}&\cdots&\boldsymbol{0}_{p\times p}&\cdots&\boldsymbol{0}_{p\times p}\\\vdots&&\vdots&&\vdots\\-a_{i1}\boldsymbol{I}_p&\cdots&(b_i+\sum_{j=1}^{N}a_{ij})\boldsymbol{I}_p&\cdots&-a_{iN}\boldsymbol{I}_p\\\vdots&&\vdots&&\vdots\\\boldsymbol{0}_{p\times p}&\cdots&\boldsymbol{0}_{p\times p}&\cdots&\boldsymbol{0}_{p\times p}\end{bmatrix}=\\&\begin{bmatrix}\boldsymbol{0}_{p\times p}&\cdots&\boldsymbol{0}_{p\times p}&\cdots&\boldsymbol{0}_{p\times p}\\\vdots&&\vdots&&\vdots\\-a_{i1}\boldsymbol{B}_{m_i}\boldsymbol{K}_{n_i}&\cdots&(b_i+\sum_{j=1}^{N}a_{ij})\boldsymbol{B}_{m_i}\boldsymbol{K}_{n_i}&\cdots&-a_{iN}\boldsymbol{B}_{m_i}\boldsymbol{K}_{n_i}\\\vdots&&\vdots&&\vdots\\\boldsymbol{0}_{p\times p}&\cdots&\boldsymbol{0}_{p\times p}&\cdots&\boldsymbol{0}_{p\times p}\end{bmatrix}\end{aligned}\tag{6-135}$$

以及

$$\begin{aligned}&\widetilde{\boldsymbol{B}}_{m_i}\widetilde{\boldsymbol{K}}_{n_i}((\boldsymbol{L}+\boldsymbol{\mathcal{B}})\otimes\boldsymbol{I}_p)=\begin{bmatrix}\boldsymbol{0}_{p\times p}&\cdots&\boldsymbol{0}_{p\times p}&\cdots&\boldsymbol{0}_{p\times p}\\\vdots&&\vdots&&\vdots\\\boldsymbol{0}_{p\times p}&\cdots&\boldsymbol{B}_{m_i}\boldsymbol{K}_{n_i}&\cdots&\boldsymbol{0}_{p\times p}\\\vdots&&\vdots&&\vdots\\\boldsymbol{0}_{p\times p}&\cdots&\boldsymbol{0}_{p\times p}&\cdots&\boldsymbol{0}_{p\times p}\end{bmatrix}\begin{bmatrix}\widetilde{\boldsymbol{\Omega}}_{11}&\cdots&\widetilde{\boldsymbol{\Omega}}_{1i}&\cdots&\widetilde{\boldsymbol{\Omega}}_{1N}\\\vdots&&\vdots&&\vdots\\\widetilde{\boldsymbol{\Omega}}_{i1}&\cdots&\widetilde{\boldsymbol{\Omega}}_{ii}&\cdots&\widetilde{\boldsymbol{\Omega}}_{iN}\\\vdots&&\vdots&&\vdots\\\widetilde{\boldsymbol{\Omega}}_{N1}&\cdots&\widetilde{\boldsymbol{\Omega}}_{Ni}&\cdots&\widetilde{\boldsymbol{\Omega}}_{NN}\end{bmatrix}=\\&\begin{bmatrix}\boldsymbol{0}_{p\times p}&\cdots&\boldsymbol{0}_{p\times p}&\cdots&\boldsymbol{0}_{p\times p}\\\vdots&&\vdots&&\vdots\\-a_{i1}\boldsymbol{B}_{m_i}\boldsymbol{K}_{n_i}&\cdots&(b_i+\sum_{j=1}^{N}a_{ij})\boldsymbol{B}_{m_i}\boldsymbol{K}_{n_i}&\cdots&-a_{iN}\boldsymbol{B}_{m_i}\boldsymbol{K}_{n_i}\\\vdots&&\vdots&&\vdots\\\boldsymbol{0}_{p\times p}&\cdots&\boldsymbol{0}_{p\times p}&\cdots&\boldsymbol{0}_{p\times p}\end{bmatrix}\end{aligned}\tag{6-136}$$

其中，$\widetilde{\boldsymbol{\Omega}}_{ii}=(b_i+\sum_{j=1}^{N}a_{ij})\boldsymbol{I}_p$，$\widetilde{\boldsymbol{\Omega}}_{ij}=-a_{ij}\boldsymbol{I}_p$，$i\neq j$。

根据式(6－135)和式(6－136),易知

$$\widetilde{\boldsymbol{B}}_{m_i}\widetilde{\boldsymbol{K}}_{n_i}((\boldsymbol{L}_i+\mathcal{B}_i)\otimes\boldsymbol{I}_p)=\widetilde{\boldsymbol{B}}_{m_i}\widetilde{\boldsymbol{K}}_{n_i}((\boldsymbol{L}+\mathcal{B})\otimes\boldsymbol{I}_p) \tag{6-137}$$

因此,式(6－134)可化为如下形式:

$$\sum_{i=1}^{N}\widetilde{\boldsymbol{B}}_{m_i}((\boldsymbol{L}_i+\mathcal{B}_i)\otimes\boldsymbol{K}_{n_i})=\sum_{i=1}^{N}\widetilde{\boldsymbol{B}}_{m_i}\widetilde{\boldsymbol{K}}_{n_i}((\boldsymbol{L}+\mathcal{B})\otimes\boldsymbol{I}_p) \tag{6-138}$$

根据式(6－131)和式(6－133),有如下等式:

$$\begin{aligned}\sum_{i=1}^{N}\widetilde{\boldsymbol{B}}_{m_i}\widetilde{\boldsymbol{K}}_{n_i}&=\operatorname{diag}\{\boldsymbol{B}_{m_1}\boldsymbol{K}_{n_1},\boldsymbol{0}_{p\times p},\cdots,\boldsymbol{0}_{p\times p}\}+\operatorname{diag}\{\boldsymbol{0}_{p\times p},\boldsymbol{B}_{m_2}\boldsymbol{K}_{n_2},\cdots,\boldsymbol{0}_{p\times p}\}+\cdots+\\&\operatorname{diag}\{\boldsymbol{0}_{p\times p},\boldsymbol{0}_{p\times p},\cdots,\boldsymbol{B}_{m_N}\boldsymbol{K}_{n_N}\}=\operatorname{diag}\{\boldsymbol{B}_{m_1}\boldsymbol{K}_{n_1},\boldsymbol{B}_{m_2}\boldsymbol{K}_{n_2},\cdots,\boldsymbol{B}_{m_N}\boldsymbol{K}_{n_N}\}\end{aligned} \tag{6-139}$$

以及

$$\begin{aligned}\sum_{i=1}^{N}\widetilde{\boldsymbol{B}}_{m_i}\sum_{i=1}^{N}\widetilde{\boldsymbol{K}}_{n_i}&=(\operatorname{diag}\{\boldsymbol{B}_{m_1},\boldsymbol{0}_{p\times q},\cdots,\boldsymbol{0}_{p\times q}\}+\operatorname{diag}\{\boldsymbol{0}_{p\times q},\boldsymbol{B}_{m_2},\cdots,\boldsymbol{0}_{p\times q}\}+\cdots\\&\operatorname{diag}\{\boldsymbol{0}_{p\times q},\boldsymbol{0}_{p\times q},\cdots,\boldsymbol{B}_{m_N}\})(\operatorname{diag}\{\boldsymbol{K}_{n_1},\boldsymbol{0}_{q\times p},\cdots,\boldsymbol{0}_{q\times p}\}+\\&\operatorname{diag}\{\boldsymbol{0}_{q\times p},\boldsymbol{K}_{n_2},\cdots,\boldsymbol{0}_{q\times p}\}+\cdots+\operatorname{diag}\{\boldsymbol{0}_{q\times p},\boldsymbol{0}_{q\times p},\cdots,\boldsymbol{K}_{n_N}\})=\\&\operatorname{diag}\{\boldsymbol{B}_{m_1}\boldsymbol{K}_{n_1},\boldsymbol{B}_{m_2}\boldsymbol{K}_{n_2},\cdots,\boldsymbol{B}_{m_N}\boldsymbol{K}_{n_N}\}\end{aligned} \tag{6-140}$$

根据式(6－139)和式(6－140)易知

$$\sum_{i=1}^{N}\widetilde{\boldsymbol{B}}_{m_i}\widetilde{\boldsymbol{K}}_{n_i}=\sum_{i=1}^{N}\widetilde{\boldsymbol{B}}_{m_i}\sum_{i=1}^{N}\widetilde{\boldsymbol{K}}_{n_i} \tag{6-141}$$

根据式(6－141),可将式(6－138)化为如下形式:

$$\sum_{i=1}^{N}\widetilde{\boldsymbol{B}}_{m_i}((\boldsymbol{L}_i+\mathcal{B}_i)\otimes\boldsymbol{K}_{n_i})=\sum_{i=1}^{N}\widetilde{\boldsymbol{B}}_{m_i}\sum_{i=1}^{N}\widetilde{\boldsymbol{K}}_{n_i}((\boldsymbol{L}+\mathcal{B})\otimes\boldsymbol{I}_p) \tag{6-142}$$

因此,式(6－132)可进一步转化为如下等式:

$$\begin{aligned}\dot{\boldsymbol{X}}(t)=&\sum_{m_1=1}^{r}h_{m_1}(\boldsymbol{x}_1(t))\cdots\sum_{m_N=1}^{r}h_{m_N}(\boldsymbol{x}_N(t))\sum_{n_1=1}^{s}g_{n_1}(\boldsymbol{x}_1(t))\cdots\sum_{n_N=1}^{s}g_{n_N}(\boldsymbol{x}_N(t))\times\\&\Big(\sum_{i=1}^{N}\widetilde{\boldsymbol{A}}_{m_i}+\sum_{i=1}^{N}\widetilde{\boldsymbol{B}}_{m_i}\sum_{i=1}^{N}\widetilde{\boldsymbol{K}}_{n_i}((\boldsymbol{L}+\mathcal{B})\otimes\boldsymbol{I}_p)\Big)\boldsymbol{X}(t)=\\&\sum_{m_1=1}^{r}h_{m_1}(\boldsymbol{x}_1(t))\cdots\sum_{m_N=1}^{r}h_{m_N}(\boldsymbol{x}_N(t))\sum_{n_1=1}^{s}g_{n_1}(\boldsymbol{x}_1(t))\cdots\sum_{n_N=1}^{s}g_{n_N}(\boldsymbol{x}_N(t))\times\\&(\widetilde{\boldsymbol{A}}_m+\widetilde{\boldsymbol{B}}_m\widetilde{\boldsymbol{K}}_n((\boldsymbol{L}+\mathcal{B})\otimes\boldsymbol{I}_p))\boldsymbol{X}(t)\end{aligned} \tag{6-143}$$

式中

$$\widetilde{\boldsymbol{A}}_m=\sum_{i=1}^{N}\widetilde{\boldsymbol{A}}_{m_i}=\operatorname{diag}\{\boldsymbol{A}_{m_1},\cdots,\boldsymbol{A}_{m_N}\},\quad\widetilde{\boldsymbol{B}}_m=\sum_{i=1}^{N}\widetilde{\boldsymbol{B}}_{m_i}=\operatorname{diag}\{\boldsymbol{B}_{m_1},\cdots,\boldsymbol{B}_{m_N}\}$$

$$\widetilde{\boldsymbol{K}}_n=\sum_{i=1}^{N}\widetilde{\boldsymbol{K}}_{n_i}=\operatorname{diag}\{\boldsymbol{K}_{n_1},\cdots,\boldsymbol{K}_{n_N}\}$$

综上所述可知,式(6－143)便是式(6－116)进行等价转化之后的系统。根据式(6－143)的表达式可知,模糊加权函数 $h_{m_i}(\boldsymbol{x}_i(t))$ 和 $g_{n_i}(\boldsymbol{x}_i(t))$ 已从模糊系统中提取出来,并与线性子系统相互独立。因此,在6.4.1节中所提到的关于单体模糊系统的稳定性分析方法便可适用于等价转化之后的系统式(6－143)。接下来将针对系统式(6－143)进行稳定性分析。

定理6.3:给定矩阵 $\boldsymbol{Q}=\boldsymbol{Q}^{\mathrm{T}}>0$ 和 $\boldsymbol{R}=\boldsymbol{R}^{\mathrm{T}}>0$,若对于任意 $m_i\in\{1,\cdots,r\}$、$n_i\in\{1,\cdots,s\}$、$i\in\{1,\cdots,N\}$,如下 Riccati 方程均有正定解 $\boldsymbol{P}=\boldsymbol{P}^{\mathrm{T}}>0$:

$$(\boldsymbol{I}_N \otimes \boldsymbol{P})\widetilde{\boldsymbol{A}}_m + \widetilde{\boldsymbol{A}}_m^{\mathrm{T}}(\boldsymbol{I}_N \otimes \boldsymbol{P}) - (\boldsymbol{I}_N \otimes \boldsymbol{P})\boldsymbol{S}(\boldsymbol{I}_N \otimes \boldsymbol{P}) + \boldsymbol{I}_N \otimes \boldsymbol{Q} = 0 \tag{6-144}$$

式中

$$\boldsymbol{S} = \widetilde{\boldsymbol{B}}_m\widetilde{\boldsymbol{R}}^{-1}\widetilde{\boldsymbol{B}}_n^{\mathrm{T}}((\boldsymbol{L}+\boldsymbol{\mathcal{B}})\otimes \boldsymbol{I}_p) + ((\boldsymbol{L}^{\mathrm{T}}+\boldsymbol{\mathcal{B}})\otimes \boldsymbol{I}_p)\widetilde{\boldsymbol{B}}_n\widetilde{\boldsymbol{R}}^{-1}\widetilde{\boldsymbol{B}}_m^{\mathrm{T}}$$

$$\widetilde{\boldsymbol{R}} = \boldsymbol{I}_N \otimes \boldsymbol{R},\quad \widetilde{\boldsymbol{B}}_m = \mathrm{diag}\{\boldsymbol{B}_{m_1},\cdots,\boldsymbol{B}_{m_N}\},\quad \widetilde{\boldsymbol{B}}_n = \mathrm{diag}\{\boldsymbol{B}_{n_1},\cdots,\boldsymbol{B}_{n_N}\}$$

则系统式(6－143)渐进稳定。此外，控制增益矩阵的表达式如下：

$$\boldsymbol{K}_{n_i} = -\boldsymbol{R}^{-1}\boldsymbol{B}_{n_i}^{\mathrm{T}}\boldsymbol{P},\quad n_i = 1,\cdots,s \tag{6-145}$$

证明：令 Lyapunov 函数 $V_{\mathrm{F}}(t) = \boldsymbol{X}^{\mathrm{T}}(t)\widetilde{\boldsymbol{P}}\boldsymbol{X}(t)$，其中，$\widetilde{\boldsymbol{P}} = \boldsymbol{I}_N \otimes \boldsymbol{P}$。对 $V_{\mathrm{F}}(t)$ 求导有

$$\begin{aligned}
\dot{V}_{\mathrm{F}}(t) = 2\boldsymbol{X}^{\mathrm{T}}(t)\widetilde{\boldsymbol{P}}\dot{\boldsymbol{X}}(t) = \\
&\boldsymbol{X}^{\mathrm{T}}(t)\Big(\widetilde{\boldsymbol{P}}\sum_{m_1=1}^{r}h_{m_1}(\boldsymbol{x}_1(t))\cdots\sum_{m_N=1}^{r}h_{m_N}(\boldsymbol{x}_N(t))\sum_{n_1=1}^{s}g_{n_1}(\boldsymbol{x}_1(t))\cdots\sum_{n_N=1}^{s}g_{n_N}(\boldsymbol{x}_N(t))\times \\
&(\widetilde{\boldsymbol{A}}_m + \widetilde{\boldsymbol{B}}_m\widetilde{\boldsymbol{K}}_n((\boldsymbol{L}+\boldsymbol{\mathcal{B}})\otimes \boldsymbol{I}_p)) + \sum_{m_1=1}^{r}h_{m_1}(\boldsymbol{x}_1(t))\cdots\sum_{m_N=1}^{r}h_{m_N}(\boldsymbol{x}_N(t))\times \\
&\sum_{n_1=1}^{s}g_{n_1}(\boldsymbol{x}_1(t))\cdots\sum_{n_N=1}^{s}g_{n_N}(\boldsymbol{x}_N(t))\,(\widetilde{\boldsymbol{A}}_m + \widetilde{\boldsymbol{B}}_m\widetilde{\boldsymbol{K}}_n((\boldsymbol{L}+\boldsymbol{\mathcal{B}})\otimes \boldsymbol{I}_p))^{\mathrm{T}}\widetilde{\boldsymbol{P}}\Big)\boldsymbol{X}(t) = \\
&\sum_{m_1=1}^{r}h_{m_1}(\boldsymbol{x}_1(t))\cdots\sum_{m_N=1}^{r}h_{m_N}(\boldsymbol{x}_N(t))\sum_{n_1=1}^{s}g_{n_1}(\boldsymbol{x}_1(t))\cdots\sum_{n_N=1}^{s}g_{n_N}(\boldsymbol{x}_N(t))\boldsymbol{X}^{\mathrm{T}}(t)\times \\
&(\widetilde{\boldsymbol{P}}(\widetilde{\boldsymbol{A}}_{\mathrm{m}} + \widetilde{\boldsymbol{B}}_m\widetilde{\boldsymbol{K}}_n((\boldsymbol{L}+\boldsymbol{\mathcal{B}})\otimes \boldsymbol{I}_p)) + (\widetilde{\boldsymbol{A}}_m + \widetilde{\boldsymbol{B}}_m\widetilde{\boldsymbol{K}}_n((\boldsymbol{L}+\boldsymbol{\mathcal{B}})\otimes \boldsymbol{I}_p))^{\mathrm{T}}\widetilde{\boldsymbol{P}})\boldsymbol{X}(t) = \\
&\sum_{m_1=1}^{r}h_{m_1}(\boldsymbol{x}_1(t))\cdots\sum_{m_N=1}^{r}h_{m_N}(\boldsymbol{x}_N(t))\sum_{n_1=1}^{s}g_{n_1}(\boldsymbol{x}_1(t))\cdots\sum_{n_N=1}^{s}g_{n_N}(\boldsymbol{x}_N(t))\boldsymbol{W}_{mn}(t)
\end{aligned} \tag{6-146}$$

式中

$$\begin{aligned}
\boldsymbol{W}_{mn}(t) = \boldsymbol{X}^{\mathrm{T}}(t)(\widetilde{\boldsymbol{P}}(\widetilde{\boldsymbol{A}}_m + \widetilde{\boldsymbol{B}}_m\widetilde{\boldsymbol{K}}_n((\boldsymbol{L}+\boldsymbol{\mathcal{B}})\otimes \boldsymbol{I}_p)) \\
\boldsymbol{\mathcal{B}} + (\widetilde{\boldsymbol{A}}_m + \widetilde{\boldsymbol{B}}_m\widetilde{\boldsymbol{K}}_n((\boldsymbol{L}+\boldsymbol{\mathcal{B}})\otimes \boldsymbol{I}_p))^{\mathrm{T}}\widetilde{\boldsymbol{P}})\boldsymbol{X}(t)
\end{aligned} \tag{6-147}$$

根据式(6－145)，可将矩阵 $\widetilde{\boldsymbol{K}}_n$ 转化为如下形式：

$$\widetilde{\boldsymbol{K}}_n = \mathrm{diag}\{\boldsymbol{K}_{n_1},\cdots,\boldsymbol{K}_{n_N}\} = -(\boldsymbol{I}_N \otimes \boldsymbol{R})^{-1}\mathrm{diag}\{\boldsymbol{B}_{n_1},\cdots,\boldsymbol{B}_{n_N}\}(\boldsymbol{I}_N \otimes \boldsymbol{P}) = -\widetilde{\boldsymbol{R}}^{-1}\widetilde{\boldsymbol{B}}_n^{\mathrm{T}}\widetilde{\boldsymbol{P}} \tag{6-148}$$

令 $\widetilde{\boldsymbol{Q}} = \boldsymbol{I}_N \otimes \boldsymbol{Q}$，根据式(6－144)，可将式(6－147)化作如下形式：

$$\begin{aligned}
\boldsymbol{W}_{mn}(t) = \boldsymbol{X}^{\mathrm{T}}(t)(\widetilde{\boldsymbol{P}}(\widetilde{\boldsymbol{A}}_m - \widetilde{\boldsymbol{B}}_m\widetilde{\boldsymbol{R}}^{-1}\widetilde{\boldsymbol{B}}_n^{\mathrm{T}}\widetilde{\boldsymbol{P}}((\boldsymbol{L}+\boldsymbol{\mathcal{B}})\otimes \boldsymbol{I}_p)) + \\
(\widetilde{\boldsymbol{A}}_m - \widetilde{\boldsymbol{B}}_m\widetilde{\boldsymbol{R}}^{-1}\widetilde{\boldsymbol{B}}_n^{\mathrm{T}}\widetilde{\boldsymbol{P}}\boldsymbol{X}((\boldsymbol{L}+\boldsymbol{\mathcal{B}})\otimes \boldsymbol{I}_p))^{\mathrm{T}}\widetilde{\boldsymbol{P}})\boldsymbol{X}(t) = \\
\boldsymbol{X}^{\mathrm{T}}(t)(\widetilde{\boldsymbol{P}}\widetilde{\boldsymbol{A}}_m + \widetilde{\boldsymbol{A}}_m^{\mathrm{T}}\widetilde{\boldsymbol{P}} - \widetilde{\boldsymbol{P}}\boldsymbol{S}\widetilde{\boldsymbol{P}})\boldsymbol{X}(t) = -\boldsymbol{X}^{\mathrm{T}}(t)\widetilde{\boldsymbol{Q}}\boldsymbol{X}(t)
\end{aligned} \tag{6-149}$$

根据模糊加权函数的性质 $\sum_{m_i=1}^{r}h_{m_i}(\boldsymbol{x}_i(t)) = \sum_{n_i=1}^{r}g_{n_i}(\boldsymbol{x}_i(t)) = 1$，并将式(6－149)代入式(6－146)中，有如下等式：

$$\begin{aligned}
\dot{V}_{\mathrm{F}}(t) = -\sum_{m_1=1}^{r}h_{m_1}(\boldsymbol{x}_1(t))\cdots\sum_{m_N=1}^{r}h_{m_N}(\boldsymbol{x}_N(t))\times \\
\sum_{n_1=1}^{s}g_{n_1}(\boldsymbol{x}_1(t))\cdots\sum_{n_N=1}^{s}g_{n_N}(\boldsymbol{x}_N(t))\boldsymbol{X}^{\mathrm{T}}(t)\widetilde{\boldsymbol{Q}}\boldsymbol{X}(t) = -\boldsymbol{X}^{\mathrm{T}}(t)\widetilde{\boldsymbol{Q}}\boldsymbol{X}(t)
\end{aligned} \tag{6-150}$$

进而有

$$\lambda_{\max}(\boldsymbol{P})\dot{V}_{\mathrm{F}}(t)=-\lambda_{\max}(\boldsymbol{P})\boldsymbol{X}^{\mathrm{T}}(t)\widetilde{\boldsymbol{Q}}\boldsymbol{X}(t)\leqslant-\lambda_{\min}(\boldsymbol{Q})\lambda_{\max}(\boldsymbol{P})\boldsymbol{X}^{\mathrm{T}}(t)\boldsymbol{X}(t)\leqslant -\lambda_{\min}(\boldsymbol{Q})\boldsymbol{X}^{\mathrm{T}}(t)\widetilde{\boldsymbol{P}}\boldsymbol{X}(t)=-\lambda_{\min}(\boldsymbol{Q})V_{\mathrm{F}}(t) \tag{6-151}$$

由于矩阵$\boldsymbol{P}$正定，则易知$\lambda_{\max}(\boldsymbol{P})>0$。此外，根据Lyapunov函数$V_{\mathrm{F}}(t)$的表达式可知：对于任意非零状态$\boldsymbol{X}(t)\neq 0$，均有$V_{\mathrm{F}}(t)>0$。因此，可将不等式(6-151)进一步写为如下形式：

$$\dot{V}_{\mathrm{F}}(t)/V_{\mathrm{F}}(t)\leqslant-\alpha \tag{6-152}$$

其中，$\alpha=\lambda_{\min}(\boldsymbol{Q})/\lambda_{\max}(\boldsymbol{P})$。将不等式(6-152)的两端对时间取积分有

$$\int_0^t \dot{V}_{\mathrm{F}}(\tau)/V_{\mathrm{F}}(\tau)\mathrm{d}\tau\leqslant-\int_0^t \alpha\mathrm{d}\tau \tag{6-153}$$

进而有

$$\ln V_{\mathrm{F}}(t)/V_{\mathrm{F}}(0)\leqslant-\alpha t \tag{6-154}$$

即

$$V_{\mathrm{F}}(t)\leqslant V_{\mathrm{F}}(0)\mathrm{e}^{-\alpha t} \tag{6-155}$$

根据Lyapunov函数$V_{\mathrm{F}}(t)$的表达式易知：

$$V_{\mathrm{F}}(t)\geqslant\lambda_{\min}(\boldsymbol{P})\boldsymbol{X}^{\mathrm{T}}(t)\boldsymbol{X}(t)=\lambda_{\min}(\boldsymbol{P})\ \|\boldsymbol{X}(t)\|^2 \tag{6-156}$$

根据式(6-155)，可将不等式(6-156)进一步化作如下形式：

$$\lambda_{\min}(\boldsymbol{P})\ \|\boldsymbol{X}(t)\|^2\leqslant V_{\mathrm{F}}(0)\mathrm{e}^{-\alpha t}\leqslant\lambda_{\max}(\boldsymbol{P})\boldsymbol{X}^{\mathrm{T}}(0)\boldsymbol{X}(0)\mathrm{e}^{-\alpha t}=\lambda_{\max}(\boldsymbol{P})\ \|\boldsymbol{X}(0)\|^2\mathrm{e}^{-\alpha t} \tag{6-157}$$

根据式(6-157)有 $\|\boldsymbol{X}(t)\|\leqslant\beta\mathrm{e}^{-\alpha t/2}$，其中，$\beta=\sqrt{\lambda_{\max}(\boldsymbol{P})/\lambda_{\min}(\boldsymbol{P})}\ \|\boldsymbol{X}(0)\|$，因此有

$$\lim_{t\to\infty}\|\boldsymbol{X}(t)\|\leqslant\beta\lim_{t\to\infty}\mathrm{e}^{\frac{-\alpha t}{2}}=0 \tag{6-158}$$

根据式(6-158)易知，$\lim\limits_{t\to\infty}\boldsymbol{X}(t)=0$，即系统式(6-143)渐进稳定。

证毕。

此外，根据定理6.3中的结论$\lim\limits_{t\to\infty}\boldsymbol{X}(t)=0$，有如下等式成立：

$$\lim_{t\to\infty}\boldsymbol{x}_1(t)=\lim_{t\to\infty}\boldsymbol{x}_2(t)=\cdots=\lim_{t\to\infty}\boldsymbol{x}_N(t)=0 \tag{6-159}$$

即意味着式(6-113)成立。因此，式(6-112)中描述的非线性多智能体系统可实现状态一致。

注6.2：在定理6.3中，通过求解Riccati方程式(6-144)来设计控制器增益矩阵$\boldsymbol{K}_{n_i}$。然而，对于大规模多智能体系统，式(6-144)所描述的Riccati方程的矩阵阶数较高，难于求解。为解决上述问题，可将Riccati方程式(6-144)化为如下Riccati不等式的形式：

$$(\boldsymbol{I}_N\otimes\boldsymbol{P})\widetilde{\boldsymbol{A}}_m+\widetilde{\boldsymbol{A}}_m^{\mathrm{T}}(\boldsymbol{I}_N\otimes\boldsymbol{P})-(\boldsymbol{I}_N\otimes\boldsymbol{P})\boldsymbol{S}(\boldsymbol{I}_N\otimes\boldsymbol{P})+\boldsymbol{I}_N\otimes\bar{\boldsymbol{Q}}=-\boldsymbol{I}_N\otimes\mu\boldsymbol{I}_p<0 \tag{6-160}$$

其中，$\bar{\boldsymbol{Q}}=\boldsymbol{Q}-\mu\boldsymbol{I}_p$；$\mu$是一个较小的正数。令$\hat{\boldsymbol{P}}=\boldsymbol{P}^{-1}$，则式(6-160)可化为如下形式：

$$\widetilde{\boldsymbol{A}}_m(\boldsymbol{I}_N\otimes\hat{\boldsymbol{P}})+(\boldsymbol{I}_N\otimes\hat{\boldsymbol{P}})\widetilde{\boldsymbol{A}}_m^{\mathrm{T}}-\boldsymbol{S}+\boldsymbol{I}_N\otimes(\hat{\boldsymbol{P}}\bar{\boldsymbol{Q}}\hat{\boldsymbol{P}})<0 \tag{6-161}$$

令$\hat{\boldsymbol{Q}}=\sqrt{\bar{\boldsymbol{Q}}}$，则根据引理2.1，可将式(6-161)等价转化为如下不等式：

$$\begin{bmatrix}\widetilde{\boldsymbol{A}}_m(\boldsymbol{I}_N\otimes\hat{\boldsymbol{P}})+(\boldsymbol{I}_N\otimes\hat{\boldsymbol{P}})\widetilde{\boldsymbol{A}}_m^{\mathrm{T}}-\boldsymbol{S} & \boldsymbol{I}_N\otimes(\hat{\boldsymbol{P}}\hat{\boldsymbol{Q}})\\ * & -\boldsymbol{I}_N\otimes\boldsymbol{I}_p\end{bmatrix}<0 \tag{6-162}$$

即意味着将Riccati方程式(6-144)化为了线性矩阵不等式(6-162)，而利用MATLAB中的LMI工具箱，可以较容易地对线性矩阵不等式进行求解。因此，上述步骤简化了求解控制增益矩阵的过程。

6.4.3　仿真算例

本节以无人船集群系统协同控制问题为背景，验证 6.4.2 节中提出的方法的有效性。考虑无人船集群系统中有 3 艘成员无人船，各个无人船之间的通信拓扑结构如图 6-37 所示。此外，假设只有节点 1 能够获取自身的绝对状态信息，即 $b_1=1, b_2=0, b_3=0$。

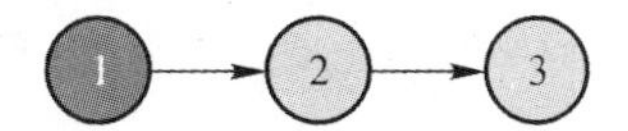

图 6-37　无人船之间的通信拓扑结构图

无人船的运动学和动力学模型如下：

$$\dot{\boldsymbol{\rho}}_i(t)=\boldsymbol{\Omega}(\psi_i(t))\boldsymbol{v}_i(t),\quad i=1,2,3 \tag{6-163}$$

$$\boldsymbol{M}\dot{\boldsymbol{v}}_i(t)+\boldsymbol{D}\boldsymbol{v}_i(t)=\boldsymbol{u}_i(t),\quad i=1,2,3 \tag{6-164}$$

式中，下角标 i 表示第 i 艘无人船；$\boldsymbol{M}\in\mathbf{R}^{3\times 3}$ 表示无人船惯性矩阵；$\boldsymbol{D}\in\mathbf{R}^{3\times 3}$ 为阻尼矩阵；$\boldsymbol{\rho}_i(t)=[x_i(t)\quad y_i(t)\quad \psi_i(t)]^{\mathrm{T}}\in\mathbf{R}^{3\times 1}$ 为惯性坐标系下的无人船位置和偏航角，$x_i(t)$ 和 $y_i(t)$ 分别表示航向和横向位置，$\psi_i(t)$ 表示偏航角；$\boldsymbol{v}_i(t)=[\nu_{xi}(t)\quad \nu_{yi}(t)\quad \omega_i(t)]^{\mathrm{T}}\in\mathbf{R}^{3\times 1}$ 为惯性坐标系下的无人船速度和角速度，$\nu_{xi}(t)$ 和 $\nu_{yi}(t)$ 分别表示航向和横向速度，$\omega_i(t)$ 表示偏航角速度；$\boldsymbol{u}_i(t)\in\mathbf{R}^{3\times 1}$ 为无人船控制输入；$\boldsymbol{\Omega}(\psi_i(t))\in\mathbf{R}^{3\times 3}$ 为惯性坐标系到无人船本体坐标系的状态转移矩阵，具体如下：

$$\boldsymbol{\Omega}(\psi_i(t))=\begin{bmatrix}\cos(\psi_i(t)) & -\sin(\psi_i(t)) & 0\\ \sin(\psi_i(t)) & \cos(\psi_i(t)) & 0\\ 0 & 0 & 1\end{bmatrix} \tag{6-165}$$

令状态变量 $\boldsymbol{x}_i(t)=[\boldsymbol{\rho}_i^{\mathrm{T}}(t)\quad \boldsymbol{v}_i^{\mathrm{T}}(t)]^{\mathrm{T}}$，可将式(6-163)和式(6-164)描述的无人船模型转化为状态空间方程的形式，具体如下：

$$\dot{\boldsymbol{x}}_i(t)=\boldsymbol{A}(\boldsymbol{x}_i(t))\boldsymbol{x}_i(t)+\boldsymbol{B}\boldsymbol{u}_i(t),\quad i=1,2,3 \tag{6-166}$$

式中

$$\boldsymbol{A}(\boldsymbol{x}_i(t))=\begin{bmatrix}\boldsymbol{0}_{3\times 3} & \boldsymbol{\Omega}(\psi_i(t))\\ \boldsymbol{0}_{3\times 3} & -\boldsymbol{M}^{-1}\boldsymbol{D}\end{bmatrix},\quad \boldsymbol{B}=\begin{bmatrix}\boldsymbol{0}_{3\times 3}\\ \boldsymbol{M}^{-1}\end{bmatrix}$$

对于非线性系统式(6-166)，选取工作点如下：

$$\left.\begin{array}{ll}\sin\psi_i=0, & \cos\psi_i=1\\ \sin\psi_i=0, & \cos\psi_i=\cos(\pi/8)\\ \sin\psi_i=\sin(\pi/8), & \cos\psi_i=1\\ \sin\psi_i=\sin(\pi/8), & \cos\psi_i=\cos(\pi/8)\end{array}\right\} \tag{6-167}$$

令惯性矩阵 $\boldsymbol{M}$ 和阻尼矩阵 $\boldsymbol{D}$ 的值分别为

$$\boldsymbol{M}=\begin{bmatrix}1 & 0 & 0\\ 0 & 1 & 0.1\\ 0 & 0.1 & 1\end{bmatrix},\quad \boldsymbol{D}=\begin{bmatrix}0.1 & 0 & 0\\ 0 & 0.1 & 0\\ 0 & 0 & 0.1\end{bmatrix}$$

根据T-S模糊理论，可将式(6-166)所描述的非线性多智能体系统转化为如下模糊系统的形式：

$$\dot{\boldsymbol{x}}_i(t)=\sum_{m_i=1}^{r}h_{m_i}(\boldsymbol{x}_i(t))\boldsymbol{A}_{m_i}\boldsymbol{x}_i(t)+\boldsymbol{B}\boldsymbol{u}_i(t),\quad i=1,2,3 \tag{6-168}$$

其中，模糊规则总数r与工作点个数相同，即$r=4$。模糊系统式(6-168)所对应的模糊控制器如下：

$$\boldsymbol{u}_i(t)=\sum_{n_i=1}^{s}g_{n_i}(\boldsymbol{x}_i(t))\boldsymbol{K}_{n_i}\Big(\sum_{j=1}^{N}a_{ij}(\boldsymbol{x}_i(t)-\boldsymbol{x}_j(t))+b_i\boldsymbol{x}_i(t)\Big) \tag{6-169}$$

根据定理6.3有控制增益矩阵$\boldsymbol{K}_{n_i}=-\boldsymbol{R}^{-1}\boldsymbol{B}^{\mathrm{T}}\boldsymbol{P}$,由此可知控制增益矩阵与控制器的模糊规则$n_i$无关。因此，利用模糊加权函数的性质$\sum\limits_{n_i=1}^{r}g_{n_i}(\boldsymbol{x}_i(t))=1$，可将式(6-169)转化为如下形式：

$$\boldsymbol{u}_i(t)=\boldsymbol{K}\Big(\sum_{j=1}^{N}a_{ij}(\boldsymbol{x}_i(t)-\boldsymbol{x}_j(t))+b_i\boldsymbol{x}_i(t)\Big) \tag{6-170}$$

其中，$\boldsymbol{K}=-\boldsymbol{R}^{-1}\boldsymbol{B}^{\mathrm{T}}\boldsymbol{P}$。根据式(6-170)可知：对于无人船集群系统协同控制问题，利用6.4.2节中的方法所设计出的控制器实际上是一种线性控制器。

将式(6-167)中选取的4组工作点代入系统式(6-166)的参数矩阵$\boldsymbol{A}(\boldsymbol{x}_i(t))$中，可得到模糊系统式(6-168)中的参数矩阵$\boldsymbol{A}_{m_i}(m_i=1,2,3,4)$为

$$\boldsymbol{A}_1=\begin{bmatrix}0&0&0&1&0&0\\0&0&0&0&1&0\\0&0&0&0&0&1\\0&0&0&-0.1&0&0\\0&0&0&0&-0.101&0.0101\\0&0&0&0&0.0101&-0.101\end{bmatrix}$$

$$\boldsymbol{A}_2=\begin{bmatrix}0&0&0&1&-0.3827&0\\0&0&0&0.3827&1&0\\0&0&0&0&0&1\\0&0&0&-0.1&0&0\\0&0&0&0&-0.101&0.0101\\0&0&0&0&0.0101&-0.101\end{bmatrix}$$

$$\boldsymbol{A}_3=\begin{bmatrix}0&0&0&0.9239&0&0\\0&0&0&0&0.9239&0\\0&0&0&0&0&1\\0&0&0&-0.1&0&0\\0&0&0&0&-0.101&0.0101\\0&0&0&0&0.0101&-0.101\end{bmatrix}$$

$$\boldsymbol{A}_4=\begin{bmatrix}0&0&0&0.923\,9&-0.382\,7&0\\0&0&0&0.382\,7&0.923\,9&0\\0&0&0&0&0&1\\0&0&0&-0.1&0&0\\0&0&0&0&-0.101&0.010\,1\\0&0&0&0&0.010\,1&-0.101\end{bmatrix}$$

取 $\boldsymbol{R}=10\boldsymbol{I}_3,\boldsymbol{Q}=1\times10^{-6}\boldsymbol{I}_6,\mu=1\times10^{-15}$，则通过求解线性矩阵不等式(6-162)，可得到控制增益矩阵为

$$\boldsymbol{K}=-\boldsymbol{R}^{-1}\boldsymbol{B}^{\mathrm{T}}\boldsymbol{P}=$$

$$\begin{bmatrix}-1.168\,1&-0.168\,8&-0.006\,0&-11.895\,5&-0.009\,8&-0.067\,5\\0.178\,3&-1.240\,0&-0.221\,0&0.003\,1&-12.707\,5&-2.708\,8\\0.026\,0&-0.213\,2&-1.178\,1&-0.067\,1&-2.626\,4&-11.883\,6\end{bmatrix}$$

选取 3 艘无人船的位置初值、偏航角初值、速度初值、偏航角速度初值如下：

$$x_1(0)=10,\quad x_2(0)=-10,\quad x_3(0)=15$$

$$y_1(0)=12,\quad y_2(0)=-12,\quad y_3(0)=18$$

$$\psi_1(0)=0.1,\quad \psi_2(0)=-0.1,\quad \psi_3(0)=0.2$$

$$\nu_{x1}(0)=-0.5,\quad \nu_{x2}(0)=0.5,\quad \nu_{x3}(0)=-0.3$$

$$\nu_{y1}(0)=-0.1,\quad \nu_{y2}(0)=0.1,\quad \nu_{y3}(0)=-0.3$$

$$\omega_1(0)=-0.01,\quad \omega_2(0)=0.01,\quad \omega_3(0)=-0.02$$

3 艘无人船的航向位置 $x_i(t)$、横向位置 $y_i(t)$、偏航角 $\psi_i(t)$、航向速度 $\nu_{xi}(t)$、横向速度 $\nu_{yi}(t)$ 和偏航角速度 $\omega_i(t)$ 的曲线如图 6-38 ～ 图 6-43 所示。

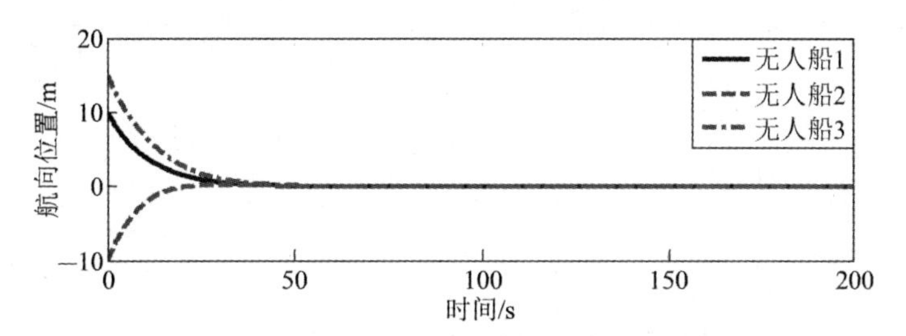

图 6-38　无人船航向位置曲线

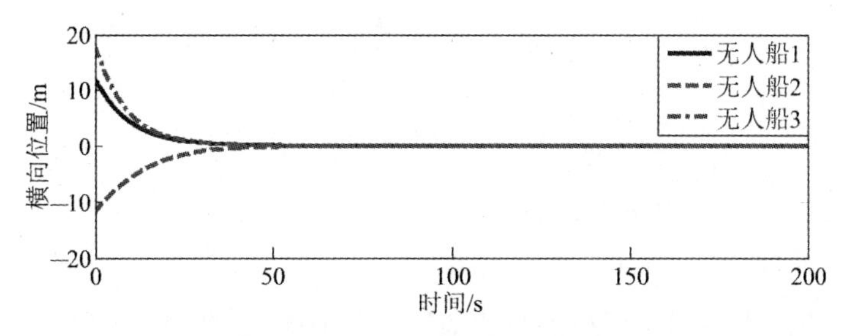

图 6-39　无人船横向位置曲线

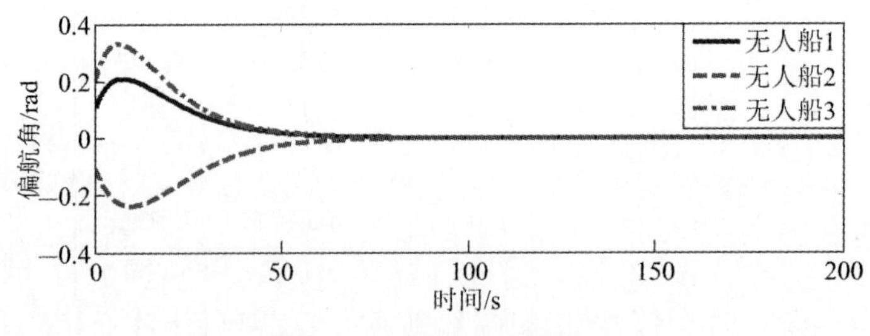

图 6-40　无人船偏航角曲线

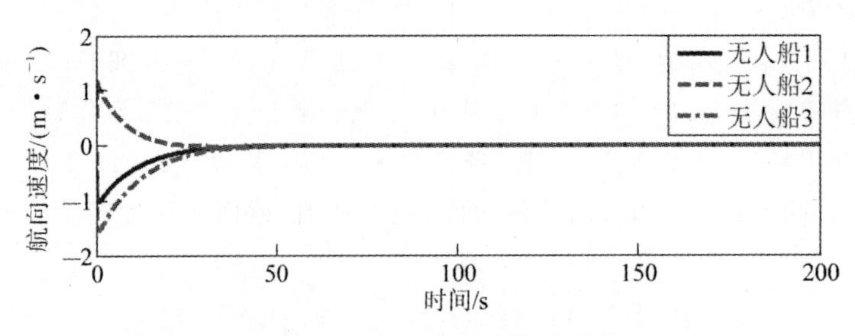

图 6-41　无人船航向速度曲线

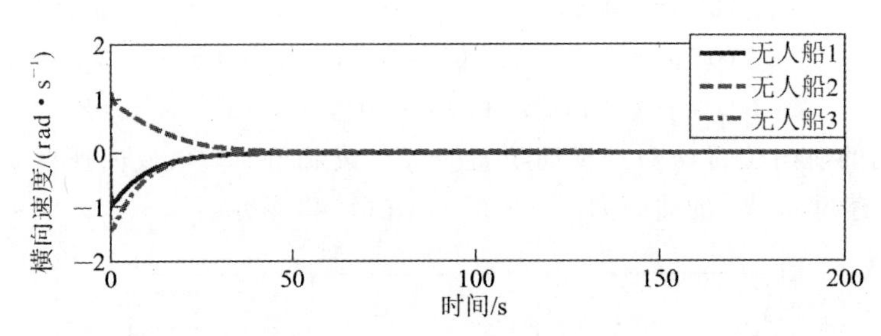

图 6-42　无人船横向速度曲线

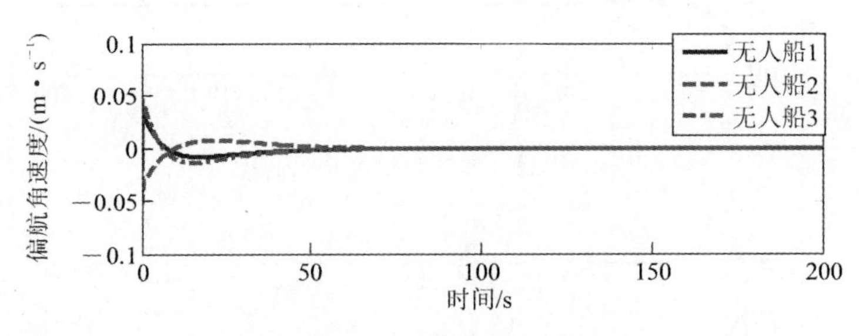

图 6-43　无人船偏航角速度曲线

从图 6-38～图 6-43 中可以看出，利用式(6-119)所设计的控制器，能够保证具有非线性模型的无人船集群系统的各个状态变量趋于一致，即 $\lim\limits_{t\to\infty}\boldsymbol{x}_1(t)=\lim\limits_{t\to\infty}\boldsymbol{x}_2(t)=\lim\limits_{t\to\infty}\boldsymbol{x}_3(t)$。此外，在只有 1 号无人船能够获取自身绝对状态信息的情况下(见图 6-37)，采用式(6-119)中所设计的控制器仍能够保证所有无人船的状态均到达平衡点处，即 $\lim\limits_{t\to\infty}\boldsymbol{x}_1(t)=\lim\limits_{t\to\infty}\boldsymbol{x}_2(t)=\lim\limits_{t\to\infty}\boldsymbol{x}_3(t)=0$。

仿真程序：

(1)Simulink 主程序模块图如图 6-44 所示。

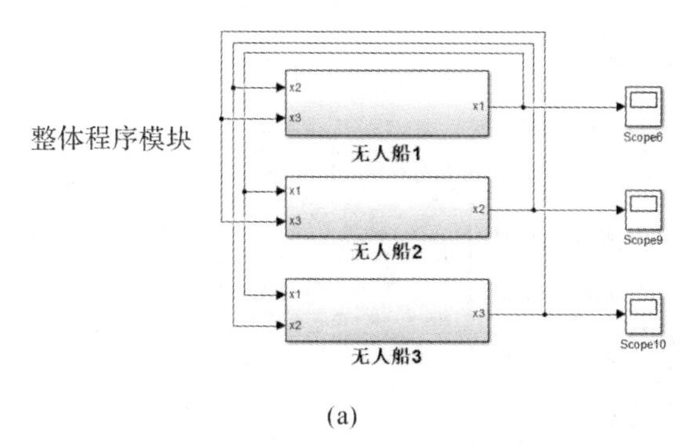

(a)

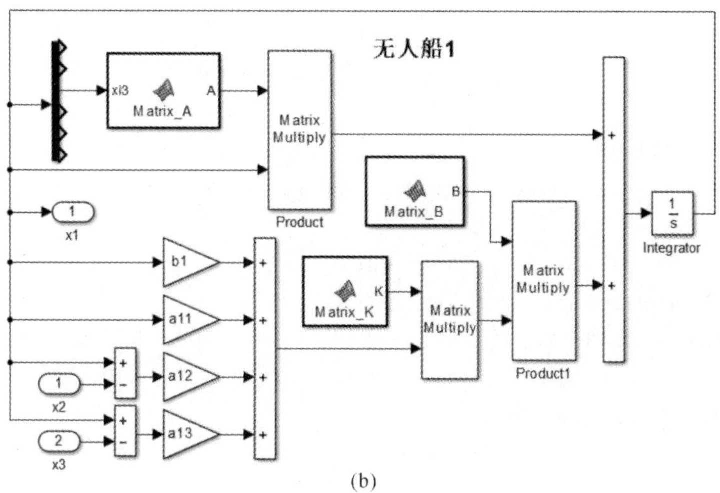

(b)

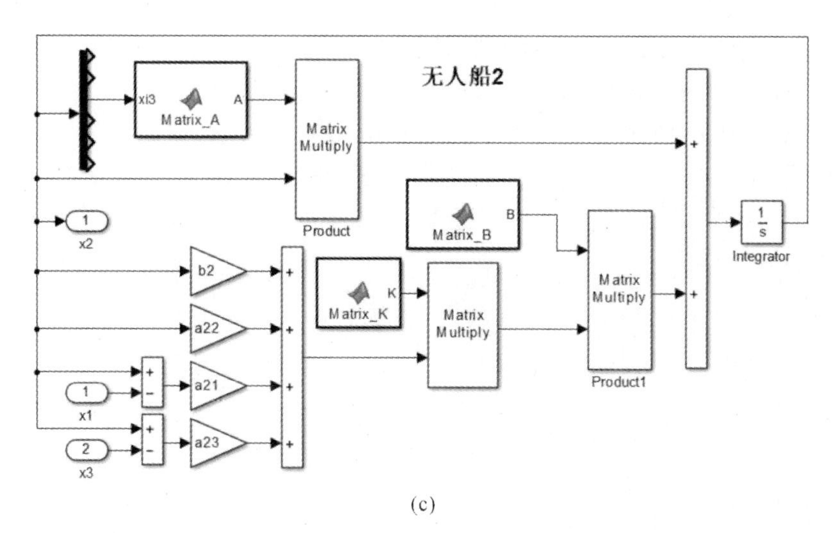

(c)

图 6-44 Simulink 主程序模块

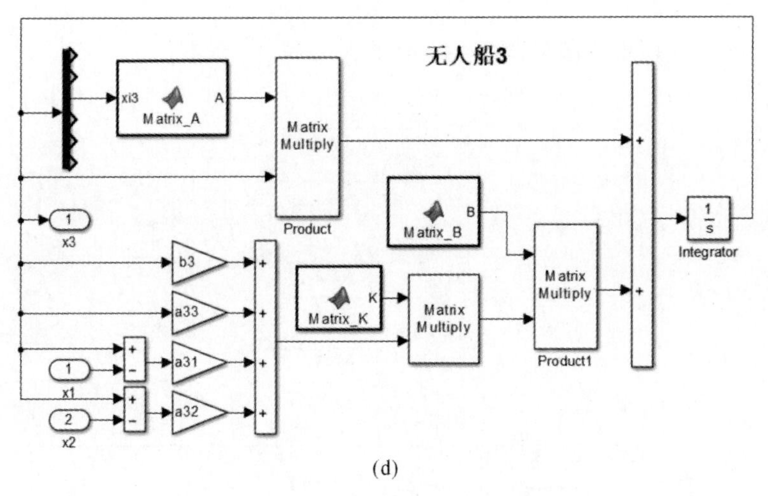

(d)

续图 6-44 Simulink 主程序模块

(2)控制增益参数程序。

```
a11=0;a12=0;a13=0;a21=1;a22=0;a23=0;a31=0;a32=1;a33=0;
b1=1;b2=0;b3=0;
l11=b1+a11+a12+a13;l12=-a12;l13=-a13;
l21=-a21;l22=b2+a21+a22+a23;l23=-a23;
l31=-a31;l32=-a32;l33=b3+a31+a32+a33;
M=[1 0 0;0 1 0.1;0 0.1 1];N=[0.1 0 0;0 0.1 0;0 0 0.1];
Bbar=-inv(M)*N;Dbar=inv(M);
B11=Bbar(1,1);B12=Bbar(1,2);B13=Bbar(1,3);
B21=Bbar(2,1);B22=Bbar(2,2);B23=Bbar(2,3);
B31=Bbar(3,1);B32=Bbar(3,2);B33=Bbar(3,3);
D11=Dbar(1,1);D12=Dbar(1,2);D13=Dbar(1,3);
D21=Dbar(2,1);D22=Dbar(2,2);D23=Dbar(2,3);
D31=Dbar(3,1);D32=Dbar(3,2);D33=Dbar(3,3);
fai1=0;fai2=pi/8;
A1=[0  0  0  cos(fai1)  -sin(fai1)  0;
    0  0  0  sin(fai1)  cos(fai1)   0;
    0  0  0  0          0           1;
    0  0  0  B11        B12         B13;
    0  0  0  B21        B22         B23;
    0  0  0  B31        B32         B33];
A2=[0  0  0  cos(fai1)  -sin(fai2)  0;
    0  0  0  sin(fai2)  cos(fai1)   0;
    0  0  0  0          0           1;
    0  0  0  B11        B12         B13;
    0  0  0  B21        B22         B23;
    0  0  0  B31        B32         B33];
A3=[0  0  0  cos(fai2)  -sin(fai1)  0;
```

```
        0  0  0  sin(fai1)   cos(fai2)    0;
        0  0  0  0           0            1;
        0  0  0  B11         B12          B13;
        0  0  0  B21         B22          B23;
        0  0  0  B31         B32          B33];
A4=[0  0  0  cos(fai2)   -sin(fai2)   0;
        0  0  0  sin(fai2)   cos(fai2)    0;
        0  0  0  0           0            1;
        0  0  0  B11         B12          B13;
        0  0  0  B21         B22          B23;
        0  0  0  B31         B32          B33];
B=[0 0 0;0 0 0;0 0 0;D11 D12 D13;D21 D22 D23;D31 D32 D33];
R=10 * eye(3);Q=1e-6 * eye(6);epsilon=1e-15;
Qhat=sqrt(Q-epsilon * eye(6));
setlmis([])
P=lmivar(1,[6 1]);
Fir111=newlmi;
lmiterm([Fir111 1 1 P],A1,1);lmiterm([Fir111 1 1 P],1,A1');
lmiterm([Fir111 1 1 0],-(l11+l11) * B * inv(R) * B');
lmiterm([Fir111 1 2 0],-l12 * B * inv(R) * B'-l21 * B * inv(R) * B');
lmiterm([Fir111 1 3 0],-l13 * B * inv(R) * B'-l31 * B * inv(R) * B');
lmiterm([Fir111 2 2 P],A1,1);lmiterm([Fir111 2 2 P],1,A1');
lmiterm([Fir111 2 2 0],-(l22+l22) * B * inv(R) * B');
lmiterm([Fir111 2 3 0],-l23 * B * inv(R) * B'-l32 * B * inv(R) * B');
lmiterm([Fir111 3 3 P],A1,1);lmiterm([Fir111 3 3 P],1,A1');
lmiterm([Fir111 3 3 0],-(l33+l33) * B * inv(R) * B');
lmiterm([Fir111 1 4 P],1,Qhat);
lmiterm([Fir111 2 5 P],1,Qhat);
lmiterm([Fir111 3 6 P],1,Qhat);lmiterm([Fir111 4 4 0],-1);
lmiterm([Fir111 5 5 0],-1);lmiterm([Fir111 6 6 0],-1);
Fir112=newlmi;
lmiterm([Fir112 1 1 P],A1,1);lmiterm([Fir112 1 1 P],1,A1');
lmiterm([Fir112 1 1 0],-(l11+l11) * B * inv(R) * B');
lmiterm([Fir112 1 2 0],-l12 * B * inv(R) * B'-l21 * B * inv(R) * B');
lmiterm([Fir112 1 3 0],-l13 * B * inv(R) * B'-l31 * B * inv(R) * B');
lmiterm([Fir112 2 2 P],A1,1);lmiterm([Fir112 2 2 P],1,A1');
lmiterm([Fir112 2 2 0],-(l22+l22) * B * inv(R) * B');
lmiterm([Fir112 2 3 0],-l23 * B * inv(R) * B'-l32 * B * inv(R) * B');
lmiterm([Fir112 3 3 P],A2,1);lmiterm([Fir112 3 3 P],1,A2');
lmiterm([Fir112 3 3 0],-(l33+l33) * B * inv(R) * B');
lmiterm([Fir112 1 4 P],1,Qhat);
lmiterm([Fir112 2 5 P],1,Qhat);
lmiterm([Fir112 3 6 P],1,Qhat);lmiterm([Fir112 4 4 0],-1);
```

```
lmiterm([Fir112 5 5 0],-1);lmiterm([Fir112 6 6 0],-1);
Fir113=newlmi;
lmiterm([Fir113 1 1 P],A1,1);lmiterm([Fir113 1 1 P],1,A1');
lmiterm([Fir113 1 1 0],-(l11+l11)*B*inv(R)*B');
lmiterm([Fir113 1 2 0],-l12*B*inv(R)*B'-l21*B*inv(R)*B');
lmiterm([Fir113 1 3 0],-l13*B*inv(R)*B'-l31*B*inv(R)*B');
lmiterm([Fir113 2 2 P],A1,1);lmiterm([Fir113 2 2 P],1,A1');
lmiterm([Fir113 2 2 0],-(l22+l22)*B*inv(R)*B');
lmiterm([Fir113 2 3 0],-l23*B*inv(R)*B'-l32*B*inv(R)*B');
lmiterm([Fir113 3 3 P],A3,1);lmiterm([Fir113 3 3 P],1,A3');
lmiterm([Fir113 3 3 0],-(l33+l33)*B*inv(R)*B');
lmiterm([Fir113 1 4 P],1,Qhat);
lmiterm([Fir113 2 5 P],1,Qhat);
lmiterm([Fir113 3 6 P],1,Qhat);lmiterm([Fir113 4 4 0],-1);
lmiterm([Fir113 5 5 0],-1);lmiterm([Fir113 6 6 0],-1);
Fir114=newlmi;
lmiterm([Fir114 1 1 P],A1,1);lmiterm([Fir114 1 1 P],1,A1');
lmiterm([Fir114 1 1 0],-(l11+l11)*B*inv(R)*B');
lmiterm([Fir114 1 2 0],-l12*B*inv(R)*B'-l21*B*inv(R)*B');
lmiterm([Fir114 1 3 0],-l13*B*inv(R)*B'-l31*B*inv(R)*B');
lmiterm([Fir114 2 2 P],A1,1);lmiterm([Fir114 2 2 P],1,A1');
lmiterm([Fir114 2 2 0],-(l22+l22)*B*inv(R)*B');
lmiterm([Fir114 2 3 0],-l23*B*inv(R)*B'-l32*B*inv(R)*B');
lmiterm([Fir114 3 3 P],A4,1);lmiterm([Fir114 3 3 P],1,A4');
lmiterm([Fir114 3 3 0],-(l33+l33)*B*inv(R)*B');
lmiterm([Fir114 1 4 P],1,Qhat);
lmiterm([Fir114 2 5 P],1,Qhat);
lmiterm([Fir114 3 6 P],1,Qhat);lmiterm([Fir114 4 4 0],-1);
lmiterm([Fir114 5 5 0],-1);lmiterm([Fir114 6 6 0],-1);
Fir121=newlmi;
lmiterm([Fir121 1 1 P],A1,1);lmiterm([Fir121 1 1 P],1,A1');
lmiterm([Fir121 1 1 0],-(l11+l11)*B*inv(R)*B');
lmiterm([Fir121 1 2 0],-l12*B*inv(R)*B'-l21*B*inv(R)*B');
lmiterm([Fir121 1 3 0],-l13*B*inv(R)*B'-l31*B*inv(R)*B');
lmiterm([Fir121 2 2 P],A2,1);lmiterm([Fir121 2 2 P],1,A2');
lmiterm([Fir121 2 2 0],-(l22+l22)*B*inv(R)*B');
lmiterm([Fir121 2 3 0],-l23*B*inv(R)*B'-l32*B*inv(R)*B');
lmiterm([Fir121 3 3 P],A1,1);lmiterm([Fir121 3 3 P],1,A1');
lmiterm([Fir121 3 3 0],-(l33+l33)*B*inv(R)*B');
lmiterm([Fir121 1 4 P],1,Qhat);
lmiterm([Fir121 2 5 P],1,Qhat);
lmiterm([Fir121 3 6 P],1,Qhat);lmiterm([Fir121 4 4 0],-1);
lmiterm([Fir121 5 5 0],-1);lmiterm([Fir121 6 6 0],-1);
```

```
Fir122=newlmi;
lmiterm([Fir122 1 1 P],A1,1);lmiterm([Fir122 1 1 P],1,A1');
lmiterm([Fir122 1 1 0],-(l11+l11)*B*inv(R)*B');
lmiterm([Fir122 1 2 0],-l12*B*inv(R)*B'-l21*B*inv(R)*B');
lmiterm([Fir122 1 3 0],-l13*B*inv(R)*B'-l31*B*inv(R)*B');
lmiterm([Fir122 2 2 P],A2,1);lmiterm([Fir122 2 2 P],1,A2');
lmiterm([Fir122 2 2 0],-(l22+l22)*B*inv(R)*B');
lmiterm([Fir122 2 3 0],-l23*B*inv(R)*B'-l32*B*inv(R)*B');
lmiterm([Fir122 3 3 P],A2,1);lmiterm([Fir122 3 3 P],1,A2');
lmiterm([Fir122 3 3 0],-(l33+l33)*B*inv(R)*B');
lmiterm([Fir122 1 4 P],1,Qhat);
lmiterm([Fir122 2 5 P],1,Qhat);
lmiterm([Fir122 3 6 P],1,Qhat);lmiterm([Fir122 4 4 0],-1);
lmiterm([Fir122 5 5 0],-1);lmiterm([Fir122 6 6 0],-1);
Fir123=newlmi;
lmiterm([Fir123 1 1 P],A1,1);lmiterm([Fir123 1 1 P],1,A1');
lmiterm([Fir123 1 1 0],-(l11+l11)*B*inv(R)*B');
lmiterm([Fir123 1 2 0],-l12*B*inv(R)*B'-l21*B*inv(R)*B');
lmiterm([Fir123 1 3 0],-l13*B*inv(R)*B'-l31*B*inv(R)*B');
lmiterm([Fir123 2 2 P],A2,1);lmiterm([Fir123 2 2 P],1,A2');
lmiterm([Fir123 2 2 0],-(l22+l22)*B*inv(R)*B');
lmiterm([Fir123 2 3 0],-l23*B*inv(R)*B'-l32*B*inv(R)*B');
lmiterm([Fir123 3 3 P],A3,1);lmiterm([Fir123 3 3 P],1,A3');
lmiterm([Fir123 3 3 0],-(l33+l33)*B*inv(R)*B');
lmiterm([Fir123 1 4 P],1,Qhat);
lmiterm([Fir123 2 5 P],1,Qhat);
lmiterm([Fir123 3 6 P],1,Qhat);lmiterm([Fir123 4 4 0],-1);
lmiterm([Fir123 5 5 0],-1);lmiterm([Fir123 6 6 0],-1);
Fir124=newlmi;
lmiterm([Fir124 1 1 P],A1,1);lmiterm([Fir124 1 1 P],1,A1');
lmiterm([Fir124 1 1 0],-(l11+l11)*B*inv(R)*B');
lmiterm([Fir124 1 2 0],-l12*B*inv(R)*B'-l21*B*inv(R)*B');
lmiterm([Fir124 1 3 0],-l13*B*inv(R)*B'-l31*B*inv(R)*B');
lmiterm([Fir124 2 2 P],A2,1);lmiterm([Fir124 2 2 P],1,A2');
lmiterm([Fir124 2 2 0],-(l22+l22)*B*inv(R)*B');
lmiterm([Fir124 2 3 0],-l23*B*inv(R)*B'-l32*B*inv(R)*B');
lmiterm([Fir124 3 3 P],A4,1);lmiterm([Fir124 3 3 P],1,A4');
lmiterm([Fir124 3 3 0],-(l33+l33)*B*inv(R)*B');
lmiterm([Fir124 1 4 P],1,Qhat);
lmiterm([Fir124 2 5 P],1,Qhat);
lmiterm([Fir124 3 6 P],1,Qhat);lmiterm([Fir124 4 4 0],-1);
lmiterm([Fir124 5 5 0],-1);lmiterm([Fir124 6 6 0],-1);
Fir131=newlmi;
```

```
lmiterm([Fir131 1 1 P],A1,1);lmiterm([Fir131 1 1 P],1,A1');
lmiterm([Fir131 1 1 0],-(l11+l11)*B*inv(R)*B');
lmiterm([Fir131 1 2 0],-l12*B*inv(R)*B'-l21*B*inv(R)*B');
lmiterm([Fir131 1 3 0],-l13*B*inv(R)*B'-l31*B*inv(R)*B');
lmiterm([Fir131 2 2 P],A3,1);lmiterm([Fir131 2 2 P],1,A3');
lmiterm([Fir131 2 2 0],-(l22+l22)*B*inv(R)*B');
lmiterm([Fir131 2 3 0],-l23*B*inv(R)*B'-l32*B*inv(R)*B');
lmiterm([Fir131 3 3 P],A1,1);lmiterm([Fir131 3 3 P],1,A1');
lmiterm([Fir131 3 3 0],-(l33+l33)*B*inv(R)*B');
lmiterm([Fir131 1 4 P],1,Qhat);
lmiterm([Fir131 2 5 P],1,Qhat);
lmiterm([Fir131 3 6 P],1,Qhat);lmiterm([Fir131 4 4 0],-1);
lmiterm([Fir131 5 5 0],-1);lmiterm([Fir131 6 6 0],-1);
Fir132=newlmi;
lmiterm([Fir132 1 1 P],A1,1);lmiterm([Fir132 1 1 P],1,A1');
lmiterm([Fir132 1 1 0],-(l11+l11)*B*inv(R)*B');
lmiterm([Fir132 1 2 0],-l12*B*inv(R)*B'-l21*B*inv(R)*B');
lmiterm([Fir132 1 3 0],-l13*B*inv(R)*B'-l31*B*inv(R)*B');
lmiterm([Fir132 2 2 P],A3,1);lmiterm([Fir132 2 2 P],1,A3');
lmiterm([Fir132 2 2 0],-(l22+l22)*B*inv(R)*B');
lmiterm([Fir132 2 3 0],-l23*B*inv(R)*B'-l32*B*inv(R)*B');
lmiterm([Fir132 3 3 P],A2,1);lmiterm([Fir132 3 3 P],1,A2');
lmiterm([Fir132 3 3 0],-(l33+l33)*B*inv(R)*B');
lmiterm([Fir132 1 4 P],1,Qhat);
lmiterm([Fir132 2 5 P],1,Qhat);
lmiterm([Fir132 3 6 P],1,Qhat);lmiterm([Fir132 4 4 0],-1);
lmiterm([Fir132 5 5 0],-1);lmiterm([Fir132 6 6 0],-1);
Fir133=newlmi;
lmiterm([Fir133 1 1 P],A1,1);lmiterm([Fir133 1 1 P],1,A1');
lmiterm([Fir133 1 1 0],-(l11+l11)*B*inv(R)*B');
lmiterm([Fir133 1 2 0],-l12*B*inv(R)*B'-l21*B*inv(R)*B');
lmiterm([Fir133 1 3 0],-l13*B*inv(R)*B'-l31*B*inv(R)*B');
lmiterm([Fir133 2 2 P],A3,1);lmiterm([Fir133 2 2 P],1,A3');
lmiterm([Fir133 2 2 0],-(l22+l22)*B*inv(R)*B');
lmiterm([Fir133 2 3 0],-l23*B*inv(R)*B'-l32*B*inv(R)*B');
lmiterm([Fir133 3 3 P],A3,1);lmiterm([Fir133 3 3 P],1,A3');
lmiterm([Fir133 3 3 0],-(l33+l33)*B*inv(R)*B');
lmiterm([Fir133 1 4 P],1,Qhat);
lmiterm([Fir133 2 5 P],1,Qhat);
lmiterm([Fir133 3 6 P],1,Qhat);lmiterm([Fir133 4 4 0],-1);
lmiterm([Fir133 5 5 0],-1);lmiterm([Fir133 6 6 0],-1);
Fir134=newlmi;
lmiterm([Fir134 1 1 P],A1,1);lmiterm([Fir134 1 1 P],1,A1');
```

```
lmiterm([Fir134 1 1 0],-(l11+l11)*B*inv(R)*B');
lmiterm([Fir134 1 2 0],-l12*B*inv(R)*B'-l21*B*inv(R)*B');
lmiterm([Fir134 1 3 0],-l13*B*inv(R)*B'-l31*B*inv(R)*B');
lmiterm([Fir134 2 2 P],A3,1);lmiterm([Fir134 2 2 P],1,A3');
lmiterm([Fir134 2 2 0],-(l22+l22)*B*inv(R)*B');
lmiterm([Fir134 2 3 0],-l23*B*inv(R)*B'-l32*B*inv(R)*B');
lmiterm([Fir134 3 3 P],A4,1);lmiterm([Fir134 3 3 P],1,A4');
lmiterm([Fir134 3 3 0],-(l33+l33)*B*inv(R)*B');
lmiterm([Fir134 1 4 P],1,Qhat);
lmiterm([Fir134 2 5 P],1,Qhat);
lmiterm([Fir134 3 6 P],1,Qhat);lmiterm([Fir134 4 4 0],-1);
lmiterm([Fir134 5 5 0],-1);lmiterm([Fir134 6 6 0],-1);
Fir141=newlmi;
lmiterm([Fir141 1 1 P],A1,1);lmiterm([Fir141 1 1 P],1,A1');
lmiterm([Fir141 1 1 0],-(l11+l11)*B*inv(R)*B');
lmiterm([Fir141 1 2 0],-l12*B*inv(R)*B'-l21*B*inv(R)*B');
lmiterm([Fir141 1 3 0],-l13*B*inv(R)*B'-l31*B*inv(R)*B');
lmiterm([Fir141 2 2 P],A4,1);lmiterm([Fir141 2 2 P],1,A4');
lmiterm([Fir141 2 2 0],-(l22+l22)*B*inv(R)*B');
lmiterm([Fir141 2 3 0],-l23*B*inv(R)*B'-l32*B*inv(R)*B');
lmiterm([Fir141 3 3 P],A1,1);lmiterm([Fir141 3 3 P],1,A1');
lmiterm([Fir141 3 3 0],-(l33+l33)*B*inv(R)*B');
lmiterm([Fir141 1 4 P],1,Qhat);
lmiterm([Fir141 2 5 P],1,Qhat);
lmiterm([Fir141 3 6 P],1,Qhat);lmiterm([Fir141 4 4 0],-1);
lmiterm([Fir141 5 5 0],-1);lmiterm([Fir141 6 6 0],-1);
Fir142=newlmi;
lmiterm([Fir142 1 1 P],A1,1);lmiterm([Fir142 1 1 P],1,A1');
lmiterm([Fir142 1 1 0],-(l11+l11)*B*inv(R)*B');
lmiterm([Fir142 1 2 0],-l12*B*inv(R)*B'-l21*B*inv(R)*B');
lmiterm([Fir142 1 3 0],-l13*B*inv(R)*B'-l31*B*inv(R)*B');
lmiterm([Fir142 2 2 P],A4,1);lmiterm([Fir142 2 2 P],1,A4');
lmiterm([Fir142 2 2 0],-(l22+l22)*B*inv(R)*B');
lmiterm([Fir142 2 3 0],-l23*B*inv(R)*B'-l32*B*inv(R)*B');
lmiterm([Fir142 3 3 P],A2,1);lmiterm([Fir142 3 3 P],1,A2');
lmiterm([Fir142 3 3 0],-(l33+l33)*B*inv(R)*B');
lmiterm([Fir142 1 4 P],1,Qhat);
lmiterm([Fir142 2 5 P],1,Qhat);
lmiterm([Fir142 3 6 P],1,Qhat);lmiterm([Fir142 4 4 0],-1);
lmiterm([Fir142 5 5 0],-1);lmiterm([Fir142 6 6 0],-1);
Fir143=newlmi;
lmiterm([Fir143 1 1 P],A1,1);lmiterm([Fir143 1 1 P],1,A1');
lmiterm([Fir143 1 1 0],-(l11+l11)*B*inv(R)*B');
```

```
lmiterm([Fir143 1 2 0],-l12*B*inv(R)*B'-l21*B*inv(R)*B');
lmiterm([Fir143 1 3 0],-l13*B*inv(R)*B'-l31*B*inv(R)*B');
lmiterm([Fir143 2 2 P],A4,1);lmiterm([Fir143 2 2 P],1,A4');
lmiterm([Fir143 2 2 0],-(l22+l22)*B*inv(R)*B');
lmiterm([Fir143 2 3 0],-l23*B*inv(R)*B'-l32*B*inv(R)*B');
lmiterm([Fir143 3 3 P],A3,1);lmiterm([Fir143 3 3 P],1,A3');
lmiterm([Fir143 3 3 0],-(l33+l33)*B*inv(R)*B');
lmiterm([Fir143 1 4 P],1,Qhat);
lmiterm([Fir143 2 5 P],1,Qhat);
lmiterm([Fir143 3 6 P],1,Qhat);lmiterm([Fir143 4 4 0],-1);
lmiterm([Fir143 5 5 0],-1);lmiterm([Fir143 6 6 0],-1);
Fir144=newlmi;
lmiterm([Fir144 1 1 P],A1,1);lmiterm([Fir144 1 1 P],1,A1');
lmiterm([Fir144 1 1 0],-(l11+l11)*B*inv(R)*B');
lmiterm([Fir144 1 2 0],-l12*B*inv(R)*B'-l21*B*inv(R)*B');
lmiterm([Fir144 1 3 0],-l13*B*inv(R)*B'-l31*B*inv(R)*B');
lmiterm([Fir144 2 2 P],A4,1);lmiterm([Fir144 2 2 P],1,A4');
lmiterm([Fir144 2 2 0],-(l22+l22)*B*inv(R)*B');
lmiterm([Fir144 2 3 0],-l23*B*inv(R)*B'-l32*B*inv(R)*B');
lmiterm([Fir144 3 3 P],A4,1);lmiterm([Fir144 3 3 P],1,A4');
lmiterm([Fir144 3 3 0],-(l33+l33)*B*inv(R)*B');
lmiterm([Fir144 1 4 P],1,Qhat);
lmiterm([Fir144 2 5 P],1,Qhat);
lmiterm([Fir144 3 6 P],1,Qhat);lmiterm([Fir144 4 4 0],-1);
lmiterm([Fir144 5 5 0],-1);lmiterm([Fir144 6 6 0],-1);
Fir211=newlmi;
lmiterm([Fir211 1 1 P],A2,1);lmiterm([Fir211 1 1 P],1,A2');
lmiterm([Fir211 1 1 0],-(l11+l11)*B*inv(R)*B');
lmiterm([Fir211 1 2 0],-l12*B*inv(R)*B'-l21*B*inv(R)*B');
lmiterm([Fir211 1 3 0],-l13*B*inv(R)*B'-l31*B*inv(R)*B');
lmiterm([Fir211 2 2 P],A1,1);lmiterm([Fir211 2 2 P],1,A1');
lmiterm([Fir211 2 2 0],-(l22+l22)*B*inv(R)*B');
lmiterm([Fir211 2 3 0],-l23*B*inv(R)*B'-l32*B*inv(R)*B');
lmiterm([Fir211 3 3 P],A1,1);lmiterm([Fir211 3 3 P],1,A1');
lmiterm([Fir211 3 3 0],-(l33+l33)*B*inv(R)*B');
lmiterm([Fir211 1 4 P],1,Qhat);
lmiterm([Fir211 2 5 P],1,Qhat);
lmiterm([Fir211 3 6 P],1,Qhat);lmiterm([Fir211 4 4 0],-1);
lmiterm([Fir211 5 5 0],-1);lmiterm([Fir211 6 6 0],-1);
Fir212=newlmi;
lmiterm([Fir212 1 1 P],A2,1);lmiterm([Fir212 1 1 P],1,A2');
lmiterm([Fir212 1 1 0],-(l11+l11)*B*inv(R)*B');
lmiterm([Fir212 1 2 0],-l12*B*inv(R)*B'-l21*B*inv(R)*B');
```

```
lmiterm([Fir212 1 3 0],-l13*B*inv(R)*B'-l31*B*inv(R)*B');
lmiterm([Fir212 2 2 P],A1,1);lmiterm([Fir212 2 2 P],1,A1');
lmiterm([Fir212 2 2 0],-(l22+l22)*B*inv(R)*B');
lmiterm([Fir212 2 3 0],-l23*B*inv(R)*B'-l32*B*inv(R)*B');
lmiterm([Fir212 3 3 P],A2,1);lmiterm([Fir212 3 3 P],1,A2');
lmiterm([Fir212 3 3 0],-(l33+l33)*B*inv(R)*B');
lmiterm([Fir212 1 4 P],1,Qhat);
lmiterm([Fir212 2 5 P],1,Qhat);
lmiterm([Fir212 3 6 P],1,Qhat);lmiterm([Fir212 4 4 0],-1);
lmiterm([Fir212 5 5 0],-1);lmiterm([Fir212 6 6 0],-1);
Fir213=newlmi;
lmiterm([Fir213 1 1 P],A2,1);lmiterm([Fir213 1 1 P],1,A2');
lmiterm([Fir213 1 1 0],-(l11+l11)*B*inv(R)*B');
lmiterm([Fir213 1 2 0],-l12*B*inv(R)*B'-l21*B*inv(R)*B');
lmiterm([Fir213 1 3 0],-l13*B*inv(R)*B'-l31*B*inv(R)*B');
lmiterm([Fir213 2 2 P],A1,1);lmiterm([Fir213 2 2 P],1,A1');
lmiterm([Fir213 2 2 0],-(l22+l22)*B*inv(R)*B');
lmiterm([Fir213 2 3 0],-l23*B*inv(R)*B'-l32*B*inv(R)*B');
lmiterm([Fir213 3 3 P],A3,1);lmiterm([Fir213 3 3 P],1,A3');
lmiterm([Fir213 3 3 0],-(l33+l33)*B*inv(R)*B');
lmiterm([Fir213 1 4 P],1,Qhat);
lmiterm([Fir213 2 5 P],1,Qhat);
lmiterm([Fir213 3 6 P],1,Qhat);lmiterm([Fir213 4 4 0],-1);
lmiterm([Fir213 5 5 0],-1);lmiterm([Fir213 6 6 0],-1);
Fir214=newlmi;
lmiterm([Fir214 1 1 P],A2,1);lmiterm([Fir214 1 1 P],1,A2');
lmiterm([Fir214 1 1 0],-(l11+l11)*B*inv(R)*B');
lmiterm([Fir214 1 2 0],-l12*B*inv(R)*B'-l21*B*inv(R)*B');
lmiterm([Fir214 1 3 0],-l13*B*inv(R)*B'-l31*B*inv(R)*B');
lmiterm([Fir214 2 2 P],A1,1);lmiterm([Fir214 2 2 P],1,A1');
lmiterm([Fir214 2 2 0],-(l22+l22)*B*inv(R)*B');
lmiterm([Fir214 2 3 0],-l23*B*inv(R)*B'-l32*B*inv(R)*B');
lmiterm([Fir214 3 3 P],A4,1);lmiterm([Fir214 3 3 P],1,A4');
lmiterm([Fir214 3 3 0],-(l33+l33)*B*inv(R)*B');
lmiterm([Fir214 1 4 P],1,Qhat);
lmiterm([Fir214 2 5 P],1,Qhat);
lmiterm([Fir214 3 6 P],1,Qhat);lmiterm([Fir214 4 4 0],-1);
lmiterm([Fir214 5 5 0],-1);lmiterm([Fir214 6 6 0],-1);
Fir221=newlmi;
lmiterm([Fir221 1 1 P],A2,1);lmiterm([Fir221 1 1 P],1,A2');
lmiterm([Fir221 1 1 0],-(l11+l11)*B*inv(R)*B');
lmiterm([Fir221 1 2 0],-l12*B*inv(R)*B'-l21*B*inv(R)*B');
lmiterm([Fir221 1 3 0],-l13*B*inv(R)*B'-l31*B*inv(R)*B');
```

```
lmiterm([Fir221 2 2 P],A2,1);lmiterm([Fir221 2 2 P],1,A2');
lmiterm([Fir221 2 2 0],-(l22+l22)*B*inv(R)*B');
lmiterm([Fir221 2 3 0],-l23*B*inv(R)*B'-l32*B*inv(R)*B');
lmiterm([Fir221 3 3 P],A1,1);lmiterm([Fir221 3 3 P],1,A1');
lmiterm([Fir221 3 3 0],-(l33+l33)*B*inv(R)*B');
lmiterm([Fir221 1 4 P],1,Qhat);
lmiterm([Fir221 2 5 P],1,Qhat);
lmiterm([Fir221 3 6 P],1,Qhat);lmiterm([Fir221 4 4 0],-1);
lmiterm([Fir221 5 5 0],-1);lmiterm([Fir221 6 6 0],-1);
Fir222=newlmi;
lmiterm([Fir222 1 1 P],A2,1);lmiterm([Fir222 1 1 P],1,A2');
lmiterm([Fir222 1 1 0],-(l11+l11)*B*inv(R)*B');
lmiterm([Fir222 1 2 0],-l12*B*inv(R)*B'-l21*B*inv(R)*B');
lmiterm([Fir222 1 3 0],-l13*B*inv(R)*B'-l31*B*inv(R)*B');
lmiterm([Fir222 2 2 P],A2,1);lmiterm([Fir222 2 2 P],1,A2');
lmiterm([Fir222 2 2 0],-(l22+l22)*B*inv(R)*B');
lmiterm([Fir222 2 3 0],-l23*B*inv(R)*B'-l32*B*inv(R)*B');
lmiterm([Fir222 3 3 P],A2,1);lmiterm([Fir222 3 3 P],1,A2');
lmiterm([Fir222 3 3 0],-(l33+l33)*B*inv(R)*B');
lmiterm([Fir222 1 4 P],1,Qhat);
lmiterm([Fir222 2 5 P],1,Qhat);
lmiterm([Fir222 3 6 P],1,Qhat);lmiterm([Fir222 4 4 0],-1);
lmiterm([Fir222 5 5 0],-1);lmiterm([Fir222 6 6 0],-1);
Fir223=newlmi;
lmiterm([Fir223 1 1 P],A2,1);lmiterm([Fir223 1 1 P],1,A2');
lmiterm([Fir223 1 1 0],-(l11+l11)*B*inv(R)*B');
lmiterm([Fir223 1 2 0],-l12*B*inv(R)*B'-l21*B*inv(R)*B');
lmiterm([Fir223 1 3 0],-l13*B*inv(R)*B'-l31*B*inv(R)*B');
lmiterm([Fir223 2 2 P],A2,1);lmiterm([Fir223 2 2 P],1,A2');
lmiterm([Fir223 2 2 0],-(l22+l22)*B*inv(R)*B');
lmiterm([Fir223 2 3 0],-l23*B*inv(R)*B'-l32*B*inv(R)*B');
lmiterm([Fir223 3 3 P],A3,1);lmiterm([Fir223 3 3 P],1,A3');
lmiterm([Fir223 3 3 0],-(l33+l33)*B*inv(R)*B');
lmiterm([Fir223 1 4 P],1,Qhat);
lmiterm([Fir223 2 5 P],1,Qhat);
lmiterm([Fir223 3 6 P],1,Qhat);lmiterm([Fir223 4 4 0],-1);
lmiterm([Fir223 5 5 0],-1);lmiterm([Fir223 6 6 0],-1);
Fir224=newlmi;
lmiterm([Fir224 1 1 P],A2,1);lmiterm([Fir224 1 1 P],1,A2');
lmiterm([Fir224 1 1 0],-(l11+l11)*B*inv(R)*B');
lmiterm([Fir224 1 2 0],-l12*B*inv(R)*B'-l21*B*inv(R)*B');
lmiterm([Fir224 1 3 0],-l13*B*inv(R)*B'-l31*B*inv(R)*B');
lmiterm([Fir224 2 2 P],A2,1);lmiterm([Fir224 2 2 P],1,A2');
```

```
lmiterm([Fir224 2 2 0],-(l22+l22)*B*inv(R)*B');
lmiterm([Fir224 2 3 0],-l23*B*inv(R)*B'-l32*B*inv(R)*B');
lmiterm([Fir224 3 3 P],A4,1);lmiterm([Fir224 3 3 P],1,A4');
lmiterm([Fir224 3 3 0],-(l33+l33)*B*inv(R)*B');
lmiterm([Fir224 1 4 P],1,Qhat);
lmiterm([Fir224 2 5 P],1,Qhat);
lmiterm([Fir224 3 6 P],1,Qhat);lmiterm([Fir224 4 4 0],-1);
lmiterm([Fir224 5 5 0],-1);lmiterm([Fir224 6 6 0],-1);
Fir231=newlmi;
lmiterm([Fir231 1 1 P],A2,1);lmiterm([Fir231 1 1 P],1,A2');
lmiterm([Fir231 1 1 0],-(l11+l11)*B*inv(R)*B');
lmiterm([Fir231 1 2 0],-l12*B*inv(R)*B'-l21*B*inv(R)*B');
lmiterm([Fir231 1 3 0],-l13*B*inv(R)*B'-l31*B*inv(R)*B');
lmiterm([Fir231 2 2 P],A3,1);lmiterm([Fir231 2 2 P],1,A3');
lmiterm([Fir231 2 2 0],-(l22+l22)*B*inv(R)*B');
lmiterm([Fir231 2 3 0],-l23*B*inv(R)*B'-l32*B*inv(R)*B');
lmiterm([Fir231 3 3 P],A1,1);lmiterm([Fir231 3 3 P],1,A1');
lmiterm([Fir231 3 3 0],-(l33+l33)*B*inv(R)*B');
lmiterm([Fir231 1 4 P],1,Qhat);
lmiterm([Fir231 2 5 P],1,Qhat);
lmiterm([Fir231 3 6 P],1,Qhat);lmiterm([Fir231 4 4 0],-1);
lmiterm([Fir231 5 5 0],-1);lmiterm([Fir231 6 6 0],-1);
Fir232=newlmi;
lmiterm([Fir232 1 1 P],A2,1);lmiterm([Fir232 1 1 P],1,A2');
lmiterm([Fir232 1 1 0],-(l11+l11)*B*inv(R)*B');
lmiterm([Fir232 1 2 0],-l12*B*inv(R)*B'-l21*B*inv(R)*B');
lmiterm([Fir232 1 3 0],-l13*B*inv(R)*B'-l31*B*inv(R)*B');
lmiterm([Fir232 2 2 P],A3,1);lmiterm([Fir232 2 2 P],1,A3');
lmiterm([Fir232 2 2 0],-(l22+l22)*B*inv(R)*B');
lmiterm([Fir232 2 3 0],-l23*B*inv(R)*B'-l32*B*inv(R)*B');
lmiterm([Fir232 3 3 P],A2,1);lmiterm([Fir232 3 3 P],1,A2');
lmiterm([Fir232 3 3 0],-(l33+l33)*B*inv(R)*B');
lmiterm([Fir232 1 4 P],1,Qhat);
lmiterm([Fir232 2 5 P],1,Qhat);
lmiterm([Fir232 3 6 P],1,Qhat);lmiterm([Fir232 4 4 0],-1);
lmiterm([Fir232 5 5 0],-1);lmiterm([Fir232 6 6 0],-1);
Fir233=newlmi;
lmiterm([Fir233 1 1 P],A2,1);lmiterm([Fir233 1 1 P],1,A2');
lmiterm([Fir233 1 1 0],-(l11+l11)*B*inv(R)*B');
lmiterm([Fir233 1 2 0],-l12*B*inv(R)*B'-l21*B*inv(R)*B');
lmiterm([Fir233 1 3 0],-l13*B*inv(R)*B'-l31*B*inv(R)*B');
lmiterm([Fir233 2 2 P],A3,1);lmiterm([Fir233 2 2 P],1,A3');
lmiterm([Fir233 2 2 0],-(l22+l22)*B*inv(R)*B');
```

```
lmiterm([Fir233 2 3 0],-l23 * B * inv(R) * B'-l32 * B * inv(R) * B');
lmiterm([Fir233 3 3 P],A3,1);lmiterm([Fir233 3 3 P],1,A3');
lmiterm([Fir233 3 3 0],-(l33+l33) * B * inv(R) * B');
lmiterm([Fir233 1 4 P],1,Qhat);
lmiterm([Fir233 2 5 P],1,Qhat);
lmiterm([Fir233 3 6 P],1,Qhat);lmiterm([Fir233 4 4 0],-1);
lmiterm([Fir233 5 5 0],-1);lmiterm([Fir233 6 6 0],-1);
Fir234=newlmi;
lmiterm([Fir234 1 1 P],A2,1);lmiterm([Fir234 1 1 P],1,A2');
lmiterm([Fir234 1 1 0],-(l11+l11) * B * inv(R) * B');
lmiterm([Fir234 1 2 0],-l12 * B * inv(R) * B'-l21 * B * inv(R) * B');
lmiterm([Fir234 1 3 0],-l13 * B * inv(R) * B'-l31 * B * inv(R) * B');
lmiterm([Fir234 2 2 P],A3,1);lmiterm([Fir234 2 2 P],1,A3');
lmiterm([Fir234 2 2 0],-(l22+l22) * B * inv(R) * B');
lmiterm([Fir234 2 3 0],-l23 * B * inv(R) * B'-l32 * B * inv(R) * B');
lmiterm([Fir234 3 3 P],A4,1);lmiterm([Fir234 3 3 P],1,A4');
lmiterm([Fir234 3 3 0],-(l33+l33) * B * inv(R) * B');
lmiterm([Fir234 1 4 P],1,Qhat);
lmiterm([Fir234 2 5 P],1,Qhat);
lmiterm([Fir234 3 6 P],1,Qhat);lmiterm([Fir234 4 4 0],-1);
lmiterm([Fir234 5 5 0],-1);lmiterm([Fir234 6 6 0],-1);
Fir241=newlmi;
lmiterm([Fir241 1 1 P],A2,1);lmiterm([Fir241 1 1 P],1,A2');
lmiterm([Fir241 1 1 0],-(l11+l11) * B * inv(R) * B');
lmiterm([Fir241 1 2 0],-l12 * B * inv(R) * B'-l21 * B * inv(R) * B');
lmiterm([Fir241 1 3 0],-l13 * B * inv(R) * B'-l31 * B * inv(R) * B');
lmiterm([Fir241 2 2 P],A4,1);lmiterm([Fir241 2 2 P],1,A4');
lmiterm([Fir241 2 2 0],-(l22+l22) * B * inv(R) * B');
lmiterm([Fir241 2 3 0],-l23 * B * inv(R) * B'-l32 * B * inv(R) * B');
lmiterm([Fir241 3 3 P],A1,1);lmiterm([Fir241 3 3 P],1,A1');
lmiterm([Fir241 3 3 0],-(l33+l33) * B * inv(R) * B');
lmiterm([Fir241 1 4 P],1,Qhat);
lmiterm([Fir241 2 5 P],1,Qhat);
lmiterm([Fir241 3 6 P],1,Qhat);lmiterm([Fir241 4 4 0],-1);
lmiterm([Fir241 5 5 0],-1);lmiterm([Fir241 6 6 0],-1);
Fir242=newlmi;
lmiterm([Fir242 1 1 P],A2,1);lmiterm([Fir242 1 1 P],1,A2');
lmiterm([Fir242 1 1 0],-(l11+l11) * B * inv(R) * B');
lmiterm([Fir242 1 2 0],-l12 * B * inv(R) * B'-l21 * B * inv(R) * B');
lmiterm([Fir242 1 3 0],-l13 * B * inv(R) * B'-l31 * B * inv(R) * B');
lmiterm([Fir242 2 2 P],A4,1);lmiterm([Fir242 2 2 P],1,A4');
lmiterm([Fir242 2 2 0],-(l22+l22) * B * inv(R) * B');
lmiterm([Fir242 2 3 0],-l23 * B * inv(R) * B'-l32 * B * inv(R) * B');
```

```
lmiterm([Fir242 3 3 P],A2,1);lmiterm([Fir242 3 3 P],1,A2');
lmiterm([Fir242 3 3 0],-(l33+l33)*B*inv(R)*B');
lmiterm([Fir242 1 4 P],1,Qhat);
lmiterm([Fir242 2 5 P],1,Qhat);
lmiterm([Fir242 3 6 P],1,Qhat);lmiterm([Fir242 4 4 0],-1);
lmiterm([Fir242 5 5 0],-1);lmiterm([Fir242 6 6 0],-1);
Fir243=newlmi;
lmiterm([Fir243 1 1 P],A2,1);lmiterm([Fir243 1 1 P],1,A2');
lmiterm([Fir243 1 1 0],-(l11+l11)*B*inv(R)*B');
lmiterm([Fir243 1 2 0],-l12*B*inv(R)*B'-l21*B*inv(R)*B');
lmiterm([Fir243 1 3 0],-l13*B*inv(R)*B'-l31*B*inv(R)*B');
lmiterm([Fir243 2 2 P],A4,1);lmiterm([Fir243 2 2 P],1,A4');
lmiterm([Fir243 2 2 0],-(l22+l22)*B*inv(R)*B');
lmiterm([Fir243 2 3 0],-l23*B*inv(R)*B'-l32*B*inv(R)*B');
lmiterm([Fir243 3 3 P],A3,1);lmiterm([Fir243 3 3 P],1,A3');
lmiterm([Fir243 3 3 0],-(l33+l33)*B*inv(R)*B');
lmiterm([Fir243 1 4 P],1,Qhat);
lmiterm([Fir243 2 5 P],1,Qhat);
lmiterm([Fir243 3 6 P],1,Qhat);lmiterm([Fir243 4 4 0],-1);
lmiterm([Fir243 5 5 0],-1);lmiterm([Fir243 6 6 0],-1);
Fir244=newlmi;
lmiterm([Fir244 1 1 P],A2,1);lmiterm([Fir244 1 1 P],1,A2');
lmiterm([Fir244 1 1 0],-(l11+l11)*B*inv(R)*B');
lmiterm([Fir244 1 2 0],-l12*B*inv(R)*B'-l21*B*inv(R)*B');
lmiterm([Fir244 1 3 0],-l13*B*inv(R)*B'-l31*B*inv(R)*B');
lmiterm([Fir244 2 2 P],A4,1);lmiterm([Fir244 2 2 P],1,A4');
lmiterm([Fir244 2 2 0],-(l22+l22)*B*inv(R)*B');
lmiterm([Fir244 2 3 0],-l23*B*inv(R)*B'-l32*B*inv(R)*B');
lmiterm([Fir244 3 3 P],A4,1);lmiterm([Fir244 3 3 P],1,A4');
lmiterm([Fir244 3 3 0],-(l33+l33)*B*inv(R)*B');
lmiterm([Fir244 1 4 P],1,Qhat);
lmiterm([Fir244 2 5 P],1,Qhat);
lmiterm([Fir244 3 6 P],1,Qhat);lmiterm([Fir244 4 4 0],-1);
lmiterm([Fir244 5 5 0],-1);lmiterm([Fir244 6 6 0],-1);
Fir311=newlmi;
lmiterm([Fir311 1 1 P],A3,1);lmiterm([Fir311 1 1 P],1,A3');
lmiterm([Fir311 1 1 0],-(l11+l11)*B*inv(R)*B');
lmiterm([Fir311 1 2 0],-l12*B*inv(R)*B'-l21*B*inv(R)*B');
lmiterm([Fir311 1 3 0],-l13*B*inv(R)*B'-l31*B*inv(R)*B');
lmiterm([Fir311 2 2 P],A1,1);lmiterm([Fir311 2 2 P],1,A1');
lmiterm([Fir311 2 2 0],-(l22+l22)*B*inv(R)*B');
lmiterm([Fir311 2 3 0],-l23*B*inv(R)*B'-l32*B*inv(R)*B');
lmiterm([Fir311 3 3 P],A1,1);lmiterm([Fir311 3 3 P],1,A1');
```

```
lmiterm([Fir311 3 3 0],-(l33+l33)*B*inv(R)*B');
lmiterm([Fir311 1 4 P],1,Qhat);
lmiterm([Fir311 2 5 P],1,Qhat);
lmiterm([Fir311 3 6 P],1,Qhat);lmiterm([Fir311 4 4 0],-1);
lmiterm([Fir311 5 5 0],-1);lmiterm([Fir311 6 6 0],-1);
Fir312=newlmi;
lmiterm([Fir312 1 1 P],A3,1);lmiterm([Fir312 1 1 P],1,A3');
lmiterm([Fir312 1 1 0],-(l11+l11)*B*inv(R)*B');
lmiterm([Fir312 1 2 0],-l12*B*inv(R)*B'-l21*B*inv(R)*B');
lmiterm([Fir312 1 3 0],-l13*B*inv(R)*B'-l31*B*inv(R)*B');
lmiterm([Fir312 2 2 P],A1,1);lmiterm([Fir312 2 2 P],1,A1');
lmiterm([Fir312 2 2 0],-(l22+l22)*B*inv(R)*B');
lmiterm([Fir312 2 3 0],-l23*B*inv(R)*B'-l32*B*inv(R)*B');
lmiterm([Fir312 3 3 P],A2,1);lmiterm([Fir312 3 3 P],1,A2');
lmiterm([Fir312 3 3 0],-(l33+l33)*B*inv(R)*B');
lmiterm([Fir312 1 4 P],1,Qhat);
lmiterm([Fir312 2 5 P],1,Qhat);
lmiterm([Fir312 3 6 P],1,Qhat);lmiterm([Fir312 4 4 0],-1);
lmiterm([Fir312 5 5 0],-1);lmiterm([Fir312 6 6 0],-1);
Fir313=newlmi;
lmiterm([Fir313 1 1 P],A3,1);lmiterm([Fir313 1 1 P],1,A3');
lmiterm([Fir313 1 1 0],-(l11+l11)*B*inv(R)*B');
lmiterm([Fir313 1 2 0],-l12*B*inv(R)*B'-l21*B*inv(R)*B');
lmiterm([Fir313 1 3 0],-l13*B*inv(R)*B'-l31*B*inv(R)*B');
lmiterm([Fir313 2 2 P],A1,1);lmiterm([Fir313 2 2 P],1,A1');
lmiterm([Fir313 2 2 0],-(l22+l22)*B*inv(R)*B');
lmiterm([Fir313 2 3 0],-l23*B*inv(R)*B'-l32*B*inv(R)*B');
lmiterm([Fir313 3 3 P],A3,1);lmiterm([Fir313 3 3 P],1,A3');
lmiterm([Fir313 3 3 0],-(l33+l33)*B*inv(R)*B');
lmiterm([Fir313 1 4 P],1,Qhat);
lmiterm([Fir313 2 5 P],1,Qhat);
lmiterm([Fir313 3 6 P],1,Qhat);lmiterm([Fir313 4 4 0],-1);
lmiterm([Fir313 5 5 0],-1);lmiterm([Fir313 6 6 0],-1);
Fir314=newlmi;
lmiterm([Fir314 1 1 P],A3,1);lmiterm([Fir314 1 1 P],1,A3');
lmiterm([Fir314 1 1 0],-(l11+l11)*B*inv(R)*B');
lmiterm([Fir314 1 2 0],-l12*B*inv(R)*B'-l21*B*inv(R)*B');
lmiterm([Fir314 1 3 0],-l13*B*inv(R)*B'-l31*B*inv(R)*B');
lmiterm([Fir314 2 2 P],A1,1);lmiterm([Fir314 2 2 P],1,A1');
lmiterm([Fir314 2 2 0],-(l22+l22)*B*inv(R)*B');
lmiterm([Fir314 2 3 0],-l23*B*inv(R)*B'-l32*B*inv(R)*B');
lmiterm([Fir314 3 3 P],A4,1);lmiterm([Fir314 3 3 P],1,A4');
lmiterm([Fir314 3 3 0],-(l33+l33)*B*inv(R)*B');
```

```
lmiterm([Fir314 1 4 P],1,Qhat);
lmiterm([Fir314 2 5 P],1,Qhat);
lmiterm([Fir314 3 6 P],1,Qhat);lmiterm([Fir314 4 4 0],-1);
lmiterm([Fir314 5 5 0],-1);lmiterm([Fir314 6 6 0],-1);
Fir321=newlmi;
lmiterm([Fir321 1 1 P],A3,1);lmiterm([Fir321 1 1 P],1,A3');
lmiterm([Fir321 1 1 0],-(l11+l11)*B*inv(R)*B');
lmiterm([Fir321 1 2 0],-l12*B*inv(R)*B'-l21*B*inv(R)*B');
lmiterm([Fir321 1 3 0],-l13*B*inv(R)*B'-l31*B*inv(R)*B');
lmiterm([Fir321 2 2 P],A2,1);lmiterm([Fir321 2 2 P],1,A2');
lmiterm([Fir321 2 2 0],-(l22+l22)*B*inv(R)*B');
lmiterm([Fir321 2 3 0],-l23*B*inv(R)*B'-l32*B*inv(R)*B');
lmiterm([Fir321 3 3 P],A1,1);lmiterm([Fir321 3 3 P],1,A1');
lmiterm([Fir321 3 3 0],-(l33+l33)*B*inv(R)*B');
lmiterm([Fir321 1 4 P],1,Qhat);
lmiterm([Fir321 2 5 P],1,Qhat);
lmiterm([Fir321 3 6 P],1,Qhat);lmiterm([Fir321 4 4 0],-1);
lmiterm([Fir321 5 5 0],-1);lmiterm([Fir321 6 6 0],-1);
Fir322=newlmi;
lmiterm([Fir322 1 1 P],A3,1);lmiterm([Fir322 1 1 P],1,A3');
lmiterm([Fir322 1 1 0],-(l11+l11)*B*inv(R)*B');
lmiterm([Fir322 1 2 0],-l12*B*inv(R)*B'-l21*B*inv(R)*B');
lmiterm([Fir322 1 3 0],-l13*B*inv(R)*B'-l31*B*inv(R)*B');
lmiterm([Fir322 2 2 P],A2,1);lmiterm([Fir322 2 2 P],1,A2');
lmiterm([Fir322 2 2 0],-(l22+l22)*B*inv(R)*B');
lmiterm([Fir322 2 3 0],-l23*B*inv(R)*B'-l32*B*inv(R)*B');
lmiterm([Fir322 3 3 P],A2,1);lmiterm([Fir322 3 3 P],1,A2');
lmiterm([Fir322 3 3 0],-(l33+l33)*B*inv(R)*B');
lmiterm([Fir322 1 4 P],1,Qhat);
lmiterm([Fir322 2 5 P],1,Qhat);
lmiterm([Fir322 3 6 P],1,Qhat);lmiterm([Fir322 4 4 0],-1);
lmiterm([Fir322 5 5 0],-1);lmiterm([Fir322 6 6 0],-1);
Fir323=newlmi;
lmiterm([Fir323 1 1 P],A3,1);lmiterm([Fir323 1 1 P],1,A3');
lmiterm([Fir323 1 1 0],-(l11+l11)*B*inv(R)*B');
lmiterm([Fir323 1 2 0],-l12*B*inv(R)*B'-l21*B*inv(R)*B');
lmiterm([Fir323 1 3 0],-l13*B*inv(R)*B'-l31*B*inv(R)*B');
lmiterm([Fir323 2 2 P],A2,1);lmiterm([Fir323 2 2 P],1,A2');
lmiterm([Fir323 2 2 0],-(l22+l22)*B*inv(R)*B');
lmiterm([Fir323 2 3 0],-l23*B*inv(R)*B'-l32*B*inv(R)*B');
lmiterm([Fir323 3 3 P],A3,1);lmiterm([Fir323 3 3 P],1,A3');
lmiterm([Fir323 3 3 0],-(l33+l33)*B*inv(R)*B');
lmiterm([Fir323 1 4 P],1,Qhat);
```

```
lmiterm([Fir323 2 5 P],1,Qhat);
lmiterm([Fir323 3 6 P],1,Qhat);lmiterm([Fir323 4 4 0],-1);
lmiterm([Fir323 5 5 0],-1);lmiterm([Fir323 6 6 0],-1);
Fir324=newlmi;
lmiterm([Fir324 1 1 P],A3,1);lmiterm([Fir324 1 1 P],1,A3');
lmiterm([Fir324 1 1 0],-(l11+l11)*B*inv(R)*B');
lmiterm([Fir324 1 2 0],-l12*B*inv(R)*B'-l21*B*inv(R)*B');
lmiterm([Fir324 1 3 0],-l13*B*inv(R)*B'-l31*B*inv(R)*B');
lmiterm([Fir324 2 2 P],A2,1);lmiterm([Fir324 2 2 P],1,A2');
lmiterm([Fir324 2 2 0],-(l22+l22)*B*inv(R)*B');
lmiterm([Fir324 2 3 0],-l23*B*inv(R)*B'-l32*B*inv(R)*B');
lmiterm([Fir324 3 3 P],A4,1);lmiterm([Fir324 3 3 P],1,A4');
lmiterm([Fir324 3 3 0],-(l33+l33)*B*inv(R)*B');
lmiterm([Fir324 1 4 P],1,Qhat);
lmiterm([Fir324 2 5 P],1,Qhat);
lmiterm([Fir324 3 6 P],1,Qhat);lmiterm([Fir324 4 4 0],-1);
lmiterm([Fir324 5 5 0],-1);lmiterm([Fir324 6 6 0],-1);
Fir331=newlmi;
lmiterm([Fir331 1 1 P],A3,1);lmiterm([Fir331 1 1 P],1,A3');
lmiterm([Fir331 1 1 0],-(l11+l11)*B*inv(R)*B');
lmiterm([Fir331 1 2 0],-l12*B*inv(R)*B'-l21*B*inv(R)*B');
lmiterm([Fir331 1 3 0],-l13*B*inv(R)*B'-l31*B*inv(R)*B');
lmiterm([Fir331 2 2 P],A3,1);lmiterm([Fir331 2 2 P],1,A3');
lmiterm([Fir331 2 2 0],-(l22+l22)*B*inv(R)*B');
lmiterm([Fir331 2 3 0],-l23*B*inv(R)*B'-l32*B*inv(R)*B');
lmiterm([Fir331 3 3 P],A1,1);lmiterm([Fir331 3 3 P],1,A1');
lmiterm([Fir331 3 3 0],-(l33+l33)*B*inv(R)*B');
lmiterm([Fir331 1 4 P],1,Qhat);
lmiterm([Fir331 2 5 P],1,Qhat);
lmiterm([Fir331 3 6 P],1,Qhat);lmiterm([Fir331 4 4 0],-1);
lmiterm([Fir331 5 5 0],-1);lmiterm([Fir331 6 6 0],-1);
Fir332=newlmi;
lmiterm([Fir332 1 1 P],A3,1);lmiterm([Fir332 1 1 P],1,A3');
lmiterm([Fir332 1 1 0],-(l11+l11)*B*inv(R)*B');
lmiterm([Fir332 1 2 0],-l12*B*inv(R)*B'-l21*B*inv(R)*B');
lmiterm([Fir332 1 3 0],-l13*B*inv(R)*B'-l31*B*inv(R)*B');
lmiterm([Fir332 2 2 P],A3,1);lmiterm([Fir332 2 2 P],1,A3');
lmiterm([Fir332 2 2 0],-(l22+l22)*B*inv(R)*B');
lmiterm([Fir332 2 3 0],-l23*B*inv(R)*B'-l32*B*inv(R)*B');
lmiterm([Fir332 3 3 P],A2,1);lmiterm([Fir332 3 3 P],1,A2');
lmiterm([Fir332 3 3 0],-(l33+l33)*B*inv(R)*B');
lmiterm([Fir332 1 4 P],1,Qhat);
lmiterm([Fir332 2 5 P],1,Qhat);
```

```
lmiterm([Fir332 3 6 P],1,Qhat);lmiterm([Fir332 4 4 0],-1);
lmiterm([Fir332 5 5 0],-1);lmiterm([Fir332 6 6 0],-1);
Fir333=newlmi;
lmiterm([Fir333 1 1 P],A3,1);lmiterm([Fir333 1 1 P],1,A3');
lmiterm([Fir333 1 1 0],-(l11+l11)*B*inv(R)*B');
lmiterm([Fir333 1 2 0],-l12*B*inv(R)*B'-l21*B*inv(R)*B');
lmiterm([Fir333 1 3 0],-l13*B*inv(R)*B'-l31*B*inv(R)*B');
lmiterm([Fir333 2 2 P],A3,1);lmiterm([Fir333 2 2 P],1,A3');
lmiterm([Fir333 2 2 0],-(l22+l22)*B*inv(R)*B');
lmiterm([Fir333 2 3 0],-l23*B*inv(R)*B'-l32*B*inv(R)*B');
lmiterm([Fir333 3 3 P],A3,1);lmiterm([Fir333 3 3 P],1,A3');
lmiterm([Fir333 3 3 0],-(l33+l33)*B*inv(R)*B');
lmiterm([Fir333 1 4 P],1,Qhat);
lmiterm([Fir333 2 5 P],1,Qhat);
lmiterm([Fir333 3 6 P],1,Qhat);lmiterm([Fir333 4 4 0],-1);
lmiterm([Fir333 5 5 0],-1);lmiterm([Fir333 6 6 0],-1);
Fir334=newlmi;
lmiterm([Fir334 1 1 P],A3,1);lmiterm([Fir334 1 1 P],1,A3');
lmiterm([Fir334 1 1 0],-(l11+l11)*B*inv(R)*B');
lmiterm([Fir334 1 2 0],-l12*B*inv(R)*B'-l21*B*inv(R)*B');
lmiterm([Fir334 1 3 0],-l13*B*inv(R)*B'-l31*B*inv(R)*B');
lmiterm([Fir334 2 2 P],A3,1);lmiterm([Fir334 2 2 P],1,A3');
lmiterm([Fir334 2 2 0],-(l22+l22)*B*inv(R)*B');
lmiterm([Fir334 2 3 0],-l23*B*inv(R)*B'-l32*B*inv(R)*B');
lmiterm([Fir334 3 3 P],A4,1);lmiterm([Fir334 3 3 P],1,A4');
lmiterm([Fir334 3 3 0],-(l33+l33)*B*inv(R)*B');
lmiterm([Fir334 1 4 P],1,Qhat);
lmiterm([Fir334 2 5 P],1,Qhat);
lmiterm([Fir334 3 6 P],1,Qhat);lmiterm([Fir334 4 4 0],-1);
lmiterm([Fir334 5 5 0],-1);lmiterm([Fir334 6 6 0],-1);
Fir341=newlmi;
lmiterm([Fir341 1 1 P],A3,1);lmiterm([Fir341 1 1 P],1,A3');
lmiterm([Fir341 1 1 0],-(l11+l11)*B*inv(R)*B');
lmiterm([Fir341 1 2 0],-l12*B*inv(R)*B'-l21*B*inv(R)*B');
lmiterm([Fir341 1 3 0],-l13*B*inv(R)*B'-l31*B*inv(R)*B');
lmiterm([Fir341 2 2 P],A4,1);lmiterm([Fir341 2 2 P],1,A4');
lmiterm([Fir341 2 2 0],-(l22+l22)*B*inv(R)*B');
lmiterm([Fir341 2 3 0],-l23*B*inv(R)*B'-l32*B*inv(R)*B');
lmiterm([Fir341 3 3 P],A1,1);lmiterm([Fir341 3 3 P],1,A1');
lmiterm([Fir341 3 3 0],-(l33+l33)*B*inv(R)*B');
lmiterm([Fir341 1 4 P],1,Qhat);
lmiterm([Fir341 2 5 P],1,Qhat);
lmiterm([Fir341 3 6 P],1,Qhat);lmiterm([Fir341 4 4 0],-1);
```

```
lmiterm([Fir341 5 5 0],-1);lmiterm([Fir341 6 6 0],-1);
Fir342=newlmi;
lmiterm([Fir342 1 1 P],A3,1);lmiterm([Fir342 1 1 P],1,A3');
lmiterm([Fir342 1 1 0],-(l11+l11)*B*inv(R)*B');
lmiterm([Fir342 1 2 0],-l12*B*inv(R)*B'-l21*B*inv(R)*B');
lmiterm([Fir342 1 3 0],-l13*B*inv(R)*B'-l31*B*inv(R)*B');
lmiterm([Fir342 2 2 P],A4,1);lmiterm([Fir342 2 2 P],1,A4');
lmiterm([Fir342 2 2 0],-(l22+l22)*B*inv(R)*B');
lmiterm([Fir342 2 3 0],-l23*B*inv(R)*B'-l32*B*inv(R)*B');
lmiterm([Fir342 3 3 P],A2,1);lmiterm([Fir342 3 3 P],1,A2');
lmiterm([Fir342 3 3 0],-(l33+l33)*B*inv(R)*B');
lmiterm([Fir342 1 4 P],1,Qhat);
lmiterm([Fir342 2 5 P],1,Qhat);
lmiterm([Fir342 3 6 P],1,Qhat);lmiterm([Fir342 4 4 0],-1);
lmiterm([Fir342 5 5 0],-1);lmiterm([Fir342 6 6 0],-1);
Fir343=newlmi;
lmiterm([Fir343 1 1 P],A3,1);lmiterm([Fir343 1 1 P],1,A3');
lmiterm([Fir343 1 1 0],-(l11+l11)*B*inv(R)*B');
lmiterm([Fir343 1 2 0],-l12*B*inv(R)*B'-l21*B*inv(R)*B');
lmiterm([Fir343 1 3 0],-l13*B*inv(R)*B'-l31*B*inv(R)*B');
lmiterm([Fir343 2 2 P],A4,1);lmiterm([Fir343 2 2 P],1,A4');
lmiterm([Fir343 2 2 0],-(l22+l22)*B*inv(R)*B');
lmiterm([Fir343 2 3 0],-l23*B*inv(R)*B'-l32*B*inv(R)*B');
lmiterm([Fir343 3 3 P],A3,1);lmiterm([Fir343 3 3 P],1,A3');
lmiterm([Fir343 3 3 0],-(l33+l33)*B*inv(R)*B');
lmiterm([Fir343 1 4 P],1,Qhat);
lmiterm([Fir343 2 5 P],1,Qhat);
lmiterm([Fir343 3 6 P],1,Qhat);lmiterm([Fir343 4 4 0],-1);
lmiterm([Fir343 5 5 0],-1);lmiterm([Fir343 6 6 0],-1);
Fir344=newlmi;
lmiterm([Fir344 1 1 P],A3,1);lmiterm([Fir344 1 1 P],1,A3');
lmiterm([Fir344 1 1 0],-(l11+l11)*B*inv(R)*B');
lmiterm([Fir344 1 2 0],-l12*B*inv(R)*B'-l21*B*inv(R)*B');
lmiterm([Fir344 1 3 0],-l13*B*inv(R)*B'-l31*B*inv(R)*B');
lmiterm([Fir344 2 2 P],A4,1);lmiterm([Fir344 2 2 P],1,A4');
lmiterm([Fir344 2 2 0],-(l22+l22)*B*inv(R)*B');
lmiterm([Fir344 2 3 0],-l23*B*inv(R)*B'-l32*B*inv(R)*B');
lmiterm([Fir344 3 3 P],A4,1);lmiterm([Fir344 3 3 P],1,A4');
lmiterm([Fir344 3 3 0],-(l33+l33)*B*inv(R)*B');
lmiterm([Fir344 1 4 P],1,Qhat);
lmiterm([Fir344 2 5 P],1,Qhat);
lmiterm([Fir344 3 6 P],1,Qhat);lmiterm([Fir344 4 4 0],-1);
lmiterm([Fir344 5 5 0],-1);lmiterm([Fir344 6 6 0],-1);
```

```
Fir411=newlmi;
lmiterm([Fir411 1 1 P],A4,1);lmiterm([Fir411 1 1 P],1,A4');
lmiterm([Fir411 1 1 0],-(l11+l11)*B*inv(R)*B');
lmiterm([Fir411 1 2 0],-l12*B*inv(R)*B'-l21*B*inv(R)*B');
lmiterm([Fir411 1 3 0],-l13*B*inv(R)*B'-l31*B*inv(R)*B');
lmiterm([Fir411 2 2 P],A1,1);lmiterm([Fir411 2 2 P],1,A1');
lmiterm([Fir411 2 2 0],-(l22+l22)*B*inv(R)*B');
lmiterm([Fir411 2 3 0],-l23*B*inv(R)*B'-l32*B*inv(R)*B');
lmiterm([Fir411 3 3 P],A1,1);lmiterm([Fir411 3 3 P],1,A1');
lmiterm([Fir411 3 3 0],-(l33+l33)*B*inv(R)*B');
lmiterm([Fir411 1 4 P],1,Qhat);
lmiterm([Fir411 2 5 P],1,Qhat);
lmiterm([Fir411 3 6 P],1,Qhat);lmiterm([Fir411 4 4 0],-1);
lmiterm([Fir411 5 5 0],-1);lmiterm([Fir411 6 6 0],-1);
Fir412=newlmi;
lmiterm([Fir412 1 1 P],A4,1);lmiterm([Fir412 1 1 P],1,A4');
lmiterm([Fir412 1 1 0],-(l11+l11)*B*inv(R)*B');
lmiterm([Fir412 1 2 0],-l12*B*inv(R)*B'-l21*B*inv(R)*B');
lmiterm([Fir412 1 3 0],-l13*B*inv(R)*B'-l31*B*inv(R)*B');
lmiterm([Fir412 2 2 P],A1,1);lmiterm([Fir412 2 2 P],1,A1');
lmiterm([Fir412 2 2 0],-(l22+l22)*B*inv(R)*B');
lmiterm([Fir412 2 3 0],-l23*B*inv(R)*B'-l32*B*inv(R)*B');
lmiterm([Fir412 3 3 P],A2,1);lmiterm([Fir412 3 3 P],1,A2');
lmiterm([Fir412 3 3 0],-(l33+l33)*B*inv(R)*B');
lmiterm([Fir412 1 4 P],1,Qhat);
lmiterm([Fir412 2 5 P],1,Qhat);
lmiterm([Fir412 3 6 P],1,Qhat);lmiterm([Fir412 4 4 0],-1);
lmiterm([Fir412 5 5 0],-1);lmiterm([Fir412 6 6 0],-1);
Fir413=newlmi;
lmiterm([Fir413 1 1 P],A4,1);lmiterm([Fir413 1 1 P],1,A4');
lmiterm([Fir413 1 1 0],-(l11+l11)*B*inv(R)*B');
lmiterm([Fir413 1 2 0],-l12*B*inv(R)*B'-l21*B*inv(R)*B');
lmiterm([Fir413 1 3 0],-l13*B*inv(R)*B'-l31*B*inv(R)*B');
lmiterm([Fir413 2 2 P],A1,1);lmiterm([Fir413 2 2 P],1,A1');
lmiterm([Fir413 2 2 0],-(l22+l22)*B*inv(R)*B');
lmiterm([Fir413 2 3 0],-l23*B*inv(R)*B'-l32*B*inv(R)*B');
lmiterm([Fir413 3 3 P],A3,1);lmiterm([Fir413 3 3 P],1,A3');
lmiterm([Fir413 3 3 0],-(l33+l33)*B*inv(R)*B');
lmiterm([Fir413 1 4 P],1,Qhat);
lmiterm([Fir413 2 5 P],1,Qhat);
lmiterm([Fir413 3 6 P],1,Qhat);lmiterm([Fir413 4 4 0],-1);
lmiterm([Fir413 5 5 0],-1);lmiterm([Fir413 6 6 0],-1);
Fir414=newlmi;
```

```
lmiterm([Fir414 1 1 P],A4,1);lmiterm([Fir414 1 1 P],1,A4');
lmiterm([Fir414 1 1 0],-(l11+l11)*B*inv(R)*B');
lmiterm([Fir414 1 2 0],-l12*B*inv(R)*B'-l21*B*inv(R)*B');
lmiterm([Fir414 1 3 0],-l13*B*inv(R)*B'-l31*B*inv(R)*B');
lmiterm([Fir414 2 2 P],A1,1);lmiterm([Fir414 2 2 P],1,A1');
lmiterm([Fir414 2 2 0],-(l22+l22)*B*inv(R)*B');
lmiterm([Fir414 2 3 0],-l23*B*inv(R)*B'-l32*B*inv(R)*B');
lmiterm([Fir414 3 3 P],A4,1);lmiterm([Fir414 3 3 P],1,A4');
lmiterm([Fir414 3 3 0],-(l33+l33)*B*inv(R)*B');
lmiterm([Fir414 1 4 P],1,Qhat);
lmiterm([Fir414 2 5 P],1,Qhat);
lmiterm([Fir414 3 6 P],1,Qhat);lmiterm([Fir414 4 4 0],-1);
lmiterm([Fir414 5 5 0],-1);lmiterm([Fir414 6 6 0],-1);
Fir421=newlmi;
lmiterm([Fir421 1 1 P],A4,1);lmiterm([Fir421 1 1 P],1,A4');
lmiterm([Fir421 1 1 0],-(l11+l11)*B*inv(R)*B');
lmiterm([Fir421 1 2 0],-l12*B*inv(R)*B'-l21*B*inv(R)*B');
lmiterm([Fir421 1 3 0],-l13*B*inv(R)*B'-l31*B*inv(R)*B');
lmiterm([Fir421 2 2 P],A2,1);lmiterm([Fir421 2 2 P],1,A2');
lmiterm([Fir421 2 2 0],-(l22+l22)*B*inv(R)*B');
lmiterm([Fir421 2 3 0],-l23*B*inv(R)*B'-l32*B*inv(R)*B');
lmiterm([Fir421 3 3 P],A1,1);lmiterm([Fir421 3 3 P],1,A1');
lmiterm([Fir421 3 3 0],-(l33+l33)*B*inv(R)*B');
lmiterm([Fir421 1 4 P],1,Qhat);
lmiterm([Fir421 2 5 P],1,Qhat);
lmiterm([Fir421 3 6 P],1,Qhat);lmiterm([Fir421 4 4 0],-1);
lmiterm([Fir421 5 5 0],-1);lmiterm([Fir421 6 6 0],-1);
Fir422=newlmi;
lmiterm([Fir422 1 1 P],A4,1);lmiterm([Fir422 1 1 P],1,A4');
lmiterm([Fir422 1 1 0],-(l11+l11)*B*inv(R)*B');
lmiterm([Fir422 1 2 0],-l12*B*inv(R)*B'-l21*B*inv(R)*B');
lmiterm([Fir422 1 3 0],-l13*B*inv(R)*B'-l31*B*inv(R)*B');
lmiterm([Fir422 2 2 P],A2,1);lmiterm([Fir422 2 2 P],1,A2');
lmiterm([Fir422 2 2 0],-(l22+l22)*B*inv(R)*B');
lmiterm([Fir422 2 3 0],-l23*B*inv(R)*B'-l32*B*inv(R)*B');
lmiterm([Fir422 3 3 P],A2,1);lmiterm([Fir422 3 3 P],1,A2');
lmiterm([Fir422 3 3 0],-(l33+l33)*B*inv(R)*B');
lmiterm([Fir422 1 4 P],1,Qhat);
lmiterm([Fir422 2 5 P],1,Qhat);
lmiterm([Fir422 3 6 P],1,Qhat);lmiterm([Fir422 4 4 0],-1);
lmiterm([Fir422 5 5 0],-1);lmiterm([Fir422 6 6 0],-1);
Fir423=newlmi;
lmiterm([Fir423 1 1 P],A4,1);lmiterm([Fir423 1 1 P],1,A4');
```

```
lmiterm([Fir423 1 1 0],-(l11+l11)*B*inv(R)*B');
lmiterm([Fir423 1 2 0],-l12*B*inv(R)*B'-l21*B*inv(R)*B');
lmiterm([Fir423 1 3 0],-l13*B*inv(R)*B'-l31*B*inv(R)*B');
lmiterm([Fir423 2 2 P],A2,1);lmiterm([Fir423 2 2 P],1,A2');
lmiterm([Fir423 2 2 0],-(l22+l22)*B*inv(R)*B');
lmiterm([Fir423 2 3 0],-l23*B*inv(R)*B'-l32*B*inv(R)*B');
lmiterm([Fir423 3 3 P],A3,1);lmiterm([Fir423 3 3 P],1,A3');
lmiterm([Fir423 3 3 0],-(l33+l33)*B*inv(R)*B');
lmiterm([Fir423 1 4 P],1,Qhat);
lmiterm([Fir423 2 5 P],1,Qhat);
lmiterm([Fir423 3 6 P],1,Qhat);
lmiterm([Fir423 4 4 0],-1);
lmiterm([Fir423 5 5 0],-1);
lmiterm([Fir423 6 6 0],-1);Fir424=newlmi ;
lmiterm([Fir424 1 1 P],A4,1);lmiterm([Fir424 1 1 P],1,A4');
lmiterm([Fir424 1 1 0],-(l11+l11)*B*inv(R)*B');
lmiterm([Fir424 1 2 0],-l12*B*inv(R)*B'-l21*B*inv(R)*B');
lmiterm([Fir424 1 3 0],-l13*B*inv(R)*B'-l31*B*inv(R)*B');
lmiterm([Fir424 2 2 P],A2,1);lmiterm([Fir424 2 2 P],1,A2');
lmiterm([Fir424 2 2 0],-(l22+l22)*B*inv(R)*B');
lmiterm([Fir424 2 3 0],-l23*B*inv(R)*B'-l32*B*inv(R)*B');
lmiterm([Fir424 3 3 P],A4,1);lmiterm([Fir424 3 3 P],1,A4');
lmiterm([Fir424 3 3 0],-(l33+l33)*B*inv(R)*B');
lmiterm([Fir424 1 4 P],1,Qhat);
lmiterm([Fir424 2 5 P],1,Qhat);
lmiterm([Fir424 3 6 P],1,Qhat);lmiterm([Fir424 4 4 0],-1);
lmiterm([Fir424 5 5 0],-1);lmiterm([Fir424 6 6 0],-1);
Fir431=newlmi;
lmiterm([Fir431 1 1 P],A4,1);lmiterm([Fir431 1 1 P],1,A4');
lmiterm([Fir431 1 1 0],-(l11+l11)*B*inv(R)*B');
lmiterm([Fir431 1 2 0],-l12*B*inv(R)*B'-l21*B*inv(R)*B');
lmiterm([Fir431 1 3 0],-l13*B*inv(R)*B'-l31*B*inv(R)*B');
lmiterm([Fir431 2 2 P],A3,1);lmiterm([Fir431 2 2 P],1,A3');
lmiterm([Fir431 2 2 0],-(l22+l22)*B*inv(R)*B');
lmiterm([Fir431 2 3 0],-l23*B*inv(R)*B'-l32*B*inv(R)*B');
lmiterm([Fir431 3 3 P],A1,1);lmiterm([Fir431 3 3 P],1,A1');
lmiterm([Fir431 3 3 0],-(l33+l33)*B*inv(R)*B');
lmiterm([Fir431 1 4 P],1,Qhat);
lmiterm([Fir431 2 5 P],1,Qhat);
lmiterm([Fir431 3 6 P],1,Qhat);lmiterm([Fir431 4 4 0],-1);
lmiterm([Fir431 5 5 0],-1);lmiterm([Fir431 6 6 0],-1);
Fir432=newlmi;
lmiterm([Fir432 1 1 P],A4,1);lmiterm([Fir432 1 1 P],1,A4');
```

```
lmiterm([Fir432 1 1 0],-(l11+l11)*B*inv(R)*B');
lmiterm([Fir432 1 2 0],-l12*B*inv(R)*B'-l21*B*inv(R)*B');
lmiterm([Fir432 1 3 0],-l13*B*inv(R)*B'-l31*B*inv(R)*B');
lmiterm([Fir432 2 2 P],A3,1);lmiterm([Fir432 2 2 P],1,A3');
lmiterm([Fir432 2 2 0],-(l22+l22)*B*inv(R)*B');
lmiterm([Fir432 2 3 0],-l23*B*inv(R)*B'-l32*B*inv(R)*B');
lmiterm([Fir432 3 3 P],A2,1);lmiterm([Fir432 3 3 P],1,A2');
lmiterm([Fir432 3 3 0],-(l33+l33)*B*inv(R)*B');
lmiterm([Fir432 1 4 P],1,Qhat);
lmiterm([Fir432 2 5 P],1,Qhat);
lmiterm([Fir432 3 6 P],1,Qhat);lmiterm([Fir432 4 4 0],-1);
lmiterm([Fir432 5 5 0],-1);lmiterm([Fir432 6 6 0],-1);
Fir433=newlmi;
lmiterm([Fir433 1 1 P],A4,1);lmiterm([Fir433 1 1 P],1,A4');
lmiterm([Fir433 1 1 0],-(l11+l11)*B*inv(R)*B');
lmiterm([Fir433 1 2 0],-l12*B*inv(R)*B'-l21*B*inv(R)*B');
lmiterm([Fir433 1 3 0],-l13*B*inv(R)*B'-l31*B*inv(R)*B');
lmiterm([Fir433 2 2 P],A3,1);lmiterm([Fir433 2 2 P],1,A3');
lmiterm([Fir433 2 2 0],-(l22+l22)*B*inv(R)*B');
lmiterm([Fir433 2 3 0],-l23*B*inv(R)*B'-l32*B*inv(R)*B');
lmiterm([Fir433 3 3 P],A3,1);lmiterm([Fir433 3 3 P],1,A3');
lmiterm([Fir433 3 3 0],-(l33+l33)*B*inv(R)*B');
lmiterm([Fir433 1 4 P],1,Qhat);
lmiterm([Fir433 2 5 P],1,Qhat);
lmiterm([Fir433 3 6 P],1,Qhat);lmiterm([Fir433 4 4 0],-1);
lmiterm([Fir433 5 5 0],-1);lmiterm([Fir433 6 6 0],-1);
Fir434=newlmi;
lmiterm([Fir434 1 1 P],A4,1);lmiterm([Fir434 1 1 P],1,A4');
lmiterm([Fir434 1 1 0],-(l11+l11)*B*inv(R)*B');
lmiterm([Fir434 1 2 0],-l12*B*inv(R)*B'-l21*B*inv(R)*B');
lmiterm([Fir434 1 3 0],-l13*B*inv(R)*B'-l31*B*inv(R)*B');
lmiterm([Fir434 2 2 P],A3,1);lmiterm([Fir434 2 2 P],1,A3');
lmiterm([Fir434 2 2 0],-(l22+l22)*B*inv(R)*B');
lmiterm([Fir434 2 3 0],-l23*B*inv(R)*B'-l32*B*inv(R)*B');
lmiterm([Fir434 3 3 P],A4,1);lmiterm([Fir434 3 3 P],1,A4');
lmiterm([Fir434 3 3 0],-(l33+l33)*B*inv(R)*B');
lmiterm([Fir434 1 4 P],1,Qhat);
lmiterm([Fir434 2 5 P],1,Qhat);
lmiterm([Fir434 3 6 P],1,Qhat);lmiterm([Fir434 4 4 0],-1);
lmiterm([Fir434 5 5 0],-1);lmiterm([Fir434 6 6 0],-1);
Fir441=newlmi;
lmiterm([Fir441 1 1 P],A4,1);lmiterm([Fir441 1 1 P],1,A4');
lmiterm([Fir441 1 1 0],-(l11+l11)*B*inv(R)*B');
```

```
lmiterm([Fir441 1 2 0],-l12*B*inv(R)*B'-l21*B*inv(R)*B');
lmiterm([Fir441 1 3 0],-l13*B*inv(R)*B'-l31*B*inv(R)*B');
lmiterm([Fir441 2 2 P],A4,1);lmiterm([Fir441 2 2 P],1,A4');
lmiterm([Fir441 2 2 0],-(l22+l22)*B*inv(R)*B');
lmiterm([Fir441 2 3 0],-l23*B*inv(R)*B'-l32*B*inv(R)*B');
lmiterm([Fir441 3 3 P],A1,1);lmiterm([Fir441 3 3 P],1,A1');
lmiterm([Fir441 3 3 0],-(l33+l33)*B*inv(R)*B');
lmiterm([Fir441 1 4 P],1,Qhat);
lmiterm([Fir441 2 5 P],1,Qhat);
lmiterm([Fir441 3 6 P],1,Qhat);lmiterm([Fir441 4 4 0],-1);
lmiterm([Fir441 5 5 0],-1);lmiterm([Fir441 6 6 0],-1);
Fir442=newlmi;
lmiterm([Fir442 1 1 P],A4,1);lmiterm([Fir442 1 1 P],1,A4');
lmiterm([Fir442 1 1 0],-(l11+l11)*B*inv(R)*B');
lmiterm([Fir442 1 2 0],-l12*B*inv(R)*B'-l21*B*inv(R)*B');
lmiterm([Fir442 1 3 0],-l13*B*inv(R)*B'-l31*B*inv(R)*B');
lmiterm([Fir442 2 2 P],A4,1);lmiterm([Fir442 2 2 P],1,A4');
lmiterm([Fir442 2 2 0],-(l22+l22)*B*inv(R)*B');
lmiterm([Fir442 2 3 0],-l23*B*inv(R)*B'-l32*B*inv(R)*B');
lmiterm([Fir442 3 3 P],A2,1);lmiterm([Fir442 3 3 P],1,A2');
lmiterm([Fir442 3 3 0],-(l33+l33)*B*inv(R)*B');
lmiterm([Fir442 1 4 P],1,Qhat);
lmiterm([Fir442 2 5 P],1,Qhat);
lmiterm([Fir442 3 6 P],1,Qhat);lmiterm([Fir442 4 4 0],-1);
lmiterm([Fir442 5 5 0],-1);lmiterm([Fir442 6 6 0],-1);
Fir443=newlmi;
lmiterm([Fir443 1 1 P],A4,1);lmiterm([Fir443 1 1 P],1,A4');
lmiterm([Fir443 1 1 0],-(l11+l11)*B*inv(R)*B');
lmiterm([Fir443 1 2 0],-l12*B*inv(R)*B'-l21*B*inv(R)*B');
lmiterm([Fir443 1 3 0],-l13*B*inv(R)*B'-l31*B*inv(R)*B');
lmiterm([Fir443 2 2 P],A4,1);lmiterm([Fir443 2 2 P],1,A4');
lmiterm([Fir443 2 2 0],-(l22+l22)*B*inv(R)*B');
lmiterm([Fir443 2 3 0],-l23*B*inv(R)*B'-l32*B*inv(R)*B');
lmiterm([Fir443 3 3 P],A3,1);lmiterm([Fir443 3 3 P],1,A3');
lmiterm([Fir443 3 3 0],-(l33+l33)*B*inv(R)*B');
lmiterm([Fir443 1 4 P],1,Qhat);
lmiterm([Fir443 2 5 P],1,Qhat);
lmiterm([Fir443 3 6 P],1,Qhat);lmiterm([Fir443 4 4 0],-1);
lmiterm([Fir443 5 5 0],-1);lmiterm([Fir443 6 6 0],-1);
Fir444=newlmi;
lmiterm([Fir444 1 1 P],A4,1);lmiterm([Fir444 1 1 P],1,A4');
lmiterm([Fir444 1 1 0],-(l11+l11)*B*inv(R)*B');
lmiterm([Fir444 1 2 0],-l12*B*inv(R)*B'-l21*B*inv(R)*B');
```

```
lmiterm([Fir444 1 3 0],-l13 * B * inv(R) * B'-l31 * B * inv(R) * B');
lmiterm([Fir444 2 2 P],A4,1);lmiterm([Fir444 2 2 P],1,A4');
lmiterm([Fir444 2 2 0],-(l22+l22) * B * inv(R) * B');
lmiterm([Fir444 2 3 0],-l23 * B * inv(R) * B'-l32 * B * inv(R) * B');
lmiterm([Fir444 3 3 P],A4,1);lmiterm([Fir444 3 3 P],1,A4');
lmiterm([Fir444 3 3 0],-(l33+l33) * B * inv(R) * B');
lmiterm([Fir444 1 4 P],1,Qhat);
lmiterm([Fir444 2 5 P],1,Qhat);
lmiterm([Fir444 3 6 P],1,Qhat);lmiterm([Fir444 4 4 0],-1);
lmiterm([Fir444 5 5 0],-1);lmiterm([Fir444 6 6 0],-1);
Sec=newlmi;
lmiterm([Sec 1 1 P],-1,1);
lmis=getlmis;
[tmin,xfeas]=feasp(lmis);
Po=(dec2mat(lmis,xfeas,P));
K=-inv(R) * B' * inv(Po);
```

(3)被控对象程序:Matrix_A。

```
function A=Matrix_A(xi3)
M=[1 0 0;0 1 0.1;0 0.1 1];
N=[0.1 0 0;0 0.1 0;0 0 0.1];
Bbar=-inv(M) * N;
B11=Bbar(1,1); B12=Bbar(1,2); B13=Bbar(1,3);
B21=Bbar(2,1); B22=Bbar(2,2); B23=Bbar(2,3);
B31=Bbar(3,1); B32=Bbar(3,2); B33=Bbar(3,3);
A=[0   0   0   cos(xi3)   -sin(xi3) 0;
   0   0   0   sin(xi3)   cos(xi3)0;
   0   0   0   0          01;
   0   0   0   B11        B12B13;
   0   0   0   B21        B22B23;
   0   0   0   B31        B32B33];
A=[A];
```

(4)被控对象程序:Matrix_B。

```
function B=Matrix_B
M=[1 0 0;0 1 0.1;0 0.1 1];
Dbar=inv(M);
D11=Dbar(1,1); D12=Dbar(1,2); D13=Dbar(1,3);
D21=Dbar(2,1); D22=Dbar(2,2); D23=Dbar(2,3);
D31=Dbar(3,1); D32=Dbar(3,2); D33=Dbar(3,3);
B=[0     0     0;
   0     0     0;
   0     0     0;
   D11   D12   D13;
   D21   D22   D23;
```

```
    D31    D32    D33];
B=[B];
```

(5)控制器程序：Matrix_K。

```
function K=Matrix_K
K=[-1.1681 -0.1688 -0.0060 -11.8955 -0.0098 -0.0675;
    0.1783 -1.2400 -0.2210 -0.0031 -12.7075 -2.7088;
    0.0260 -0.2132 -1.1781 -0.0671 -2.6264 -11.8836];
K=[K];
```

(6)作图程序：如图 6-38 所示。

```
plot(x1.time,x1.signals.values(:,1));hold on;
plot(x2.time,x2.signals.values(:,1));hold on;
plot(x3.time,x3.signals.values(:,1));
```

(7)作图程序：如图 6-39 所示。

```
plot(x1.time,x1.signals.values(:,2));hold on;
plot(x2.time,x2.signals.values(:,2));hold on;
plot(x3.time,x3.signals.values(:,2));
```

(8)作图程序：如图 6-40 所示。

```
plot(x1.time,x1.signals.values(:,3));hold on;
plot(x2.time,x2.signals.values(:,3));hold on;
plot(x3.time,x3.signals.values(:,3));
```

(9)作图程序：如图 6-41 所示。

```
plot(x1.time,x1.signals.values(:,4));hold on;
plot(x2.time,x2.signals.values(:,4));hold on;
plot(x3.time,x3.signals.values(:,4));
```

(10)作图程序：如图 6-42 所示。

```
plot(x1.time,x1.signals.values(:,5));hold on;
plot(x2.time,x2.signals.values(:,5));hold on;
plot(x3.time,x3.signals.values(:,5));
```

(11)作图程序：如图 6-43 所示。

```
plot(x1.time,x1.signals.values(:,6));hold on;
plot(x2.time,x2.signals.values(:,6));hold on;
plot(x3.time,x3.signals.values(:,6));
```

6.5　本章小结

本章主要研究了非线性多智能体系统的协同控制问题。针对高阶单输入非线性多智能体系统，提出了基于高阶微分方程的协同控制算法，实现了系统的无领航一致性，并通过四组仿真算例验证了所提出算法的有效性；针对非线性多刚性体姿态系统，提出了基于一阶微分方程和反步法的协同控制算法，实现了系统的无领航一致性，通过两组算例对算法进行了仿真验证；针对具有常规非线性模型的多输入多输出多智能体系统，提出了基于 T-S 模糊理论的协同控制算法，实现了系统的一致性。仿真算例以无人船集群系统为对象，验证了方法的有效性，仿真结果表明，当只有一个智能体节点能够获取自身绝对状态信息时，所提出的算法仍能保证多个智能体节点的状态同步收敛至平衡点处。

参考文献

[1] DEGROOT M H. Reaching a consensus[J]. Journal of the American Statistical Association, 1974, 69(345): 118 - 121.

[2] BORKAR V, VARAIYA P. Asymptotic agreement in distributed estimation[J]. IEEE Transactions on Automatic Control, 1982, 27(3): 650 - 655.

[3] REYNOLDS C W. Flocks, herds and schools: A distributed behavioral model[J]. ACM SIGGRAPH computer graphics, 1987, 21(4): 25 - 34.

[4] VICSEK T, CZIRÓK A, BEN - JACOB E, et al. Novel type of phase transition in a system of self - driven particles[J]. Physical review letters, 1995, 75(6): 1226.

[5] JADBABAIE A, LIN J, MORSE A S. Coordination of groups of mobile autonomous agents using nearest neighbor rules[J]. IEEE Transactions on automatic control,2003, 48(6): 988 - 1001.

[6] OLFATI - SABER R, MURRAY R M. Consensus problems in networks of agents with switching topology and time - delays [J]. IEEE Transactions on automatic control, 2004, 49(9): 1520 - 1533.

[7] REN W, BEARD R W. Consensus seeking in multiagent systems under dynamically changing interaction topologies[J]. IEEE Transactions on automatic control, 2005, 50 (5): 655 - 661.

[8] YU W, ZHOU L. Second - order consensus in multi-agent dynamical systems with sampled position data [C]. Hefei: Proceedings of the 31st Chinese Control Conference, 2012.

[9] PAN H, QIAO W. Consensus of double - integrator discrete - time multi-agent system based on second - order neighbors' information[C]. Changsha: Proceedings of The 26th Chinese Control and Decision Conference, IEEE, 2014.

[10] HE W, CAO J. Consensus control for high-order multi-agent systems[J]. IET control theory & applications, 2011, 5(1): 231 - 238.

[11] MA C, LI T, ZHANG J. Consensus control for leader - following multi-agent systems with measurement noises[J]. Journal of Systems Science & Complexity, 2010(1):35 - 49.

[12] QIN J, YU C, GAO H. Coordination for linear multiagent systems with dynamic interaction topology in the leader - following framework[J]. IEEE Transactions on Industrial Electronics, 2014, 61(5): 2412 - 2422.

[13] WEN G, LI Z, DUAN Z,et al. Distributed consensus control for linear multi-agent systems with discontinuous observations[J]. International Journal of Control, 2013, 86(1):95 - 106.

[14] SU S, LIN Z. Distributed consensus control of Multi - Agent systems with higher order agent dynamics and dynamically changing directed interaction topologies[J]. IEEE Transactions on Automatic Control, 2016, 61(2):515 - 519.

[15] YANG Y, YUE D, XU C. Dynamic event - triggered leader - following consensus control of a class of linear multi-agent systems[J]. Journal of the Franklin Institute, 2018, 355(15): 7706 - 7734.

[16] ZHANG Z, YAN W, LI H,et al. Consensus control of linear systems with optimal performance on directed topologies[J]. Journal of the Franklin Institute, 2020, 357(4): 2185 - 2202.

[17] LI X, SOH Y C, XIE L. A novel reduced - order protocol for consensus control of linear multiagent systems[J]. IEEE Transactions on Automatic Control, 2018, 64(7): 3005 - 3012.

[18] LIU X, DU C, LIU H,et al. Distributed event - triggered consensus control with fully continuous communication free for general linear multi - agent systems under directed graph[J]. International Journal of Robust and Nonlinear Control, 2018, 28(1): 132 - 143.

[19] LI Z, DUAN Z, CHEN G. Dynamic consensus of linear multi-agent systems[J]. IET Control Theory & Applications, 2011, 5(1): 19 - 28.

[20] ZHANG Z, YAN W, LI H. Distributed optimal control for linear multi-agent systems on general digraphs[J]. IEEE Transactions on Automatic Control,2021,66(1):322 - 328.

[21] ZHANG Z, LI H, YAN W. Fully distributed control of linear systems with optimal cost on directed topologies[J]. IEEE Transactions on Circuits and Systems Ⅱ: Express Briefs,2021,68(1):336 - 340.

[22] LI Z, DUAN Z, CHEN G, et al. Consensus of multiagent systems and synchronization of complex networks: A unified viewpoint[J]. IEEE Transactions on Circuits and Systems I: Regular Papers, 2009, 57(1): 213 - 224.

[23] ZHANG H, FENG G, YAN H,et al. Consensus of multi-agent systems with linear dynamics using event - triggered control[J]. IET Control Theory & Applications, 2014, 8(18): 2275 - 2281.

[24] ZHANG H, HU X. Consensus control for linear systems with optimal energy cost[J]. Automatica, 2018, 93: 83 - 91.

[25] ZHU W, JIANG Z P, FENG G. Event - based consensus of multi-agent systems with general linear models[J]. Automatica, 2014, 50(2): 552 - 558.

[26] LIU X, LU W, CHEN T. Consensus of multi-agent systems with unbounded time - varying delays [J]. IEEE Transactions on Automatic Control, 2010, 55(10): 2396 -2401.

[27] CHEN Y, LV J. Delay - induced discrete - time consensus[J]. Automatica, 2017, 85: 356 - 361.

[28] LAN Y H, WU B, SHI Y X, et al. Iterative learning - based consensus control for distributed parameter multi-agent systems with time - delay[J]. Neurocomputing, 2019, 357: 77 - 85.

[29] YU W, CHEN G, CAO M. Some necessary and sufficient conditions for second - order consensus in multi-agent dynamical systems[J]. Automatica, 2010, 46(6): 1089 - 1095.

[30] QIN J, GAO H, ZHENG W X. Second - order consensus for multi-agent systems with switching topology and communication delay[J]. Systems & Control Letters, 2011, 60(6): 390 - 397.

[31] ZHU W, JIANG Z P. Event - based leader - following consensus of multi-agent systems with input time delay[J]. IEEE Transactions on Automatic Control, 2014, 60(5): 1362 - 1367.

[32] LIU K, JI Z. Consensus of multi-agent systems with time delay based on periodic sample and event hybrid control[J]. Neurocomputing, 2017, 270: 11 - 17.

[33] LIU H, KARIMI H R, DU S, et al. Leader - following consensus of discrete - time multiagent systems with time - varying delay based on large delay theory [J]. Information Sciences, 2017, 417: 236 - 246.

[34] CAI Y, ZHANG H, ZHANG J, et al. Distributed bipartite leader - following consensus of linear multi-agent systems with input time delay based on event - triggered transmission mechanism[J]. ISA transactions, 2020, 100: 221 - 234.

[35] YE Y, SU H. Leader - following consensus of general linear fractional - order multiagent systems with input delay via event - triggered control[J]. International Journal of Robust and Nonlinear Control, 2018, 28(18): 5717 - 5729.

[36] PENG L, YINGMIN J, JUNPING D, et al. Distributed consensus control for second-order agents with fixed topology and time - delay [C]. Zhangjiajie 2007 Chinese control conference. IEEE, 2007: 577 - 581.

[37] ZHANG H, YUE D, ZHAO W, et al. Distributed optimal consensus control for multiagent systems with input delay[J]. IEEE transactions on cybernetics, 2017, 48 (6): 1747 - 1759.

[38] ZHAO Y, ZHANG W. Guaranteed cost consensus protocol design for linear multi-agent systems with sampled - data information: An input delay approach[J]. ISA transactions, 2017, 67: 87 - 97.

[39] WANG X, SU H. Self - triggered leader - following consensus of multi-agent systems with input time delay[J]. Neurocomputing, 2019, 330: 70 - 77.

[40] HOU W, FU M, ZHANG H, et al. Consensus conditions for general second - order multi-agent systems with communication delay[J]. Automatica, 2017, 75: 293 -298.

[41] WANG Z, ZHANG H, SONG X, et al. Consensus problems for discrete - time agents with communication delay[J]. International Journal of Control, Automation and Systems, 2017, 15(4): 1515 - 1523.

[42] LIU L, SUN H, MA L, et al. Quasi-Consensus control for a class of time-varying stochastic nonlinear time-delay multiagent systems subject to deception attacks[J]. IEEE Transactions on Systems, Man, and Cybernetics: Systems, in press, 2020.

[43] DAI X, WANG C, TIAN S, et al. Consensus control via iterative learning for distributed parameter models multi-agent systems with time-delay[J]. Journal of the Franklin Institute, 2019, 356(10): 5240-5259.

[44] LUO S, XU X, LIU L, et al. Output consensus of heterogeneous linear multi-agent systems with communication, input and output time-delays[J]. Journal of the Franklin Institute, 2020, 357(17): 12825-12839.

[45] FIENGO G, LUI D G, PETRILLO A, et al. Distributed robust output consensus for linear multi-agent systems with input time-varying delays and parameter uncertainties[J]. IET Control Theory & Applications, 2018, 13(2): 203-212.

[46] XU X, LIU L, FENG G. Consensus of heterogeneous linear multiagent systems with communication time-delays[J]. IEEE Transactions on Cybernetics, 2017, 47(8): 1820-1829.

[47] XU X, LIU L, FENG G. Consensus of discrete-time linear multiagent systems with communication, input and output delays[J]. IEEE Transactions on Automatic Control, 2017, 63(2): 492-497.

[48] LI C J, LIU G P. Data-driven consensus for non-linear networked multi-agent systems with switching topology and time-varying delays[J]. IET Control Theory & Applications, 2018, 12(12): 1773-1779.

[49] ZHANG D, FENG G. A new switched system approach to leader-follower consensus of heterogeneous linear multiagent systems with dos attack[J]. IEEE Transactions on Systems, Man, and Cybernetics: Systems, 2019.

[50] WANG Y, GU Y, XIE X, et al. Delay-dependent distributed event-triggered tracking control for multi-agent systems with input time delay[J]. Neurocomputing, 2019, 333: 200-210.

[51] WEN G, DUAN Z, ZHAO Y, et al. Robust containment tracking of uncertain linear multi-agent systems: a non-smooth control approach[J]. International Journal of Control, 2014, 87(12): 2522-2534.

[52] HUANG W, ZENG J, SUN H. Robust consensus for linear multi-agent systems with mixed uncertainties[J]. Systems & Control Letters, 2015, 76: 56-65.

[53] LI X, SOH Y C, XIE L. Robust consensus of uncertain linear multi-agent systems via dynamic output feedback[J]. Automatica, 2018, 98: 114-123.

[54] LI Z, DUAN Z, XIE L, et al. Distributed robust control of linear multi-agent systems with parameter uncertainties[J]. International Journal of Control, 2012, 85(8): 1039-1050.

[55] WANG J, DUAN Z, WEN G, et al. Distributed robust control of uncertain linear multi-agent systems[J]. International Journal of Robust and Nonlinear Control,

2015, 25(13): 2162 - 2179.

[56] LIU W, HUANG J. Event - triggered cooperative robust practical output regulation for a class of linear multi-agent systems[J]. Automatica, 2017, 85: 158 - 164.

[57] ZHANG D, XU Z, WANG Q G, et al. Leader - follower H_∞ consensus of linear multi-agent systems with aperiodic sampling and switching connected topologies[J]. ISA Transactions, 2017, 68: 150 - 159.

[58] LI Z, DUAN Z, LEWIS F L. Distributed robust consensus control of multi-agent systems with heterogeneous matching uncertainties[J]. Automatica, 2014, 50(3): 883 - 889.

[59] MENON P P, EDWARDS C. Robust fault estimation using relative information in linear multi-agent networks[J]. IEEE Transactions on Automatic Control, 2013, 59 (2): 477 - 482.

[60] ZHU J W, ZHANG W A, YU L, et al. Robust distributed tracking control for linear multi-agent systems based on distributed intermediate estimator[J]. Journal of the Franklin Institute, 2018, 355(1): 31 - 53.

[61] WANG Z, WANG W, ZHANG H. Robust consensus for linear multi-agent systems with noises[J]. IET Control Theory & Applications, 2016, 10(17): 2348 -2356.

[62] ZHANG K, LIU G, JIANG B. Robust unknown input observer - based fault estimation of leader - follower linear multi-agent systems[J]. Circuits, Systems, and Signal Processing, 2017, 36(2): 525 - 542.

[63] ZHAO L, JIA Y, YU J, et al. H_∞ sliding mode based scaled consensus control for linear multi-agent systems with disturbances [J]. Applied Mathematics and Computation, 2017, 292: 375 - 389.

[64] ZHANG Q, ZHANG J F. Adaptive tracking games for coupled stochastic linear multi-agent systems: stability, optimality and robustness[J]. IEEE Transactions on Automatic Control, 2013, 58(11): 2862 - 2877.

[65] WANG X, HONG Y, HUANG J, et al. A distributed control approach to a robust output regulation problem for multi-agent linear systems[J]. IEEE Transactions on Automatic control, 2010, 55(12): 2891 - 2895.

[66] HUANG C, YE X. Cooperative Output Regulation of Heterogeneous Multi - Agent Systems: An H_∞ Criterion[J]. IEEE Transactions on Automatic Control, 2013, 59 (1): 267 - 273.

[67] LIU K, ZHU H, LÜ J. Bridging the gap between transmission noise and sampled data for robust consensus of multi-agent systems[J]. IEEE Transactions on Circuits and Systems I: Regular Papers, 2015, 62(7): 1836 - 1844.

[68] HU W, LIU L, FENG G. Robust cooperative output regulation of heterogeneous uncertain linear multi-agent systems by intermittent communication[J]. Journal of the Franklin Institute, 2018, 355(3): 1452 - 1469.

[69] ZHANG Z, ZHANG S, LI H, et al. Cooperative robust optimal control of uncertain

multi-agent systems[J]. Journal of the Franklin Institute,in press, 2020.

[70] YAN Y, HUANG J. Cooperative robust output regulation problem for discrete - time linear time - delay multi-agent systems [J]. International Journal of Robust and Nonlinear Control, 2018, 28(3): 1035 - 1048.

[71] SHARIATI A, TAVAKOLI M. A descriptor approach to robust leader - following output consensus of uncertain multi-agent systems with delay[J]. IEEE Transactions on Automatic Control, 2016, 62(10): 5310 - 5317.

[72] LIANG D, HUANG J. Robust bipartite output regulation of linear uncertain multi-agent systems[J]. International Journal of Control, 2020: 1 - 16.

[73] CHU H, CHEN J, WEI Q, et al. Robust global consensus tracking of linear multi-agent systems with input saturation via scheduled low - and - high gain feedback[J]. IET Control Theory & Applications, 2018, 13(1): 69 - 77.

[74] SHI G, HONG Y. Global target aggregation and state agreement of nonlinear multi-agent systems with switching topologies[J]. Automatica, 2009, 45(5): 1165 - 1175.

[75] MENG D, JIA Y, DU J, et al. On iterative learning algorithms for the formation control of nonlinear multi-agent systems[J]. Automatica, 2014, 50(1): 291 - 295.

[76] ZHANG Y, YANG Y, ZHAO Y, et al. Distributed finite - time tracking control for nonlinear multi-agent systems subject to external disturbances [J]. International Journal of Control, 2013, 86(1): 29 - 40.

[77] LIU T, JIANG Z P. Distributed output - feedback control of nonlinear multi-agent systems[J]. IEEE Transactions on Automatic Control, 2013, 58(11): 2912 - 2917.

[78] ZHU L, CHEN Z. Robust homogenization and consensus of nonlinear multi-agent systems[J]. Systems & Control Letters, 2014, 65: 50 - 55.

[79] CHEN C L P, WEN G X, LIU Y J, et al. Adaptive consensus control for a class of nonlinear multiagent time - delay systems using neural networks [J]. IEEE Transactions on Neural Networks and Learning Systems, 2014, 25(6): 1217 - 1226.

[80] SONG Q, CAO J, YU W. Second - order leader - following consensus of nonlinear multi-agent systems via pinning control[J]. Systems & Control Letters, 2010, 59(9): 553 - 562.

[81] HE W, ZHANG B, HAN Q L, et al. Leader - following consensus of nonlinear multiagent systems with stochastic sampling[J]. IEEE Transactions on Cybernetics, 2016, 47(2): 327 - 338.

[82] HE W, CHEN G, HAN Q L, et al. Network - based leader - following consensus of nonlinear multi-agent systems via distributed impulsive control [J]. Information Sciences, 2017, 380: 145 - 158.

[83] HUA C C, YOU X, GUAN X P. Leader - following consensus for a class of high-order nonlinear multi-agent systems[J]. Automatica, 2016, 73: 138 - 144.

[84] ZHANG Z, ZHANG L, HAO F, et al. Leader - following consensus for linear and Lipschitz nonlinear multiagent systems with quantized communication [J]. IEEE

Transactions on Cybernetics, 2016, 47(8): 1970 - 1982.

[85] SHI P, SHEN Q K. Observer - based leader - following consensus of uncertain nonlinear multi-agent systems[J]. International Journal of Robust and Nonlinear Control, 2017, 27(17): 3794 - 3811.

[86] ZHANG J, ZHANG H, FENG T. Distributed optimal consensus control for nonlinear multiagent system with unknown dynamic[J]. IEEE Transactions on Neural Networks and Learning Systems, 2017, 29(8): 3339 - 3348.

[87] TANG Y, WANG X. Optimal output consensus for nonlinear multi-agent systems with both static and dynamic uncertainties[J]. IEEE Transactions on Automatic Control, 2021,66(4):1733 - 1740.

[88] MA H J, YANG G H, CHEN T. Event - triggered optimal dynamic formation of heterogeneous affine nonlinear multi-agent systems [J]. IEEE Transactions on Automatic Control,in press, 2021,66(2):497 - 512.

[89] LI Z, REN W, LIU X, et al. Consensus of multi-agent systems with general linear and Lipschitz nonlinear dynamics using distributed adaptive protocols[J]. IEEE Transactions on Automatic Control, 2012, 58(7): 1786 - 1791.

[90] YANG H, STAROSWIECKI M, JIANG B, et al. Fault tolerant cooperative control for a class of nonlinear multi-agent systems[J]. Systems & Control Letters, 2011, 60 (4): 271 - 277.

[91] WANG X, HONG Y, JI H. Distributed optimization for a class of nonlinear multiagent systems with disturbance rejection [J]. IEEE Transactions on Cybernetics, 2015, 46(7): 1655 - 1666.

[92] REHAN M, JAMEEL A, AHN C K. Distributed consensus control of one - sided Lipschitz nonlinear multiagent systems[J]. IEEE Transactions on Systems, Man, and Cybernetics: Systems, 2017, 48(8): 1297 - 1308.

[93] XI J, FAN Z, LIU H, et al. Guaranteed - cost consensus for multiagent networks with Lipschitz nonlinear dynamics and switching topologies[J]. International Journal of Robust and Nonlinear Control, 2018, 28(7): 2841 - 2852.

[94] ZHENG T, HE M, XI J, et al. Leader - following guaranteed - performance consensus design for singular multi-agent systems with Lipschitz nonlinear dynamics [J]. Neurocomputing, 2017, 266: 651 - 658.

[95] MODARES H, LEWIS F L, KANG W, et al. Optimal synchronization of heterogeneous nonlinear systems with unknown dynamics[J]. IEEE Transactions on Automatic Control, 2017, 63(1): 117 - 131.

[96] ZOU W, XIANG Z, AHN C K. Mean square leader - following consensus of second-order nonlinear multiagent systems with noises and unmodeled dynamics[J]. IEEE Transactions on Systems, Man, and Cybernetics: Systems, 2018, 49 (12): 2478 -2486.

[97] ZOU W, GUO J, XIANG Z. Sampled - data leader - following consensus of second -

order nonlinear multiagent systems without velocity measurements[J]. International Journal of Robust and Nonlinear Control, 2018, 28(17): 5634 - 5651.

[98] REHMANU A, REHAN M, IQBAL N, et al. Toward the LPV approach for adaptive distributed consensus of Lipschitz multi-agents[J]. IEEE Transactions on Circuits and Systems II: Express Briefs, 2018, 66(1): 91 - 95.

[99] 方保镕，周继东，李医民. 矩阵论[M]. 北京：清华大学出版社，2004.

[100] XIE L, CARLOS E DE S. Robust H_∞ control for linear systems with norm - bounded time - varying uncertainty[J]. IEEE Transactions on Automatic Control, 1992, 37(8): 1188 - 1191.

[101] 俞立. 鲁棒控制：线性矩阵不等式处理方法[M]. 北京：清华大学出版社，2002.

[102] LV Y, LI Z, DUAN Z, et al. Novel distributed robust adaptive consensus protocols for linear multi-agent systems with directed graphs and external disturbances[J]. International Journal of Control, 2017, 90(2): 137 - 147.

[103] GU K. An integral inequality in the stability problem of time - delay systems[C]. Sysdney: Proceedings of the 39th IEEE Conference on Decision and Control, 2000, 3: 2805 -2810.

[104] BHAT S P, BERNSTEIN D S. Continuous finite - time stabilization of the translational and rotational double integrators[J]. IEEE Transactions on Automatic Control, 1998, 43(5): 678 - 682.

[105] GODSIL C, ROYLE G. Algebraic Graph Theory[M]. New York: Springer - Verlag, 2001.

[106] 钟宜生. 最优控制[M]. 北京：清华大学出版社，2015.

[107] ZUO Z, ZHANG J, WANG Y. Adaptive fault - tolerant tracking control for linear and Lipschitz nonlinear multi-agent systems[J]. IEEE Transactions on Industrial Electronics, 2014, 62(6): 3923 - 3931.

[108] BERMAN A, PLEMMONS R J. Nonnegative matrices in the mathematical sciences [M]. Philadelphia: Society for Industrial and Applied Mathematics, 1994.

[109] 申铁龙. H_∞控制理论及应用[M]. 北京：清华大学出版社，1996.

[110] LI X J, YANG G H. Robust adaptive fault - tolerant control for uncertain linear systems with actuator failures[J]. IET control theory & applications, 2012, 6(10): 1544 - 1551.

[111] WEN G, ZHAO Y, DUAN Z, et al. Containment of higher - order multi - leader multi-agent systems: A dynamic output approach[J]. IEEE Transactions on Automatic Control, 2015, 61(4): 1135 - 1140.

[112] 刘暾，赵钧. 空间飞行器动力学[M]. 哈尔滨：哈尔滨工业大学出版社，2003.

[113] LEE D H. An improved finite frequency approach to robust H_∞ filter design for LTI systems with polytopic uncertainties[J]. International Journal of Adaptive Control and Signal Processing, 2013, 27(11): 944 - 956.

[114] EMELYANOV S V, FEDOTOVA A I. Design of astatic tracking systems with

variable structure[J]. Automation and Remote Control, 1962, 10: 1223 - 1235.

[115] HECK B S, FERRI A A. Application of output feedback to variable structure systems[J]. Journal of Guidance, Control, and Dynamics, 1989, 12(6): 932 - 935.

[116] KWAN C. Further results on variable output feedback controllers [J]. IEEE Transactions on Automatic Control, 2001, 46(9): 1505 - 1508.

[117] ZUO Z. Nonsingular fixed - time consensus tracking for second - order multi-agent networks[J]. Automatica, 2015, 54: 305 - 309.

[118] BAI J, WEN G, RAHMANI A, et al. Consensus for the fractional - order double - integrator multi-agent systems based on the sliding mode estimator[J]. IET Control Theory & Applications, 2017, 12(5): 621 - 628.

[119] LI H, WANG J, LAM H K, et al. Adaptive sliding mode control for interval type - 2 fuzzy systems[J]. IEEE Transactions on Systems, Man, and Cybernetics: Systems, 2016, 46(12): 1654 - 1663.

[120] 冯正平，孙健国，刘冬. 某型涡扇发动机的模型跟踪滑模变结构控制[J]. 航空学报，1999，20(6)：533 - 536.

[121] LEVANT A. Sliding order and sliding accuracy in sliding mode control [J]. International Journal of Control, 1993, 58(6): 1247 - 1263.

[122] BOIKO I, FRIDMAN L, PISANO A, et al. Analysis of chattering in systems with second - order sliding modes[J]. IEEE Transactions on Automatic control, 2007, 52(11): 2085 - 2102.

[123] HUANG Y J, KUO T C. Robust output tracking control for nonlinear time - varying robotic manipulators[J]. Electrical engineering, 2005, 87(1): 47 - 55.

[124] UTKIN V, GULDNER J, SHIJUN M. Sliding mode control in electro - mechanical systems[M]. London: Taylar & Francis, 1999.

[125] 王洪强，方洋旺，伍友利. 滑模变结构控制在导弹制导中的应用综述[J]. 飞行力学，2009，27(2)：11 - 15.

[126] CHOI H H. LMI - based sliding surface design for integral sliding mode control of mismatched uncertain systems[J]. IEEE Transactions on Automatic Control, 2007, 52(4): 736 - 742.

[127] WANG Y L, HAN Q L, FEI M R, et al. Network - based T - S fuzzy dynamic positioning controller design for unmanned marine vehicles[J]. IEEE Transactions on Cybernetics, 2018, 48(9): 2750 - 2763.

[128] 邓立为，宋申民. 基于输出反馈滑模控制的分数阶超混沌系统同步[J]. 自动化学报，2014，40(11)：2420 - 2427.

[129] 丛炳龙，刘向东，陈振. 刚体航天器姿态跟踪系统的自适应积分滑模控制[J]. 航空学报，2013，34(3)：620 - 628.

[130] LIANG H, WANG J, SUN Z. Robust decentralized coordinated attitude control of spacecraft formation[J]. Acta Astronautica, 2011, 69(5 - 6): 280 - 288.

[131] ZOU A M, KUMAR K D. Distributed attitude coordination control for spacecraft

formation flying[J]. IEEE Transactions on Aerospace and Electronic Systems, 2012, 48(2): 1329 - 1346.

[132] SUN Z, DENG Y, WANG X, et al. Research on the steady precision of sliding mode control of a class of nonlinear systems[C]. Dalian:2006 6th World Congress on Intelligent Control and Automation. IEEE, 2006, 1: 1039 - 1043.

[133] ZHOU J, HU Q, FRISWELL M I. Decentralized finite time attitude synchronization control of satellite formation flying[J]. Journal of Guidance, Control, and Dynamics, 2013, 36(1): 185 - 195.

[134] QIN Z, HE X, ZHANG D. Nonsingular and fast convergent terminal sliding mode control of robotic manipulators[C]. Yantai:Proceedings of the 30th Chinese Control Conference. IEEE, 2011: 2606 - 2611.

[135] INCREMONA G P, RUBAGOTTI M, FERRARA A. Sliding mode control of constrained nonlinear systems[J]. IEEE Transactions on Automatic Control, 2016, 62(6): 2965 - 2972.

[136] XU Q. Piezoelectric nanopositioning control using second - order discrete - time terminal sliding - mode strategy[J]. IEEE Transactions on Industrial Electronics, 2015, 62(12): 7738 - 7748.

[137] RAMOS - PEDROZA N, MACKUNIS W, REYHANOGLU M. Sliding mode control - based limit cycle oscillation suppression for UAVs using synthetic jet actuators[C]. 2015 International Workshop on Recent Advances in Sliding Modes. IEEE, 2015: 1 - 5.

[138] GUO S, LIN - SHI X, ALLARD B, et al. Digital sliding - mode controller for high-frequency DC/DC SMPS[J]. IEEE Transactions on Power Electronics, 2009, 25 (5): 1120 - 1123.

[139] LIANG H, SUN Z, WANG J. Robust decentralized attitude control of spacecraft formations under time - varying topologies, model uncertainties and disturbances [J]. Acta Astronautica, 2012, 81(2): 445 - 455.

[140] HAO S, XIN W, JUN W. Sliding mode predictive control of PSS parallel micro - stage[C]. Proceedings of the 31st Chinese Control Conference. IEEE, 2012: 4239 - 4244.

[141] CHEN D, KAN M, HU J. Sliding mode control for discrete time - delay nonlinear systems with uncertainty and packet loss [C]. The 26th Chinese Control and Decision Conference. IEEE, 2014: 536 - 541.

[142] UTKIN V. Discussion aspects of high-order sliding mode control [J]. IEEE Transactions on Automatic Control, 2015, 61(3): 829 - 833.

[143] WU B, WANG D, POH E K. Decentralized robust adaptive control for attitude synchronization under directed communication topology[J]. Journal of Guidance, Control, and Dynamics, 2011, 34(4): 1276 - 1282.

[144] LI H, SHI Y, YAN W, et al. Receding horizon consensus of general linear multi-

agent systems with input constraints: An inverse optimality approach [J]. Automatica, 2018, 91: 10 - 16.

[145] YANG T, WAN Y, WANG H, et al. Global optimal consensus for discrete - time multi-agent systems with bounded controls[J]. Automatica, 2018, 97: 182 - 185.

[146] 葛志文，刘剑慰，王一凡. 基于自适应滑模的多智能体系统容错一致性控制算法[J]. 控制与信息技术，2020(5)：1 - 6;11.

[147] 崔艳，李庆华. 具有通信时延的二阶多智能体系统有限时间一致性跟踪控制[J]. 计算机应用研究，2020，37(11)：3236 - 3240.

[148] ZHANG H, FENG T, YANG G H, et al. Distributed cooperative optimal control for multiagent systems on directed graphs: An inverse optimal approach[J]. IEEE Transactions on Cybernetics, 2014, 45(7): 1315 - 1326.

[149] ZHANG H, FENG G, YAN H, et al. Distributed self - triggered control for consensus of multi-agent systems[J]. IEEE/CAA Journal of Automatica Sinica, 2014, 1(1): 40 - 45.

[150] LI Q, YU J, XING W, et al. Dissipative consensus tracking of fuzzy multi-agent systems via adaptive protocol[J]. IEEE Access, 2020, 8: 200915 - 200922.

[151] XI J, YU Y, LIU G, et al. Guaranteed - cost consensus for singular multi-agent systems with switching topologies[J]. IEEE Transactions on Circuits and Systems I: Regular Papers, 2014, 61(5): 1531 - 1542.

[152] MAHMOUD M S, KHAN G D. LMI consensus condition for discrete - time multi-agent systems[J]. IEEE/CAA Journal of Automatica Sinica, 2016, 5(2): 509 - 513.

[153] 马丹，张宝峰，王璐瑶. 多智能体系统一致性问题的控制器与拓扑协同优化设计[J]. 控制理论与应用，2019，36(5)：720 - 727.